全国高等农林院校"十一五"规划教材

基础生物化学

朱新产　高　玲　主编

中国农业出版社

主　编　朱新产　高　玲
副主编　孙晓红　张　勇　孙　新　葛　蔚
编　者　王茂广（临沂大学）
　　　　孙　新（青岛农业大学）
　　　　孙晓红（青岛农业大学）
　　　　朱新产（青岛农业大学）
　　　　张　丽（青岛农业大学）
　　　　张　弢（青岛农业大学）
　　　　张　勇（青岛农业大学）
　　　　易晓华（青岛农业大学）
　　　　高　玲（青岛农业大学）
　　　　萧蓓蕾（德州学院）
　　　　葛　蔚（青岛农业大学）
　　　　刘春英（青岛农业大学）
　　　　唐　超（青岛农业大学）

前 言

生物化学是生命科学发展中最活跃的分支学科之一,是现代生物学的基础,是生物工程技术的重要支柱。由于生物化学研究的飞速发展,使得人们对生命现象的认识更加深入。生物化学已经广泛渗入各个领域,如农业、工业、医药、食品、能源、制造业、环境科学等。这些研究领域都以生物化学理论为依据,以其实验技术为手段。

基础生物化学是高等农业院校生物科学及农业科学各专业普遍开设的重要专业基础课程之一。打好坚实生物化学基础,使学生对该学科的基本理论与基本研究技术的原理有较全面和清晰的理解,有助于学生对后续相关课程知识的学习与掌握,对于学生在生物学领域的研究与应用起着十分重要的作用。

本教材是在遵照全国高等农业院校农学类专业《基础生物化学教学大纲》的要求的基础上,根据生物化学的发展及参编院校学科发展的需要,结合参编院校的教学实践,组织在教学第一线从事多年基础生物化学理论与实验教学、具有丰富工作经验的教师编写而成的。在编写过程中,尽量实现教材内容的科学性、准确性、系统性和基础实用性。该书可作为各院校生物类、农学类各专业生物化学课的教材,也可供其他专业的学生及研究生、教师和科技工作者参考。为了能尽可能将现代生物化学的新进展、新成果及时介绍给学生,我们在编写过程中集中讨论了编写大纲,针对各编者学术特长的不同分配相关的章节进行编写。本教材总的编写指导思想是,根据生物类、农学类各专业对生物化学的要求,结合本学科的最新成就,把学生必须掌握的基础知识、基本理论、基本技能和反映现代生物化学的新成果、新进展等内容紧密地结合在一起,使本教材的内容成为一个完整的丰富的体系,同时也兼顾了不同学科之间的相互交叉和相互渗透。

本教材含绪论和十章内容,第一章至第三章为生物化学的静态部分,介绍蛋白质、核酸、酶的组成、结构、性质和功能;第四章以后的章节为生物化学的动态部分,介绍物质的代谢及调节。本教材中所附重要术语的英文名称及缩写主要以上海交通大学出版社出版的《英汉双向生物化学词典》(汪翠珍主编，2009）为依据。为了便于学生的学习，各章均编有小结、思考题。

由于编写时间仓促，加之编者水平有限，教材中的疏漏在所难免，恳请读者予以批评指正。

编　者
2011年4月

目 录

前言

绪论 …………………………………… 1
 一、生物化学的起源 …………………… 1
 二、生物化学的概念、研究对象和内容 … 1
 三、生物化学的发展简史 ……………… 2
 四、生物化学与其他学科的关系 ……… 6
 五、生物化学的应用与发展前景 ……… 7
 六、生物化学的学习方法 ……………… 10
 思考题 …………………………………… 10

第一章 蛋白质化学 …………………… 11

第一节 蛋白质概述 ……………………… 11
 一、蛋白质的元素组成与相对分子质量 … 11
 二、蛋白质的分类 ……………………… 12
 三、蛋白质的功能 ……………………… 12

第二节 氨基酸 …………………………… 13
 一、氨基酸的结构及分类 ……………… 13
 二、氨基酸的理化性质 ………………… 16

第三节 肽 ………………………………… 21
 一、肽和肽链的结构及命名 …………… 21
 二、重要的寡肽及其应用 ……………… 22

第四节 蛋白质的分子结构 ……………… 23
 一、蛋白质的一级结构 ………………… 23
 二、蛋白质的空间构象和维持构象的作用力 …………………………… 25
 三、蛋白质的二级结构 ………………… 27
 四、蛋白质的超二级结构和结构域 …… 30
 五、蛋白质的三级结构 ………………… 32
 六、蛋白质的四级结构 ………………… 33

第五节 蛋白质分子结构与功能的关系 …………………………………… 34
 一、蛋白质一级结构与功能的关系 …… 34
 二、空间结构与功能的关系 …………… 36

第六节 蛋白质的重要性质 ……………… 37
 一、蛋白质的两性解离和等电点 ……… 37
 二、蛋白质的胶体性质 ………………… 38
 三、蛋白质的沉淀反应 ………………… 39
 四、蛋白质的变性与复性 ……………… 39
 五、蛋白质的紫外吸收与显色反应 …… 41

第七节 蛋白质的分离提纯及应用 ……… 42
 一、蛋白质的分离提纯 ………………… 42
 二、蛋白质相对分子质量的测定 ……… 42
 三、蛋白质的应用 ……………………… 43

本章小结 ………………………………… 44
思考题 …………………………………… 45

第二章 核酸化学 ………………………… 46

第一节 核酸概论 ………………………… 46
 一、核酸的概念及重要性 ……………… 46
 二、核酸的种类和分布 ………………… 46

第二节 核苷酸的化学组成与结构 ……… 47
 一、戊糖 ………………………………… 47
 二、含氮碱基 …………………………… 47
 三、核苷 ………………………………… 49
 四、核苷酸 ……………………………… 51

第三节 DNA 的结构 ……………………… 52
 一、DNA 的一级结构 …………………… 52
 二、DNA 的二级结构 …………………… 53
 三、DNA 的三级结构 …………………… 61
 四、核酸与蛋白质复合物的结构 ……… 62

第四节 RNA 的结构 ……………………… 63
 一、RNA 的结构特点 …………………… 64
 二、tRNA 的结构 ………………………… 65
 三、rRNA 的结构 ………………………… 67
 四、mRNA 的结构 ……………………… 68
 五、snRNA 和 snoRNA …………………… 70
 六、asRNA 和 RNAi ……………………… 71

第五节 核酸的性质 ……………………… 71

一、一般理化性质 …………………… 71
　　二、核酸的水解 ……………………… 71
　　三、核酸的酸碱性质 ………………… 72
　　四、核酸的紫外吸收 ………………… 72
　　五、DNA的变性、复性与杂交 ……… 73
本章小结 ………………………………… 76
思考题 …………………………………… 77

第三章　酶 …………………………………… 78

第一节　酶的概述 ……………………… 78
　　一、酶的概念 ………………………… 78
　　二、酶的催化特性 …………………… 78
　　三、酶的化学组成 …………………… 80
　　四、酶的命名和分类 ………………… 81
第二节　酶的作用机理 ………………… 83
　　一、酶的活性中心 …………………… 83
　　二、酶作用高效率机制 ……………… 84
第三节　酶促反应动力学 ……………… 86
　　一、酶活力的测定 …………………… 86
　　二、影响酶促反应速度的因素 ……… 87
第四节　调节酶类 ……………………… 93
　　一、别构酶 …………………………… 94
　　二、共价修饰调节酶 ………………… 95
　　三、同工酶 …………………………… 96
　　四、酶原的激活 ……………………… 96
第五节　维生素与辅酶 ………………… 97
　　一、水溶性维生素和辅酶 …………… 98
　　二、脂溶性维生素 …………………… 104
本章小结 ………………………………… 106
思考题 …………………………………… 106

第四章　生物氧化 …………………………… 107

第一节　生物氧化概述 ………………… 107
　　一、生物氧化的概念 ………………… 107
　　二、氧化还原电位与自由能 ………… 108
　　三、高能化合物 ……………………… 111
第二节　电子传递链 …………………… 113
　　一、电子传递链的概念 ……………… 113
　　二、电子传递链的组成与排列顺序 … 114
　　三、确定电子传递链主要成分排列顺序
　　　　的原理 …………………………… 119

第三节　氧化磷酸化作用 ……………… 121
　　一、ATP的形成方式 ………………… 121
　　二、氧化磷酸化的偶联部位 ………… 121
　　三、氧化磷酸化的细胞结构基础 …… 122
　　四、氧化磷酸化的作用机理 ………… 123
　　五、氧化磷酸化的解偶联剂和抑制剂 … 126
　　六、线粒体的穿梭系统 ……………… 127
　　七、细胞内ATP含量的调节 ………… 129
本章小结 ………………………………… 129
思考题 …………………………………… 130

第五章　糖类代谢 …………………………… 131

第一节　生物体内主要的糖类
　　　　化合物 …………………………… 131
　　一、糖类的概念 ……………………… 131
　　二、糖类的生物学功能及分类 ……… 131
　　三、单糖 ……………………………… 132
　　四、双糖 ……………………………… 133
　　五、多糖 ……………………………… 135
　　六、肽聚糖与糖蛋白 ………………… 136
第二节　双糖和多糖的降解 …………… 137
　　一、双糖的酶促降解 ………………… 137
　　二、多糖（淀粉、糖原）的酶促降解 … 138
　　三、纤维素和果胶的酶促降解 ……… 140
第三节　糖酵解作用 …………………… 141
　　一、糖酵解的化学历程 ……………… 141
　　二、丙酮酸的去路 …………………… 144
　　三、糖酵解的化学计量 ……………… 145
　　四、糖酵解的生物学意义 …………… 145
　　五、糖酵解途径的调控 ……………… 146
第四节　糖的有氧氧化 ………………… 147
　　一、糖有氧氧化的反应过程 ………… 147
　　二、三羧酸循环的调控 ……………… 151
　　三、三羧酸循环的化学计量 ………… 152
　　四、三羧酸循环的特点 ……………… 153
　　五、三羧酸循环的生物学意义 ……… 153
　　六、草酰乙酸的回补 ………………… 154
第五节　磷酸戊糖途径 ………………… 155
　　一、磷酸戊糖途径的化学历程 ……… 156
　　二、磷酸戊糖途径的调控 …………… 158
　　三、磷酸戊糖途径的化学计量 ……… 159
　　四、磷酸戊糖途径的特点和意义 …… 159

第六节　糖异生作用 …………… 160
　一、糖异生作用的概念 …………… 160
　二、葡萄糖异生作用的途径 ……… 160
　三、糖酵解与糖异生作用的关系 … 162
第七节　蔗糖和多糖的生物合成 … 164
　一、糖核苷酸的作用 ……………… 164
　二、蔗糖的生物合成 ……………… 164
　三、淀粉的生物合成 ……………… 165
　四、糖原的生物合成 ……………… 166
　五、纤维素的生物合成 …………… 166
　六、半纤维素的生物合成 ………… 167
　七、果胶的生物合成 ……………… 167
本章小结 …………………………… 167
思考题 ……………………………… 168

第六章　脂质与脂质代谢 ……… 169

第一节　生物体内的脂质 ………… 169
　一、脂肪酸 ………………………… 169
　二、三酰甘油 ……………………… 171
　三、磷脂 …………………………… 171
　四、萜类和类固醇 ………………… 172
第二节　生物膜 …………………… 173
　一、生物膜的组成 ………………… 173
　二、生物膜的结构及特点 ………… 175
　三、生物膜的功能 ………………… 178
第三节　脂肪的降解 ……………… 183
　一、脂肪的酶水解 ………………… 183
　二、甘油的氧化与转化 …………… 184
　三、脂肪酸的氧化分解 …………… 184
　四、乙醛酸循环 …………………… 192
　五、酮体的生成与利用 …………… 194
第四节　脂肪的合成 ……………… 195
　一、磷酸甘油的合成 ……………… 196
　二、脂肪酸的合成 ………………… 196
　三、三酰甘油的生物合成 ………… 207
第五节　甘油磷脂的代谢 ………… 208
　一、甘油磷脂的降解 ……………… 208
　二、甘油磷脂的合成 ……………… 209
本章小结 …………………………… 211
思考题 ……………………………… 211

第七章　含氮小分子代谢 ……… 213

第一节　生物固氮与氮素循环 …… 213
　一、氮素循环 ……………………… 213
　二、氨化作用 ……………………… 214
　三、生物固氮作用 ………………… 214
　四、固氮生物的类型 ……………… 215
　五、生物固氮机制 ………………… 215
第二节　蛋白质的营养作用 ……… 216
　一、蛋白质和氨基酸的主要生理功能 … 216
　二、氮平衡和蛋白质的需要量 …… 217
　三、必需氨基酸与蛋白质的生理价值 … 217
　四、蛋白质的消化、吸收与腐败 … 218
第三节　氨基酸一般分解代谢 …… 219
　一、氨基酸的代谢概况 …………… 220
　二、氨基酸的脱氨基作用 ………… 221
　三、氨基酸的脱羧基作用 ………… 225
　四、氨基酸分解产物的代谢 ……… 227
第四节　个别氨基酸代谢 ………… 234
　一、一碳单位代谢与氨基酸 ……… 234
　二、含硫氨基酸的代谢 …………… 237
　三、芳香族氨基酸的代谢 ………… 240
　四、支链氨基酸的代谢 …………… 244
第五节　氨基酸的生物合成 ……… 244
　一、丙氨酸族 ……………………… 245
　二、丝氨酸族 ……………………… 246
　三、天冬氨酸族 …………………… 246
　四、谷氨酸族 ……………………… 247
　五、组氨酸 ………………………… 248
　六、芳香族氨基酸族 ……………… 249
第六节　核苷酸的分解代谢 ……… 249
　一、嘌呤核苷酸的分解代谢 ……… 250
　二、嘧啶核苷酸的分解代谢 ……… 252
第七节　核苷酸的合成代谢 ……… 252
　一、嘌呤核苷酸的合成 …………… 253
　二、嘧啶核苷酸的合成代谢 ……… 256
　三、脱氧核糖核苷酸的生成 ……… 259
本章小结 …………………………… 262
思考题 ……………………………… 262

第八章　核酸的生物合成 ……… 263

第一节　DNA 的合成 …………… 263

一、半保留复制 ……………………… 263
二、DNA 复制所需的酶和蛋白质 …… 265
三、DNA 复制的过程 ………………… 269
四、DNA 的修饰 ……………………… 273
五、真核生物 DNA 的复制 …………… 273
六、逆转录 …………………………… 274
七、基因突变与 DNA 的损伤修复 …… 275
第二节　RNA 的合成 …………………… 278
一、RNA 聚合酶 ……………………… 279
二、RNA 的转录过程 ………………… 279
三、RNA 的转录后加工 ……………… 282
四、核酶 ……………………………… 284
五、RNA 的复制 ……………………… 284
六、RNA 生物合成的抑制剂 ………… 285
本章小结 ………………………………… 286
思考题 …………………………………… 287

第九章　蛋白质合成 …………………… 288

第一节　蛋白质合成体系 ……………… 288
一、mRNA …………………………… 289
二、tRNA ……………………………… 293
三、rRNA 和核糖体 ………………… 295
四、辅助因子 ………………………… 297
第二节　蛋白质合成的过程 …………… 299
一、氨基酸的活化和转移 …………… 299
二、肽链合成的起始 ………………… 301
三、肽链合成的延伸 ………………… 304
四、肽链合成的终止 ………………… 306
五、真核细胞蛋白质的生物合成 …… 307
六、多核糖体 ………………………… 309

七、蛋白质合成后的修饰与折叠 …… 309
八、蛋白质的定位 …………………… 310
九、蛋白质生物合成的抑制剂 ……… 312
十、没有核糖体参加的多肽链的合成 … 312
本章小结 ………………………………… 313
思考题 …………………………………… 313

第十章　物质代谢的相互关系与调节 …… 314

第一节　物质代谢的相互联系 ………… 314
一、糖代谢和脂代谢的相互关系 …… 314
二、糖代谢和蛋白质代谢的相互关系 … 315
三、脂类代谢与蛋白质代谢的相互
联系 ……………………………… 315
四、核酸代谢与糖、脂肪及蛋白质
代谢的相互联系 ………………… 315
第二节　代谢调节 ……………………… 316
一、细胞水平的调节 ………………… 317
二、激素水平的调节 ………………… 329
三、神经水平的调节 ………………… 335
本章小结 ………………………………… 336
思考题 …………………………………… 336

附录 ………………………………………… 337

附录一　生物化学常用缩写词 ……… 337
附录二　生物化学重要发现大事记 … 344
附录三　人类基因组计划大事记 …… 346

主要参考文献 …………………………… 348

绪 论

一、生物化学的起源

生物化学是介于化学、生物学及物理学之间的一门边缘学科。比起经典的化学、物理等学科，是一门新兴的学科，相对于其他生物科学是年轻的发展迅速的学科。解剖学在希腊和罗马有几百年的历史了，生理学和组织学也在18、19世纪开始形成。最初的生物化学研究是医学院的生理学家，把化学方法应用到生理学中，形成了生理化学，继而研究发现许多过程在生物界是普遍存在的，因而独立成为生物化学。

1877年Hoppe-Seyler提出"biochemic"（生物化学），在德国的Strasbourg大学（现为法国大学）建立了第一个生理化学实验室，并创办了F. Hoppe-Seyler, Zeitschriftfur Physiologische Chemie《生理化学杂志》。1905—1906年相继创办了在世界上享有盛名的3种生物化学杂志：Biochemische Zeitscriyt（德）、Biochemical Journal（英）和Journal of Biological Chemistry（美）。1903年Carl Neuberg首先使用生物化学（biochemistry）一词。

二、生物化学的概念、研究对象和内容

1. 什么是生物化学 生物化学，也称生物的化学（biological chemistry）、生命的化学（chemistry of life）、生理的化学（physiological chemistry）。

生物化学是运用物理、化学及生物学的近代技术原理和方法研究生物体化学组成和结构、物质在生物体内发生的化学变化规律以及物质的结构和变化与生物的生理机能之间的关系的科学。简言之，生物化学就是研究生命活动的化学本质。生物化学研究的对象是生物体，包括病毒、微生物、动植物和人体。

2. 生物化学的研究内容

（1）静态生物化学（static biochemistry）。研究构成生物体各种物质（称为生命物质）的组成、结构、性质及生物学功能。

生物体的组成元素：C、H、O、N、P、S及其他微量化学元素。

基本成分：基本化学成分组合构成生物体的水分、无机盐离子和含碳有机化合物。其中的有机化合物主要包括核酸、蛋白质、糖类和脂类等，由于这些有机化合物分子质量很大，因此称为生物大分子（biological macromolecule，初生物质）。此外，生物体还含有可溶性糖、有机酸、维生素、激素、生物碱和天然肽类等多种物质。这些物质在不同生物体中的种类和含量不同。

生物体中最重要的生物大分子是核酸和蛋白质。核酸是遗传信息的携带者和传递者，它通过控制蛋白质的生物合成决定细胞的类型和功能，而蛋白质是细胞结构的主要组成成分，也是细胞功能的主要体现者。

(2) 动态生物化学（dynamic biochemistry）。研究生物体内各种化学物质在生物体内进行的分解与合成，相互转化与制约以及物质转化过程中与外界进行物质和能量交换的规律，即新陈代谢（metabolism），包括物质代谢、能量代谢和代谢调节。

机体内的代谢反应相互联系、协同制约组成许多代谢途径和网络，在严密精巧的调控下，有条不紊地进行。代谢调控（metabolic regulation）是近代生物化学研究的一个重要方面。活细胞内的数万个反应能在同一时间互不干扰、互相配合、有条不紊地在各自代谢途径中进行，而且在合成、分解速度和数量上都恰到好处地合乎生物体的各种需要。生物体这种高度自动调控机制对于代谢的正常进行十分重要，是近代生物化学研究的重点课题。

(3) 机能生物化学（functional biochemistry）。机能生物化学或称功能生物化学，是研究生物体各种物质的变化与整体生理机能之间的关系以及环境对机体代谢的影响，从分子水平来阐明生命现象的机制和规律。如DNA的双螺旋分子结构与其复制、传递遗传信息的一致性。

(4) 工程生物化学（engineering biochemistry）。工程生物化学是指在条件具备时，根据需要，可人为设计改进天然的，甚至完全构建新的生化物质、生化体系以及新的代谢步骤、途径，并研究它们在体内外的作用和应用前景，包括基因工程、蛋白质（酶）工程、细胞工程、发酵工程等。所涉及的内容除了生化领域外，还探讨现代科技对工程生化的作用以及工程生化对各相关学科的影响。

三、生物化学的发展简史

生物化学是18世纪70年代以后，伴随着近代化学和生理学的发展，开始逐步形成的一门独立的新兴边缘学科，至今只有200多年历史。但生物化学知识的积累和应用，却可追溯到远古时代。人类在长期的生产活动和社会实践中，累积了许多有关农牧业生产、食品加工和医药方面的宝贵知识与经验。公元前21世纪，我国人民就利用曲造酒，实际上就是用曲中的酶将谷物中的糖类物质转化为酒。公元4世纪，已知道地方性甲状腺肿可用含碘的海带、紫菜、海藻等海产品来防治。公元7世纪，已经知道用猪肝治疗夜盲症。夜盲症是由于缺乏维生素A引起的，而猪肝富含维生素A。

1. 静态生物化学时期（20世纪20年代之前） 在生物化学独立之前，在生活、生产实践中人类已经积累并应用了大量的与生化相关的知识。开展了大量的实践活动。我国早在4 200年前已开始造酒、酿醋、做豆腐、制麦芽糖等。欧洲早在17世纪就开始了与生物体有关的科学试验，尽管起始于其他学科如化学、医学、微生物学等，但为生物化学奠定了十分重要的基础。

静态生物化学阶段是生物化学发展的萌芽阶段，其主要的工作是分析生物体的组成成分和研究生命物质组成、结构、生理功能。

Scheele——德国药剂师，1774年从动植物材料中分离出了乳酸、柠檬酸等有机物质。

1776年英国化学家Priestley发现了光合作用。

Lavoisier是法国化学家，他在1783年发表了"动物热"理论，认为动物的呼吸是体内缓慢而不发光的燃烧。在呼吸过程中，吸进的氧气被消耗，呼出的是二氧化碳，同时放出热能，在呼吸过程中有氧化作用。这是生物氧化与能量代谢研究的开端。

18世纪一名德国学者从甜菜中分离出纯糖，从葡萄中分离出葡萄糖；法国的 Antoine Fourcroy 发现了蛋白质；瑞士的 F. Miescher 发现了核酸；德国的 Johann Thudichum 发现了鞘氨醇；法国的 Pesteur 发现了乳酸和乙醇发酵等。这些研究发现促进了人们对四大分子物质的化学结构、生理功能的认识。

以上奠基工作有赖于结构有机化学的发展，即生物体内成千上万种化合物的分子结构及在结构上的相互关系，否则难以认识它们在生物体内的转化情况，因此，有赖于结构有机化学的发展。

1828年，Wohler 成功在实验室合成了尿素，否定了当时流行的生物体内物质转化过程不符合非生物界的物理和化学规律的所谓"生机论"，认为生物体受特殊的"生活力"主宰，生物界是神秘的、不可研究的。

1840年，德国科学家 Liebig 在《有机化学在农业和生理学中的应用》中描述了自然界存在的物质循环，阐明了动物、植物及微生物在物质、能量方面相互依赖和循环的关系，为农业化学奠定了基础。

法国著名微生物学家 Pasteur（1857—1860），对乳酸发酵和酒精发酵进行了深入的研究，指出发酵是由微生物引起，为发酵和呼吸的生物化学理论奠定了基础。

在19世纪末至20世纪初，生物化学领域有了三大重要发现——酶、维生素和激素。

酶的发现源于 Pasteur 等对发酵的研究，1878年 Kunhe 提出 Enzyme 一词，原意是"在酵母中"，Buchner 于1897年证明破碎酵母细胞的抽提液仍能使糖发酵，引进了生物催化剂的概念。这是用无细胞提取液离体的方法研究动态生物化学的开始，为以后对糖的分解代谢机制的研究以及酶学研究打下基础。随后人们对很多酶进行了分离提纯。1926年 Sumner 首次将脲酶制成结晶，并证明酶的化学本质是蛋白质。

维生素的发现源于对脚气病（缺少维生素 B_1）、坏血病（缺少维生素 C）的认识，Funk 在1911年结晶出抗神经炎维生素，实际是复合维生素 B，并提出 Vitamine（维他命）一词，意为"生命的胺"。后来发现许多维生素并非胺类化合物，因此，又改为 Vitamin（维生素）。

激素的发现起源于阉猪、阉马等及医学上的疾病如糖尿病、甲状腺肿等。1902年 Abel 分离出肾上腺素并制成结晶，1905年 Starling 定名为 Hormone，1926年 Went 从燕麦胚芽鞘中分离出植物激素——生长素。酶、维生素和激素的研究极大地丰富了生物化学的知识，促进了生物化学的发展，确立了生物化学作为生命科学重要基础的地位。

我国生物化学的发展是比较缓慢的，吴宪与美国哈佛医学院的福林（Otto Folin）于1919—1922年首次用比色定量法测定血糖等。吴宪是我国著名生物化学家，在生物化学领域里作出了重要贡献。新中国成立后回国，提出了蛋白质变性学说及无蛋白血滤液的提取方法。

静态生物化学时期，又称描述生物化学时期，以分析生物体的化学组成、性质、含量等为主。用有机化学的方法研究生物体的化学组成，阐明这些成分的理化性质；对糖、脂类、氨基酸的性质进行了系统的研究，发现了核酸；简单多肽的化学合成，酵母发酵过程中的"可溶性催化剂"的发现等，奠定了酶学基础。

2. 动态生物化学时期（20世纪前半叶） 1940年前后，随着实验技术和分析鉴定手段不断更新与完善，生物化学进入了动态生物化学发展时期，基本上阐明了各类生物大分子的主要代谢途径：糖酵解、三羧酸循环、氧化磷酸化、磷酸戊糖途径、脂肪代谢和光合磷酸化等。如德国生物化学家 Embden、Meyerhof 和 Parnas 阐明了糖酵解反应途径；英国生物化学家 Krebs 在 1930 年发现了哺乳动物体内尿素合成的途径。1937 年又提出了三羧酸循环理论，并解释了机体内所需能量的产生过程和糖、脂肪、蛋白质的相互联系及相互转变机理。美国物生化学家 Lipmanm，1945 年发现并分离出辅酶 A，证明其对生理代谢的重要性。美国学者 Calvin 和 Benson 证明了光合碳代谢途径。另外，对代谢调控机制也有了更多的了解。

我国燕京大学的窦维廉（近代生物化学先驱）、齐鲁大学医学院的江清、上海协和医院的吴宪教授等，在蛋白质变性理论、血液生化检验、免疫化学、素食营养、内分泌等研究方面作出了重要贡献。

从 20 世纪 50 年代开始，生物化学以更快的速度发展，建立了许多先进技术和方法。其中同位素、电子显微镜、X 射线衍射、层析、电泳、超速离心等技术手段应用于生物化学研究中，使人们可以从整体水平逐步深入到细胞、细胞器以至分子水平，来探索生物分子的结构与功能。例如，将放射性同位素示踪法应用于代谢途径的研究，层析法应用于分离和鉴定各种化合物，超速离心法用于分离大分子，用氨基酸自动分析仪测定氨基酸的组成及排列顺序，用 X 射线衍射等方法测定蛋白质的空间结构。这些科学家的工作为生物化学研究作出了突出贡献，为生物化学的发展奠定了基础。

动态生物化学阶段是生物化学蓬勃发展的时期，利用离体器官、组织切片、组织匀浆及精制的纯酶等方法，进一步研究生物体内各种组成物质的代谢变化，以及生物活性物质（酶、维生素和激素等）在代谢变化中的作用。

生物体最显著的基本特征就是能够进行繁殖和新陈代谢。生物体要从周围环境摄取营养物质和能量，通过体内一系列化学变化合成自身的组成物质，这个过程称为同化作用（assimilation）。同时，生物体内原有的物质又经过一系列的化学变化最终分解为不能利用的废物和热量排出体外到周围环境中去，这个过程称为异化作用（dissimilation）。通过这种分解与合成过程，使生物体的组成物质得到不断地更新，这就是生物体的新陈代谢。新陈代谢是生命活动的物质基础和推动力。生物体的所有生命现象，包括生长、发育、遗传、变异等都建立在生物连续进行的新陈代谢基础之上，在这些变化中，生物体内特殊的生物催化剂——酶起着决定性的作用。

在生物体新陈代谢的物质转化同时伴随着能量转化（energy transformation）。几乎所有生物体内的最初能量来源是太阳的辐射能。以绿色植物为主的光合生物通过光合作用捕获太阳能，并将太阳能转变为化学能储存在以碳水化合物为主的有机物中。但生命活动所需的能量并非直接来自光合色素所吸收的太阳能，而是通过生物氧化分解有机物而获得。糖类是细胞结构物质和储藏物质，既是合成其他生物分子的碳源，又是生物界进行代谢活动的主要能源；脂类是生物膜的重要结构成分，可防止热量散发并且提供生物体需要的能量。

除了物质代谢和能量代谢以外，信息代谢（information metabolism）也是生物化学研究的核心内容。生命现象得以延续就在于生命体能够自我复制。一方面生命体可以进行繁殖以产生相同的后代。另一方面，多细胞生物在细胞分裂过程中也维持了相似的基本组成。生命体可以在细胞间和世代间保证准确的信息复制和信息传递。核酸是遗传信息的携带者，生物体内遗传信息传递的主要通路是由 DNA 的复制和 RNA 的转录以及蛋白质的生物合成构成的。

3. 机能生物化学时期（20世纪50年代以后） 机能生物化学是生物化学研究结合了生理机能，并注意了环境对机体代谢的影响。

生物化学的大发展应归功于40年代末以来，近代物理学和化学方法对生物大分子结构与功能的研究成果：

1951年，Pauling和Coery应用X射线衍射晶体学研究了氨基酸和多肽的精细空间结构，提出了α螺旋和β折叠理论。

英国化学家Sanger自1945—1955年，用10年时间，完成了牛胰岛素蛋白质一级结构的全系列分析，这是第一个蛋白质组成结构的分析。由此建立了测定蛋白质氨基酸顺序的方法，为蛋白质一级结构的测定打下基础，具有划时代的意义。

1953年Watson和Crick创造性地提出了DNA分子的双螺旋三维结构模型。这一模型的建立，揭开了生物遗传信息传递的秘密，从遗传物质结构变化的角度解释了遗传性状突变的原因，使人们第一次知道了基因的结构实质。从分子水平上揭示遗传现象的本质，为DNA复制机制的研究打下了基础；为从分子水平上研究和改变生物细胞的基因结构及遗传特性，开辟了分子生物学的新纪元。这是生物学历史上的重要里程碑。

1958年，英国Kendrew和Perutz采用X射线衍射法对鲸肌红蛋白和马血红蛋白进行研究，阐明了这两种蛋白的三维空间结构，这是蛋白质研究中的又一重大贡献。

1965年我国首先人工合成了具有生物活性的蛋白质（结晶牛胰岛素）。这也是世界上第一个蛋白质的全合成。这是我国科技人员在奋力攀登世界科学高峰，为祖国在基础研究方面争得的一项世界冠军。这一成果促进了生命科学的发展，开辟了人工合成蛋白质的时代。

4. 分子生物学时代（20世纪70年代以后） 20世纪70年代以后，进入了生物技术〔四大主体是基因工程、细胞工程、蛋白质（酶）工程、发酵工程〕和工程生化时期。对生命有机大分子的结构、性质、功能和相互作用的基本规律进行了深入了解，使人们可能在分子水平上认识生命的本质。

1973年我国人工合成猪胰岛素，并用X射线衍射测定其空间结构。

1977年Sanger完成了噬菌体ΦX174DNA一级结构的分析，这是由5 375个核苷酸组成的DNA。这一工作对遗传物质的结构与功能的研究具有重要的意义。

1978年F. Sanger提出了末端终止法测定核苷酸顺序。

1981年我国首先完成酵母丙氨酸tRNA的人工全合成。

1982年上海生命科学研究院生物化学与细胞生物学研究所的洪国藩在英国桑格尔实验室提出双脱氧法测定核酸序列（洪氏测定法）。

1982年美国Cech等在四膜虫中发现了具有催化活性的RNA——ribozyem。

1990年人类基因组计划的实施。由美、英、日、德、法、中6国参与的国际人类基因组计划是人类文明史上最伟大的科学创举之一。其核心内容是测定人基因组的全部DNA序列，从而获得人类全面认识自我最重要的生物学信息。中国于1999年9月1日正式加入该计划，承担了1%人类基因组（约0.3亿个碱基）的测序任务。2003年4月14日，中、美、日、德、法、英6国科学家宣布人类基因组序列图绘制成功，人类基因组计划的所有目标全部实现。已完成的序列图覆盖人类基因组所含基因区域的99%，精确率达到99.99%，这一进度比原计划提前两年多。

1997年英国Wilmut等运用羊的体细胞（乳腺细胞）克隆出了羊——多莉。

分子生物学阶段主要是探讨各种生物大分子的结构与其功能之间的关系，其基本理论和实验技术目前已经渗透到生命科学的各个领域中（如生理学、遗传学、细胞学、分类学和生态学）。在光合作用机理、酶作用机理、代谢过程的调节控制、生物固氮机理、抗逆性的生物化学基础、核酸和蛋白质三维空间结构、基因克隆、转化和基因表达的调节控制等领域内的重大问题方面不断取得新的进展，并产生了许多新兴的边缘学科和技术领域，如分子生物学、分子遗传学、量子生物学、结构生物学、生物工程等。生物化学是这些新兴学科的理论基础，而这些学科的发展又为生物化学提供了新的理论和研究手段。如今生物化学和分子生物学之间日益密切的联系，为阐明生命现象的分子机理开辟了广阔的前景。

四、生物化学与其他学科的关系

生物化学是由化学和生物学互相渗透互相影响而形成的一门学科，所以它与化学及有关的生物学科有着密切的联系。

1. 生物化学与理学　生物化学与有机化学、物理化学、分析化学有着不可分割的联系。近代生物化学的起源依赖于有机化学对各种有机物结构、性质的研究。进行生物体新陈代谢的研究，必须具备有关生物体内有机化合物结构和性质的知识，所以首先要运用化学的方法和原理将生物分子分离纯化出来，再进一步研究其结构和性质；而物理化学中热力学的原则和理论则是分析生物体内物质和能量复杂的变化规律的理论基础。物理学中的焓、熵、能量变化对理解生化反应方向、能量变化原理、生物大分子的稳定条件奠定知识基础。数学的分支之一拓扑学在理解 DNA 结构上的应用，计算机和计算数学在生物学上的应用就是生物信息学。

2. 生物化学与现代生物学　生物化学既是现代各门学科的基础，又是其发展的前沿。说它是基础，是由于生物科学发展到分子水平，必须借助于生物化学的理论和方法来探讨各种生命现象，包括生长、繁殖、遗传、变异、生殖、病理、生命起源和进化等，因此它是各学科的共同语言。说它是前沿，是因为各生物学科的进一步发展要取得更大的进展或突破，在很大程度上有赖于生物化学研究的进展而所取得的成就，事实上，没有生物化学对生物大分子（核酸和蛋白质）结构与功能的阐明，没有遗传密码以及信息传递途径的发现，就没有今天的分子生物学和分子遗传学。没有生物化学对限制性核酸内切酶的发现及纯化，就没有今天的生物工程。由此可见，生物化学在生物学科中占有重要的地位。

3. 生物化学与生物科学　生物化学与生理学是特别密切的姊妹学科。研究植物生命活动原理的植物生理学，必然要涉及植物体内有机物代谢这一生命活动的重要内容，而有机物代谢的途径和机理也正是生物化学的核心内容之一。

生物化学与遗传学关系密切。遗传学研究生命过程中遗传信息的传递、表达及变异。核酸是一切生物遗传信息的载体，而遗传信息的表达是通过核酸所携带的遗传信息翻译为蛋白质来实现的。所以，核酸和蛋白质的结构、性质、功能、代谢等，同时也是遗传学和生物化学的重要内容。这种将生物化学与遗传学相结合的边缘科学也被称为分子遗传学或狭义的分子生物学，主要研究遗传物质（核酸）的复制、转录、表达、调控以及与其他生命活动的关系。分子遗传学的发展推动了经典遗传学的发展，让我们知道了基因是什么，基因的信息是怎样通过蛋白质的作用体现的，从而应用于基因药物、作物品种改良、创造新的生物等方面。

生物化学与微生物学的联系也十分密切，微生物是生化的研究对象，而生物化学的理论又是研究微生物形态、分类和生理过程的理论基础。蛋白质的结构是分类学的重要依据，可以弥补形态分类的不足。目前积累的许多生物化学知识，有相当部分是用微生物为研究材料获得的，在研究微生物的代谢、生理活动，病毒的本质，以及免疫的化学程序、抗体的生成机制等方面都要应用生物化学的理论和技术。

生物化学与细胞生物学有着十分密切的联系。细胞生物学研究生物细胞的形态、成分、结构和功能，探索组成细胞的各种化学物质的性质及其变化，必须应用生物化学的知识和理论。

现代免疫学是研究抗原、抗体及它们之间的相互作用、免疫病理学，而抗体就是免疫球蛋白。

生物化学与分类学也有关系。目前的研究发现，不同生物体内某些相似的蛋白质具有一定的保守性，它们比形态解剖特征较少受到自然选择的影响，所以可以作为生物物种遗传关系和进化亲缘关系的可靠指标。蛋白质及其他特殊生化成分，可以作为生物分类的依据，以补充形态分类的不足，解决分类学中的难题。

4. 生物化学与农业科学　农业科学是以生物化学为基础。栽培学中要运用生化理论阐明作物在不同栽培条件下新陈代谢特点，产物养分积累的时期等，从而深化栽培理论；作物遗传、育种、昆虫、病理、土壤农业化学等无不与生化知识相关，所以生物化学是农业科学的重要的专业基础课程之一。

5. 生物化学与食品科学　生物技术广泛应用于食品工业，如发酵食品，生产氨基酸，开发蛋白质资源如单细胞蛋白（single cell protein，SCP）、食品微生物检测用到的 DNA 探针及基因放大技术等。

6. 生物化学与医学　临床医学及卫生保健，在分子水平上，探讨病因，做出论断，寻求防治，增进健康，无不运用到生物化学的知识和技术。生物化学技术是基础医学研究的重要手段，生物化学理论与技术加快了临床医学的发展。

另外，生物化学与能源、环保等方面也有关系。

五、生物化学的应用与发展前景

1. 生物化学的应用　生物化学的产生和发展源于人们的生产实践，它的迅速进步随即又有力地推动了生产实践的发展。生物化学的理论知识、实验技术以及生化产品广泛应用于农业、工业、医药、食品加工生产等重要经济领域，正在为社会经济发展和人们生活水平的提高作出重要贡献。

在农业生产上，作物栽培、作物品种鉴定、遗传育种、土壤农业化学、豆科作物的共生固氮、植物的抗逆性、植物病虫害防治等学科都越来越多地应用生物化学作为理论基础。

农业科学中栽培学是研究经济植物栽培的理论和技术，运用生物化学的知识，可以阐明这些植物在不同生物环境中新陈代谢变化的规律，了解人们关心的产物成分积累的途径和控制方式，以便设计合理的栽培措施和创造适宜的条件，使人们获取优质的、更高的经济产量。

作物品种鉴定是农业生产中一个很重要的问题。过去鉴定作物品种要将种子在田间分别播种，长成植株后从形态上比较它们的性状来进行鉴定。这种传统的方法耗时长，消耗人力和土地较多，而现在可运用电泳的方法将不同品种中的储藏蛋白分离，染色后显现出蛋白质的区带，不同作物品种具有不同的区带。将这些区带编号，根据某一品种的蛋白质区带即可查出它属于什么品种。同时，还可利用现代分子生物学中的限制性片段长度多态性（restriction fragment length polymorphism，RFLP）技术手段，直接提取同一作物不同品种的种子DNA，进行限制性内切酶消化并进行电泳分析，根据不同品种具有其独特的电泳谱带，来鉴别种子的真伪，保护消费者的权益。

遗传育种就是应用生物化学的理论和技术，有目的地控制作物品种的优良性状在世代间传递。一些生化性状可以作为确定品种亲缘关系和品种选育的指标。例如，应用同工酶的研究有助于确定作物品种的亲缘关系。利用植物基因克隆和转化研究的理论和实践，可以不受亲缘关系的限制，进行作物品种改良，甚至创造出新物种。这就是整个生物技术的核心内容——基因工程。

土壤农业化学的深入研究依赖生物化学的基础知识。土壤微生物学、土壤酶学和土壤营养元素的研究可以揭示土壤中有机成分的分解转化过程，有助于提高土壤肥力和植物对养分的吸收利用。土壤中的微生物可分泌出多种胞外酶，这些酶与土壤中有机成分的转化及营养物质的释放有密切关系，影响着土壤中营养的有效性。这些问题的研究都要应用生物化学的原理和方法，属于生物化学的研究内容。

豆科植物的共生固氮作用是生物化学的一个重要课题，近年来对豆科植物与根瘤菌的共生固氮作用已经了解得更加清楚。如果可以进一步了解固氮机理，则有可能扩大优良根瘤菌种的共生寄主范围，促进豆科植物结瘤，从而增加豆科植物的固氮作用并提高产量。

植物的抗寒性、抗旱性、抗盐性以及抗病性的研究都离不开生物化学。以抗寒性为例，抗寒性是作物的重要遗传性状，过去育种要在田间鉴定作物的抗寒性，现在已经知道作物的抗寒性与植物的生物膜有密切关系。生物膜上的膜脂流动性大的品种抗寒性强，反之抗寒性弱。抗寒品种膜脂中不饱和脂肪酸含量高，非抗寒品种不饱和脂肪酸含量低。另外，抗寒性还与膜上的许多种酶有密切关系，如ATP酶、过氧化物歧化酶等，所以现在可利用生物化学方法鉴定作物的抗寒性。

生物化学的理论可以作为病虫害防治和植物保护的理论基础，用于研究植物被病原微生物侵染以后的代谢变化、了解植物抗病性的机理、病菌及害虫的生物化学特征、化学药剂（杀菌剂、杀虫剂和除草剂）的毒性机理，以提高植物对环境的适应能力，增强植物生产力，使植物资源更好地为人类服务。

此外，家禽、畜牧兽医、桑蚕养殖等农业学科以及农产品、畜产品、水产品的贮藏、保鲜、加工都要运用有关的生物化学知识。

在工业生产上，如食品工业、发酵工业、制药工业、生物制品工业、皮革工业等都需要广泛地应用生物化学的理论及技术。尤其是在发酵工业中，人们可以根据微生物合成某种产物的代谢规律，特别是它的代谢调节规律，通过控制反应条件，或者利用基因工程来改造微生物，构建新的工程菌种以突破其限制步骤的调控，大量生产所需要的生物产品。此外，发酵产物的分离提纯也必须依据和利用生物化学的基本理论和技术手段。利用发酵法已经成功地实现了工业化生产维生素C、许多氨基酸和酶制剂等生化产品。而生产出的酶制剂又有相当一部分应用于工农业产品的加工、工艺流程的改造以及医药行业，如淀粉酶和葡萄糖异构酶用来生产高果糖糖浆；纤维素酶用于添加剂以提高饲料有效利用率；某些蛋白酶制剂被用作助消化和溶解血栓的药物，还用于皮革脱毛和洗涤剂的添加剂等。

在医学领域，生物化学的应用非常广泛。人的病理状态往往是由于细胞的化学成分的改变，从而引起代谢及功能的紊乱。按照人体生长发育的不同需要，配制合理的饮食，供给适当的营养以增进人体健康；疾病的临床诊断；根据疾病的发病原因以及病原体与人体在代谢上和调控上的差异，设计或筛选出各种高效低毒的药物来防治疾病等，这些问题的研究都需要应用生物化学的理论和技术。生化药物是从生物细胞提取的有治疗作用的生化物质，如一些激素、维生素、核苷酸类物质和某些酶。

随着生物化学的迅速发展，逐渐形成了一门独立的新学科——分子生物学。它使生命科学以崭新的面目成为进入 21 世纪的带头学科，它是从生物大分子和生物膜的结构、性质和功能的关系来阐明生物体繁殖、遗传等生命过程中的一些基本生化机理问题，如生物进化，遗传变异，细胞增殖、分化、转化，个体发育、衰老等。

在分子生物学基础上又发展起来一门新兴的技术学科——生物工程，包括基因工程、酶工程、细胞工程、发酵工程、生化工程、蛋白质工程、海洋生物工程、生物计算机及生物传感器等八大工程。其中的基因工程是生物工程的核心。人们试图像设计机器或建筑物一样，定向设计并构建具有特定优良性状的新物种、新品系，结合发酵和生化工程的原理和技术，生产出新的生物产品。尽管仍处于起步阶段，但目前用生物工程技术手段已经可以大规模生产出动植物体内含量少而为人类所需的蛋白质，如干扰素、生长素、胰岛素、肝炎疫苗等珍贵药物。生物工程展示出了广阔的应用前景，对人类的生产和生活将产生巨大而深远的影响，是 21 世纪新兴技术产业之一。

世人瞩目的 HGP 已于 2003 年完成，大肠杆菌、酵母、果蝇、拟南芥等模式生物的基因组测序也都在此之前完成。水稻、家猪等诸多基因组测序相继进行。人类迎来了生命科学发展的崭新阶段——后基因组时代。在这个时代，功能基因组学、蛋白质组学等新的学科相继诞生。许多新的技术、新的手段都被用来阐明基因的功能，如在 mRNA 水平上，通过 DNA 芯片（DNA chip）和微阵列分析法（microarray analysis）以及基因表达连续分析法（serial analysis of gene expression，SAGE）等技术检测到了成千上万基因的表达。因此作为新世纪的科技工作者，学习生物化学的基础理论、基础知识和基本技能，掌握生物化学、分子生物学和基因工程的基本原理及操作技术，密切关注生物化学发展的前沿知识和发展动态，是十分必要的。

2. 21 世纪的生物化学发展趋势　如果说，19 世纪中期细胞学说的建立从细胞水平证明了生物界的统一性，那么 20 世纪中期后，生物化学与分子生物学则在分子水平上揭示了生命世界的基本结构和基础生命活动方面的高度一致性。21 世纪生物化学研究最活跃，最重要的领域主要有以下几个方面：

（1）大分子结构与功能的关系。
（2）生物膜的结构与功能。
（3）机体自身调控的分子机理。
（4）生化技术的创新与发明。
（5）基因信息传递及其调控。

这些研究进展，不仅使生物化学得到进一步发展，也使生物化学理论和技术在工、农、医学方面的应用进一步拓宽。

六、生物化学的学习方法

生物化学内容十分丰富,发展非常迅速,在生命科学中的地位极其重要,是生物学、农学、畜牧、兽医、食品科学和医学等专业必修的专业基础课。学习生物化学时,要有明确的学习目的,同时还要有勤奋的学习态度,科学的学习方法。要根据本学科的特点,联系先修课程(如有机化学、生物学)的知识,在教师指导下全面了解教材内容,以核酸、蛋白质等生物大分子的结构、性质、代谢及生物功能为重点,在理解的基础上加强记忆,在记忆的过程中加深理解。要重视实验的研究方法,通过实验课和完成练习题,培养和提高分析问题、解决问题的能力。要重视理论联系实际,在学习基本理论知识的同时,应该注意理解科学、技术与社会间的相互关系,理解所学生物化学知识的社会价值,并运用所学知识去解释一些现象,解决一些问题,指导生产实践。

那么,该如何学习生物化学呢?

在全面系统了解教材内容基础上,针对生物化学具体知识点繁多、抽象的特点,对各章节的重点内容应深入理解、熟记。

(1) 课前预习、课中记笔记,课后复习。

(2) 复习:①复习要及时;②要科学地分配时间;③复习方式要多样化。

(3) 记忆:懂得记忆法,学会记忆,要有兴趣和好奇心,要保持乐观态度,善于劳逸结合,要集中注意力,井井有条。

(4) 要勤于动手,联系实际,与实验课、先修和并修课程内容相联系,以促进理解,加强记忆。

(5) 要带着问题去看书,勤于思考和提问,抓住主线,由表及里,循序渐进。

(6) 广泛阅览生物化学参考书,扩大自己的知识面。

◆ 思考题

1. 生物化学主要有哪些研究内容?
2. 生物化学在21世纪生物学发展中的重要性是什么?
3. 生物化学为什么依赖于各种新技术的发展?
4. 生物化学与生命科学各学科的关系是什么?
5. 怎样学好生物化学?
6. 学好生物化学,如何为国家和人类服务?

第一章 蛋白质化学

蛋白质（protein）是最基本的生命物质之一，是荷兰化学家 Mulder 首先使用的，来自于希腊语"protos"，意为"第一"和"最重要的"。在机体内蛋白质的含量很多，约占机体固体成分的 45%，不论是动物、植物，还是简单的细菌、病毒中都有蛋白质的存在。它是细胞原生质的主要成分，与核酸一起共同构成了生命的物质基础。现已明确，遗传信息传递的物质基础是核酸，基因实际上就是 DNA 分子中有特定核苷酸顺序的片段。然而，遗传信息的传递、表达，包括复制、转录、翻译，都离不开蛋白质的作用。正如恩格斯所说，"生命是蛋白体的存在方式"，这充分说明了蛋白质在生命活动中的重要意义。

第一节 蛋白质概述

一、蛋白质的元素组成与相对分子质量

（一）蛋白质的元素组成

蛋白质的元素分析表明，组成蛋白质的主要元素有碳、氢、氧、氮、硫，有些还含有少量磷或金属元素，如铁、铜、锌、锰、钴、钼等。各种蛋白质的含氮量很接近，平均为 16%，而在糖和脂类中不含氮，这是蛋白质元素组成的一个特点。氮元素是蛋白质区别于糖和脂肪的特征性元素，由于蛋白质是体内的主要含氮物，因此可以根据生物样品的含氮量计算其中蛋白质的大致含量，这也是凯氏（Kjedahl）定氮法测定蛋白质含量的计算基础。只要测定出生物样品中氮的含量，通过下列算式就可以计算出样品中蛋白质的含量。

蛋白质含量 = 含氮量 × 100 ÷ 16 = 含氮量 × 6.25

生物样品中除蛋白质外，还有其他含氮化合物存在，如核酸、生物碱等，因而由此得出的是蛋白质的大致含量。一般蛋白质的元素组成见表 1-1。

表 1-1 一般蛋白质的元素组成

元素	C	H	O	N	S	P	Fe
平均含量（%，按干物质计）	50~55	6.0~7.0	19~24	15~17	0.0~0.4	0.0~0.8	0.0~0.4

（二）蛋白质的相对分子质量

蛋白质的相对分子质量变化范围很大，从 6 000 到 100 万或更大。一般将相对分子质量小于 6 000 的称为肽，不过这个界限不是绝对的，如牛胰岛素相对分子质量为 5 700，一般仍认为是蛋白质。蛋白质煮沸凝固，而肽不凝固。较大的蛋白质如烟草花叶病毒的蛋白质，分子极大，每个分子由 2 130 条肽链组成，每条肽链的相对分子质量为 $1.75×10^4$。相对分子质量达 4 000 万。

二、蛋白质的分类

(一) 按组成成分分类

蛋白质可根据其化学组成的不同分为简单蛋白质（simple protein）和结合蛋白质（conjugated protein）两大类。

简单蛋白质完全由氨基酸组成，不含非蛋白成分，如血清清蛋白等。根据溶解性的不同，可将简单蛋白分为以下 7 类：清蛋白、球蛋白、组蛋白、精蛋白、谷蛋白、醇溶蛋白和硬蛋白。

结合蛋白由蛋白质和非蛋白成分组成，后者称为辅基。根据辅基的不同，可将结合蛋白分为以下 7 类：核蛋白、脂蛋白、糖蛋白、磷蛋白、血红素蛋白、黄素蛋白和金属蛋白。

(二) 按分子形状分类

蛋白质按分子形状不同而分为纤维状蛋白质和球状蛋白质两大类。

球状蛋白外形近似球体，多溶于水，大都具有活性，如酶、转运蛋白、蛋白激素、抗体等。球状蛋白的长轴和短轴之比一般小于 10。

纤维状蛋白外形细长，呈纤维状或棒状，分子长轴和短轴的比一般大于 10。大都是结构蛋白，如胶原蛋白、弹性蛋白、角蛋白等。纤维状蛋白按溶解性又可分为可溶性纤维蛋白与不溶性纤维蛋白。前者如血液中的纤维蛋白原、肌肉中的肌球蛋白等，后者如胶原蛋白、弹性蛋白、角蛋白等结构蛋白。

(三) 按功能分类

按照蛋白质的功能，则可划分为酶蛋白、结构蛋白、运输蛋白、受体蛋白、调节蛋白、防御蛋白、贮存蛋白、毒蛋白等。

上述蛋白质的分类并不是绝对的，彼此间是有联系的。例如，组蛋白属于简单蛋白，若它和 DNA 结合在一起时，则把它们合称为核蛋白，此种蛋白就属于结合蛋白类。

三、蛋白质的功能

蛋白质在体内所承担的生物学功能是多种多样的，可总结如下：

1. 催化功能　酶是以蛋白质为主要成分的生物催化剂，代谢反应几乎都是在酶的催化下进行的。

2. 结构功能　蛋白质可以作为生物体的结构成分。在高等动物里，胶原蛋白是主要的细胞外结构蛋白，参与结缔组织和骨骼作为身体的支架，占蛋白总量的 1/4。细胞里的片层结构，如细胞膜、线粒体、叶绿体和内质网等都是由不溶性蛋白与脂类组成的。动物的毛发和指甲都是由角蛋白构成的。

3. 运输功能　如血红蛋白和肌红蛋白运输氧；脂蛋白运输脂类；细胞色素和铁氧还蛋白传递电子；细胞膜上的离子通道、离子泵、载体等运输离子和代谢物。

4. 储存功能　某些蛋白质的作用是储存氨基酸作为生物体的养料和胚胎或幼儿生长发育的原料。此类蛋白质包括蛋类中的卵清蛋白、奶类中的酪蛋白和小麦种子中的麦醇溶蛋白等。肝脏中的铁蛋白可将血液中多余的铁储存起来，供缺铁时使用。

5. 运动功能　肌肉中的肌球蛋白和肌动蛋白是运动系统的必要成分，它们构象的改变会引起肌肉的收缩，带动机体运动。细菌中的鞭毛蛋白有类似的作用，它的收缩引起鞭毛的摆动，从而使细菌在水中游动。

6. 防御功能 高等动物的免疫反应是机体的一种防御机能，它主要也是通过蛋白质（抗体）来实现的。凝血与纤溶系统的蛋白因子、溶菌酶、干扰素等，也担负着防御和保护功能。

7. 调节功能 某些动物激素是蛋白质，如胰岛素、生长素、促卵胞激素、促甲状腺激素等，在代谢调节中具有十分重要的意义。

8. 信息传递功能 激素和神经递质的受体蛋白有接受和传递信息的功能。细胞表面抗原参与免疫反应和细胞识别。

9. 遗传调控功能 遗传信息的储存和表达都与蛋白质有关。DNA 在储存时是缠绕在蛋白质（组蛋白）上的。有些蛋白质，如阻遏蛋白，与特定基因的表达有关。β-半乳糖苷酶基因的表达受到一种阻遏蛋白的抑制，当需要合成 β-半乳糖苷酶时经过去阻遏作用才能表达。

10. 其他功能 某些生物能合成有毒的蛋白质，用以攻击或自卫。如某些植物在被昆虫咬过以后会产生一种毒蛋白。白喉毒素可抑制生物蛋白质合成。

第二节 氨 基 酸

从各种生物体中发现的氨基酸（amino acid, aa）已有 180 多种，但参与组成蛋白质的氨基酸只有 20 种，它们均由相应的遗传密码编码，称为基本氨基酸或常见氨基酸（common amino acid, or standard amino acid），也称编码氨基酸（coding amino acid）。此外，在某些蛋白质中还存在若干种不常见的氨基酸，如 4-羟脯氨酸，参与蛋白质的构成，但出现频率很小，称为稀有氨基酸（uncommon amino acid or nonstandard amino acid）。它们一般是常见蛋白质氨基酸经修饰产生的衍生物，没有自己的密码子（注意：近年发现的蛋白质稀有氨基酸——硒代半胱氨酸和吡咯赖氨酸有自己的密码子）。生物体内各种组织和细胞中还存在着许多其他的氨基酸，这些氨基酸不参与蛋白质的组成，被称为非蛋白质氨基酸。非蛋白质氨基酸没有自己的密码子，它们大多为蛋白质氨基酸的衍生物，有些是氨基酸代谢的前体或中间产物，如鸟氨酸等。

一、氨基酸的结构及分类

（一）氨基酸的结构

氨基酸是一类取代羧酸，可视为羧酸分子中烃基上的氢原子被氨基取代的一类产物，根据氨基和羧基在分子中相对位置的不同，氨基酸可分为 α, β, γ, …, ω 氨基酸。

$$\underset{\alpha \text{ 氨基酸}}{\underset{|}{\text{RCHCOOH}} \atop \text{NH}_2} \qquad \underset{\beta \text{ 氨基酸}}{\underset{|}{\text{RCHCH}_2\text{COOH}} \atop \text{NH}_2} \qquad \underset{\gamma \text{ 氨基酸}}{\underset{|}{\text{RCHCH}_2\text{CH}_2\text{COOH}} \atop \text{NH}_2}$$

目前在自然界中发现的氨基酸有数百种，但由天然蛋白质完全水解生成的氨基酸中只有 20 种，其中第一个氨基酸天冬氨酸于 1806 年被发现，而最后一个氨基酸苏氨酸则在 1938 年才被发现。20 种氨基酸除脯氨酸外，其余 19 种氨基酸在结构上均有一个共同特征，即在 α 碳原子上都有一个游离的羧基和一个游离的氨基，因而称为 α 氨基酸。它们之间的差别在于其侧链结构 R 基团的不同。氨基酸的结构通式为：

$$\begin{array}{c} \text{COOH} \\ | \\ \text{H—C}^\alpha\text{—NH}_2 \\ | \\ \text{R} \end{array} \qquad \begin{array}{c} \text{COO}^- \\ | \\ \text{H—C}^\alpha\text{—NH}_3^+ \\ | \\ \text{R} \end{array}$$

　　　不带电形式　　　　　　　两性离子形式

式中 R 代表侧链基团，不同的氨基酸只是侧链 R 基不同。20 种编码氨基酸中除甘氨酸外，其他各种氨基酸分子中的 α 碳原子均为手性碳原子，即 α 碳上所连接的 4 个原子或基团互不相同，都有旋光性。旋光性指 α 氨基酸溶液可使偏振光左旋（−）或右旋（+）。

　　由于 α 碳原子的不对称性，α 氨基酸有 D 型、L 型两种异构体。通常与甘油醛的 D 型、L 型比较来命名 D 型和 L 型氨基酸。凡氨基酸分子中 α 氨基的位置与 L-甘油醛-OH 的位置相同者为 L 型，相反为 D 型。

$$\begin{array}{c} \text{COO}^- \\ | \\ \text{H}_3\overset{+}{\text{N}}\text{—}\!\!\!\!\!\!\text{—}\!\!\!\!\!\!\text{—H} \\ | \\ \text{R} \end{array} \qquad \begin{array}{c} \text{COO}^- \\ | \\ \text{H—}\!\!\!\!\!\!\text{—}\!\!\!\!\!\!\text{—}\overset{+}{\text{N}}\text{H}_3 \\ | \\ \text{R} \end{array}$$

　　　L-氨基酸　　　　　　　D-氨基酸

氨基酸的构型与旋光性两者之间无直接对应关系，因为各种 L-氨基酸其旋光方向有左旋，也有右旋，即使同一种 L-氨基酸，在不同溶剂内测定其旋光方向和比旋值也不相同；组成蛋白质的氨基酸都是 L 型，习惯上书写氨基酸时构型和旋光方向都不标明。在某些微生物中存在有 D-氨基酸，但不参与蛋白质的组成。氨基酸的缩写符号一般由英文名称的前三个字母表示，但近年来倾向于用单字母表示。如丙氨酸（alanine）的缩写符号为 Ala 或 A。

（二）氨基酸的分类

　　氨基酸的分类方法很多，根据 R 基的化学结构，可分为脂肪族氨基酸（如丙氨酸、亮氨酸等）、芳香族氨基酸（如苯丙氨酸、酪氨酸等）和杂环氨基酸（如组氨酸、色氨酸等），其中以脂肪族氨基酸为最多。根据分子中所含氨基和羧基的相对数目分为中性氨基酸、酸性氨基酸和碱性氨基酸 3 类。所谓中性氨基酸是指分子中氨基和羧基数目相等的氨基酸，由于羧基电离能力较氨基大，其水溶液实际显微酸性，如甘氨酸、苯丙氨酸等；分子中羧基的数目多于氨基的称为酸性氨基酸，如天冬氨酸、谷氨酸等；氨基数目多于羧基的称为碱性氨基酸，如赖氨酸、精氨酸等。

　　根据氨基酸侧链 R 基的极性及其所带电荷，将 20 种编码氨基酸分为 4 类（表 1-2）。

1. 非极性 R 基氨基酸　因其含非极性侧链，故具有疏水性，它们通常处于蛋白质分子内部，有丙氨酸、缬氨酸、亮氨酸、异亮氨酸、甲硫氨酸、苯丙氨酸、色氨酸、脯氨酸。

2. 不带电荷的极性 R 基氨基酸　其侧链中含有羟基、巯基、酰胺基等极性基团，但它们在生理条件下却不带电荷，具有一定的亲水性，往往分布在蛋白质分子的表面，有丝氨酸、苏氨酸、酪氨酸、半胱氨酸、天冬酰胺、谷氨酰胺、甘氨酸。

3. 带正电荷的 R 基氨基酸（碱性氨基酸）　在其侧链中常常带有易接受质子的基团（如胍基、氨基、咪唑基等），因此它们在中性和酸性溶液中带正电荷，有赖氨酸、精氨酸、组氨酸。

4. 带负电荷的 R 基氨基酸（酸性氨基酸）　在其侧链中带有给出质子的羧基，因此它们在中性或碱性溶液中带负电荷，有谷氨酸和天冬氨酸。

表 1-2　20种编码氨基酸的名称和结构式

名　称	英文缩写		结构式
非极性氨基酸			
丙氨酸（α-氨基丙酸） 　alanine	Ala	A	$CH_3-CH-COO^-$ 　　　$\underset{+NH_3}{\|}$
亮氨酸（γ-甲基-α-氨基戊酸）* 　leucine	Leu	L	$(CH_3)_2CHCH_2-CHCOO^-$ 　　　　　　　$\underset{+NH_3}{\|}$
异亮氨酸（β-甲基-α-氨基戊酸）* 　isoleucine	Ile	I	$CH_3CH_2-CH-CHCOO^-$ 　　　　　$\underset{CH_3}{\|}\underset{+NH_3}{\|}$
缬氨酸（β-甲基-α-氨基丁酸）* 　valine	Val	V	$(CH_3)_2CH-CHCOO^-$ 　　　　　　$\underset{+NH_3}{\|}$
脯氨酸（α-四氢吡咯甲酸） 　proline	Pro	P	(吡咯环-COO⁻结构)
苯丙氨酸（β-苯基-α-氨基丙酸）* 　phenylalanine	Phe	F	$C_6H_5-CH_2-CHCOO^-$ 　　　　　　$\underset{+NH_3}{\|}$
甲硫氨酸（α-氨基-γ-甲硫基戊酸）* 　methionine	Met	M	$CH_3SCH_2CH_2-CHCOO^-$ 　　　　　　　$\underset{+NH_3}{\|}$
色氨酸［α-氨基-β-(3-吲哚基)丙酸］* 　tryptophan	Trp	W	(吲哚-$CH_2-CHCOO^-$ 　　　　　　$\underset{+NH_3}{\|}$)
非电离的极性氨基酸			
甘氨酸（α-氨基乙酸） 　glycine	Gly	G	CH_2-COO^- 　$\underset{+NH_3}{\|}$
丝氨酸（α-氨基-β-羟基丙酸） 　serine	Ser	S	$HOCH_2-CHCOO^-$ 　　　　$\underset{+NH_3}{\|}$
谷氨酰胺（α-氨基戊酰胺酸） 　glutamine	Gln	Q	$H_2N-\underset{O}{\overset{\|}{C}}-CH_2CH_2CHCOO^-$ 　　　　　　　　$\underset{+NH_3}{\|}$
苏氨酸（α-氨基-β-羟基丁酸）* 　threonine	Thr	T	$CH_3CH-CHCOO^-$ 　　$\underset{OH}{\|}\underset{+NH_3}{\|}$
半胱氨酸（α-氨基-β-巯基丙酸） 　cysteine	Cys	C	$HSCH_2-CHCOO^-$ 　　　　$\underset{+NH_3}{\|}$
天冬酰胺（α-氨基丁酰胺酸） 　asparagine	Asn	N	$H_2N-\underset{O}{\overset{\|}{C}}-CH_2CHCOO^-$ 　　　　　　　$\underset{+NH_3}{\|}$
酪氨酸（α-氨基-β-对羟苯基丙酸） 　tyrosine	Tyr	Y	$HO-C_6H_4-CH_2-CHCOO^-$ 　　　　　　　　$\underset{+NH_3}{\|}$

(续)

名称	英文缩写		结构式
酸性氨基酸			
天冬氨酸（α-氨基丁二酸） aspartic acid	Asp	D	HOOCH$_2$CHCOO$^-$ | $^+$NH$_3$
谷氨酸（α-氨基戊二酸） glutamic acid	Glu	E	HOOCCH$_2$CH$_2$CHCOO$^-$ | $^+$NH$_3$
碱性氨基酸			
赖氨酸（α，ω-二氨基己酸）* lysine	Lys	K	$^+$NH$_3$CH$_2$CH$_2$CH$_2$CH$_2$CHCOO$^-$ | NH$_2$
精氨酸（α-氨基-δ-胍基戊酸） arginine	Arg	R	结构式（含胍基）
组氨酸[α-氨基-β-(4-咪唑基)丙酸] histidine	His	H	结构式（含咪唑环）

* 为必需氨基酸

不同蛋白质中所含氨基酸的种类和数量不同；有些氨基酸在人体和动物体内不能合成而又是营养所必不可少的，必须依靠食物供应，若缺少则会导致许多种类蛋白质的代谢和合成失去平衡，这些氨基酸称为必需氨基酸（表1-2中标注*者）。

二、氨基酸的理化性质

（一）一般物理性质

α氨基酸为无色结晶，熔点较高，一般为200～300 ℃。这是因为晶体中氨基酸以内盐形式存在，但往往在熔化前受热分解放出CO_2。每种氨基酸都有特殊的结晶形状，利用结晶形状可以鉴别氨基酸。氨基酸一般都溶于水，但酪氨酸和半胱氨酸是例外，并能溶解于稀酸或稀碱中，除脯氨酸、羟脯氨酸外，都不能溶于有机溶剂，通常酒精能把氨基酸从其溶液中沉淀析出。除甘氨酸外，所有编码氨基酸都具有旋光性，用测定比旋光度的方法可以测定氨基酸的纯度。

（二）氨基酸的两性解离与等电点

1. 氨基酸的两性解离　氨基酸同时含有碱性的氨基和酸性的羧基，羧基（—COOH）可解离放出H^+，自身变成带负电的—COO$^-$；氨基（—NH$_2$）可接受H^+而转变成带正电的—NH$_3^+$。因此氨基酸具有两性性质，在水溶液或晶体中基本上以两性离子或兼性离子状态存在。所谓两性离子指同一氨基酸分子上带有正、负等量的两种电荷。由于氨基酸是两性离子，导致其熔点很高，以及溶于水时，水的介电常数增高等现象。氨基酸溶于水时，其正、负离子都能解离，但羧基和氨基的解离度受到溶液的pH影响。当向氨基酸溶液中加酸（加H^+）时，则两性离子中的—COO$^-$接受H^+，自身变成阳离子，在电场中其正离子向阴极移动；若向溶液中加碱（加OH$^-$），则两性离子的—NH$_3^+$释放一个H^+与OH$^-$结合成水，其自身变为负离子，在电场中负离子向阳极移动。

$$\underset{NH_2}{R-CH-COO^-} \underset{OH^-}{\overset{H^+}{\rightleftharpoons}} \underset{NH_3^+}{R-CH-COO^-} \underset{OH^-}{\overset{H^+}{\rightleftharpoons}} \underset{NH_3^+}{R-CH-COOH}$$

$$\underset{NH_2}{R-CH-COOH} \rightleftharpoons$$

阴离子（pH>pI）　两性离子（pH=pI）　阳离子（pH<pI）

2. 等电点　利用酸或碱适当调节溶液的 pH，可使氨基酸的酸性解离与碱性解离相等，所带正、负电荷数相等，这种使氨基酸处于等电状态时溶液的 pH 称为该氨基酸的等电点（isoelectric point），以 pI 表示。在等电点时，氨基酸溶液的 pH=pI，氨基酸主要以电中性的两性离子存在，在电场中不向任何电极移动；溶液的 pH<pI 时，氨基酸带正电荷，在电场中向负极移动；溶液的 pH>pI 时，氨基酸带负电荷，在电场中向正极移动。

各种氨基酸由于组成和结构不同，具有不同的等电点。等电点是氨基酸的一个特征常数，常见氨基酸的等电点见表 1-3。中性氨基酸由于羧基的电离略大于氨基，故在纯水中呈微酸性，其 pI 略小于 7，一般为 5.0～6.5，酸性氨基酸的 pI 为 2.7～3.2，而碱性氨基酸的 pI 为 7.5～10.7。

表 1-3　常见氨基酸的 pK' 和 pI 值

氨基酸	pK_1'	pK_2'	pK_R'	pI
甘氨酸	2.34	9.60		5.97
丙氨酸	2.34	9.69		6.02
缬氨酸	2.32	9.62		5.97
亮氨酸	2.36	9.60		5.98
异亮氨酸	2.36	9.68		6.02
天冬氨酸	2.09	9.82	3.86(β-COOH)	2.97
天冬酰胺	2.02	8.80		5.41
谷氨酸	2.19	9.67	4.25(γ-COOH)	3.22
谷氨酰胺	2.17	9.13		5.65
精氨酸	2.17	9.04	12.48（胍基）	10.76
赖氨酸	2.18	8.95	10.53(ε-(NH$_3^+$))	9.74
半胱氨酸	1.71	10.78	8.33(β-SH)	5.02
甲硫氨酸	2.28	9.21		5.75
丝氨酸	2.21	9.15		5.68
苏氨酸	2.63	10.43		6.53
苯丙氨酸	1.83	9.13		5.48
酪氨酸	2.20	9.11	10.07（酚基）	5.66
组氨酸	1.82	9.17	6.00（咪唑基）	7.59
色氨酸	2.38	9.39		5.89
脯氨酸	1.99	10.60		6.30

利用氨基酸等电点的不同，可以分离、提纯和鉴定不同氨基酸。氨基酸在等电点时，净电荷为零，在水溶液中溶解度最小。在高浓度的混合氨基酸溶液中，逐步调节溶液的 pH，可使不同的氨基酸在不同的 pH 时分步沉淀，即可得到较纯的氨基酸。在同一 pH 的缓冲液中，各种氨基酸所带的电荷不同，它们在直流电场中，移动的方向和速率不同，因此可利用电泳分离或鉴定不同的氨基酸。

3. 氨基酸的滴定曲线 氨基酸的两性解离特性使氨基酸既可被酸又可被碱滴定，从氨基酸的酸碱滴定曲线可以清楚地说明氨基酸的羧基和氨基在不同 pH 环境中的解离度。

氨基酸完全质子化时，可以看成是多元酸，如侧链 R 基不解离的中性氨基酸可看做二元酸，酸性氨基酸和碱性氨基酸可看做三元酸。现以最简单的氨基酸（甘氨酸）为例说明氨基酸的解离情况，甘氨酸的两步解离反应式如下：

$$H_3N^+—CH_2COOH \xrightleftharpoons{K'_1} H_3N^+—CH_2—COO^- + H^+$$

阳离子（AA$^+$）　　　两性离子（AA$^\pm$）

$$H_3N^+—CH_2—COO^- \xrightleftharpoons{K'_2} H_2N—CH_2—COO^- + H^+$$

两性离子（AA$^\pm$）　　　阴离子（AA$^-$）

第一步解离　　　　　　$K'_1 = [AA^\pm][H^+]/[AA^+]$　　　　　　(1-1)

第二步解离　　　　　　$K'_2 = [AA^-][H^+]/[AA^\pm]$　　　　　　(1-2)

在上列公式中，K'_1 和 K'_2 分别代表 α 碳原子上的 -COO$^-$ 和 -NH$_3^+$ 的表观解离常数。如果侧链 R 基上有可解离的基团，其表观解离常数用 K'_R 表示。解离常数按照其酸性递减的顺序依次编号为 K'_1、K'_2 等。

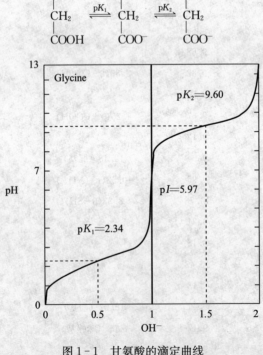

图 1-1　甘氨酸的滴定曲线
(引自 Nelson D. L.，2008)

氨基酸的表观解离常数,可以通过实验绘制氨基酸的滴定曲线(解离曲线),然后从中求得。当 1 mol 甘氨酸溶于水中,溶液 pH 约等于 6,用标准盐酸进行滴定,以加入盐酸的物质的量对溶液的 pH 作图,得到滴定曲线 A(图 1-1),当滴定到 $[A^+]=[A^0]$ 时,由公式(1-1)可得到 $K'=[H^+]$,则 $pK_1'=pH$,这就是曲线 A 转折点处的 pH 为 2.34,即 $pK'=2.34$;甘氨酸溶液用标准氢氧化钠滴定,以加入氢氧化钠的物质的量对溶液的 pH 作图,得到滴定曲线 B,当滴定至 $[A^0]=[A^-]$ 时,由公式(1-2)可以得到 $pK_2'=pH$,这就是曲线 B 转折点处的 pH 为 9.60,即 $pK_2'=9.60$;在曲线 A 和曲线 B 之间的转折点处甘氨酸所带净电荷为零,此处的 pH 即甘氨酸的 pI。

甘氨酸的滴定曲线代表 R 基不解离的一氨基一羧基氨基酸的两性解离情况,这类氨基酸的 pK_1' 在 2.0~3.0 的范围内,pK_2' 在 9.0~10.0 的范围内(表 1-3)。对于 R 基解离的氨基酸的滴定曲线比较复杂,它们相当于三元酸,滴定曲线分为 3 部分,对应有 3 个 pK'。

氨基酸在 pK' 附近表现出明显的缓冲容量,从表 1-3 中看到 20 种氨基酸,除组氨酸外,pK' 都不在 pH7 附近,所以在生理状态下这些氨基酸都没有明显的缓冲能力,只有组氨酸的咪唑基 pK' 为 6,在 pH7 附近有明显的缓冲作用,这个性质在血红蛋白运输 O_2 和 CO_2 过程中起重要作用。

4. 计算氨基酸各种离子的比例 根据 Handerson - Hasselbalch 公式:
$$pH=pK'+\lg[质子受体]/[质子供体] \tag{1-3}$$

如果已知氨基酸各步解离的表观解离常数,可以计算出在某一 pH 条件下氨基酸各种离子的比例。

5. pI 与 pK' 的关系 中性氨基酸以甘氨酸解离为例,将式(1-1)和式(1-2)相乘,得到
$$K_1' \cdot K_2' = [A^0][H^+]/[A^+] \cdot [A^-][H^+]/[A^0]$$

当甘氨酸处于等电点时,$[A^+]=[A^-]$ 则 $K_1' \cdot K_2' = [H^+]^2$

等式两边取对数,得到
$$\lg[H^+]=1/2\lg(K_1' \cdot K_2')=1/2(\lg K_1' + \lg K_2')$$

即
$$pH=1/2(pK_1'+pK_2')$$

氨基酸处于等电点时溶液的 pH 用 pI 表示,所以
$$pI=1/2(pK_1'+pK_2') \tag{1-4}$$

所以甘氨酸的等电点
$$pI=1/2(2.34+9.60)=5.97$$

酸性氨基酸 $\quad pI=1/2(pK_1'+pK_R') \tag{1-5}$

碱性氨基酸 $\quad pI=1/2(pK_2'+pK_R') \tag{1-6}$

从式(1-4)至式(1-6)可以看出,等电点只与等电两性离子 A^0 两侧的 pK' 有关。求氨基酸的等电点 pI 时,只要写出该氨基酸的解离方程式,取两性离子两边 pK' 的平均值即为 pI。

(三)氨基酸的紫外吸收

参与蛋白质组成的 20 种氨基酸,在可见光区域都没有光吸收,但在远紫外区域(<220 nm)均有光吸收。在近紫外区域(220~300 nm)只有酪氨酸、苯丙氨酸和色氨酸有吸收光的能力。

因为它们的R基含有苯环共轭双键系统。酪氨酸的最大光吸收波长为278 nm，苯丙氨酸的为259 nm，色氨酸的为279 nm(图1-2)。

蛋白质由于含有这些氨基酸也有紫外吸收能力。一般最大光吸收波长在280 nm处，因此利用分光光度法能很方便地测定蛋白质的含量。但是在不同的蛋白质中这些氨基酸的含量不同，所以它们的消光系数（或称吸收系数）是不一样的。

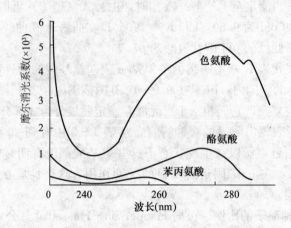

图1-2 色氨酸、酪氨酸和苯丙氨酸的紫外吸收光谱
(引自刘伟，2007)

（四）氨基酸的重要化学反应

1. 与茚三酮反应 在氨基酸的分析化学中，具有特殊意义的是氨基酸与茚三酮的反应。茚三酮在弱酸性溶液中与α氨基酸共热，引起氨基酸氧化脱氨、脱羧反应，最后茚三酮与反应物——氨和还原茚三酮发生作用，生成蓝紫色物质。其反应如下：

用纸层析或柱层析把各种氨基酸分开后，利用茚三酮显色可以定性或定量测定各种氨基酸。定量释放的 CO_2 用测压法测量，从而计算出参加反应的氨基酸量。两个亚氨基氨基酸——脯氨酸和羟脯氨酸与茚三酮反应形成黄色化合物。

2. 与2,4-二硝基氟苯的反应（Sanger反应） 在弱碱性溶液中，氨基酸的α氨基很容易与2,4-二硝基氟苯（DNFB）作用，生成稳定的黄色2,4-二硝基苯基氨基酸（简写为DNP-氨基酸）。

$$O_2N-\bigcirc-F + H_2N-\underset{R}{\underset{|}{CH}}-COOH \xrightarrow{弱碱中} O_2N-\bigcirc-\underset{NO_2}{\underset{|}{}}-N\underset{H}{-}\underset{R}{\underset{|}{CH}}-COOH + HF$$

(DNFB)　　　　　　　　　　　　　　　　　DNP-氨基酸（黄色）

这个反应首先被英国的 Sanger 用来鉴定多肽或蛋白质的 N 末端氨基酸。

3. 与异硫氰酸苯酯的反应（Edman 反应）　在弱碱性条件下，氨基酸中的 α 氨基还可以与异硫氰酸苯酯（PITC）反应，产生相应的苯氨基硫甲酰氨基酸（PTC-氨基酸）。在无水酸中，PTC-氨基酸即环化为苯乙内酰硫脲（PTH），后者在酸中极稳定。

$$\bigcirc-N=C=S + NH_2-\underset{R}{\underset{|}{\overset{COOH}{\overset{|}{C}}}}-H \xrightarrow{弱碱中} \bigcirc-N\underset{S=C}{\underset{|}{}}\underset{NH}{\underset{|}{}}\overset{HOH}{\underset{C}{\overset{|}{}}}=O \xrightarrow[CH_3NO_2]{H^+} \bigcirc-N\underset{S=C}{\underset{|}{}}\underset{NH}{\underset{|}{}}\overset{O}{\underset{C}{\overset{||}{}}}\underset{R}{\underset{|}{CH}}$$

苯异硫氰酸酯　　　　　　　苯氨基硫甲酰衍生物　　　　　苯乙内酰硫脲衍生物
　　　　　　　　　　　　　　（PTC氨基酸）　　　　　　　（PTH氨基酸）

这些衍生物是无色的，可用层析法加以分离鉴定。这个反应首先被 Edman 用于鉴定多肽或蛋白质的 N 末端氨基酸。蛋白质多肽链 N 末端氨基酸的 α 氨基也可以与 PITC 发生上述反应生成 PTH-肽，在酸性溶液中释放出末端的 PTH-氨基酸和比原来少一个氨基酸残基的多肽链，所得的 PTH-氨基酸用层析法鉴定，即可确定肽链 N 末端氨基酸的种类。剩余的肽链重复应用此方法测定其 N 端的第二个氨基酸，如此重复就可测定多肽链全部序列。由于 Edman 成功地将此方法用于氨基酸序列分析，故又称此反应为 Edman 反应。目前根据此原理设计出了蛋白质顺序测定仪（protein sequencer），大大提高了蛋白质测序的效率。

第三节　肽

氨基酸的 α 羧基与另一氨基酸的 α 氨基脱水缩合而形成的化合物称为肽（peptide），氨基酸之间脱水后形成的共价键称肽键（peptide bond），又称酰胺键。蛋白质是氨基酸通过肽键连接在一起的线性序列。生物体内存在各种长短不同的肽链。许多小肽具有特殊生物活性。

一、肽和肽链的结构及命名

最简单的肽由两个氨基酸通过肽键连接而成，称为二肽（dipeptide）。随着所含氨基酸数目的增加，依次称为三肽、四肽、五肽等。由于形成肽键的 α 羧基与 α 氨基之间缩合释放出一分子水，肽链中的氨基酸已不是完整的分子，因而称为氨基酸残基。通常，肽链的一端含有一个游离的 α 氨基，另一端则保留一个游离的 α 羧基。按规定肽链的氨基酸排列顺序从其氨基末端（N 末端）开始，到羧基末端（C 末端）终止，而且通常总是把 N 末端氨基酸残基放在左边，C 末端氨基酸残基放在右边，例如，丝氨酸、甘氨酸、酪氨酸、丙氨酸、亮氨酸形成的五肽——丝氨酰甘氨酰酪氨酰丙氨酰亮氨酸：

$$\underset{\substack{\text{氨基末端}\\(\text{N末端})}}{H_3N^+}-\underset{\substack{|\\CH_2OH}}{\overset{Ser}{CH}}-\overset{O}{\overset{\|}{C}}-\underset{H}{N}-\underset{H}{\overset{Gly}{CH_2}}-\overset{O}{\overset{\|}{C}}-\underset{H}{N}-\underset{\substack{|\\CH_2\\|\\\bigcirc\text{OH}}}{\overset{Tyr}{CH}}-\overset{O}{\overset{\|}{C}}-\underset{H}{N}-\underset{\substack{|\\CH_3}}{\overset{Ala}{CH}}-\overset{O}{\overset{\|}{C}}-\underset{H}{N}-\underset{\substack{|\\CH_2\\|\\CH\\/\ \backslash\\CH_3\ CH_3}}{\overset{Leu}{CH}}-COO^- \underset{\substack{\text{羧基末端}\\(\text{C末端})}}{}$$

不难看出，多肽链的骨架均由重复的肽单位排列而成，称为主链；肽单位是肽键的 4 个原子和与之相连的两个 α 碳原子所组成的基团，不同的多肽链氨基酸顺序不同。

肽的命名是根据参与其组成的氨基酸残基来确定的。规定从肽链的 NH_2 末端氨基酸残基开始，称为某氨基酰某氨基酰……某氨基酸。例如，具有上述化学结构的五肽命名为丝氨酰甘氨酰酪氨酰丙氨酰亮氨酸，简写为 Ser - Gly - Tyr - Ala - Leu。

肽键中的亚氨基虽然不能解离，但肽链带有游离的 N 端 $\alpha-NH_2$，和 C 端 $\alpha-COOH$，加上部分氨基酸可解离的 R 基团，因而与氨基酸一样具有两性解离的性质。肽链末端 $\alpha-NH_2$ 与 $\alpha-COOH$ 的间隔比游离氨基酸中的大，它们之间的静电引力较弱，因此 α 羧基的 pK_1' 值比游离氨基酸中的大一些；α 氨基的 pK_2' 值比游离氨基酸中的小一些，侧链基团的 pK_R' 变化不大。肽的化学反应与氨基酸一样，游离的 α 氨基、α 羧基、R 基团可发生与氨基酸中相应基团类似的反应，如茚三酮反应、Sanger 反应、Edman 反应等。含有两个以上肽键的化合物在碱性溶液中与 Cu^{2+} 生成紫红色到蓝紫色的络合物，称为双缩脲反应，可用以测定多肽和蛋白质含量。

二、重要的寡肽及其应用

肽广泛存在于动植物组织中，有一些在生物体内具有特殊功能。据近年来对活性肽的研究，生物的生长发育、细胞分化、大脑活动、肿瘤病变、免疫防御、生殖控制、抗衰老、生物钟规律及分子进化等均涉及活性肽。

1. 谷胱甘肽 动植物细胞中都含有一种三肽，称为还原型谷胱甘肽（reduced glutathion），即 γ-谷氨酰半胱氨酰甘氨酸，因为它含有游离的 -SH，所以常用 GSH 来表示。它的分子中有一特殊的 γ-肽键，是谷氨酸的 γ 羧基与半胱氨酸的 α 氨基缩合而成，显然这与蛋白质分子中的肽键不同。结构式如下：

$$\begin{array}{l}\ \ \ \ \ \ \ \ \ \ \ \ \ \ CO-NH-CH-CO-NH-CH_2-COOH\\\gamma\ CH_2\ |\\|\ CH_2\\\beta\ CH_2\ |\\|\ SH\\\alpha\ CHNH_2\\|\\\ \ \ COOH\end{array}\qquad\begin{array}{l}\gamma\ Glu-Cys-Gly\\\ \ \ \ \ \ \ \ \ \ \ \ \ \ \ \ \ |\\\ \ \ \ \ \ \ \ \ \ \ \ \ \ \ \ \ S\\\ \ \ \ \ \ \ \ \ \ \ \ \ \ \ \ \ |\\\ \ \ \ \ \ \ \ \ \ \ \ \ \ \ \ \ S\\\ \ \ \ \ \ \ \ \ \ \ \ \ \ \ \ \ |\\\gamma\ Glu-Cys-Gly\end{array}$$

还原型谷肽甘肽（GSH）　　　　　　　　氧化型谷胱甘肽（GSSG）

由于 GSH 中含有一个活泼的巯基，很容易氧化，两分子 GSH 脱氢以二硫键相连就成为氧化型谷胱甘肽（GSSG）。谷胱甘肽作为清除剂与有害的氧化剂作用可以保护含巯基的蛋白质，还是某些酶的辅酶，在体内氧化还原过程中起重要作用。

2. 脑啡肽 在小的活性肽中有一类称为脑啡肽（enkephalin）的物质近年来很引人注意。它是一类比吗啡更有镇痛作用的五肽物质。1975年底人们将其结构搞清，并从猪脑中分离出两种类型的脑啡肽。其结构如下：

$$H-Tyr-Gly-Gly-Phe-Met-OH$$
甲硫氨酸型脑啡肽（Met-脑啡肽）

$$H-Tyr-Gly-Gly-Phe-Leu-OH$$
亮氨酸型脑啡肽（Leu-脑啡肽）

由于脑啡肽类物质是高等动物脑组织中原来就有的，因此对它们进行深入研究不仅有可能人工合成出一类既有镇痛作用而又不会像吗啡那样使病人上瘾的药物，更重要的是为分子神经生物学的研究开阔了思路，从而可以在分子基础上阐明大脑的活动。

3. 加压素 加压素是脑下垂体后叶所分泌的多肽激素，由9个肽组成，呈环状结构，其简式如下：

$$\text{Cys—Tyr—Phe—Gln—Asn—Cys—Pro—Lys—Gly(NH}_2\text{)}$$
$$|\underline{\qquad\qquad\qquad\qquad\qquad}|$$
$$S\qquad\qquad\qquad\qquad\qquad S$$

加压素的功能是促进血管平滑肌收缩和抗利尿作用，因此临床上用于治疗尿崩症和肺咯血。

第四节 蛋白质的分子结构

蛋白质是生物大分子，虽然组成蛋白质的基本氨基酸为20种，但各种不同的蛋白质氨基酸残基数变化很大，少则50多个，多则千个以上，加之氨基酸排列顺序的差异及组合肽链数的不同，就形成了结构和功能都十分复杂和多样的蛋白质。目前已确认的蛋白质结构层次分为一级结构、二级结构、三级结构和四级结构，另外为了方便研究，在二、三级结构之间又划分出超二级结构和结构域两个层次。

一、蛋白质的一级结构

（一）一级结构的含义及重要性

蛋白质的一级结构（primary structure）即多肽链内氨基酸残基从N末端到C末端的排列顺序，或称氨基酸序列，是蛋白质最基本的结构。过去曾将一级结构混同于化学结构，根据国际纯化学与应用化学联合会（IUPAC）1969年的规定，一级结构专指氨基酸序列，而蛋白质的化学结构则包括肽链数目、端基组成、氨基酸序列和二硫键的位置，又称共价结构。

1953年，Sanger等人经过将近10年的努力，首次完成了牛胰岛素的氨基酸顺序的测定，目前一级结构已经测定的蛋白质数量日益增多，主要有胰岛素、细胞色素c、血红蛋白、肌红蛋白、烟草花叶病毒蛋白、牛胰核糖核酸酶及溶菌酶等。

胰岛素是一级结构首先被揭示的蛋白质，胰岛素是动物胰岛细胞分泌的一种激素蛋白。胰岛素分子由51个氨基酸残基组成，它由两条肽链组成，一条称为A链，是21肽；另一条称为B链，是30肽。A链和B链由两对二硫键连接起来。在A链内还有一个由二硫键形成的链内小环（图1-3）。

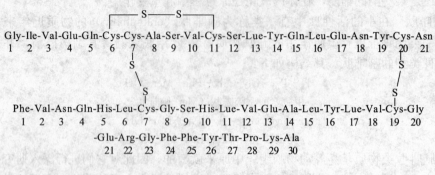

图1-3 牛胰岛素的化学结构
(引自刘伟，2007)

测定一级结构的意义在于不仅使人工合成有生物活性的蛋白质和多肽成为可能，而且对于揭示一级结构与生物功能间的关系也有着特别重要的意义。我国生化工作者根据胰岛素的氨基酸顺序于1965年用人工方法合成了具有生物活性的牛胰岛素，第一次成功地完成了蛋白质的全合成，为生物化学的发展作出了重大贡献。此外，人们可以从比较生物化学（comparative biochemistry）的角度分析比较功能相同、而种属来源不同的蛋白质的一级结构差异，为生物进化提供生物化学依据；也可以分析比较同种蛋白质的个体差异，为遗传疾病的诊治提供可靠依据。

（二）蛋白质一级结构的测定

蛋白质的氨基酸序列测定是很复杂的，现将其一般程序简介如下：

1. 蛋白质样品预处理 用于序列测定的样品必须纯化并测定相对分子质量，再加入含巯基乙醇的高浓度尿素溶液，使蛋白质分子中的二硫键和非共价键断开。

2. 测定氨基酸组成 通常将蛋白质样品用 $6\ mol·L^{-1}$ HCl 在 110 ℃ 水解 24 h，再用氨基酸自动分析仪进行测定。据此可初步了解蛋白质的氨基酸种类及其数量。

3. 肽链末端氨基酸的测定 用 Sanger 反应或 Edman 反应，测定 N 末端氨基酸；用羧肽酶或肼解法测定 C 末端氨基酸，为氨基酸序列提供两个重要的参考点。

4. 专一性部分裂解 为了便于测定，通常用蛋白酶或试剂（图1-4）将长的肽链专一性裂解成若干小的肽片段，每种样品至少用两种方法裂解，产生两套以上的片段，以便借助重叠法排列出完整的序列。

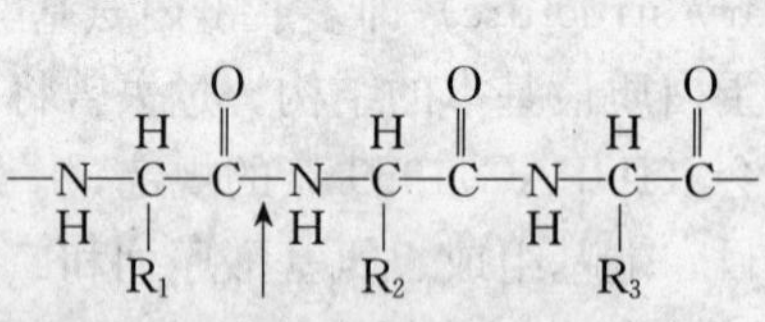

胰蛋白酶　　　　R_1=Lys 或 Arg 侧链（专一要求，水解速度快）
　　　　　　　　R_2=Pro（抑制水解）

胰凝乳蛋白酶　　R_1=Phe, Trp 或 Tyr（水解速度快）；Leu, Met 或 His（水解速度次之）
　　　　　　　　R_2=Pro（抑制水解）

嗜热菌蛋白酶　　R_1=Leu, Ile, Phe, Trp, Val, Tyr 或 Met（疏水性强的残基，水解速度快）
　　　　　　　　R_2=Gly 或 Pro（不水解）

溴化氢　　　　　R_1=Met（高度专一，将 Met 变为高丝氨酸内酯）

图1-4 几种蛋白水解酶（内肽酶）的专一性

5. 肽片段的分离纯化　用电泳或高效液相层析将部分裂解的样品分离纯化，得到两套或几套肽片段。

6. 各个肽段的氨基酸序列测定　目前主要用 Edman 降解法或序列仪进行测定。

7. 确定整个肽链的氨基酸序列利用两套或几套肽片段氨基酸序列彼此间的重叠，确定各肽段在多肽链中的位置，拼凑出完整的氨基酸序列（图1-5）。

　　胰蛋白酶解肽　　　　　　**胰凝乳蛋白酶解肽**
　Gly - Phe - Val - Glu - Arg　　Asp - Lys - Gly - Phe
　Val - Phe - Asp - Lys　　　　 Val - Phe
　　　　　　　　　　　　　　　　Val - Glu - Arg

Val - Phe - Asp - Lys - Gly - Phe - Val - Glu - Arg

图1-5　用酶解片段重叠，得到氨基酸序列

二、蛋白质的空间构象和维持构象的作用力

根据 X 射线衍射研究，蛋白质的多肽链并非线性伸展，而是以一定的方式折叠成特定的空间结构，并在此基础上产生特有的功能。讨论蛋白质的空间结构时经常使用构型和构象这两个词，因此有必要先明确其含义与区别。

（一）构型与构象

构型（configuration）是指不对称碳原子上相连的各原子或取代基团的空间排布。任何一个不对称碳原子相连的4个不同原子或基团，只可能有两种不同的空间排布，即 D 构型和 L 构型。构型的转变必定伴随着共价键的断裂和重组。

构象（conformation）是指相同构型的化合物中，与碳原子相连的各原子或取代基团在单键旋转时形成的相对空间排布。显然构象的改变不需要共价键的断裂和重新形成，只需单键旋转方向或角度改变即可。

（二）维持蛋白质构象的作用力

多肽链的共价主链形式上都是单键。因此，可以设想一个多肽主链将可能有无限多种构象，并且由于热运动，任何一种特定的多肽构象还将发生不断变化。然而目前已知一个蛋白质的多肽链在维持生物体正常运转的温度和 pH 条件下，只有一种或很少几种构象。这种天然构象保证了它的生物活性，并且相当稳定，甚至蛋白质被分离出来以后，仍然保持着天然状态。蛋白质天然构象的稳定性主要是靠一系列弱作用力维持的，这些弱作用力主要有氢键、盐键、疏水作用、范德华力，此外还有共价键，如二硫键、酯键和配位键（图1-6）。

1. 氢键　由电负性较强的原子与氢形成的基团如 N—H 和 O—H 具有很大偶极距，成键电子云分布偏向电负性大的原子核，因此氢原子核周围的电子分布就少，正电荷的氢核（质子）就在外侧裸露。这一正电荷氢核遇到另一个电负性强的原子时，就产生静电吸引，即所谓的氢键（hydrogen bond）。

$$x—H \cdots y$$

这里 x、y 是电负性强的原子（N、O、S 等），x—H 是共价键。H⋯y 是氢键。氢键在维持蛋白质的结构中起着极其重要的作用。多肽链主链上的羰基氧和酰胺氢之间形成的氢键是维持蛋白质二级结构的主要作用力。除此之外，氢键还可以在侧链与侧链、侧链与介质

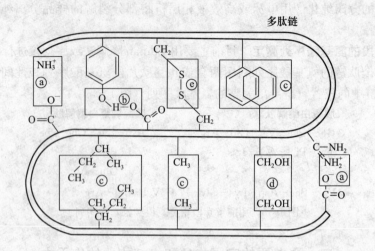

图1-6 维持蛋白质构象的作用力
(引自李玉白,2009)
ⓐ离子键 ⓑ氢键 ⓒ疏水作用 ⓓ范德华引力 ⓔ二硫键

水、主链肽基与侧链或主链肽基与水之间形成。大多数蛋白质所采取的折叠策略是使主链肽基之间形成最大数目的分子内氢键（如α螺旋，β折叠），与此同时保持大部分能成氢键的侧链处于蛋白质分子的表面而与水相互作用。

2. 范德华力 一般是指范德华吸引力。当两个非键合原子处于一定距离时，这种力才能达到最大，此距离称接触距离（contact distance），它等于两个原子的范德华半径之和。范德华引力是很弱的力，但在蛋白质分子中它的数量也较大，且具加和性，因此也是形成和稳定蛋白质构象的一种不可忽视的作用力。

3. 疏水作用 疏水作用实际上不是疏水基团之间相互吸引，主要是介质水分子对疏水基团的推斥所致，或者说是由于疏水基团为了避开水分子而被迫靠近。疏水作用在维持蛋白质的三级结构的稳定和四级结构的形成中占有突出的地位。

4. 盐键 又称离子键，蛋白质分子中的某些氨基酸，如Lys、Arg、Asp、Glu和His在生理pH条件下，其侧链是带电荷基团，它们之间可以形成离子键。蛋白质分子中离子键数量较少，主要在R侧链间起作用。

5. 二硫键 多肽链内或不同链间的两个Cys残基的巯基，在氧化条件下形成二硫键。二硫键是很强的共价键，键能为120~420 kJ·mol^{-1}。它将不同的肽链或同一条链的不同部分连接起来，对蛋白质高级结构的形成与稳定有重要作用。在绝大多数情况下，二硫键形成于β转角附近。实验表明，有些二硫键是蛋白质维持天然构象和生物活性所必需的，有些则不是必需的。如果蛋白质中所有的二硫键相继被还原，必将导致其天然构象的破坏和生物活性丧失。

6. 配位键 两个原子之间由单方面提供共用电子对形成的共价键称为配位键。不少蛋白质含有某种金属离子，如Fe^{2+}、Cu^{2+}、Mn^{2+}、Zn^{2+}等。金属离子往往以配位键与蛋白质连接，参与蛋白质高级结构的形成与维持。当用螯合剂除去金属离子时，会造成蛋白质四级结构的破坏，或三级结构局部破坏，以致丧失活力。

综上所述，维持蛋白质高级结构的主要是氢键、范德华力、疏水作用和离子键等次级键,虽然它们单独存在时是弱的作用力,但大量的次级键加在一起,就产生了足以维持蛋白质天然构象的作用力。在部分蛋白质分子中,二硫键、配位键也参与维持蛋白质的空间结构。

三、蛋白质的二级结构

20世纪30年代,L. Pauling 和 R. Corey 用 X 射线衍射技术研究肽链的结构,测定了肽晶体中原子间的键长和键角。结果显示肽键中 C-N 有部分双键性质,不能自由旋转,形成肽键的4个原子(C、O、N、H)和肽键相邻的2个α碳原子($C_α$)在一个平面上,称酰胺平面(amide plane)或肽平面(peptide plane),每一个肽平面为一个肽单位。肽平面中肽键的 C-O 与 N-H 呈反式构型(图1-7),只有含 Pro 的肽键是个例外,它可以是顺式的,也可以是反式的。

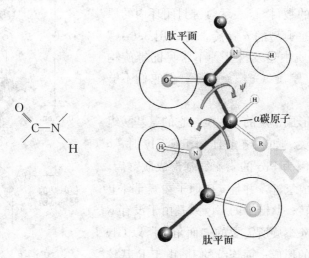

图 1-7 肽平面
(引自郭蔼光,2009)

从图1-7中可以看到,肽链的主链是由许多肽平面组成,平面之间以氨基酸的 $C_α$ 相连,$C_α$-N 和 $C_α$-C 是单键,可以自由旋转。将肽平面绕 $C_α$-N 旋转的角称 Φ 角,肽平面绕 $C_α$-C 旋转的角称 Ψ 角,这两个角称二面角或构象角,可以在 0°~180°变化。一方面,二面角的旋转方向和旋转角度决定了相邻肽平面上所有原子在空间上的相对位置;另一方面,肽链主链上有1/3是不能自由旋转的 C-N 键,再加上主链上多个侧链 R 基相互作用的影响,使肽链的构象受到限制,在这些因素的影响下肽链形成了特定的构象。

蛋白质二级结构是多肽链主链骨架依靠氢键的作用,盘绕折叠,形成有规律的空间排布。1951年,L. Pauling 和 R. Corey 提出了 α 螺旋、β 折叠片两个结构模型。天然蛋白的二级结构一般有 α 螺旋、β 折叠、β 转角、无规则卷曲等。氢键是维持蛋白质二级结构稳定的主要作用力。

1. α 螺旋 α 螺旋(α helix)是蛋白质中最常见、含量最丰富的二级结构形式,是多肽链的主链围绕中心轴盘旋上升而形成的有规则且具周期性的构象,呈卷曲的棒状螺旋结构。α 螺

旋是由于肽平面绕 C_α 旋转一定角度（$\Phi=-57°$，$\Psi=-47°$）而形成的，每隔 3.6 个氨基酸残基螺旋上升一圈，每圈间距即螺距为 0.54 nm，即每个氨基酸残基沿中心轴旋转 100°，螺旋上升 0.15 nm，即相邻两个氨基酸残基之间的轴心距为 0.15 nm。α 螺旋中氨基酸残基的侧链 R 基都伸向螺旋体外侧。同一肽链上第 n 个氨基酸残基的 C=O 和第 $n+4$ 个氨基酸残基的 NH 之间形成氢键。氢键封闭环内共价键所连接的有 13 个原子（—CO—[—N—C_α—C—]$_3$—NH—），氢键的取向几乎与中心轴平行，这种氢键的存在使 α 螺旋相当稳定。

天然蛋白质中 α 螺旋大都是右手螺旋，即从羧基一端为起点围绕螺旋轴心向右盘旋上升（图 1-8）。左手 α 螺旋极少，只发现在嗜热菌蛋白酶中第 226～229 位氨基酸残基形成一圈左手螺旋，只有右手 α 螺旋是稳定的构象。

多肽链的螺旋结构常用 n_s 表示，其中 n 表示螺旋上升一圈氨基酸残基的数目，s 表示氢键封闭环内的原子数目，以上描述的是典型的 α 螺旋，可以用 3.6_{13} 螺旋表示。目前在蛋白质中还发现几种不常见的螺旋构象，如 3_{10} 螺旋、4.4_{16} 螺旋（π 螺旋）等，但它们不够稳定。

蛋白质肽链能否形成稳定的 α 螺旋与它的氨基酸组成和排列顺序直接相关。如肽链中有 Pro 或 Gly 时，α 螺旋就会中断，这是因为 Pro 的 α 亚氨基形成肽键后，没有多余的氢离子形成氢键，并且 α 碳原子在五元环上 C_α-N 键不能自由旋转；肽链中的 Gly 残基由于没有 R 基的制约，难以形成 α 螺旋所需要的二面角，所以 Gly 也不利于稳定 α 螺旋的形成；而连续的 Ile 由于 R 基较大的空间阻碍，也不能形成 α 螺旋；肽链中有连续带相同电荷的氨基酸残基时，由于静电排斥，也会使 α 螺旋不稳定。α 螺旋是典型的蛋白质二级结构单元，对蛋白质结构的稳定性影响很大。α 螺旋在某些蛋白质中的含量高达 80% 上，如肌红蛋白、原肌球蛋白；有少数蛋白质中则无 α 螺旋结构，如糜蛋白酶、γ 球蛋白。α 螺旋在某些情况下可以伸展开来，如以 α 螺旋为基本结构的 α 角蛋白，在热水、稀酸或稀碱溶液中处理时 α 螺旋结构可以伸展，这种转变是可逆的。

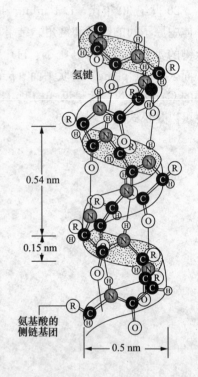

图 1-8　α 螺旋示意图
（引自郭蔼光，2009）

2. β 折叠片　β 折叠片（β pleated sheet）也是蛋白质中常见的二级结构形式，它是一条肽链的两个不同肽段、两条或两条以上多肽链聚集在一起形成的锯齿状有规则折叠的片层结构，肽链几乎呈完全伸展的状态，相邻两个氨基酸残基之间的轴心距为 0.35 nm，相邻肽链主链上的亚氨基和羰基之间形成有规则的氢键，使 β 折叠片结构稳定。在 β 折叠片中，所有肽键都参与链间氢键的形成，氢键的取向与肽链的走向近乎垂直。形成 β 折叠片的肽链氨基酸残基的 R 基都较小，这样才能容许两条肽链彼此靠近，侧链 R 基交替地分布在片层平面的上方和下方，以避免相邻侧链 R 基之间产生的空间障碍（图 1-9）。

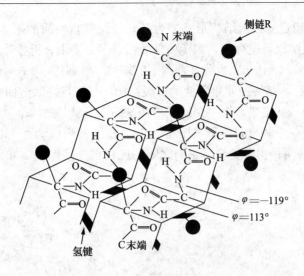

图 1-9 β折叠片示意图
（引自李宪臻，2008）

β折叠片在结构上有平行和反平行两种类型。在平行结构中，相邻的肽链走向相同，即两条肽链从 N 末端到 C 末端的方向相同，形成的链间氢键不平行（图 1-10）；在反平行结构中，相邻的肽链走向相反，即两条肽链从 N 末端到 C 末端的方向相反，链间氢键近乎平行图 1-10。从能量上看，反平行β折叠片比平行β折叠片更加稳定，因为反平行β折叠片中形成氢键时 N—H⋯O 三个原子几乎位于同一条直线上，此时氢键最强。

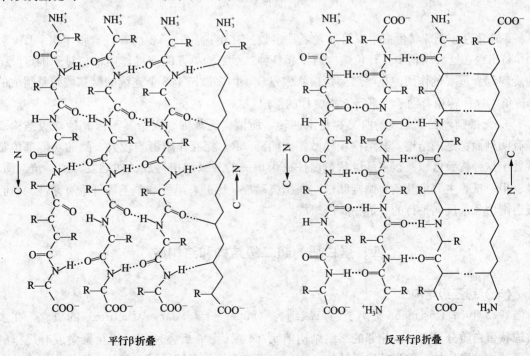

图 1-10 β折叠片结构的类型图
（引自欧伶，2009）

β折叠片是一种稳定的二级结构形式，为某些纤维状蛋白质的基本构象，如丝心蛋白。此外，在球状蛋白质中也普遍存在，如免疫球蛋白分子主要由β折叠片结构组成。

3. β转角 β转角（β turn）也称β弯曲（β bend）、β回折（β reverse-turn）或发夹结构（hairpin structure），是一种非重复性的二级结构，其特点是肽链回折180°，弯曲处一般由4个连续的氨基酸残基组成，第一个氨基酸残基的羰基氧与第四个氨基酸残基亚氨基的氢之间形成氢键，产生一个紧凑的环形（图1-11），使β转角成为一个比较稳定的结构。图1-11中示出β转角的两种主要类型，它们之间的区别是连接残基2和残基3的中央肽键旋转了180°。

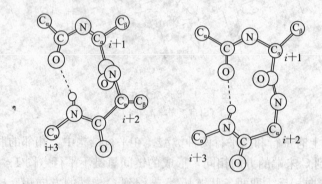

图1-11 两种主要类型的β转角
(i+1, i+2, i+3 表示残基1、2、3)
(引自欧伶, 2009)

β转角存在于球状蛋白中，目前发现其多数处在蛋白质分子表面，且含量丰富，Gly和Pro易出现在这种结构中。转角结构通常起各种二级结构单元的连接作用，它对于确定肽链的走向起着重要的作用。在嗜热菌蛋白酶中发现了由多肽链上3个连续的氨基酸残基组成的γ转角，这种转角有助于反平行β折叠片的形成。

4. 无规则卷曲 无规卷曲又称自由回转，所谓"无规则"仅指其不像其他二级结构那样有明确而稳定的结构，其结构较松散，受侧链（R）相互作用影响较大。酶的功能部位常常处于这种构象区域。很多纤维状蛋白往往由单一的二级结构构成。如毛发、鳞、角、蹄、喙、甲、爪等主要由几条α螺旋肽链左向缠绕而成，因此，毛发和羊毛等纤维有弹性。丝心蛋白则由几条反向平行的β折叠肽链组成。

四、蛋白质的超二级结构和结构域

（一）超二级结构

1973年M. Rossmann提出了超二级结构（super-secondary structure）的概念。在多数球状蛋白质分子中，由相邻的二级结构单元（α螺旋、β折叠片等）相互聚集成有规律的二级结构的聚集体，称为超二级结构。它是介于二级结构和结构域之间的一个结构层次，它的形成主要是其氨基酸残基侧链基团间相互作用的结果。超二级结构一般以一个整体参与多肽链的三维折叠，充做三级结构的构件。常见的超二级结构有αα、βββ和βαβ等几种聚集体

（图1-12），在球状蛋白质中尤其常见的是两个 βαβ 聚集体连接在一起形成 βαβαβ 结构，称为 Rossmann 卷曲（Rossmann fold），在磷酸丙糖异构酶中就存在着这个结构。

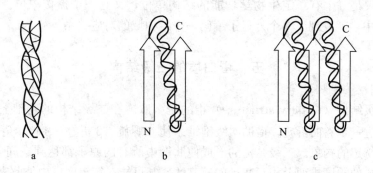

图1-12 几种超二级结构示意图
a. αα 超二级结构　b. βαβ 超二级结构　c. Rossmann 卷曲结构
（引自黄迎春，2009）

（二）结构域

1970年，Edelman 为了描述免疫球蛋白（IgG）分子的构象，提出了结构域（domain）的概念。结构域是介于蛋白质二级结构和三级结构之间的另一种结构层次。在较大的球状蛋白质分子中，在二级结构或超二级结构的基础上，多肽链往往进一步折叠形成几个相对独立的紧密的近似球形的三维实体，以松散的肽链相连，此球形构象就称为结构域。不同蛋白质中组成结构域的氨基酸残基数目不同，常见的结构域是由序列中连续的 100~200 个氨基酸残基组成，少则 40 个左右，多达 400 个以上。一般来说，大的蛋白质分子可以由两个或更多个结构域组成，如免疫球蛋白分子包含 12 个相似的结构域（图1-13）。结构域自身是紧密装配的，结构域与结构域之间常常有一段长短不等的松散肽链相连，使两个结构域之间有一明显的颈部，形成所谓的铰链区（hinge region）。

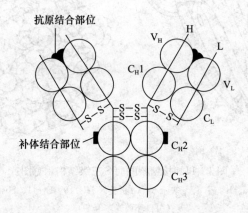

图1-13　IgG 的 12 个结构域
（引自欧伶，2009）

对于较小的蛋白质来说，结构域等同于它的三级结构。结构域是多肽链中相对独立的结构，有利于多肽链的进一步有效组装，并折叠盘绕成为完整的立体结构。结构域与蛋白质的生物学功能密不可分,如酶的活性中心往往位于结构域之间,由于结构域在空间上的活动比较自由,有利于活性中心与底物的结合。

结构域不仅是一个有一定生物学功能的结构单位,又是一个遗传单位。在一些球蛋白中,如在 IgG 中,就发现了一个外显子编码一个结构域的对应关系。

五、蛋白质的三级结构

蛋白质三级结构(tertiary structure)指的是多肽链在二级结构的基础上,通过侧链基团的相互作用进一步卷曲折叠,借助次级键维系使α螺旋、β折叠、β转角等二级结构相互配置而形成的特定构象。三级结构的形成使肽链中所有的原子都达到空间上的重新排布,原来在一级结构的顺序排列上相距甚远的氨基酸残基可能在特定区域内彼此靠近。对许多球状蛋白分子的研究表明,通过三级结构的形成,在分子内部往往集中着大量的疏水氨基酸残基,它们之间的疏水作用维系并稳定已经形成的三级结构;极性氨基酸残基则多分布于分子表面,并赋予蛋白质以亲水性质。许多具有特定生物学活性的球状蛋白质分子的表面有明显的凹陷或裂隙,其中以特定方式排布的某些极性氨基酸残基参与和决定着该蛋白质的生理活性。例如,核糖核酸酶 S 是由 124 个氨基酸残基组成的一条多肽链,这条多肽链折叠形成 3 个α螺旋、5 个β折叠以及一些β转角和无规卷曲(图 1-14),这些二级结构依赖 26~84、40~95、58~110、65~72 位点 8 个半胱氨酸形成的 4 个二硫键再组合形成近似卵圆形的结构,其表面有一个凹陷,构成该酶活性中心的 3 个氨基酸残基(His12、Lys41 和 His119)就集中于图 1-14。

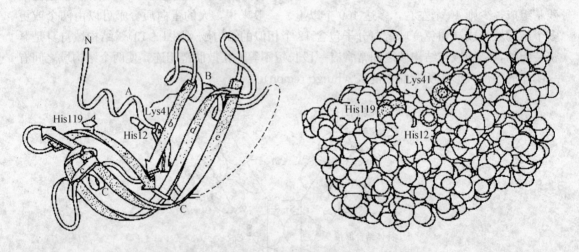

图 1-14 核糖核酸酶 S 三级结构示意图

(A、B、C 表示 3 个α螺旋区,a、b、c、d、e 表示 5 个β折叠区 His119、Lys41、His12 表示活性中心的 3 个氨基酸)

(引自郭蔼光,2009)

又如肌红蛋白也是一条多肽链(含 153 个氨基酸残基)和一个血红素辅基构成的,英国人 J. Kendrew 用 X 射线晶体衍射分析,于 1963 年完成了抹香鲸肌红蛋白的空间结构分析(图 1-15)。肌红蛋白多肽链先折叠成 8 段长度为 7~23 个氨基酸残基的α螺旋,分别命名为 A、B、C、D、E、F、G 及 H 螺旋区。螺旋区之间的拐角处为 1~8 个残基的无规卷曲,

C端的5个残基也形成无规卷曲，相应的非螺旋区段分别称为NA，AB，BC，…，FG，GH及HC。这里的N和最末端的C分别代表N端和C端。各残基除了一套从N端开始计算的编号外，还按其在各螺旋段或非螺旋段中的位置另外给出编号，用右下角的数字表示。如93位His又编为F8，表示该His在F螺旋的第8位。这些构象元件组合成扁圆的球形。

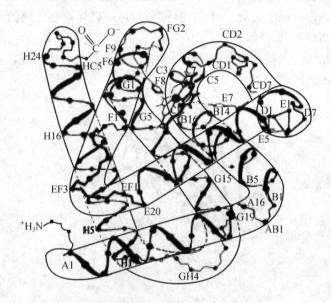

图1-15　抹香鲸肌红蛋白的三级结构
(引自靳利娥，2007)

肌红蛋白分子显得十分致密，分子内部只有一个能容纳4个水分子的空间。亲水的氨基酸残基几乎全分布在分子的表面，而疏水的残基几乎全被包埋在分子内部。分子表面的极性基团正好与水分子结合，使之成为水溶性蛋白质。肌红蛋白分子表面形成一个洞穴，血红素垂直地伸入其中，通过配位键与肽链中的组氨酸残基（His93，即His-F8）结合。对脱去血红素的肌红蛋白进行的研究表明，血红素对肌红蛋白天然构象的形成与稳定产生了明显的效应。

六、蛋白质的四级结构

一些蛋白质分子只含有一条多肽链，但很多相对分子质量较大的蛋白质分子含有两条或两条以上的多肽链，这些各自具有独立的、稳定的三级结构的多肽链通过非共价键相互缔合在一起，组装成具有稳定结构的聚合体，这种构象称为蛋白质的四级结构（quaternary structure）。其中每一条具有独立三级结构的多肽链称为亚基（subunit）。蛋白质的四级结构涉及亚基的种类、数目、空间排布、各亚基间的互补结构和相互作用力。很多具有四级结构蛋白质的亚基呈对称排列，这是蛋白质四级结构的重要特征之一。

由2个亚基组成的蛋白质称为二聚体蛋白质，由4个亚基组成的蛋白质称为四聚体蛋白质。由多个亚基组成的蛋白质统称为寡聚蛋白质或多聚蛋白质。多数寡聚蛋白质的亚基数目为偶数，少数为奇数。由相同亚基构成的四级结构称为均一四级结构，由不同亚基组成的四级结构称为不均一四级结构。亚基一般以 α、β、γ 命名，下标的数字表示此种亚基的数目，如血红蛋白通常写成 $α_2β_2$，表示它是由 2 个 α 亚基和 2 个 β 亚基组成（图 1-16）。

在四级结构中，各亚基之间存在着许多疏水作用和范德华力，还有一些氢键和少量离子键。各亚基在缔合时将表面的疏水侧链有效地包藏在亚基之间，故在四级结构的形成中疏水作用是最主要的作用力。用解离剂（SDS、盐酸胍）可以破坏亚基之间的各种非共价键，将寡聚蛋白质分子拆离成亚基。

单个亚基无生物活性，只有缔合成四级结构才有生物活性，所以说，亚基是独立的结构单位，但不是独立的功能单位。

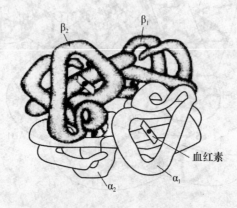

图 1-16 血红蛋白的四级结构
（引自靳利娥，2007）

第五节 蛋白质分子结构与功能的关系

蛋白质分子具有多种多样的生物功能是以其化学组成和复杂的天然结构为基础的，研究蛋白质的结构与其生物功能的关系是当前生物化学和分子生物学的重要课题。蛋白质的构象取决于它的一级结构和周围环境的影响，因此研究一级结构和功能的关系是十分必要的。

一、蛋白质一级结构与功能的关系

（一）同功能蛋白质的种属特异性与一级结构的关系

目前对不同有机体中表现同一功能的蛋白质分子氨基酸排列顺序进行了较详细地比较研究，发现种属差异十分明显。例如，脊椎动物的细胞色素 c 由 104 个氨基酸残基组成，相对分子质量约 13 000。对将近 100 个生物种属（包括动物、植物、真菌、细菌等）的细胞色素 c 的一级结构进行了测定和比较，发现亲缘关系越近，其结构越相似。如人和黑猩猩的细胞色素 c 分子无论是 104 个氨基酸残基的种类、排列顺序和三级结构大体上都相同，但人与马相比就有 12 处不同，与鸡相比有 13 处不同，与小蝇相比有 25 处不同，相差最大的是人与酵母相比有 44 处不同（表 1-4）。根据它们在结构上差异的程度，可以断定它们在亲缘关系上的远近，从而为生物进化的研究但供有价值的依据。

另外从各种生物细胞色素 c 的一级结构分析结果知道，虽然各种生物在亲缘关系上差别很大，但与功能密切有关部分的氨基酸顺序却有共同处。例如，104 个氨基酸残基中有 35 个是各种生物所共有的，是不变的，称为不变残基。其中 14 和 17 位的两个半胱氨酸，18 位的组氨酸和 80 位的甲硫氨酸以及 48 位酪氨酸和 59 位色氨酸都是不变的位置。据研究证明，这几个氨基酸都是保证细胞色素 c 功能的关键部位，这些不变残基对该种蛋白质的生物学功能是至关重要的，因此，它们所占据的位置不允许其他氨基酸取代。其余大多数位置的

表 1-4 不同生物与人的细胞色素 c 相比较的氨基酸差异数目

生物名称	和人不同的氨基酸数目	生物名称	和人不同的氨基酸数目
黑猩猩	0	响尾蛇	14
恒河猴	1	海龟	15
兔	9	金枪鱼	21
袋鼠	10	角鲛	23
牛、猪、羊	10	小蝇	25
犬	11	蛾	31
驴	11	小麦	35
马	12	粗糙链胞菌	43
鸡、火鸡	13	酵母菌	44

残基，在不同生物中可被相似的氨基酸取代，它们是可变残基，被更换不影响蛋白质的生物学功能，可变残基随进化水平而异，亲缘关系越接近，细胞色素 c 氨基酸组成的差异就越小，反之，差异就越大。

(二) 蛋白质一级结构的变异与分子病

由于基因突变导致蛋白质一级结构发生变异，使蛋白质的生物学功能减退或丧失，甚至造成生理功能的变化而引起的疾病，称为分子病。镰刀状细胞贫血病是最早被认识的一种分子病，患者血液中有许多呈新月状或镰刀状的红细胞，这种形状异常的红细胞比正常细胞脆弱，易于溶血造成严重的贫血，还会堵塞小血管而伤及多种器官。镰刀状细胞贫血病的纯合子患者多在童年夭折，杂合子患者的寿命也不长。究其原因，就是由于患者的血红蛋白（Hb-S）与正常人的血红蛋白（Hb-A）的 β 亚基有一个氨基酸残基不同：

β 链 N 端氨基酸排列顺序为：

$$\begin{array}{c} 12345678 \\ \text{Hb-A：} \quad H_2N-Val-His-Leu-Thr-Pro-Glu-Glu-Lys\cdots\cdots COO^- \\ \text{Hb-S：} \quad H_2N-Val-His-Leu-Thr-Pro-Val-Glu-Lys\cdots\cdots COO^- \end{array}$$

值得注意的是，在血红蛋白 4 条肽链的 574 个氨基酸残基中，两条 β 链第六位的极性 Glu 被非极性的 Val 取代，由于 Val 位于分子表面，从而引起脱氧血红蛋白的溶解度下降，在细胞内易聚集沉淀，使正常红细胞变为新月状（crescentic）或镰刀状（sickle）红细胞，从而造成严重的病态。可见每种蛋白质都具有特定的结构来行使它特定的功能，甚至一级结构上个别氨基酸的变化就能引起功能的改变或丧失，表明蛋白结构与功能的高度统一。现已证实的分子病数以千计，仅人类的异常血红蛋白就已发现了 300 多种。绝大多数异常血红蛋白都是在 α 或 β 链上发生一个氨基酸残基取代。取代的位置和取代残基的性质不同，对血红蛋白功能的影响程度也不同。对分子病的深入研究深刻地揭示了蛋

白质结构与功能之间密切的内在联系,并为利用药物和基因疗法治疗这些疾病奠定了基础。

二、空间结构与功能的关系

蛋白质的一级结构决定高级结构,而高级结构决定功能。蛋白质的生理功能与其特定的空间构象密切相关,蛋白质的空间构象是其功能的基础。体内蛋白质所具有的特定空间构象都与其发挥特殊的生理功能有着密切的关系。构象发生变化,其功能活性也随之改变。以下阐述肌红蛋白和血红蛋白与蛋白质空间结构和功能的关系。

(一) 肌红蛋白和血红蛋白结构

肌红蛋白(myoglobin,Mb)是哺乳动物肌肉组织中储存氧气的蛋白质,由一条多肽链构成,与血红蛋白一样都是含有血红素辅基的蛋白质。

肌红蛋白是一个只有三级结构的单链蛋白质(图1-15),其氨基酸残基上的疏水侧链大都在分子内部,富极性及电荷的则在分子表面,水溶性较好。Mb分子内部有一个疏水的袋形洞穴,铁卟啉化合物血红素居于其中(图1-17)。血红素中的Fe^{2+}能可逆地与氧结合。蛋白质为血红素提供的疏水洞穴,避免了Fe^{2+}的氧化而失去氧合功能。

血红蛋白(hemoglobin,Hb)成人红细胞中的Hb由两条α肽链和两条β肽链($\alpha_2\beta_2$)组成。具有四级结构(图1-16),每个亚基结构中有一个疏水局部,可结合1个血红素并携带1分子氧,因此1分子Hb能与4分子氧结合。Hb各亚基的三级结构与Mb非常相似,功能也类似,均可与O_2可逆结合,但Hb是一个四聚体其四级结构要比Mb复杂得多,并具有变构效应。Hb 4个亚基之间通过8对盐键(图1-18)使亚基紧密结合形成亲水的球状四聚体蛋白。

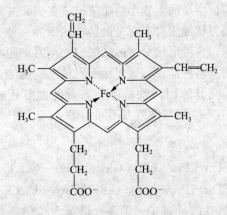

图1-17 血红素结构
(引自程牛亮,2007)

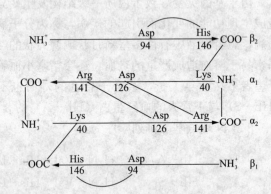

图1-18 脱氧Hb亚基间和亚基内的盐键
(引自马冬梅,2006)

(二) 血红蛋白的构象变化与结合氧

Hb的α及β肽链与Mb的三级结构十分类似,都有70%以上的α螺旋,肽链的转折角度及走向也很接近。这是它们具有携带氧功能的结构基础。Hb与Mb一样可逆地与O_2结合,但Hb和Mb在与氧的结合能力上有差别。氧合Hb占总Hb的百分数(称百分饱和度)随O_2浓度变化而变化。图1-19为Hb和Mb的氧解离曲线,前者为S状曲线,后者为直角双曲线。从结合曲线看，Mb 易与 O_2 结合，而 Hb 在 O_2 分压较低时较难与 O_2 结合。Hb 的 4 个亚基与 4 个 O_2 结合时有 4 个不同的平衡常数。Hb 最后一个亚基与 O_2 结合时其平衡常数最大。根据 S 形曲线的特征可知，Hb 中第一个亚基与 O_2 结合以后，促进第二及第三个亚基与 O_2 的结合，当前三个亚基与 O_2 结合后，又大大促进第四个亚基与 O_2 结合，这种效应称为正协同效应（positive cooperativity）。协同效应是指一个亚基与其配体（Hb 中的配体为 O_2）结合后，能影响此寡聚体中另一亚基与配体的结合能力。如果是促进作用则为正协同效应；反之为负协同效应。

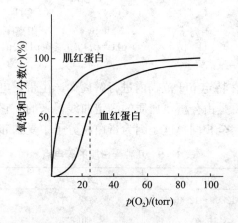

图 1-19 肌红蛋白与血红蛋白氧解离曲线
(1torr=133.22 Pa)
(引自靳利娥，2007)

第六节 蛋白质的重要性质

蛋白质分子由氨基酸组成，其理化性质一部分与氨基酸相似，如两性解离、等电点、呈色反应和成盐反应等。但由于它是具有复杂高级结构的大分子，与氨基酸和寡肽这些小分子又有质的区别，也有一部分理化性质与氨基酸不同，如相对分子质量、胶体性质、沉淀、变性等。

一、蛋白质的两性解离和等电点

与氨基酸一样，蛋白质也是两性电解质，在溶液中既可以与酸发生作用，也可以与碱发生作用。蛋白质分子中可解离的基团包括肽链 N 端和 C 端游离的 α 氨基和 α 羧基，但是每条肽链只有一个游离的 α 氨基和 α 羧基，对蛋白质的解离影响很小。主要影响蛋白质解离的是肽链中各氨基酸残基的侧链基团，如 ε 氨基、β 羧基、γ 羧基、咪唑基、胍基、巯基等，在一定的 pH 条件下，使蛋白质呈酸性或碱性，所以蛋白质与氨基酸相似，是一种两性电解质。在碱性溶液中蛋白质如酸一样释放 H^+ 而带负电荷，在酸性溶液中则如碱一样接受 H^+ 而带正电荷，当溶液在某一 pH 时，使某特定蛋白质分子上所带正负电荷相等，成为两性离子，在电场中既不向阳极也不向阴极移动，此时溶液的 pH 即为该蛋白质的等电点（pI）。在 pH 低于等电点的溶液中，蛋白质分子作为阳离子向阴极移动；相反，在 pH 高于等电点溶液中，蛋白质分子作为阴离子向阳极移动。蛋白质的两性解离可用下式表示：

$$P\genfrac{}{}{0pt}{}{-NH_2}{-COOH} \text{（蛋白质）}$$

$$P\genfrac{}{}{0pt}{}{-NH_2}{-COO^-} \underset{OH^-}{\overset{H^+}{\rightleftharpoons}} P\genfrac{}{}{0pt}{}{-\overset{+}{N}H_3}{-COO^-} \underset{OH^-}{\overset{H^+}{\rightleftharpoons}} P\genfrac{}{}{0pt}{}{-\overset{+}{N}H_3}{-COOH}$$

阴离子　　　　　等电点　　　　　阳离子
pH>pI　　　　　pH=pI　　　　　pH<pI

蛋白质的可解离基团在特定 pH 范围内进行解离而产生带正电荷或负电荷的蛋白质，蛋白质分子可解离基团的 pK 是由分析蛋白质的滴定曲线得来的。它们和自由氨基酸中相应基团的 pK 比较接近，但不完全相同，这是因为蛋白质分子中受到邻近电荷的影响所造成的。

表 1-5　几种蛋白质的等电点

蛋白质	等电点	蛋白质	等电点
鱼精蛋白	12.00～12.40	胰岛素（牛）	5.30～5.35
胸腺组蛋白	10.80	明胶	4.70～5.00
溶菌酶	11.00～11.20	血清清蛋白（人）	4.64
细胞色素 c	9.80～10.30	鸡蛋清蛋白	4.55～4.90
血红蛋白	7.07	胰蛋白酶（牛）	5.00～8.00
血清 γ 球蛋白	5.80～6.60	胃蛋白酶	1.00～2.50

凡碱性氨基酸含量较多的蛋白质，等电点偏碱性，如精蛋白、组蛋白等。反之，含酸性氨基酸较多的蛋白质，等电点偏酸性。人体内很多蛋白质的等电点在 pH5.0 左右，所以这些蛋白质在体液中（pH7.35～7.45）以负离子的形式存在。在同一 pH 溶液中，由于各种蛋白质所带电荷的性质、数量以及分子大小不同，导致它们在电场中的移动速率也不相同。利用这种性质来分离和鉴定蛋白质的方法，称为蛋白质电泳分析法，简称电泳法。蛋白质处于等电点时比较稳定，其物理性质的导电性、溶解度、黏度、渗透压等皆最小。因此，可以利用蛋白质在等电点时溶解度最小的特性来纯化或沉淀蛋白质。

二、蛋白质的胶体性质

由于蛋白质的分子质量很大，在水溶液中形成 1～100 nm 的颗粒，因而具有胶体溶液的一些性质，如布朗运动、丁达尔效应、不能透过半透膜等。在纯化蛋白质过程中，利用这种性质可以将蛋白质溶液中能够透过半透膜的低分子杂质（如硫酸铵等盐类）除去，这种方法称为透析法，即将蛋白质溶液盛入半透膜袋内，放在流水中，让杂质扩散到水里，以达到纯化蛋白质的目的。蛋白质溶液是一种稳定的亲水胶体，因为在蛋白质颗粒表面带有许多极性基团，如—NH_2、—COOH、—OH、—SH、—$CONH_2$ 等，与水有高度亲和性，当蛋白质与水接触时，很容易在蛋白质颗粒表面形成一层水膜。水膜的存在使蛋白质颗粒相互隔离，颗粒之间不会碰撞而聚集成大颗粒。另一方面，在非等电点状态时，蛋白质分子带有相同电荷，蛋白质颗粒之间相互排斥，保持一定距离，不易相互聚集而沉淀。所以，蛋白质溶液的稳定因素是带电层和水化层。

三、蛋白质的沉淀反应

如果加入适当的试剂使蛋白质分子处于等电点状态或失去水化层，蛋白质的胶体溶液就不再稳定并将产生沉淀。蛋白质溶液可因下列试剂的加入而产生蛋白质沉淀。

1. 盐析法　加入高浓度的硫酸铵、硫酸钠、氯化钠等中性盐，可有效地破坏蛋白质颗粒的水化层，同时又中和了蛋白质的电荷，从而使蛋白质生成沉淀。这种加入中性盐使蛋白质沉淀析出的现象称为盐析（salting out），常用于蛋白质的分离制备。不同蛋白质析出时需要的盐浓度不同，调节盐浓度以使混合蛋白质溶液中的几种蛋白质分段析出，这种方法称为分段盐析。例如，血清中加入硫酸铵至50%饱和度时，球蛋白即可析出；继续加硫酸铵至饱和，清蛋白才能沉淀析出。球蛋白通常不溶于纯水，而溶于稀中性盐溶液，其溶解度随稀盐溶液浓度的增加而增大，即所谓的盐溶（salting in）现象。从生物组织中提取蛋白质时常用缓冲液即源于这一原理。

2. 有机溶剂　有机溶剂丙酮、乙醇等有较强的亲水能力，一般作为脱水剂，也能破坏蛋白质分子周围的水化层，导致蛋白质沉淀析出。如将溶液的pH调至蛋白质的等电点，再加入这些有机溶剂可加速沉淀反应。

3. 重金属盐　Hg^{2+}、Ag^+、Pb^{2+}等重金属离子可与蛋白质中带负电荷的基团形成不易溶解的盐而沉淀，因此对于生物体而言重金属盐均有毒，误食重金属盐时应及时服用大量生蛋清或牛奶，可防止这些有害离子被吸收。

4. 生物碱试剂　生物碱试剂如苦味酸、三氯乙酸、单宁酸等可与蛋白质中带正电荷的基团生成溶解度小的盐而析出。

柿石病就是由于空腹吃了大量的柿子，柿子中含有单宁酸，使肠胃中的蛋白质凝固变性而成为不被消化的柿石。

用盐析法或在低温下加入有机溶剂（先将蛋白质用酸碱调节到等电点状态）制取的蛋白质，仍保持天然蛋白质的一切特性和原有的生物活性，透析或超滤除去中性盐和有机溶剂，蛋白质仍可溶于水形成稳定的胶体溶液。若制备时温度较高或未能及时除去有机溶剂，析出的蛋白质可部分或全部失活。

四、蛋白质的变性与复性

我国生物化学家吴宪早在20世纪30年代就已经提出，蛋白质变性主要由分子中非共价键和二硫键断裂所致，不涉及肽键的破坏。蛋白质变性时肽链从高度折叠状态转变为伸展状态，疏水基团外露，溶解度降低，不对称性增加，失去结晶能力，生物活性丧失，易被蛋白酶水解。导致蛋白质变性的常见因素有高温、超声波、强酸、强碱、重金属盐、有机溶剂、尿素、盐酸胍、表面活性剂等，很多因素导致蛋白质变性的同时也使蛋白质沉淀。

(一) 变性

1. 变性的概念 天然蛋白质分子在物理因素（高温、剧烈振荡）、化学因素（如强酸、强碱等环境条件）的作用下，其高级结构发生异常变化，从而导致物理性质和化学性质的改变以及生物功能丧失，这种现象称为蛋白质的变性。

2. 蛋白质变性的表现 变性后的蛋白质物理性质发生变化，主要表现在黏度增加、旋光性的改变、紫外吸收光谱变化、失去结晶能力、溶解度下降甚至出现凝结、沉淀等。生物功能的变化表现为生物功能的丧失，如酶蛋白失去催化作用、运输蛋白失去运输功能（变性血红蛋白失去与氧结合的能力）等。化学性质的变化表现在结构松散，由于蛋白质构象改变而本来被埋藏在分子内部的基团暴露出来，有利于酶的结合和催化使之水解。

3. 蛋白质变性作用的种类 蛋白质的变性作用包括可逆变性和不可逆变性。除去引起变性的因素后可恢复其原来的理化性质和生物学性质的变性称可逆变性。如核糖核酸酶被 $8\ mol \cdot L^{-1}$ 尿素和 β-巯基乙醇还原后，其高级结构被破坏而失去生物活性，用透析的方法除去尿素和 β-巯基乙醇后，核糖核酸酶的结构和功能随之恢复。所谓不可逆变性是指蛋白质变性后，即使除去了变性因素，蛋白质的天然性质仍得不到恢复。如鸡蛋清热变性就是一种不可逆变性。变性的可逆和不可逆与导致变性的因素、蛋白质种类和蛋白质分子结构改变程度等都有关系。到目前为止，并未做到使所有的蛋白质在变性后都可以重新恢复活性。但复性的概念被普遍接受，并认为有一些蛋白质之所以不能复性，主要是所需的条件复杂，如辅因子、蛋白质水解酶杂质的彻底去除、解离缔合的掌握、巯基的保护等。

4. 变性作用机制 使天然蛋白质变性的因素很多，物理因素有热、光（X 射线、紫外线）、高压、剧烈振荡等；化学因素有酸、碱、有机溶剂、尿素浓溶液、盐酸胍、水杨酸负离子、磷钨酸、三氯乙酸、十二烷基硫酸钠（SDS）等。

热变性主要是高温引起肽链的氢键破坏。振荡变性是由于表面张力作用，使肽链间的次级键遭到破坏。酸碱的变性作用是：酸使 $—COO^-$ 变为 $—COOH$、碱使 $—OH$ 与 $—NH_3^+$ 结合而且破坏蛋白质的盐键。有机溶剂可能降低蛋白质溶液的介电常数，使蛋白质粒子的静电作用增加，从而与邻近分子相互吸引，使分子中原有的弱键断裂。高浓度的尿素同蛋白质争夺水分子，从而引起蛋白质分子的氢键破坏，使蛋白质分子松散（低浓度尿素溶液不引起蛋白质变性）。盐酸胍也能破坏氢键，使巯基露出。三氯乙酸能使带正电荷的蛋白质与三氯乙酸的负离子结合，形成溶解度很低的盐类。总之，所有变性因素都是使蛋白质分子中的次级键（主要是氢键）受到破坏，使肽链结构松散而造成蛋白质失去原有功能。

5. 变性作用的实际应用 蛋白质变性是多肽链的氨基酸序列分析的第一步，也为蛋白质分子质量测定技术奠定了基础。蛋白质变性常用在日常生活当中，如临床上用酒精、蒸煮、高压、紫外线等方法进行消毒灭菌，食物煮熟后易于消化。当要从一种溶液中去除不需要的蛋白质时，就可用它的变性性质。例如，在耐高温的 *Taq* DNA 聚合酶的纯化过程中，将酶提取物置于 90 ℃ 条件下处理，再高速离心一定时间，所有杂蛋白因高温变性而被离心沉淀，上清液即为纯度较高的 *Taq* DNA 聚合酶蛋白。

(二) 复性

蛋白质的复性是指用适当的方法除去变性因素以后，蛋白质恢复原来的构象，生物活性也随之恢复的现象。例如，图 1-20 所示核糖核酸酶的变性与复性作用。

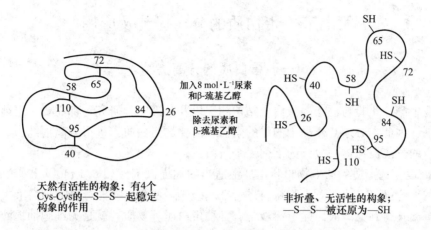

图 1-20 所示核糖核酸酶的变性与复性作用
（引自张恒，2007）

五、蛋白质的紫外吸收与显色反应

1. 蛋白质的紫外吸收 蛋白质中的 Tyr、Trp 和 Phe 残基在近紫外区有光吸收，致使蛋白质在 280 nm 有最大特征光吸收，这一特性可用于蛋白质的定量测定和检测。由于各种蛋白质中芳香氨基酸含量不同，因此用这种方法测得的结果有差异；此外核酸在 260 nm 的特征光吸收也可能对蛋白质测定产生干扰，必须按下式作适当校正：

蛋白质质量浓度（$mg \cdot mL^{-1}$）= $1.55A_{280} - 0.76A_{260}$（规定范围：$0.1 \sim 0.5 \ mg \cdot mL^{-1}$）

2. 蛋白质的呈色反应 蛋白质的呈色反应见表 1-6。

表 1-6 蛋白质的呈色反应

反应名称	试剂	颜色	反应有关基团	有此反应的蛋白质及氨基酸
双缩脲反应	NaOH 溶液加少量稀的 $CuSO_4$ 溶液	紫红色至蓝紫色	两个以上相邻的肽键	所有的蛋白质
米隆反应	$HgNO_2$、$Hg(NO_2)_2$、HNO_2、HNO_3 混合物	红色	酚基	Tyr
黄色反应	浓 HNO_3 及氨	黄色至橘黄色	苯基	Phe、Trp、Tyr
乙醛酸反应	乙醛酸试剂及浓 H_2SO_4	紫红色	吲哚基	Trp
茚三酮反应	茚三酮	紫蓝色	游离的氨基	所有的氨基酸
Folin-酚试剂反应	碱性 $CuSO_4$ 及磷钼酸-磷钨酸	蓝色	酚基	Tyr
坂口反应	次氯酸钠或次溴酸钠	红色	胍基	Arg

在生产实践和理论研究中经常需要对生物材料或生物制剂的蛋白质含量进行测定，其中一些方法是根据以上性质建立的。蛋白质含量测定的常用方法可参阅实验指导书。

第七节 蛋白质的分离提纯及应用

一、蛋白质的分离提纯

工农业生产、化验与医疗、蛋白质结构测定以及基因工程研究,都需要一定纯度的蛋白质或酶制剂。因此,必须对样品中的目的蛋白(需要的蛋白质)进行分离提纯。

蛋白质的分离提纯,一般分为下列4个阶段:

1. 前处理 选择适当的生物材料,加上适当的抽提试剂,如 $0.1\ mol \cdot L^{-1}$ NaCl 溶液,采用适当的细胞破碎方法,对生物材料进行细胞破碎,使蛋白质充分释放到溶液中,然后离心,除去沉淀,得到上清液。此上清液含有各种蛋白质等物质,就是无细胞抽提液。如果目的蛋白不在细胞内,而在细胞外的分泌物中,则无需破碎细胞。

2. 粗分级 采用适当的沉淀法,从无细胞抽提液中分离目的蛋白。沉淀法有好多种,如丙酮沉淀盐析法,硫酸铵分段盐析法、乙醇分段沉淀法、等电点沉淀法、选择性变性法等。这些方法都是根据不同蛋白质的溶解度差异来分离提取目的蛋白质的,适合处理大体积的无细胞抽提液。

3. 细分级 通过上述粗分级得到的目的蛋白制剂是不够纯的。如果需要均一的(高纯度)蛋白质制剂,则需要对它进一步提纯(细分级)。细分级通常采用柱层析法。柱层析法有好多种,如离子交换柱层析、凝胶过滤层析(分子筛层析)、亲和层析、疏水吸附层析、高效液相层析等。我们可以根据样品中不同蛋白质的特性差异,如电荷量差异、分子大小差异、吸附能力差异、对配体亲和力差异,选择上述1种或2种方法,对目的蛋白作进一步提纯。如果经过上述方法提纯之后,蛋白质制剂仍未达到很高的纯度,可以采用制备性电泳法进一步提纯。制备性电泳法有许多种,如制备性聚丙烯酰胺凝胶电泳、蔗糖密度梯度等电聚焦电泳等。电泳法只能处理少量的样品,因此,比较合适在提纯后期使用。也可以采用结晶法对目的蛋白质进一步提纯。蛋白质制剂必须达到较高的纯度(大约是50%),才能进行结晶。因此,结晶法是在提纯后期使用的。

4. 质量鉴定 经过采用上述一系列方法,对蛋白质进行了提纯,制备了蛋白质制剂,但其纯度如何,生理活性如何,则需要进行鉴定。鉴定蛋白质制剂纯度的方法很多,有聚丙烯酰胺凝胶电泳法、等电聚焦电泳法、超速离心沉降法、免疫电泳法、酶活力法等。一般需要用2种或更多种方法鉴定蛋白质制剂的纯度。同时,还要测定蛋白质的生理活性,如酶的比活力、多肽激素的生理活性等。为了计算酶的比活力,还必须测定蛋白质浓度。测定蛋白质浓度可以采用福林-酚法、双缩脲法等。在提纯过程中,必须时刻注意防止蛋白质变性。因此,必须低温(0~4℃)操作,防止过酸过碱、防止产生过多的泡沫等。

二、蛋白质相对分子质量的测定

(一)沉降速度法

它是利用超速离心机测定蛋白质相对分子质量的一种方法。将蛋白质溶液放在超速离心机的离心管中,进行超速离心。由于超过重力几十万倍的离心力的作用(60 000~80 000 r/min),

使蛋白质分子沉降下来。当蛋白质分子的大小和形状都相同时,下沉速度相同,在离心管中产生一个明显的界面,利用光学系统可以观察到此界面的移动,从而测得蛋白的沉降速度。一种蛋白质分子在单位离心力场里的沉降速度为恒定值,被称为沉降常数(沉降系数),常用 s(sedimentation coefficient) 表示。已测得许多蛋白质的沉降系数都在 $1\times10^{-13} \sim 200\times10^{-13}$ s 范围内。因此,采用 1×10^{-13} s 作为沉降系数的一个单位,用 S(Svedberg unit) 表示。例如,某蛋白质的沉降系数为 30×10^{-13} s,可用 30 S 表示。用超速离心法测得某种蛋白质的沉降系数之后,则可按照一定的公式,计算出该蛋白质的相对分子质量。

(二)凝胶过滤法

利用凝胶过滤(gel filtration)可以把蛋白质混合物按分子的大小分离开来。该方法比较简便,其原理是使用一种葡聚糖凝胶(即交联葡聚糖 cross-linked dextran,商品名 Sephadex),该凝胶具有网状结构,其交联度或网孔大小决定了凝胶的分级范围。在层析柱中装入葡聚糖凝胶珠(颗粒)。这些网孔只允许较小的分子进入珠内,而大于网孔的分子则被排阻。当用洗脱液洗脱时,被排阻的相对分子质量大的分子先被洗脱下来,相对分子质量小的分子从大到小依次洗脱下来(图 1-21)。

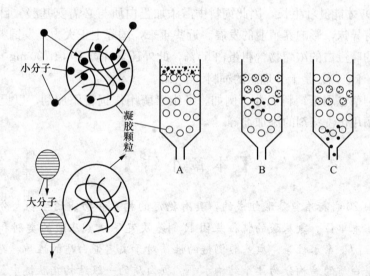

图 1-21 凝胶过滤层析原理
(引自郭蔼光,2009)

(三)SDS 聚丙烯酰胺凝胶电泳法

蛋白质在聚丙烯酰胺凝胶中的电泳速度,取决于蛋白分子的大小、形状和电荷数量,而在 SDS 聚丙烯酰胺凝胶中的电泳速度,则仅取决于蛋白质分子的大小。SDS(十二烷基硫酸钠)是一种去垢剂,可以与蛋白质分子相结合,使其变性并带上大量的负电荷,从而掩盖了蛋白质原有电荷的差异。这样,蛋白质的电泳速度只取决于蛋白质相对分子质量的大小。

三、蛋白质的应用

蛋白质在生物体内有多种多样的功能,它不仅在生命活动中起着重要作用,而且在实践中也有着广阔的应用前景,在食品、医药、饲料以及作为酶制剂的应用,都正在发挥着引人注目的作用。

1. 在食品方面 利用牲畜、鱼类的肌肉以及蛋、奶等历来作为美味食物为人类提供大量营养所必需的蛋白质。谷类、豆类和其他油料种子也含有丰富的蛋白质,是人类食品和禽畜饲料的蛋白质源泉。传统植物蛋白质制品面筋(gluten)是面粉蛋白的主要部分,豆腐、腐竹、豆浆等都是人们喜爱的食品。

某些蛋白制剂用于食品加工。例如,α-淀粉酶和β-淀粉酶用于发酵工业以提高淀粉原料利用率;葡萄糖淀粉酶用于酶法生产葡萄糖;葡萄糖异构酶用于生产高果糖糖浆;菠萝蛋白酶、木瓜蛋白酶等用作肉类嫩化剂;果胶酶用于果汁澄清。

2. 在医药方面 蛋白质制剂目前主要用于某些疾病的预防、治疗和辅助诊断。例如,预防注射用的各种疫苗;用尿激酶、蛇毒蛋白酶溶解血栓;用胰岛素治疗糖尿病;用生长激素治疗侏儒症;注射丙种球蛋白治疗某些免疫功能缺损和感染;用蛋白酶制剂治疗消化不良;利用抗体(尤其是单克隆抗体)帮助诊断某些癌症和病毒感染等。

3. 在饲料方面 禽畜等动物需要从外界摄入必需氨基酸(Lys、Phe、Val、Met、Trp、Leu、Ile、Thr)才能健壮生长,因此饲料中需添加蛋白质与必需氨基酸。目前多以鱼粉为主,成本高、有异味,影响养殖业的发展。近些年来,国际上正大力开发饲料叶蛋白。法国首蓿公司生产的叶蛋白的浓缩物含粗蛋白55%,此外还含叶黄素(1 700 mg·kg^{-1})和胡萝卜素(900 mg·kg^{-1}),是十分理想的饲料。

某些蛋白制剂也用于饲料工业,例如,纤维素酶用作饲料添加剂,以提高饲料的利用率;碱性蛋白酶用作洗涤剂的添加剂等。

【 本章小结 】

蛋白质是由20种标准氨基酸组成的,具有稳定的构象和功能的生物大分子。氨基酸是组成蛋白质的基本单位。氨基酸的特征基团R侧基决定了该氨基酸的类别和性质,如酸碱性、紫外吸收、pI、亲水性等。氨基酸侧链的性质对于决定蛋白质的性质、结构和功能来说是很重要的。蛋白质的结构分为4个结构水平。蛋白质的一级结构指肽链中氨基酸的排列顺序。二级结构是多肽链主链骨架依靠氢键的作用,盘绕折叠,形成有规律的空间排布。包括α螺旋、β折叠、β转角、无规则卷曲等。氢键是维持蛋白质二级结构稳定的主要作用力。蛋白质三级结构指的是多肽链在二级结构的基础上,通过侧链基团的相互作用进一步卷曲折叠,借助次级键维系使α螺旋、β折叠、β转角等二级结构相互配置而形成的特定的构象。超二级结构和结构域是介于二、三级结构之间的两个结构层次。具有独立的、稳定的三级结构的多肽链通过非共价键相互缔合在一起,组装成具有稳定结构的聚合体,称为蛋白质的四级结构,其中每一条具有独立三级结构的多肽链称为亚基。蛋白质复杂的组成和结构是其多种多样生物学功能的基础,蛋白质的一级结构决定高级结构,而高级结构又决定功能。蛋白质的理化性质一部分与氨基酸相似,如两性解离、等电点、呈色反应和成盐反应等。但由于它是具有复杂高级结构的大分子,也有一部分理化性质与氨基酸不同,如分子质量、胶体性质、沉淀、变性等。

◆ **思考题**

1. 简述蛋白质的一级结构及其与生物进化的关系。
2. 多肽链片段是在疏水环境中还是在亲水环境中更利于α螺旋的形成？为什么？
3. 还原型谷胱甘肽分子中的肽键有何特点？还原型与氧化型谷胱甘肽的结构有何不同？
4. 在分析氨基酸序列中常常发现有些蛋白质序列仅发生1～2个氨基酸的变化，就会丧失功能，而有些甚至多个氨基酸变化但仍有功能，试说明原因。
5. 何谓蛋白质的变性作用？引起蛋白质变性的因素有哪些？分别说明其机制。
6. 为什么鸡蛋清可用作铅中毒或汞中毒的解毒剂？

第二章 核酸化学

第一节 核酸概论

一、核酸的概念及重要性

核酸是瑞士年青科学家 F. Miescher 于 1868 年在研究细胞核的化学成分时发现的,当时他把从外科绷带的脓细胞中分离得到的含磷很高的酸性物质,称为核素(nuclein)。由于这种物质显酸性,于是 1889 年 R. Altman 建议将核素改称核酸(nucleic acid)。

核酸是由核苷酸通过 $3',5'$-磷酸二酯键聚合而成的具有复杂三维结构的生物大分子,能够携带和传递遗传信息。它不仅对生命的延续、生物物种遗传特性的保持、生长发育、细胞分化等起着重要的作用,而且与生物变异,如肿瘤、遗传病、代谢病等也密切相关。因此,核酸是现代生物化学和分子生物学研究的重要内容。

自从 1944 年 O. T. Avery 及其同事通过著名的肺炎双球菌转化实验证明 DNA 是遗传物质以来,核酸的重要性才引起科学家的重视。1953 年,J. Watson 和 F. Crick 提出了著名的 DNA 双螺旋结构模型以及 DNA 作为遗传物质储存和传递信息的化学机制。1958 年,M. Meselson 和 F. Stahl 利用同位素标记实验证明 DNA 的复制是采用半保留复制的方式进行的,从而进一步证明了 DNA 双螺旋模型的正确性。后来,由于遗传密码的揭示,把核酸与蛋白质紧密联系在一起。编码蛋白质的信息就存储在 DNA 的核苷酸序列中,一段编码蛋白质或 RNA 的 DNA 序列称为一个基因(gene)。近 30 年来,基因的结构以及基因的表达和调节已成为现代生物化学和分子生物学研究的中心。

二、核酸的种类和分布

根据所含核糖的不同,核酸可分为两种类型,即脱氧核糖核酸(deoxyribonucleic acid,简称 DNA)和核糖核酸(ribonucleic acid,简称 RNA)。RNA 根据其生物功能的不同又可分为信使核糖核酸(messenger RNA,简称 mRNA)、转移核糖核酸(transfer RNA,简称 tRNA)和核糖体核糖核酸(ribosomal RNA,简称 rRNA)。但是 DNA 和 RNA 在细胞中的分布是不同的。在真核生物细胞内,98% 的 DNA 位于细胞核内,与组蛋白构成染色体,称为染色体 DNA;还有约 2% 的 DNA 存在于线粒体或叶绿体等细胞器中。在原核生物细胞内,染色体 DNA 存在于细胞质中。在细菌的细胞内,还含有一类分子较小的 DNA,例如质粒 DNA(plasmid DNA)。对 RNA 而言,90% 的 RNA 存在于细胞质中,10% 存在于细胞核中且大部分集中在核仁区。

在细菌、植物和动物的细胞中都含有 DNA 和 RNA,但是病毒所含有的核酸类型因病毒种类不同而有别。病毒是蛋白质和核酸组成的复合体,就一种病毒而言,要么只含 DNA,

要么只含 RNA，不可能同时含有两者。所以按所含核酸的类型，将病毒分为 DNA 病毒和 RNA 病毒。但是现在又发现了一种只含有蛋白质的病毒如"普利昂"病毒。

在细胞内，除了上面提到的 3 种主要的 RNA（即 mRNA、tRNA 和 rRNA）外，还有许多小分子 RNA。

按大小来分，有 4.5SRNA 和 5SRNA，这些 RNA 的大小在 300 个核苷酸左右，常统称为小 RNA(small RNA，sRNA)。最近还发现长度为 20 个核苷酸起调节作用的 RNA 称为微 RNA(microRNA，miRNA)。

按在细胞内的位置来分，有核内小 RNA(small nuclear RNA，snRNA)、核仁小 RNA(small nucleoar RNA，snoRNA)、胞质小 RNA(small cytoplasmic RNA，scRNA)。

按功能来分，有反义 RNA(antisense RNA)、小分子干扰 RNA(small interfering RNA，siRNA)、指导 RNA(guide RNA，gRNA)、核酶（ribozyme）等。

第二节　核苷酸的化学组成与结构

核酸像蛋白质一样，是由许多基本单元构成的生物大分子。核酸的基本结构单元是核苷酸，因此可以说核酸是由上百个、几千个、甚至更多的核苷酸缩合而成的一种线性多聚体。

核苷酸由核苷和无机磷酸组成，核苷实为一种戊糖的糖苷，由碱基与核糖或脱氧核糖通过 β-N 糖苷键连接而成。

一、戊　糖

核酸中的戊糖包括两种类型：存在于 RNA 中的 β-D-核糖（β-D-ribose）和存在于 DNA 中的 β-D-2′-脱氧核糖（β-D-2′-deoxyribose）。β-D-核糖和 β-D-2′-脱氧核糖的结构如图 2-1 所示。

核糖(D-ribose)　　　　脱氧核糖(2′-deoxy-D-ribose)

图 2-1　核糖和脱氧核糖的结构

二、含氮碱基

碱基（base）也被称为含氮碱基，它们是含有 N 原子的嘌呤或嘧啶的衍生物，是核苷酸中最重要的部分，因为编码遗传信息的是特定的碱基序列。

（一）嘧啶碱基

嘧啶碱基（pyrimidine base，Py）是母体化合物嘧啶的衍生物，为六元的芳香杂环，含有

2个 N 原子，为一个平面结构。嘧啶碱基包括 3 种：尿嘧啶（uracil，Ura）、胞嘧啶（cytosine，Cyt）和胸腺嘧啶（thymine，Thy）即 5-甲基尿嘧啶。其中尿嘧啶只存在于 RNA 中，胸腺嘧啶只存在于 DNA 中，胞嘧啶在 DNA 和 RNA 中都有。

（二）嘌呤碱基

嘌呤碱基（purine base，Pu）是母体化合物嘌呤的衍生物，由六元的嘧啶环与五元的咪唑环融合而成，共有 9 个原子，其中含有 4 个 N 原子。嘌呤环不完全在一个平面上，在嘧啶环和咪唑环之间有个小的弯曲。嘌呤碱基包括两种：腺嘌呤（adenine，Ade）和鸟嘌呤（guanine，Gua），这两种碱基为 DNA 和 RNA 所共有。

嘌呤环和嘧啶环中各原子的编号是目前国际上普遍采用的统一编号，核酸中常见的嘧啶碱基和嘌呤碱基如图 2-2 所示。

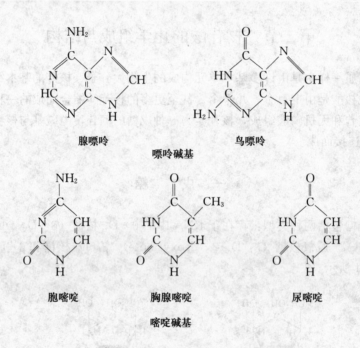

图 2-2　嘌呤碱基和嘧啶碱基的种类和结构

（三）稀有碱基

在核酸中，除了以上 5 种常见的碱基之外，还存在一些含量很少的碱基，称为稀有碱基或修饰碱基。稀有碱基大多是甲基化的碱基，它们都是在核酸生物合成之后经过甲基化酶修饰而来的。tRNA 中大约有 10% 的稀有碱基。

（四）碱基的性质

1. 溶解性　碱基几乎不溶于水，这与其芳香环的杂环结构有关。

2. 互变异构　碱基具有的芳香族性质和环上取代基的富电子性质致使它们在溶液中能够发生两种互变异构，即酮式（内酰胺，99.99%）⇌ 烯醇式（内酰亚胺，0.01%）的互变异构和及氨基式（99.99%）⇌ 亚氨基式（0.01%）的互变异构。在生物体内主要以酮式和氨基式为主。碱基的互变异构类型如图 2-3 所示。

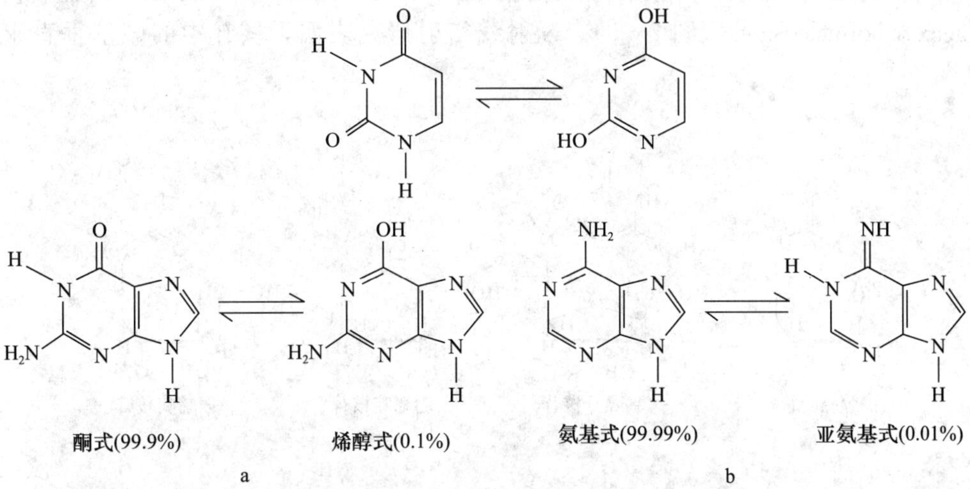

酮式(99.9%)   烯醇式(0.1%)   氨基式(99.99%)   亚氨基式(0.01%)

a   b

图 2-3   碱基的互变异构
a. 酮式与烯醇式互变   b. 氨基式与亚氨基式的互变

3. 强烈的紫外吸收   嘌呤碱基和嘧啶碱基分子中的共轭双键体系使碱基在紫外区有强烈的吸收（图 2-4），其最大吸收值在 260 nm，该性质可用来定性或定量测定碱基和含有碱基的化合物（如核苷酸和核酸）。

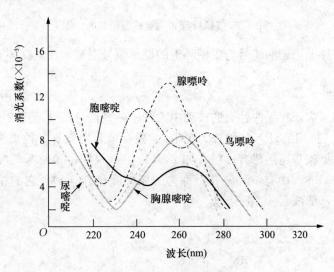

图 2-4   各种碱基的紫外吸收光谱（pH 7.0）

三、核 苷

（一）核苷的结构

核苷（nucleoside）是由戊糖和碱基通过 β-N-糖苷键形成的糖苷，核苷中的糖苷键由戊糖 C-1′位与嘌呤碱基 N-9 位和嘧啶碱基 N-1 位形成。核苷中的核糖有 D-核糖和 2′-脱氧-D-核糖两种，前者形成核糖核苷（ribonucleoside），后者形成脱氧核糖核苷（deoxyribonucleoside）（图 2-5）。X射线衍射研究表明，核苷中的碱基垂直于糖环平面。

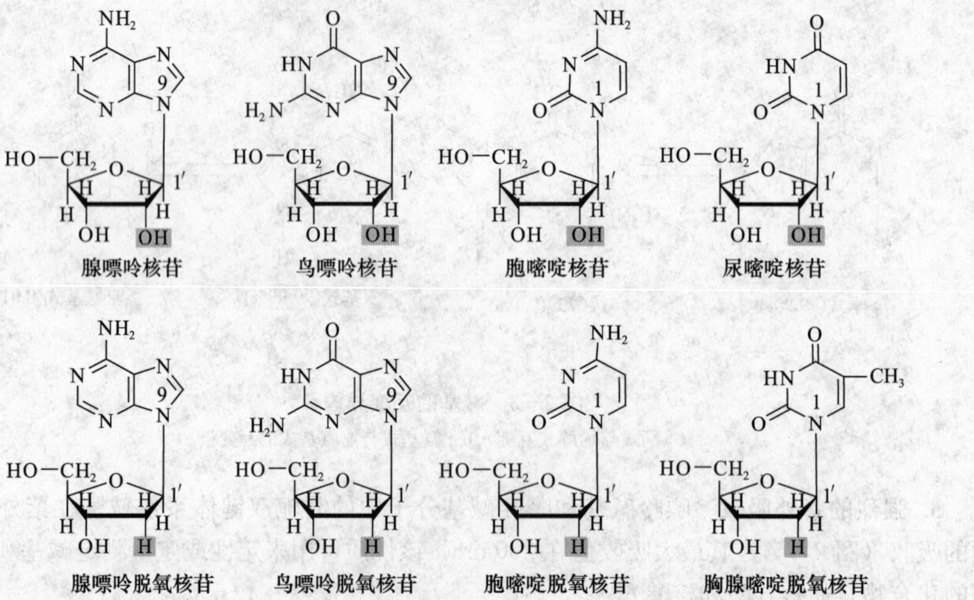

图 2-5 核糖核苷和脱氧核糖核苷的结构

为了避免碱基环上原子的编号与戊糖环上的原子编号混淆，在戊糖环上各原子的编号的阿拉伯数字后需加"′"。

（二）稀有核苷

与稀有碱基相对应，在某些种类的核酸中发现了一些稀有核苷（图 2-6），它们主要存在于 RNA 分子中（特别是 tRNA 和 rRNA 中）。稀有核苷主要有 3 种来源：①稀有碱基连接常见戊糖；②常见碱基连接稀有戊糖，如 2′-O-甲基核糖；③碱基与戊糖连接方式特殊的核苷。例如，在 tRNA 中有一种核苷，称为假尿嘧啶核苷（ψ），它的核糖是与尿嘧啶的第 5 位碳原子相连，形成 C-C 糖苷键。

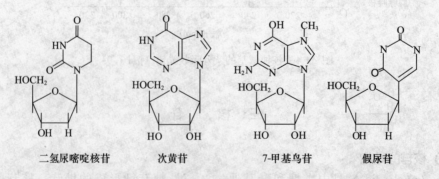

图 2-6 几种稀有核苷

四、核苷酸

(一) 核苷酸的结构

核苷酸(nucleotide)是核苷的戊糖羟基的磷酸酯。核糖核苷的磷酸酯称为核糖核苷酸,脱氧核糖核苷的磷酸酯称为脱氧核糖核苷酸(表2-1)。

理论上,核苷的5′-OH、3′-OH和2′-OH均可被磷酸化而形成2′-核苷酸、3′-核苷酸或5′-核苷酸。脱氧核糖核苷的5′-OH、3′-OH也均可被磷酸化而形成3′-或5′-脱氧核糖核苷酸。但生物体内游离存在的是5′-核苷酸,构成核酸大分子的核苷酸单位也是5′-核苷酸。各种核糖核苷酸和脱氧核糖核苷酸的结构如图2-7所示。

表2-1 构成RNA和DNA的各种核苷酸

核酸	核 苷 酸	简 称
RNA	腺嘌呤核苷酸(adenosine monophosphate)	腺苷酸(AMP)
	鸟嘌呤核苷酸(guanosine monophosphate)	鸟苷酸(GMP)
	胞嘧啶核苷酸(cytidine monophosphate)	胞苷酸(CMP)
	尿嘧啶核苷酸(uridine monophosphate)	尿苷酸(UMP)
DNA	腺嘌呤脱氧核苷酸(deoxyadenosine monophosphate)	脱氧腺苷酸(dAMP)
	鸟嘌呤脱氧核苷酸(deoxyguanosine monophosphate)	脱氧鸟苷酸(dGMP)
	胞嘧啶脱氧核苷酸(deoxycytidine monophosphate)	脱氧胞苷酸(dCMP)
	胸腺嘧啶脱氧核苷酸(deoxythymidine monophosphate)	脱氧胸苷酸(dTMP)

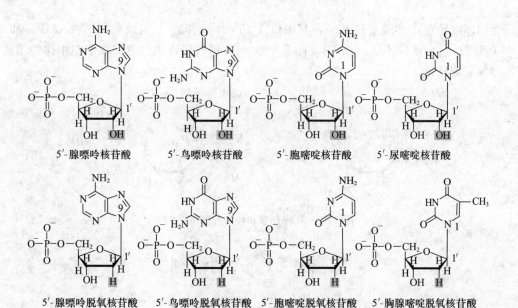

图2-7 核糖核苷酸和脱氧核糖核苷酸的结构

（二）细胞内游离的核苷酸及核苷酸衍生物

在细胞内，除了构成核酸的上述核苷酸外，还有一些核苷酸自由存在于细胞中，它们具有很重要的功能。各种核苷一磷酸（NMP）可继续磷酸化生成核苷二磷酸（NDP）和核苷三磷酸（NTP），例如，AMP(adenosine monophosphate)、ADP(adenosine diphosphate)和ATP(adenosine triphosphate)(图2-8)。为了将核苷二磷酸和核苷三磷酸上不同的磷酸根区分开来，将直接与戊糖5′-羟基相连的磷酸根定为α磷酸根，其余两个磷酸根从里到外依次被称为β磷酸根和γ磷酸根。

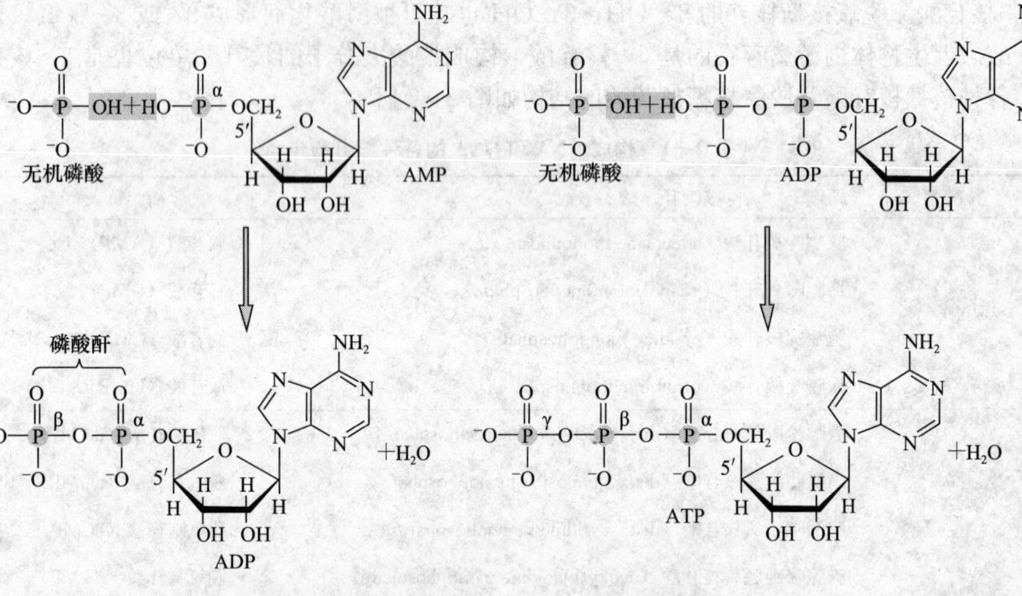

图2-8 AMP、ADP和ATP的结构

生物体内还存在环磷酸核苷酸，其中以3′,5′-环腺苷酸（cyclic AMP，cAMP）和3′,5′-环鸟苷酸（cyclic GMP，cGMP）（图2-9）研究得较为详细，它们在细胞中作为第二信使，参与细胞通讯。

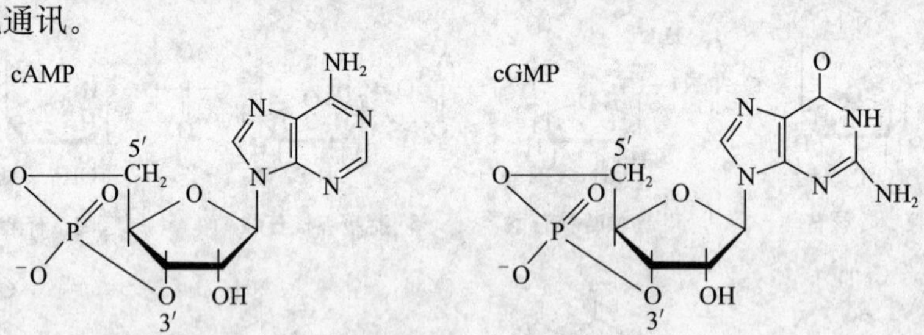

图2-9 环腺苷酸和环鸟苷酸的结构

第三节　DNA 的结构

一、DNA 的一级结构

DNA 的一级结构是指构成 DNA 的多聚核苷酸链上的所有核苷酸或碱基的排列顺序。

(一) DNA 一级结构的连接方式

DNA 和 RNA 链的连接方式都为 3′,5′-磷酸二酯键（图 2-10）。由于核糖核苷酸含有 2′-OH，因此在理论上多聚核糖核苷酸还可以形成 2′,5′-磷酸二酯键，然而自然界很难找到。

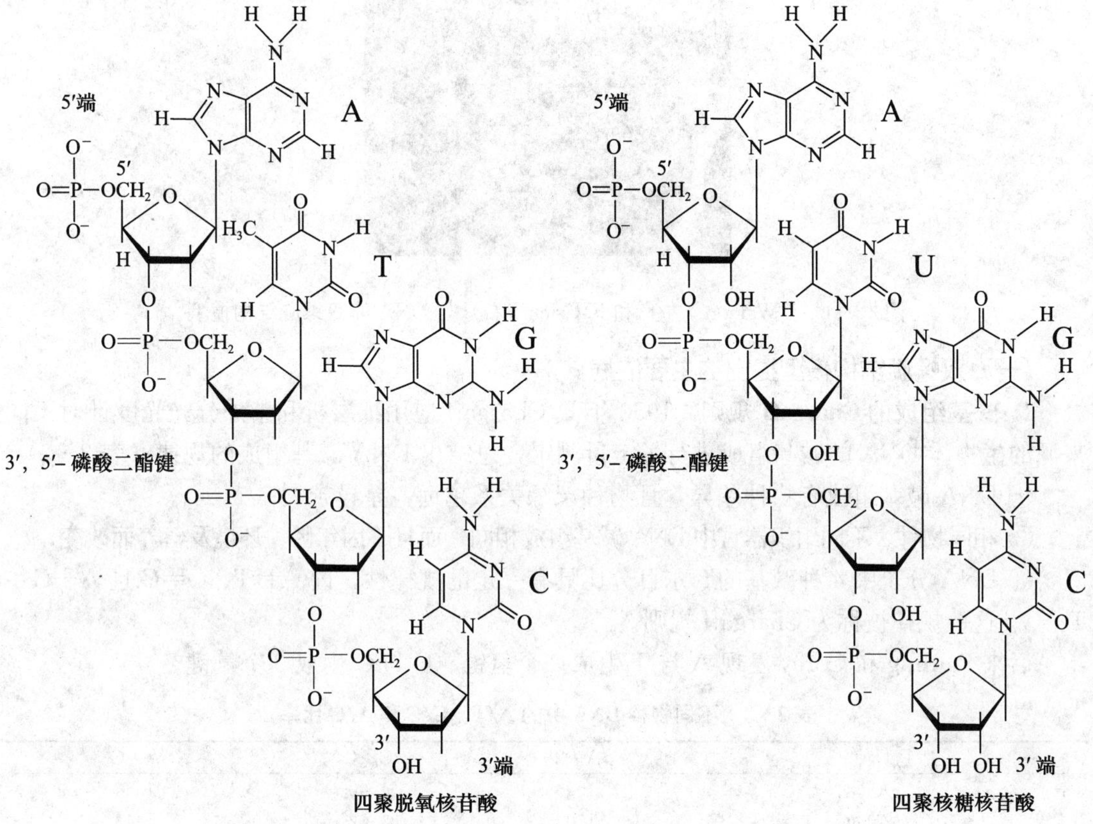

图 2-10 构成 DNA 和 RNA 链的核苷酸的结构和连接方式

(二) DNA 的一级结构的特点

① 具有两个末端即 5′磷酸端（常用 5′-P 表示）和 3′羟基端（常用 3′-OH 表示），这两个末端不参与形成磷酸二酯键。

② DNA 链具有极性。当表示一个多聚核苷酸链时，必须注明它的方向是 5′→3′或是 3′→5′。

③ 核酸链多数为线形，但细菌染色体、质粒 DNA 和线粒体 DNA 都属于环形 DNA，环形 DNA 无自由的末端。

二、DNA 的二级结构

在前人工作的基础上，美国人 J. Watson 和英国人 F. Crick 一起于 1953 年提出了 DNA 双螺旋结构（double helix structure）模型（图 2-11），并对模型的生物学意义做出了科学的解释和预测,他们俩因此获得了1962年的诺贝尔生理学或医学奖。

图2-11 J. Watson(左)和F. Crick(右)与DNA的双螺旋结构模型

(一)双螺旋结构模型提出的主要依据

1. 碱基组成的 Chargaff 规则　1950年E. Chargaff应用纸层析和紫外分光光度计对不同来源的生物体DNA的碱基组成进行了定量测定,总结出DNA碱基组成的规律(表2-2):

① DNA碱基组成有物种差异,且物种亲缘关系越远,差异越大;

② 相同物种,不同组织器官中DNA碱基组成相同,而且不因年龄、环境及营养而改变;

③ DNA分子中4种碱基的摩尔百分比具有一定的规律性,即A=T、G=C且A+G=T+C。这一规律被称为Chargaff规则。

后来Pauling和Corey发现A与T生成2个氢键、C与G生成3个氢键。

表2-2 不同物种DNA中的A/T、G/C和A/G比率

物 种	A:T	G:C	A:G
人	1.00	1.00	1.56
大马哈鱼	1.02	1.02	1.43
小麦	1.00	0.97	1.22
酵母	1.03	1.02	1.67
大肠杆菌	1.09	0.99	1.05
黏质沙雷菌	0.95	0.86	0.70

2. X射线衍射数据　从1950年到1953年,M. Wilkins和R. Franklin使用DNA湿纤维进行的X射线衍射分析发现DNA具有简单、有规则的重复结构单元(图2-12)。

图2-12 DNA湿纤维的X射线衍射图
(引自http://nhjy.hzau.edu.cn/kech/swhx/plan/plan.htm)

（二）双螺旋结构模型要点

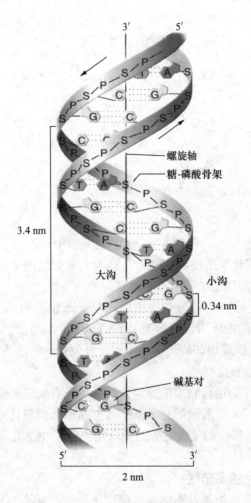

图 2-13　DNA 双螺旋结构的骨架模型

① 两条链反向平行，一条链为 $5'\rightarrow 3'$，另一条链为 $3'\rightarrow 5'$，围绕同一中心轴构成右手双螺旋。螺旋直径 2 nm，表面有大沟（major groove）和小沟（minor groove）（图 2-13）。

② 磷酸-脱氧核糖骨架位于螺旋外侧，碱基垂直于螺旋轴而伸入内侧。每圈螺旋含 10 个碱基对（base pair，bp），螺距为 3.4 nm。

③ 两条链通过碱基间的氢键相连，A 对 T 有两个氢键，C 对 G 有三个氢键（图 2-14），这种 A-T、C-G 配对的规律，称为碱基互补原则。

（三）DNA 双螺旋结构稳定的因素

1. 碱基堆积力　这是碱基对之间在垂直方向上的相互作用所产生的力，它包括疏水作用和范德华力。碱基间相互作用的强度与相邻碱基之间环重叠的面积成正比，总的趋势是嘌呤与嘌呤之间＞嘌呤与嘧啶之间＞嘧啶与嘧啶之间，另外碱基的甲基化能提高碱基的堆积力。碱基堆积力是稳定 DNA 最重要的因素。

2. 氢键　包括螺旋内部的氢键和螺旋外部的氢键。螺旋内部的氢键是碱基对之间的氢

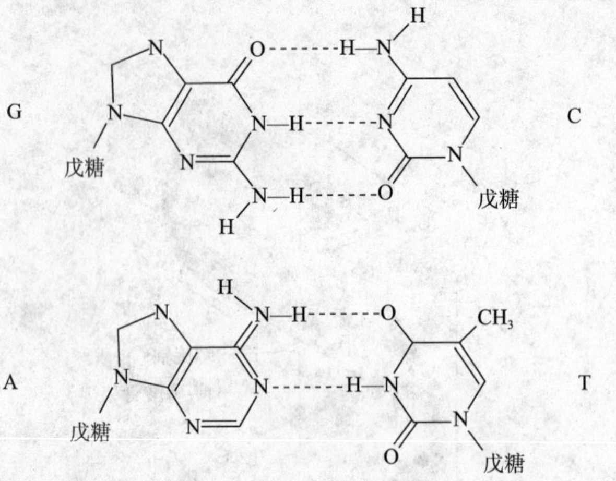

图 2-14 DNA 中的碱基对

键；外部氢键是戊糖-磷酸骨架上的极性原子与周围的分子之间形成的。氢键主要决定碱基配对的特异性，而对双螺旋稳定的贡献不是最重要的。

3. 离子键 磷酸基上的负电荷与介质中的阳离子或组蛋白的正离子之间形成离子键，中和了磷酸基上的负电荷间的斥力，有助于 DNA 稳定。

4. 环境 碱基处于双螺旋内部的疏水环境中，可免受水溶性活性小分子的攻击。

（四）双螺旋结构模型的意义

该模型揭示了 DNA 作为遗传物质的稳定性特征，最有价值的是确认了碱基互补配对原则，这是 DNA 复制、转录和反转录的分子基础，亦是遗传信息传递和表达的分子基础。该模型的提出是 20 世纪生命科学的重大突破之一，它奠定了生物化学和分子生物学乃至整个生命科学飞速发展的基石。

（五）DNA 双螺旋结构的多态性

根据 DNA 在不同浓度盐溶液及不同相对湿度下的存在状态，可将 DNA 双螺旋分成 A 型、B 型和 Z 型 3 种类型（图 2-15）。

上面所说的 DNA 双螺旋结构的特征是针对在相对湿度为 92% 时制备的 DNA 钠盐纤维，即所谓 B-DNA 所具有的构象而言的，这也是 DNA 分子在溶液中或细胞内生理条件下出现的结构。DNA 的螺旋结构也是可变的。在相对湿度为 75% 时制备的 DNA 钠盐纤维称为 A-DNA，也是右手双螺旋，但它更为紧密，每轮螺旋包含 11 个碱基对，螺旋距缩短，其轴距约为 2.8 nm。在许多相对缺水的溶剂中，双螺旋 DNA 可能呈现这种结构，在某些生理状态下，也可能观察到 A-DNA 的存在。

1979 年美国人 A. Rich 根据用 X 射线衍射法分析人工合成的，具有特殊序列的脱氧六核苷酸（dCGCGCG）的结果，发现脱氧六核苷酸（dCGCGCG）片段以左手螺旋的形式存在于晶体中，从而推论到自然界中有左手螺旋 DNA 存在。他们并认为具有 $(CG)_n$ 结构的 DNA 溶液从低盐浓度到高盐浓度时，右手螺旋 DNA 会转变为左手螺旋 DNA。右手螺旋 DNA 与左手螺旋 DNA 一般处于动态平衡。

左手螺旋与右手螺旋在结构上有明显的不同。每轮左手螺旋含有 12 个碱基对，每个碱基对沿轴上升 0.38 nm。DNA 骨架的走向呈锯齿状（zigzag），故称 Z-DNA。某些碱基序列比较容易折叠成左手 Z-DNA，如嘧啶碱基和嘌呤碱基的交替出现，特别是 C 和 G。有证据表明，在原核生物和真核生物的 DNA 中存在某些短的 Z-DNA 区。

A-DNA、B-DNA 和 Z-DNA 的主要性质列于表 2-3。

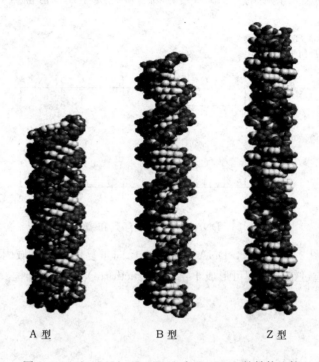

A 型　　　　　B 型　　　　　Z 型

图 2-15　A-DNA、B-DNA 和 Z-DNA 的结构比较

表 2-3　A 型、B 型和 Z 型双螺旋 DNA 的性质比较

特　点	A 型双螺旋	B 型双螺旋	Z 型双螺旋
外　形	短而宽	适中	长而细
每碱基对上升距离	0.23 nm	0.34 nm	0.38 nm
螺旋直径	2.55 nm	2.37 nm	1.84 nm
螺旋方向	右手	右手	左手
每圈碱基对数	约 11	约 10	12
碱基夹角	32.7°	34.6°	60°/2
螺距	2.46 nm	3.4 nm	4.56 nm
螺旋轴位置	大沟	穿过碱基对	小沟
大沟	极度窄、很深	很宽，深度中等	平坦
小沟	很宽、浅	窄，深度中等	极度窄、很深
糖苷键构象	反式	反式	C 为反式，G 为顺式
糖环折叠	C-3′内式	C-2′内式	嘧啶 C-2′内式，嘌呤 C-3′内式
存在	双链 RNA，RNA/DNA 杂交双链，低湿度 DNA（75%）	双链 DNA（高湿度，92%）	嘧啶和嘌呤交替存在的双链 DNA 或 DNA 链上嘧啶和嘌呤交替存在的区域

(六) DNA 的非标准二级结构

细胞内的 DNA 在特殊的条件下还可能形成其他几种非标准的二级结构。这些特殊的条件包括：DNA 受到某些蛋白质的作用（如组蛋白）；DNA 本身所具有的特殊基序，例如反向重复序列、镜像重复、直接重复、高嘌呤序列、高嘧啶序列、富含 A 序列和富含 G 序列 (图 2-16)。

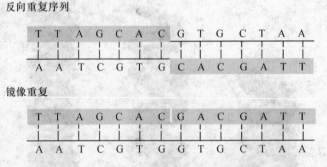

图 2-16 DNA 的反向重复序列和镜像重复

1. 十字形　如图 2-17 所示，DNA 内部含有反向重复序列的区域内互补双链之间的氢键发生断裂以后，通过链内氢键可形成十字形（cruciform）的二级结构。

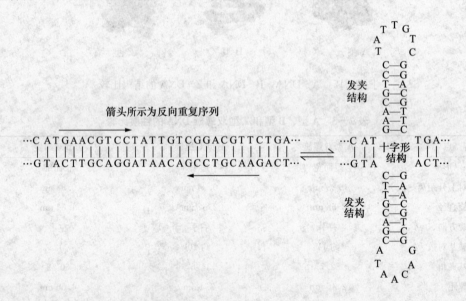

图 2-17 十字形 DNA 的形成

由于在十字形结构之中的发夹结构的两端含有 6~7 个没有配对的碱基，因此，在热力学上它不是一种稳定的结构。

2. 三链螺旋　早在 20 世纪 50 年代双螺旋结构发现之后不久就已观察到一些人工合成的寡核苷酸能够形成三链螺旋（triple helix），寡核苷酸包括核糖核苷酸和脱氧核糖核苷酸。K. Hoogsteen 于 1963 年首先描述了三链螺旋的结构。在三链螺旋中，通常是一条同型寡核苷酸与寡嘧啶核苷酸-寡嘌呤核苷酸双螺旋的大沟结合。第三链的碱基可与 Watson - Crick

碱基对中的嘌呤碱形成 Hoogsteen 配对。

进一步研究表明，位于双螺旋大沟之中的嘌呤碱基具有再形成两个氢键的潜在位点（称为 Hoogsteen 面）。如果是鸟嘌呤，两个位点分别为碱基上的 N-7 和 O-6；如果是腺嘌呤，两个位点则是 N-7 及 O-6 号位的—NH$_2$；如果双螺旋的一条链为多聚嘌呤核苷酸链，则大沟中的嘌呤碱基可以通过 Hoogsteen 碱基对（T 与 A 配对，质子化的 G 与 C 配对）与第三条链形成三链螺旋。

Hoogsteen 碱基对具有顺式和反式两种，如图 2-18 所示，顺式是指第三条链与嘌呤链呈平行排列，反式是第三条链与嘌呤链呈反平行排列。

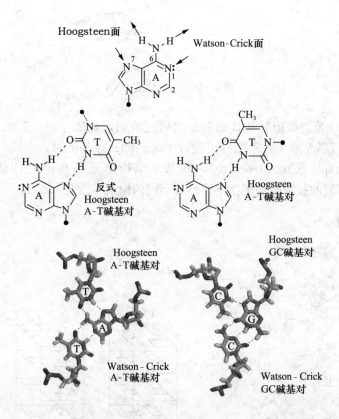

图 2-18 Hoogsteen 碱基对与 Watson-Crick 碱基对

在三链螺旋结构之中，碱基堆积力对其稳定性有一段的贡献，但是由于三条链之间存在更强的电荷排斥，因此，它没有双螺旋稳定。当然，如果 DNA 处于高盐浓度下，其链上的负电荷多数被多价阳离子中和，则形成三链螺旋将会变得容易。此外，负超螺旋或低 pH 也有利于三链螺旋的形成。

如果双螺旋 DNA 内部含有由嘌呤构成的镜像重复序列时，三链螺旋可以在分子内形成（图 2-19）。

DNA 三链螺旋结构常出现在 DNA 复制、转录、重组的起始位点或调节位点，如启动子区。第三股链的存在可能使一些调控蛋白或 RNA 聚合酶等难以与该区段结合，从而阻遏有关遗传信息的表达。

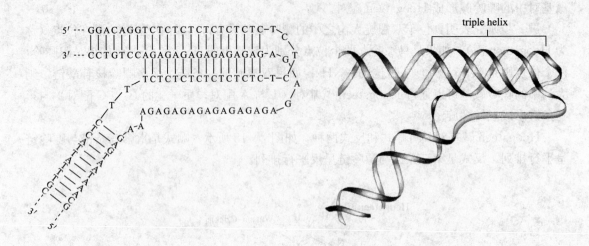

图 2-19 三链螺旋 DNA

3. 四链 DNA X 射线衍射和核磁共振的研究表明，合成序列 $(T/A)_m G_n$（$m=1\sim4$，$n=1\sim8$）的单链 DNA 中 4 个鸟嘌呤可通过 Hoogsteen 碱基配对，形成分子内和分子间的四螺旋结构（tetraple helix structure），其基本结构单元是鸟嘌呤四联体（G 四联体，G-quartet）在不同的盐浓度和湿度下可形成不同的构象（图 2-20）。

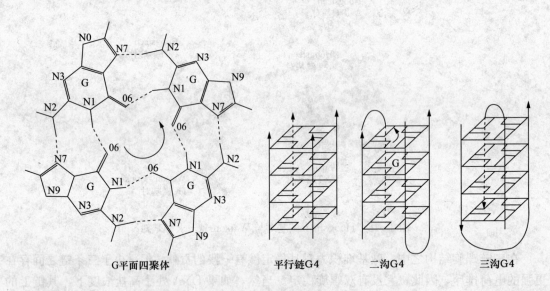

图 2-20 四链 DNA 结构
（引自石秀凡，1999）

在真核细胞染色体的端粒（telomere）DNA 中，其 3′端一般由 5～8 bp 的短核苷酸序列串联重复构成，这种序列中富含鸟嘌呤残基，可形成四螺旋结构。

推测四链螺旋 DNA 可能在稳定染色体的结构以及复制中保持 DNA 的完整性等方面起作用。

三、DNA 的三级结构

(一) 超螺旋 DNA 的概念

DNA 可以以两种形式存在，松弛型（relax）和超螺旋（supercoiling）（图 2-21），在松弛型状态下，DNA 以正常的 B 型双螺旋存在，这时候双螺旋的能量最低。

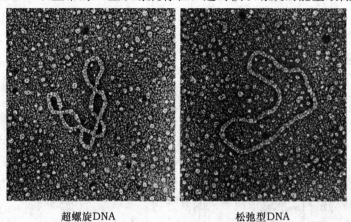

图 2-21　超螺旋 DNA 和松弛型 DNA
（引自 http://jpkc.nwu.edu.cn/swhx/pages/dzkj.htm）

如果将这种正常的双螺旋分子额外多转几圈或少转几圈，将导致 DNA 双螺旋缠绕过多或缠绕不足，其结果在双螺旋分子中存在一种额外的张力。如果双螺旋末端是开放的，这种张力可以通过链的转动而释放出去，DNA 将恢复到正常的双螺旋状态。但如果这时的 DNA 两端被固定或者 DNA 本来是共价闭环的，则 DNA 将会因内部的张力无法释放，只能在 DNA 内部使原子的位置重排，这样 DNA 就会发生扭曲，这种双螺旋的扭曲就称为超螺旋。

DNA 超螺旋分为正超螺旋和负超螺旋（图 2-22），其中正超螺旋为左手超螺旋，由 DNA 双螺旋过度缠绕引起，负超螺旋为右手超螺旋，由 DNA 双螺旋缠绕不足引起。

绝大多数原核生物的 DNA 是共价封闭的环状双螺旋，如果再进一步盘绕则形成麻花状的超螺旋结构。

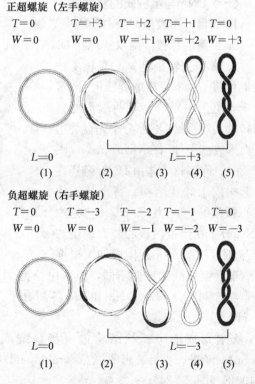

图 2-22　正超螺旋和负超螺旋的结构及参数

(二) 超螺旋 DNA 的定量描述

1. 连环数（linking number, L） 指 DNA 的一条链按照右手的方向环绕螺旋轴（螺旋轴被限制在同一个平面上）的次数。对于一个共价闭环 DNA 来说，其 L 值是不变的。如一个 5 400 bp 大小的松弛型 B 型共价闭环 DNA，其 L 值应该是 5 400/10＝540。

2. 扭转数（twisting number, T） 指 DNA 两条链相互缠绕的次数，即 Watson-Crick 螺旋数。对于一个倾向形成 B 型双螺旋的 DNA 来说，其最佳 T 值为碱基对数的 1/10。

3. 缠绕数（writhing number, W） 用来衡量双螺旋轴旋转的程度。右手超螺旋的 W 值规定为负数，左手超螺旋的 W 值则被规定为正数。

根据拓扑学理论，L、T 和 W 之间的关系可用以下方程表示：

$$L=T+W$$

T 和 W 可以为小数值，但 L 必须为整数值。

4. 比连环差（specific linking difference, λ） 该参数用来表示 DNA 的超螺旋密度，用 λ 表示。$\lambda=(L-L_0)/L_0$，其中 L 是指某一超螺旋 DNA 的 L 值，L_0 是指松弛环形 DNA 的 L 值。

细胞内的核酸并不是游离的，它们总是与蛋白质或酶发生各种各样的作用，这些作用不仅能够影响到核酸的结构，而且直接参与基因的复制、重组、修复、转录和翻译等过程。在很多情况下，核酸与蛋白质能够形成紧密的复合物，即核酸蛋白体颗粒。

四、核酸与蛋白质复合物的结构

(一) DNA 与蛋白质的复合物

1. 病毒 由核酸与蛋白质衣壳组成。

2. 细菌的拟核 由双链环状 DNA 与蛋白质组成。

3. 真核生物染色体 真核生物的染色质 DNA 是双螺旋线形分子，由于与组蛋白结合，其两端不能自由转动。双螺旋 DNA 分子先盘绕组蛋白形成核小体（nucleosome）（图 2-23）。许多核小体由 DNA 链连在一起构成念珠状结构。每个核小体核心颗粒的直径为 11 nm，它是由 DNA 分子在组蛋白核心外面缠绕约 1.75 圈（约 146 bp）构成的。根据

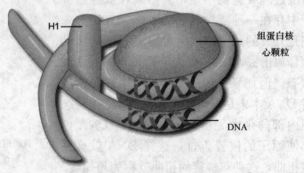

图 2-23 核小体的结构

所含碱性氨基酸的比例不同，组蛋白分为 H1、H2A、H2B、H3 和 H4 五类。核小体的核心颗粒含 H2A、H2B、H3 和 H4 各两分子，连接核小体核心颗粒的 DNA 片段结合 1 分子 H1。

这样形成的串珠状结构进一步盘绕成螺线管（solenoid）形，后者形成大的突环（loop），经进一步折叠形成微带（miniband），最后折叠成染色体，使 DNA 的长度压缩约 8 400 倍（图 2-24）。

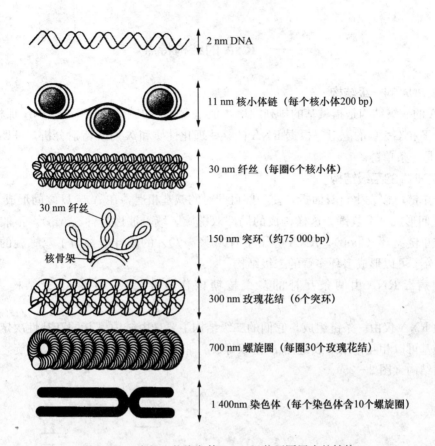

图 2-24 真核生物染色体 DNA 组装不同层次的结构

（二）RNA 与蛋白质的复合物

RNA 与蛋白质的复合物有很多，例如 RNA 病毒、核糖体、信号识别颗粒、剪接体、核糖核酸酶 P（RNase P）、端粒酶等。

第四节 RNA 的结构

RNA 和 DNA 在组成和结构上有许多不同，二者的主要区别如表 2-4 所示。

表 2-4 DNA 和 RNA 的结构比较

性质	RNA	DNA
戊糖	D-核糖	2′-D-脱氧核糖
碱基	A、G、C、U	A、G、C、T
结构	单链，部分碱基互补，局部双螺旋（A 型）	双链，碱基互补，双螺旋（A、B 和 Z 型）
种类	多种	只有一种
功能	功能多样	一种功能：充当遗传物质
在碱溶液中的稳定性	不稳定，很容易水解	稳定
分布	细胞核（核仁），细胞质（线粒体、核蛋白体、胞液）	细胞核（染色质）、细胞质（线粒体）

一、RNA 的结构特点

（一）RNA 的一级结构

RNA 的一级结构是指碱基的排列顺序，但是 RNA 的碱基组成不像 DNA 那样有规律，形成 A=T 和 G≡C 的配对。根据 RNA 的某些理化性质和 X 射线衍射分析，证明大多数天然 RNA 是一条单链。

（二）RNA 的二级结构

由于单链可以发生自身回折，使一些可配对的碱基相遇，在 A 与 U 之间形成 2 个氢键，G 与 C 之间形成 3 个氢键，这样构成的局部双螺旋区域，被称为臂（arm），不能配对的碱基则形成单链突环（loop）。RNA 分子中有 40%～70% 的核苷酸参与了双螺旋的形成，所以 RNA 分子可以形成多环多臂的二级结构。

少数病毒 RNA 由两条互补的多聚核糖核苷酸链组成，它的二级结构为 A 型双螺旋。

多数 RNA 仅由一条链组成，它们的二级结构主要是由链内碱基的互补性决定的。链内互补的碱基可以相互作用形成链内 A 型双螺旋，非互补的碱基则游离在双螺旋之外，形成各种二级结构（图 2-25）。

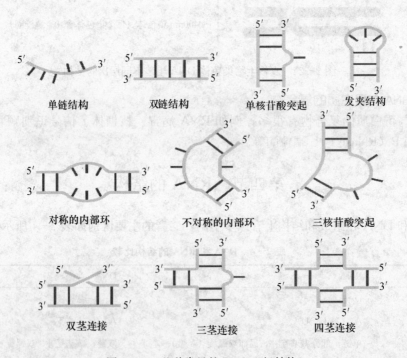

图 2-25 几种常见的 RNA 二级结构

（三）RNA 的三级结构

构成 RNA 三级结构的主要元件有假节结构、"吻式"发夹结构和发夹环突触结构这 3 种形式（图 2-26）。

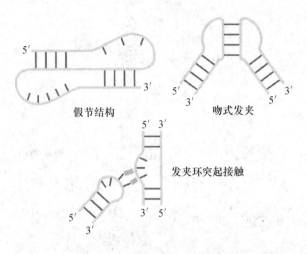

图 2-26 几种常见的 RNA 三级结构

二、tRNA 的结构

（一）tRNA 的一级结构

tRNA 约占细胞 RNA 总量的 15%，主要作用是把氨基酸转运到核糖体-mRNA 复合物的相应位置用于蛋白质的合成。每种氨基酸都有一种或几种相应的 tRNA，虽然仅有 20 种氨基酸，但 tRNA 的种类有 50 多种（存在同工 tRNA）。每种 tRNA 根据它所转运的氨基酸来命名，如转运丙氨酸的，称为丙氨酸 tRNA，写作 $tRNA^{Ala}$。从目前已知的 tRNA 的一级结构来看，尽管它们的核苷酸数目不同，序列不同，但在一级结构上有如下的特点：

(1) 相对分子质量很小，大小为 23 000～28 000 u，平均沉降系数为 4S。

(2) 各种 tRNA 的链长很接近，一般为 73～93 个核苷酸，其中大多数为 76 个。

(3) 各种 tRNA 中约有 20 多个位置上的核苷酸是不变和半不变的。这些不变和半不变的核苷酸对维持 tRNA 的高级结构和实现其生物功能起着重要的作用，同时也说明 tRNA 在进化上是保守的。

(4) 各种 tRNA 的 3′端都为 CCA，这是接受氨基酸的一端；5′端大多数为 pG，少数为 pC。

(5) tRNA 含有较多的修饰成分，可达碱基总数的 10%～20%，由转录后加工而来。

（二）tRNA 的二级结构

1965 年 R. W. Holley 等人测定了酵母丙氨酸 tRNA（$tRNA^{Ala}$）的一级结构，根据测定的碱基序列和碱基配对原则，提出了酵母 $tRNA^{Ala}$ 的三叶草二级结构模型（图 2-27）。

一般可将其分为四环四臂：按照从 5′到 3′的顺序，4 个环依次是二氢尿嘧啶环、反密码子环、可变环和假尿嘧啶环。4 个臂依次是氨基酸臂、二氢尿嘧啶臂、反密码子臂和假尿嘧啶臂。

（三）tRNA 的三级结构

tRNA 的三级结构是 20 世纪 70 年代才被人们弄清楚的。1973—1975 年，S. H. Kim 等用高分辨率（0.3 nm）的 X 射线衍射技术分析 tRNA，获得了酵母苯丙氨酸 tRNA

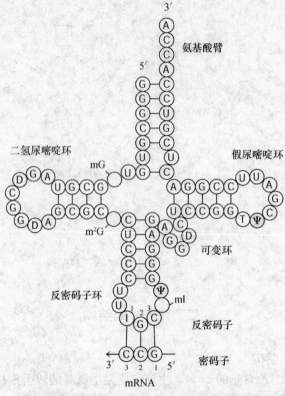

图 2-27 酵母丙氨酸 tRNA 的三叶草二级结构

(tRNA^Phe)的晶体结构，提出了 tRNA^Phe 分子的倒 L 形三级结构（图 2-28）。随后，又有几种 tRNA（如大肠杆菌的起始 tRNA、大肠杆菌 tRNA^Arg 和酵母起始 tRNA）的三级结构被测定，进一步阐明了真核生物和原核生物的 tRNA 的三级结构都是倒 L 形，这种结构有利于携带的氨基酸进入核糖体的特定部位。

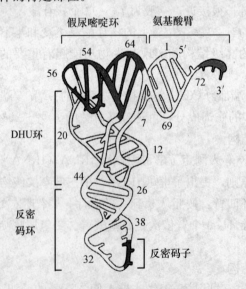

图 2-28 tRNA 的三级结构

三、rRNA 的结构

rRNA 占细胞 RNA 总量的 80%，它是细胞质核糖体的组分，与核糖体蛋白质一起形成核糖体。核糖体是蛋白质生物合成的场所。根据沉降系数的高低，rRNA 有几种不同的类型。原核生物有 5SrRNA、16SrRNA 和 23SrRNA；真核生物有 5SrRNA、5.8SrRNA、18SrRNA 和 28SrRNA。在所有的 rRNA 分子上都发现有大量链内互补的序列，这些序列通过互补配对，使得 rRNA 高度折叠。在不同物种的同一类型的 rRNA 上存在十分保守的折叠样式。

大肠杆菌 5SrRNA 的核苷酸序列是 1967 年测定的，由 120 个核苷酸组成，不含有稀有碱基。对比不同细菌的 5SrRNA 的核苷酸序列发现其一级结构有一定程度的保守性。例如，40～50 核苷酸之间有一段 5′-CGAAC-3′序列，这一序列刚好与 tRNA 的假尿嘧啶环上的 5′-GTψCG-3′序列互补，因此该序列可能与 tRNA 同核糖体的结合有关。根据大肠杆菌 5SrRNA 的核苷酸序列，于 1975 年推导出了符合大多数 5SrRNA 的二级结构模型（图 2-29）。

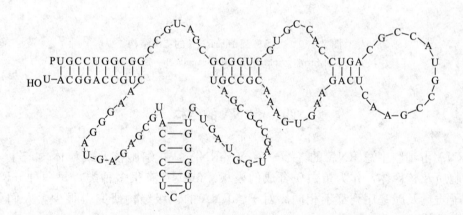

图 2-29　大肠杆菌 5SrRNA 的二级结构
（引自 http://nhjy.hzau.edu.cn/kech/swhx/plan/plan.htm）

一些细菌的 16SrRNA 的核苷酸序列已被测定。大肠杆菌 16SrRNA 由 1 542 个核苷酸组成，在此基础上提出了二级结构模型（图 2-30）。从图中我们可以看出，16SrRNA 有一半核苷酸形成链内碱基对，整个分子约有 60 个螺旋。未配对部分形成突环，一些分子内长距离的碱基互补使相隔很远的部分配对，形成复杂的多环多臂结构。分子的整个结构分为 4 个相对独立的结构域。

比较不同物种来源的 16SrRNA 和类似 16SrRNA 分子的一级结构和二级结构时发现，尽管它们在一级结构上相似性并不高，但它们的二级结构惊人的相似，显然 16SrRNA 的分子进化是二级结构在起作用，而不是核苷酸的序列。

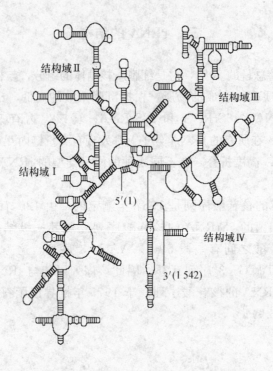

图 2-30　大肠杆菌 16SrRNA 的二级结构
(引自 http://jpkc.njau.edu.cn/anibiochemistry/)

四、mRNA 的结构

mRNA 占细胞中总 RNA 的 3%～5%。mRNA 是在细胞核及线粒体内产生，然后进入细胞质及核糖体，作为蛋白质合成的模板。mRNA 有很多种类，每一种 mRNA 的相对分子质量及碱基序列都不相同。对于 mRNA 的二级结构研究得很少，人们更关心它的一级结构。

现已证实，无论是原核生物还是真核生物的 mRNA 都存在非翻译区（untranslated region）。翻译区含有合成蛋白质的信息，非翻译区不含指令蛋白质合成的信息。非翻译区的长短随不同的 mRNA 而异。在 mRNA 的 3′端和 5′端以及原核生物的多顺反子 mRNA 中的顺反子之间都存在非翻译区。顺反子（cistron）是由顺反试验所规定的遗传单位，相当于一个基因，含有决定一种蛋白质氨基酸序列的全部核苷酸序列。原核细胞中数个结构基因常串联为一个转录单位，转录生成的 mRNA 可编码几种功能相关的蛋白质，为多顺反子（polycistron）。真核 mRNA 只编码一种蛋白质，为单顺反子（single cistron）。

原核细胞 mRNA 与真核细胞 mRNA 在结构上是有区别的。在原核细胞 mRNA 起始密码子 AUG 的上游约 10 个核苷酸处，有一段富含嘌呤核苷酸的序列，因为该序列是由 Shine-Dalgarno 首先发现的，因此常被称为 Shine-Dalgarno 序列，简称 SD 序列（图 2-31），又称为核蛋白体结合位点（ribosomal binding site，RBS）。这段序列与翻译起始有关，是核糖体小亚基 16SrRNA 结合的部位。

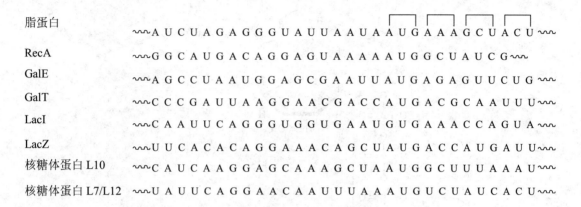

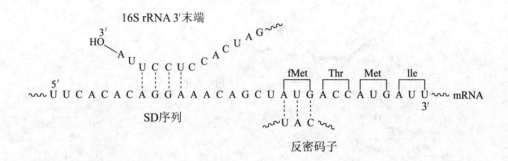

图 2-31　能被大肠杆菌识别的各种 SD 序列（上）及 SD 序列与 16SrRNA 3′端的互作（下）

真核细胞 mRNA 的结构特征如图 2-32 所示。在真核细胞中，mRNA 的 5′端有一个甲基化的鸟苷酸残基，常被称为帽子结构（图 2-33），某些真核细胞病毒的 5′端也有帽子结构，该结构在细胞核内经转录后加工而来。帽子结构可以防止 mRNA 被核酸酶降解；为 mRNA 翻译活性所必需；还与蛋白质合成的正确起始有关，协助核糖体与 mRNA 相结合，使翻译作用在 AUG 起始密码子处开始。

真核细胞成熟的 mRNA 3′端有一段长约 200 个腺苷酸残基组成的 poly(A) 尾巴结构。poly(A) 尾巴可保护 mRNA 免受核酸外切酶的作用；与 mRNA 翻译活性有关；与 mRNA 顺利通过核膜进入胞质有关。它还可能与 mRNA 的半衰期有关，新合成的 mRNA poly(A) 链较长，而衰老的 mRNA poly(A) 链较短。

图 2-32　真核生物 mRNA 的结构特征

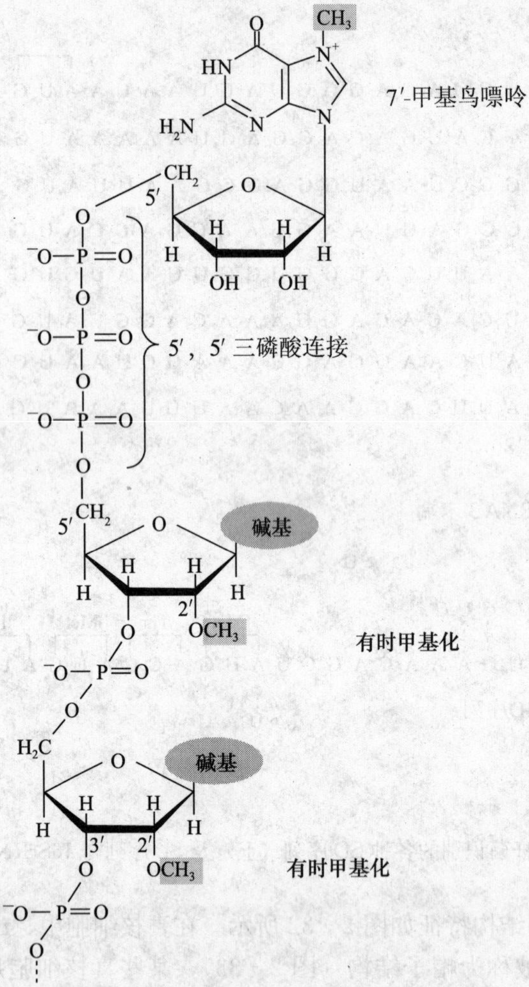

图 2-33 真核生物 mRNA 的帽子结构

五、snRNA 和 snoRNA

核内小分子 RNA(small nuclear RNA，snRNA) 是刚被人们认识不久的、仅在真核生物细胞（主要在细胞核）中存在的一类 RNA。这类 RNA 含量只占细胞 RNA 总量的 0.1‰~1.0‰，分子大小多为 58~300 个核苷酸。其中 5′端有帽子结构，分子内含 U 较多的 snRNA 称为 U-RNA，不同结构的 U-RNA 称为 U1、U2 等。5′端无帽子结构的 snRNA，按沉降系数或电泳迁移率排列，如 4.5SRNA、7SRNA 等。同一种 snRNA 的结构差异用阿拉伯数字或英文字母表示，如 7S-1、7S-2 等。

snRNA 能与一些特殊的蛋白质形成稳定的复合物，这类复合物称为核内小分子核糖核蛋白体（ribonucleoprotein，RNP），其大小约 10S。U-RNP 在 hnRNA 及 rRNA 前体的加工中有重要作用，其他 snRNA 在控制细胞分裂和分化，协助细胞内物质运输，构成染色质等方面有重要作用。

核仁小 RNA(small nucleolar RNA，snoRNA) 广泛分布于核仁区，大小一般为几十到几百个核苷酸，主要参与 rRNA 前体的加工，部分 snRNA 及 tRNA 中某些核苷酸的甲基化修饰也是由 snRNA 指导完成的。

六、asRNA 和 RNAi

1983 年在原核生物中发现的反义 RNA（antisense RNA，asRNA）可通过互补序列与特定的 mRNA 结合，抑制 mRNA 的翻译，随后在真核生物亦发现了 asRNA，并发现 asRNA 除主要在翻译水平抑制基因表达外，还可抑制 DNA 的复制和转录。

asRNA 技术可用于基因功能研究，也可通过抑制有害基因的表达用于生产实践和人类疾病的治疗。asRNA 的一个明显弱点是稳定性较差，使其应用受到很大的限制。1998 年 Fire 等发现用 RNA 抑制基因表达时，若用一段与 asRNA 核苷酸序列互补的 RNA，与 asRNA 构成双链 RNA（dsRNA），其稳定性大大增加，对基因表达的抑制作用比单链 RNA 高 2 个数量级。这种用双链 RNA 抑制特定基因表达的技术称 RNA 干扰（RNA interference，RNAi）。随后发现 RNAi 现象在各种生物中普遍存在。随着构建 dsRNA 技术的日益完善，RNAi 技术也已广泛用于探索基因功能，开展基因治疗和新药开发，研究信号传导通路等领域。

第五节　核酸的性质

一、一般理化性质

DNA 纯品为白色纤维状固体，RNA 纯品为白色粉末，二者均微溶于水，它们的钠盐在水中的溶解度较大，都溶于 2-甲氧基乙醇，但不溶于一般有机溶剂如乙醇、乙醚、氯仿、戊醇和三氯醋酸等，故常用乙醇或异丙醇来沉淀 DNA。

大多数 DNA 为线形分子，分子极不对称，其长度可达几厘米，而分子的直径只有 2 nm。因此 DNA 溶液的黏度极高，RNA 溶液的黏度要小得多。

在加热条件下，D-核糖与浓盐酸和苔黑酚（甲基间苯二酚）反应产生绿色化合物，而 D-2-脱氧核糖与酸和二苯胺反应产生蓝紫色化合物。可利用这两种糖的特殊颜色反应区别 DNA 和 RNA，或分别测定二者的含量。

二、核酸的水解

核酸可被酸、碱或酶水解成各种组分，用层析、电泳等方法分离，其水解程度因水解条件而异。

（一）酸水解

核酸分子内糖苷键和磷酸二酯键对酸的敏感程度不同；磷酸酯键比糖苷键更稳定，其中稳定性最差的是嘌呤与脱氧核糖之间的糖苷键。所以，若对核酸进行酸水解，首先生成的是无嘌呤酸（apurinic acid）。因此，对核酸进行部分水解时，很少使用酸解。

（二）碱水解

RNA 的磷酸二酯键对碱异常敏感，这是因为 RNA 的核糖上有 $2'$-OH，在碱作用下形成磷酸三酯，磷酸三酯极不稳定，随即水解产生核苷 $2'$，$3'$-环磷酸酯，该环磷酸酯继续水解产生 $2'$-核苷酸或 $3'$-核苷酸的混合物。

DNA 对碱不敏感。DNA 的脱氧核糖无 $2'$-OH，不能形成碱水解的中间物，故对碱有一定的抗性。其抗碱水解的生理意义在于作为遗传物质的 DNA 应更稳定，不易水解。而 RNA（主要是 mRNA）是 DNA 的信使，完成任务后应该迅速降解。

（三）酶水解

水解核酸的酶种类很多。按其作用的底物分为核糖核酸酶（ribonuclease，RNase）和脱氧核糖核酸酶（deoxyribonuclease，DNase）。如果水解部位在核酸链的内部，称内切核酸酶（endonuclease），若水解部位在核酸链的末端，称外切核酸酶（exonuclease）。外切核酸酶按其水解作用的方向又可分为 $3' \rightarrow 5'$ 外切核酸酶和 $5' \rightarrow 3'$ 外切核酸酶。按核酸酶水解的键不同，可分为水解磷酸二酯键的酶和水解 N 糖苷键的酶。特异性的水解磷酸二酯键的酶称为核酸酶。非特异性水解磷酸二酯键的酶如蛇毒磷酸二酯酶和牛脾磷酸二酯酶。N 糖苷键由各种非特异的 N 糖苷酶水解。

三、核酸的酸碱性质

核酸分子中含有磷酸基和碱基，具有两性解离的性质。由于核酸中磷酸基的酸性大于碱基的碱性，故其等电点偏酸性。DNA 的等电点为 4.0～4.5，RNA 的等电点为 2.0～2.5，在 pH 7～8 电泳时泳向正极。

天然 DNA 双链中通过氢键配对的碱基，不参与酸碱滴定。变性 DNA 双链解开，碱基参与酸碱滴定。

四、核酸的紫外吸收

具有共轭双键的嘌呤碱基和嘧啶碱基皆有其独特的紫外线吸收光谱（磷酸和糖与核酸的吸收光谱无关），核酸含有这种嘌呤碱基和嘧啶碱基，因而也具有独特的紫外吸收光谱，核酸最大吸收值在 260 nm（图 2-34）。

利用核酸的紫外吸收特性可进行核酸的定量测定。目前实验室常用的 DNA 和 RNA 定量测定的方法是首先测定样品 A_{260}/A_{280} 的比值，以判断样品的纯度。纯 DNA 的 A_{260}/A_{280} 应为 1.8，纯 RNA 的 A_{260}/A_{280} 应为 2.0。样品中如含有杂蛋白及苯酚等杂质，A_{260}/A_{280} 的比值就下降。样品中如混有 RNA，则 A_{260}/A_{280} 的比值就上升。不纯的样品不能用紫外吸收法作定量测定。对于纯的样品则可根据 A_{260} 算出 DNA 或

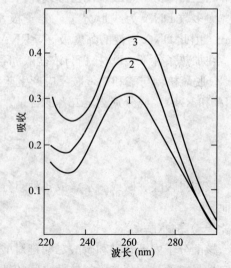

图 2-34 DNA 紫外吸收曲线
1. 天然 DNA 2. 变性 DNA 3. 核苷酸单体的总吸收

RNA 的含量。通常以 A 值为 1.0，相当于 50 $\mu g \cdot mL^{-1}$ 双链 DNA、或 40 $\mu g \cdot mL^{-1}$ 单链 DNA（或 RNA），或 20 $\mu g \cdot mL^{-1}$ 寡核苷酸。这方法既快速又相当准确，而且不会浪费。

核酸吸收紫外线的强度，可利用紫外分光光度计测定各波长的吸光度（光密度）A 表示，此外还可以用磷摩尔消光系数 ε 来表示。摩尔消光系数也称摩尔吸光系数，是指 1 $mol \cdot L^{-1}$ 磷的核酸溶液在一定的 pH 和相应波长下，光径为 1 cm 时测得的光吸收值。

$$\varepsilon = \frac{A}{c \cdot L}$$

式中，A 为所测样品的光吸收值，c 为磷的物质的量浓度，L 为比色杯的内径。在 260 nm 波段天然 RNA 的 ε 为 7 000～10 000，而 DNA 的 ε 为 6 000～8 000。当核酸变性或降解时，其紫外光吸收强度及 ε 值均显著增高（称增色效应）。相反，变性的核酸在一定条件下恢复其原有性质时，其紫外吸收强度及 ε 值又可恢复到原有水平（称减色效应）。因此，可根据核酸溶液的紫外光吸收光谱或 ε 值来判断其是否变性或复性。

五、DNA 的变性、复性与杂交

（一）DNA 的变性

1. DNA 变性的概念和 T_m　在水溶液中，双股 DNA 分子在某些物理因素或化学因素的影响下，双螺旋结构中的碱基堆积力和碱基对之间的氢键受到破坏，严密的双股螺旋变成了两条随机卷曲的、单一的多核苷酸链，这种现象被称为 DNA 的变性（denaturation）（图 2-35）。引起 DNA 变性的因素主要有加热、极端的 pH、某些变性剂（如尿素、盐酸胍和甲醛等）和某些有机试剂（如乙醇、丙酮）。当溶液 pH 小于 2.3 时，可发生酸变性；pH 大于 11.5 时，可发生碱变性。

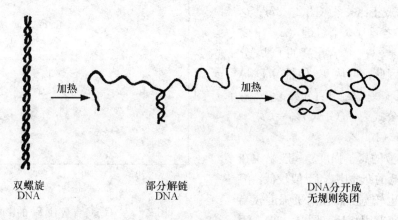

图 2-35　DNA 的变性

变性后的核酸，其理化性质和生物功能都会起显著变化，最重要的表现为黏度和比旋光度下降、紫外吸收和浮力密度升高、生物活性降低或丧失，其中紫外吸收增加的现象称为增色效应（hyperchromic effect）。

双链 DNA 热变性是在很窄的温度范围内发生的，与晶体在熔点时突然熔化的情形相似，因此 DNA 也具有熔点，其熔点被称作解链温度或融解温度（melting temperature），用

T_m 表示（图 2-36）。T_m 实际是 DNA 的双螺旋有一半发生热变性时相应的温度。DNA 的 T_m 通常为 82~95 ℃。

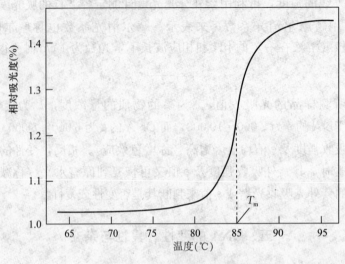

图 2-36 DNA 的解链温度（T_m）

2. 影响 T_m 值的因素

（1）DNA 的均一性。均一性越高，熔解过程越是发生在一个很小的范围内。均质 DNA 如病毒 DNA，人工合成 poly d(A-T)、poly d(G-C) 等均质 DNA，熔解过程发生在一个较小的温度范围之内，而异质 DNA 如细菌 DNA 的 T_m 值则在较宽的温度范围内。因此 T_m 值可以作为衡量 DNA 样品均一性的标准。

（2）G-C 含量。G-C 含量越高，T_m 值越高，成正比关系（图 2-37）。这是因为 G-C 之间有 3 个氢键，A-T 之间有 2 个氢键，G-C 含量高的 DNA 分子更稳定。因此，可从 T_m 值推算 DNA 分子中 G-C 碱基的组分百分数。

其经验公式为：$(G+C)\% = (T_m - 69.3) \times 2.44 \times 100\%$

（3）溶液的离子强度。一般来说在离子强度较低的介质中，T_m 值较低，溶解温度范围也较宽。而在离子强度较高的介质中，情况则相反（图 2-38）。因

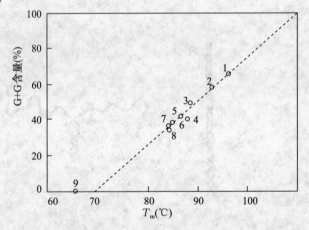

图 2-37 G-C 含量对 T_m 的影响

此，DNA 制品应保存在较高浓度的溶液中，常保存在 $1\ mol \cdot L^{-1}$ NaCl 溶液中。

（4）溶液的 pH。pH 低于 5.0 时，DNA 易脱嘌呤，高 pH 下，碱基广泛去质子而丧失形成氢键的能力，pH 大于 11.3 时，DNA 完全变性。对单链 DNA 进行电泳时，常在凝胶中加入 NaOH 以维持变性状态。

（5）变性剂作用。甲酰胺、尿素、甲醛等能破坏氢键，妨碍碱基堆积，使 T_m 下降。对单链 DNA 进行电泳时，常使用上述变性剂。

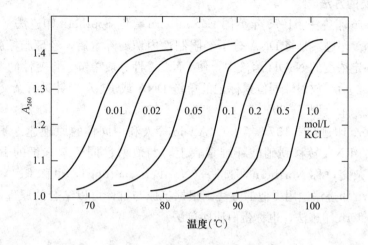

图 2-38 离子强度对 T_m 的影响

(二) DNA 的复性

1. 复性的概念 当各种变性因素不复存在的时候，变性时解开的互补单链全部或部分恢复到天然双螺旋结构的现象称为复性（renaturation）。热变性的 DNA 一般经过缓慢冷却后即可复性，此过程称为退火（annealing）。如把加热变性的 DNA 溶液直接插入冰浴，由于溶液温度急速降低，单链 DNA 失去碰撞的机会，保持单链变性状态而不能复性，这种冷处理过程称为淬火（quench）。复性后，核酸的紫外吸收降低，这种现象称为减色效应（hypochromic effect），此外，核酸溶液的其他性质也恢复到变性前的水平。

2. 影响 DNA 复性速度的因素

（1）复性的温度。因加热变性的 DNA，当温度超过 T_m 后，即迅速冷却到低温时，不能复性，但当溶液维持在 T_m 以下的较高温度时，则可能复性，一般比 T_m 低 25 ℃ 左右时最佳。

（2）单链片段 DNA 浓度。DNA 浓度较高时，两条互补链彼此相碰的机会增加，易于复性。

（3）DNA 序列的大小。单链片段越大，扩散速度越慢，碱基间配错频率较高，因而复性较慢。

（4）单链片段的复杂度。在片度大小相似的情况下，片段内重复序列的重复次数越多，则容易形成互补区，因而复性较快。

（5）溶液的离子强度。维持溶液一定离子强度，消除磷酸基负电荷造成的斥力，可加快复性速度。

(三) 核酸的分子杂交

1. 核酸分子杂交的概念 在退火条件下，不同来源的 DNA 互补区形成双链，或 DNA 单链和 RNA 链的互补区形成 DNA-RNA 杂合双链的过程，称为分子杂交（molecular hybridization）。DNA 和 DNA 杂交以及 DNA 和 RNA 杂交在核酸技术中占有十分重要的地位，其基本原理是利用硝酸纤维素膜能牢固地结合单链核酸，而不能结合双链 DNA 或双链 RNA。

2. 分子杂交的方法

（1）Southern 印迹法。1975 年英国 E. Southern 首创 Southern 印迹法（Southern blotting），也称 DNA 印迹，是将 DNA 分子经限制性内切酶降解后，经琼脂糖凝胶电泳分离，将凝胶浸泡在一定浓度的 NaOH 溶液中，使 DNA 变性分成单链，将变性的 DNA 转移到硝酸纤维素膜上，然后与放射性同位素标记的单链 DNA 或 RNA 探针进行杂交，最后经放射自显影显示杂交条带（图 2-39）。

（2）Northern 印迹法。1977 年 J. C. Alwin 等人利用同样的原理建立了 RNA 转移的方法，将变性的 RNA 转移到硝酸纤维素膜上，与放射性同位素标记的 RNA 或与单链 DNA 探针进行杂交，称 Northern 印迹法（Northern blotting），也称 RNA 印迹。

（3）Western 印迹法。用类似的方法，根据抗原与抗体可以结合的原理，分析蛋白质，这个方法称 Western 印迹法，也称蛋白质印迹法。

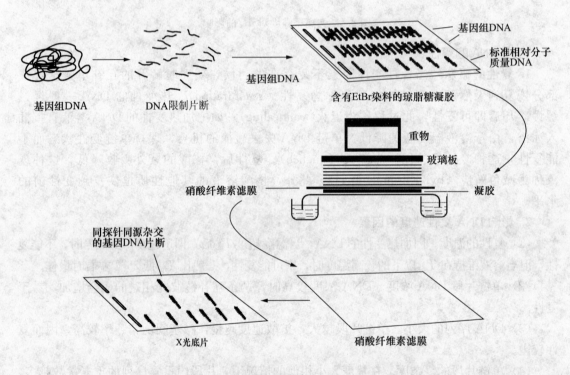

图 2-39　Southern 印迹
（引自 http：//nhjy.hzau.edu.cn/kech/swhx/plan/plan.htm）

【本章小结】

核苷酸由核苷和无机磷酸组成。核苷由碱基和（脱氧）核糖通过 β-N 糖苷键连接而成。碱基几乎不溶于水，在溶液中能发生酮式-烯醇式的互变异构，并具有强烈的紫外吸收，其最大吸收值在 260 nm。

核酸的一级结构是指构成核酸的多聚核苷酸链上的所有核苷酸或碱基的排列顺序。每一条线形多聚核苷酸链都具有极性，有 5′端和 3′端。

DNA 的二级结构主要是各种形式的螺旋，特别是 B 型双螺旋，此外还有 A 型双螺旋、Z 型双螺旋、三链螺旋和四链螺旋等。其中最主要的形式为 Watson 和 Crick 于 1953 年提出的 B 型双螺旋。一定的条件下，双链 DNA 可以从 B 型转变成其他螺旋构象，但在正常的细胞环境中能够存在的只有 A、B、Z。引起 DNA 双链构象改变的因素有碱基组成和序列、盐的种类、盐浓度和相对湿度。

DNA 的三级结构为超螺旋。DNA 超螺旋分为正超螺旋和负超螺旋，超螺旋 DNA 可以通过连环数、扭转数、缠绕数和比连环差几种参数定量地表示。

RNA 的二级结构取决于碱基组成，有多种形式。双链 RNA 为 A 型双螺旋。多数 RNA 只有一条链，其二级结构主要由链内碱基的互补性决定，最常见的是茎环结构。tRNA 的二级结构像三叶草，含有 4 个环和 4 个臂。核糖体中的 RNA 为 rRNA。rRNA 分子上都有大量链内互补的序列，因此 rRNA 高度折叠，不同物种的同一类型的 rRNA 上存在十分保守的折叠样式。

构成 RNA 的三级结构的主要形式有假节结构、"吻式"发夹结构和发夹环突触结构等。tRNA 的三级结构是倒 L 形结构。rRNA 天然的三级结构是在核糖体内与蛋白质在一起，蛋白质对其三级结构有重要的影响。

核酸的变性是指核酸受到极端的 pH、热或离子强度的降低等因素或特殊的化学试剂的作用，其双螺旋解链成单链的过程，其中并不涉及共价键断裂。核酸杂交是一种利用核酸分子的变性和复性的性质，将来源不同的核酸片段，按照碱基互补配对规则形成异源双链的技术，它既可以在液相中也可以在固相中进行。

◆ **思考题**

1. DNA 和 RNA 在组成成分上有哪些相同和不同之处？
2. DNA 分子二级结构有哪些特点？
3. 什么是碱基配对（互补）？DNA 和 RNA 分子中有哪些配对关系？
4. tRNA 的一级结构和二级结构有何特点？这种结构特点与其功能有什么关系？
5. 什么叫核酸分子的变性、复性和分子杂交？什么叫增色效应、减色效应和变性温度（T_m）？
6. 如果人体有 10^{14} 个细胞，每个体细胞的 DNA 含 6.4×10^9 个碱基对。试计算人体 DNA 的总长度是多少？是太阳到地球之间距离（2.2×10^9 km）的多少倍？

第三章 酶

第一节 酶的概述

生命与非生命最根本的区别就是生命中存在着新陈代谢。新陈代谢是由成千上万个错综复杂的化学反应构成，这些反应的特点是速度非常之高并且能有条不紊地进行，从而使细胞能同时进行各种分解代谢及合成代谢，以满足生命活动的需要。如果让这些化学反应在生物体外进行，反应速率极慢，几乎达到不能觉察的程度，或在极其剧烈的反应条件才能进行，例如，用酸作催化剂水解淀粉成葡萄糖，需耐受 24～294 kPa 的压力和 140～150 ℃的高温及强酸才能完成。但在细胞内，这些化学反应可在极短的瞬间，并且是温和的条件下达到化学反应的平衡。这是因为生物体内含有一种高效生物催化剂——酶。

一、酶的概念

酶学知识来源于发酵，远在 4 000 年前，古希腊人就开始利用糖发酵成醇，Enzyme 的词根 zyme 是希腊文中发酵或酵母的意思。我国民间利用发酵原理制豆腐、酿酒、制醋等也有几千年的历史。发酵是一种酶促反应，Paster 在 1850 年证明发酵是酵母细胞生命活动的结果，1857 年，德国科学家 Bucher 首次成功地用无细胞酵母提取液实现了乙醇发酵，将蔗糖转变成乙醇，证明酶的催化反应也可以在无细胞的条件下进行。1926 年，美国生化学家 Sumner 第一次从刀豆中得到了脲酶结晶，并证实这种结晶能催化尿素分解，并提出酶本身是一种蛋白质。现已证明，几乎所有的生物都能合成自身所需要的酶，包括许多病毒。酶几乎参与所有的生命活动过程。

1982 年以后陆续发现某些 RNA 和 DNA 也具有酶的催化功能，使人们进一步认识到，酶不都是蛋白质。酶是生物体活细胞产生的具有特殊催化活性和特定空间构象的生物大分子，包括蛋白质及核酸，又称为生物催化剂。绝大多数酶是蛋白质，少数是核酸 RNA，后者称为核酶。本章主要讨论以蛋白质为本质的酶。

二、酶的催化特性

酶是一类生物催化剂，因此它遵守一般催化剂的共同规律，即只能催化热力学上允许进行的反应；只能加速可逆反应的进程，而不改变反应的平衡点；化学反应的前后酶的质和量不改变。这些都是酶与一般催化剂的相同之处。而酶作为生物催化剂，与一般催化剂相比，又具有一般催化剂所没有的特性，主要表现在以下几个方面。

（一）极高的催化效率

酶的催化效率通常比非催化反应高 $10^8 \sim 10^{20}$ 倍，比一般催化剂高 $10^7 \sim 10^{13}$ 倍。例如，过氧化氢酶和铁离子都能催化过氧化氢的分解（$2H_2O_2 \longrightarrow O_2 + 2H_2O$），但在相同的条件下，1 mol 的过氧化氢酶在 1 min 内可催化 5×10^6 mol 的 H_2O_2 分解，而 1 mol 的化学催化剂铁离子只能催化 6×10^{-4} mol 的 H_2O_2 分解。二者相比，过氧化氢酶要比铁离子的催化效率高 10^{10} 倍。正是由于酶的催化效率极高，故在生物体内酶的含量尽管很低，却可迅速地催化大量底物发生反应，以满足代谢的需求。

（二）高度的专一性

一种酶只作用于一类化合物或一定的化学键，催化一定类型的化学反应，并生成一定的产物，这种现象称为酶作用的专一性（specificity）或特异性。如糖苷键、酯键、肽键等都能被酶催化而水解，但水解这些化学键的酶却各不相同，分别为相应的糖苷酶、酯酶和肽酶，即它们分别被具有专一性的酶作用才能水解。酶作用的专一性是酶最重要的特点之一，也是和一般催化剂最主要的区别。

根据酶对其底物结构选择的严格程度不同，酶的专一性大致可分为以下 3 类：

1. 绝对专一性　绝对专一性（absolute specificity）是指酶对底物的要求非常严格，它只能催化一种底物的反应。若底物分子发生细微的改变，便不能作为酶的底物。例如，脲酶只催化尿素的水解，而对尿素的各种衍生物，如尿素分子上一个 NH_2 基的 H 被甲基或氯取代，脲酶就不能水解它。具有绝对专一性的酶在催化某种物质的一个化学键时，不仅对键的性质有着严格的要求，而且对这个键两端基团（整个分子）也有着严格的要求。

2. 相对专一性　与绝对专一性相比，相对专一性（relative specificity）的酶对底物的专一性程度要低一些，能够催化一类具有相似的化学键或基团的物质进行某种反应。它又可分为键专一性和基团专一性两类。

（1）键专一性。只要求作用于一定的键，而对键两端的基团并无严格要求，这类酶对底物的结构要求最低。例如，酯酶催化酯键的水解，而对 R-R′ 基团要求不严，既能催化水解甘油酯类，又能催化丙酰、丁酰胆碱或乙酰胆碱等，只是对不同的酯类水解的速度不同。

（2）基团专一性。只要求底物的某一化学键和该化学键旁的一个原子基团，至于该化学键旁的另一个原子团是什么基团并不要求，这一类酶与绝对专一性的酶比较起来要求的范围大得多，所以能够作用于一类化合物。例如，α-D-葡萄糖苷酶，不但要求 α 糖苷键，并且要求 α 糖苷键的一端必须是葡萄糖残基，而对键的另一端 R 基团则要求不严。

3. 立体异构专一性　立体异构专一性是指酶对底物的光学异构体或几何异构体有特异的选择性，即一种酶仅作用于底物的一种立体异构体，或其催化的结果只能生成一种立体异构体。如 L-乳酸脱氢酶只作用于 L-乳酸脱氢而不作用于 D-乳酸；体内合成蛋白质的氨基酸均为 L 型，所以体内参与氨基酸代谢的酶绝大多数均只能作用于 L-氨基酸，而不能作用于 D-氨基酸；延胡索酸酶（fumarase）只催化反丁烯二酸（延胡索酸）水解生成苹果酸，而不作用于顺丁烯二酸（马来酸）；琥珀酸脱氢酶只能催化琥珀酸脱氢生成反-丁烯二酸等。

酶为什么具有这么高的专一性？早在 1890 年费歇尔（E. Fischer）提出了锁-钥学说（lock - and - key hypothesis）。这一学说认为酶和底物结合时，底物分子或底物分子的一部分像钥匙那样，专一地嵌入酶的活性中心部位，底物的结构必须和酶活性中心的结构非常吻合，这样才能紧密结合形成中间产物。锁钥学说属于刚性模板学说，可以较好地解释酶的绝对专一性，但问题是这个学说不能解释相对专一性和可逆反应，因此"锁钥学说"把酶的结构看做固定不变是不切实际的。

1959年由 D E Koshland 提出了诱导契合学说（induced-fit theory）（图3-1），最终取代了锁-钥学说的地位。诱导契合学说认为，酶和底物在游离状态时，其形状并不精确互补。但酶的活性中心在结构上具柔性，底物接近活性中心时，可诱导酶蛋白构象发生变化，使酶活性中心的有关基团正确排列和定向，使之与底物成互补形状有机的结合而催化反应进行。人们普遍认为诱导契合学说比较圆满地解释了酶的专一性。后来，对羧肽酶等进行 X 射线衍射研究的结果也有力地支持了这个学说。

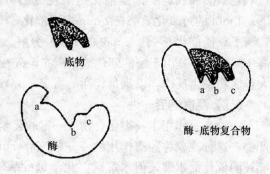

图3-1 诱导契合学说示意图
（引自 www.bioon.com）

（三）酶活性的可调节性

与化学催化剂相比，酶催化作用的另一个重要特征是其催化活性受到调节和控制。生物体内进行的化学反应，虽然种类繁多，但非常协调有序。底物浓度、产物浓度以及环境条件的改变，都有可能影响酶催化活性，从而控制生化反应协调有序地进行。如果生物机体中生化反应的有序性产生错乱，必将导致生物体代谢紊乱与失调，产生疾病，严重时甚至死亡。生物体为适应环境的变化，保持正常的生命活动，在漫长的进化过程中，形成了自动调控酶活性的系统。酶的调控方式很多，包括酶原激活、共价修饰调节、反馈调节、激素调节、别构调节、同工酶调节等。

（四）酶的不稳定性

酶的本质是蛋白质，酶促反应要求一定的 pH、温度等温和的条件。因此，强酸、强碱、有机溶剂、重金属盐、高温、紫外线等任何能使蛋白质变性的理化因素，都可使酶的活性降低或丧失。

三、酶的化学组成

（一）根据酶的组成成分

酶是具有催化功能的蛋白质。蛋白质可分为简单蛋白质和结合蛋白质两大类。同样，根据化学组成酶也可分为简单酶和结合酶两类。

简单酶也称单纯酶，是仅由氨基酸残基构成的酶，此外不含有其他成分，酶活性仅仅取决于它们的蛋白质，如一些蛋白酶、淀粉酶、脲酶等。

结合酶是由蛋白部分（酶蛋白）和非蛋白部分（辅助因子）组成。酶蛋白和辅助因子单独存在时，均无催化活力，只有二者结合成完整的复合物时，才具有酶活力。此完整的酶分子称为全酶。

$$全酶＝酶蛋白＋辅助因子$$

全酶中，酶蛋白和辅助因子的作用不同，酶蛋白选择底物，辅助酶促反应的专一性；辅助因子决定反应的性质，它们负责传递电子、原子和某些化学基团。如果把酶分子中的辅助因子除去，酶就失去活性。辅助因子可以是金属离子或小分子有机化合物，很多维生素就是辅助因子的前体。根据辅助因子与酶蛋白结合的紧密程度，可以大致把辅助因子分成两类。一类辅助因子与酶蛋白结合比较松弛，很容易通过透析的方法除去，被称为辅酶（coenzyme）；另一类辅助因子通过共价键与酶蛋白紧密结合，不容易用透析的方法除去，被称为辅基（prosthetic group），不过二者的区分并没有严格的界限。

（二）根据酶蛋白的结构特点分

根据酶蛋白结构上的特点，酶可分为单体酶、寡聚酶和多酶复合体 3 类。

1. 单体酶 只有一条多肽链组成的酶称为单体酶（monomeric enzyme），分子质量一般为 13 000～35 000 u。这类酶为数不多，且大多是促进底物发生水解反应的水解酶，如胃蛋白酶、胰蛋白酶及核糖核酸酶等。

2. 寡聚酶 由两个或两个以上亚基组成的酶称为寡聚酶（oligomeric enzyme），分子质量一般超过 35 000 u。寡聚酶中的亚基可以相同，也可以不同，亚基之间为非共价结合，如乳酸脱氢酶、磷酸果糖激酶、己糖激酶等。这类酶多属于调节酶。

3. 多酶复合体 由几种功能上相关的酶彼此靠非共价键嵌合而成的复合体称为多酶复合体（multienzyme complex），相对分子质量一般在几百万以上。多酶复合体有利于细胞中一系列反应的连续进行，以提高酶的催化效率，同时便于机体对酶的调控。如丙酮酸脱氢酶系、脂肪酸合成酶系等。

四、酶的命名和分类

迄今已鉴定出 4 000 多种酶，在生物体中的酶远远大于这个数量。如此种类繁多、催化反应各异的酶，为了研究和使用时方便，防止混乱，需要对已知的酶进行统一的分类和科学的命名。

（一）酶的命名

1. 习惯命名法 习惯命名是把底物的名字、底物发生的反应以及该酶的生物来源等加在"酶"字的前面组合而成。1961 年以前使用的酶的名称都是习惯沿用的，称为习惯名。主要依据两个原则：

（1）根据酶作用的底物命名。如催化水解淀粉的酶称淀粉酶，催化水解蛋白质的酶称蛋白酶。有时还加上来源以区别来源不同的同一类酶，如胃蛋白酶、胰蛋白酶。

（2）根据酶催化反应的性质及类型命名。如水解酶、转移酶、氧化酶等。有的酶结合上述两个原则来命名，如琥珀酸脱氢酶是催化琥珀酸脱氢反应的酶。

习惯命名法所定的名称较短，使用起来方便，也便于记忆，但这种命名法缺乏科学性和系统性，易产生"一酶多名"或"一名多酶"的现象。为此，国际生物化学协会酶学委员会（Enzyme Comission，EC）于 1961 年提出了新的系统命名和分类原则。

2. 国际系统命名法 国际系统命名法规定每一酶均有一个系统名称（systematic name），它标明酶的所有底物与反应性质。底物名称之间以"："分隔。如草酸氧化酶，因为有草酸和氧两个底物，应用"："隔开，又因是氧化反应，所以其系统命名为草酸：氧氧化酶；如有水作为底物，则水可以省略不写。由于许多酶促反应是双底物或多底物反应，且许多底物的化学名称太长，这使许多酶的系统名称过长或过于复杂。为了使用方便，国际酶学委员会从每种酶的习惯名称中，选定一个简便和实用的作为推荐名称（recommended name）。可从手册和数据库中检索。

（二）酶的国际系统分类法

国际生物化学联合会酶学委员会提出的酶的国际系统分类法的分类原则是：将所有已知的酶按其催化的反应类型，分为6大类，分别用1、2、3、4、5和6的编号来表示。根据酶促反应的性质进行分类：

1. 氧化还原酶类（oxidoreductase） 凡是能催化氢原子以及电子转移反应的酶都属于这一类，因此，这类酶可催化机体内的氧化还原反应。这类酶主要存在于细胞的线粒体中。

氧化还原酶包括脱氢酶（dehydrogenase）和氧化酶（oxidase），它们都是催化体内物质的氧化还原，氧化酶一般都有氧分子直接参与反应，生物体内各种有机物质所含的能量都是通过一系列氧化还原反应而逐步释放出来，这些能量用于生物机体的生命活动，所以氧化还原酶类是与机体能量代谢紧密相关的，这类酶中最多的是脱氢酶和氧化酶类。

（1）脱氢酶。它们所催化的反应可以用下列通式表示：

$$AH_2 + B \longrightarrow A + BH_2$$

例如，乳酸脱氢酶（lactate dehydrogenase）催化乳酸脱氢。

（2）氧化酶类。可以催化底物上的 H 与 O_2 结合生成 H_2O 或生成 H_2O_2。通式为：

$$AH_2 + O_2 \longrightarrow A + H_2O_2 \text{ 或 } AH_2 + 1/2 O_2 \longrightarrow A + H_2O$$

2. 转移酶类 转移酶类（transferase）催化化合物中某些基团的转移，即一种分子的某一基团转移到另一种分子上的反应。通式：$A \cdot X + B \longrightarrow A + BX$；被转移的基团有多种，因此有不同的转移酶，如氨基转移酶、甲基转移酶、磷酸转移酶、糖苷基转移酶等。

例如，谷丙转氨酶（glutamate-pyruvate transferase）是催化氨基转移的酶。

3. 水解酶类 水解酶类（hydrolase）能使底物加水分解，成为简单化合物的反应。

$$R-R' + H_2O \longrightarrow RH + R'OH$$

4. 裂合酶类 裂合酶（lyase）即裂解酶，能催化一种化合物分裂为几种化合物，或由几种化合物合成一种化合物。裂解反应大多是从底物上移去一个基团而留下含双键的化合物。通式为：

$$A-B \rightleftharpoons A + B$$

裂合酶包括醛缩酶、水解酶、脱羧酶及脱氨酶等。

以上常见的例子有：苹果酸裂合酶、丙酮酸脱羧酶，即凡是催化脱羧、脱氧、脱水的酶都为裂合酶类。

5. 异构酶类 异构酶类（isomerase）催化各种同分异构物（即分子式相同，而结构式不同的化合物）之间的相互转变，即促进分子内部基团的重新排列，它包括几种不同类型。

（1）异构酶。催化醛基和酮基的互变。

（2）差向酶。催化不对称碳原子基团差向。

（3）变位酶。催化分子内基团的易位。

6. 合成酶类 合成酶类（synthetase）或称连接酶（ligase），这类酶催化两种物质（双分子）合成一种物质的反应，这种合成反应一般是吸能过程。因而通常有ATP等高能物质参加反应，通式可写为：$A + B + ATP \rightleftharpoons A-B + ADP + Pi$。如谷氨酰胺合成酶（glutamic synthetase）催化谷氨酰胺的合成。

(三) 酶的标码

根据国际生化协会酶学委员会的规定，每一个酶都有一个特定的标码，它由 4 个数字组成，数字之间用"."隔开。第一个数字表示该酶属于 6 个大类中的哪一类，第二个数字表示根据底物中被作用的基团或键的特点归属于哪一个亚类，第三个数字表示每一亚类中的酶按辅助因子的不同或其他特点分为几种亚亚类，第四个数字则表明该酶在亚亚类中的排序。编号之前冠以 EC。如乙醇脱氢酶的标码是 EC 1.1.1.1，表示它属于氧化还原酶类、第一亚类（被氧化基团为—CHOH）、第一亚亚类（氢受体为 NAD^+）、排序第一。一切新发现的酶，都能按此系统得到适当的标码，从酶的标码可了解到该酶的类型和反应性质。

第二节 酶的作用机理

一、酶的活性中心

对酶分子结构的研究证实，在酶分子上并不是所有的氨基酸残基都与酶的催化活性，而只是少数氨基酸残基与此有关。一般将与酶活性有关的基团称为酶的必需基团（essential group），这些必需基团在一级结构上可能相距很远，甚至可能在不同的肽链上，但在空间结构上彼此靠近，集中在一起形成具有一定空间结构的区域。该区域负责与底物的结合并催化底物转化为产物。这个区域称为酶的活性中心（active center）或活性部位（active site）。

对于单纯酶来说，活性中心通常是几个氨基酸残基侧链上的极性基团组成，如 His 的咪唑基、Ser 的羟基、Cys 的巯基、赖氨酸的 ε 氨基、Asp 和 Glu 的羧基等；而对于结合酶，除上述基团以外，辅酶（或辅基）分子或其分子上某一部分结构往往也是活性中心的组成成分。组成酶活性中心的必需基团称为活性中心内的必需基团，可分为两种，与底物结合的必需基团称为结合基团（binding group），促进底物发生化学变化的基团称为催化基团（catalytic group），活性中心中有的必需基团可同时具有这两方面的功能。还有些必需基团虽然不参加酶的活性中心的组成，但为维持酶活性中心应有的空间构象所必需，这些基团是酶的活性中心以外的必需基团（图 3-2）。

酶的活性中心是酶分子多肽链折叠而成的形如裂缝或凹陷的三维结构区域，常常深入酶分子的内部，多为氨基酸残基的疏水基团组成的疏水环境，这种疏水环境有利于底物与酶形成复合物。酶活性中心也含有一些极性基团，在非极性的微环境中，这些

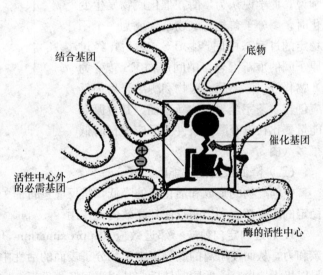

图 3-2 酶活性中心和必需基团示意图
(引自刘新光，2007)

极性基团有利于酶的催化反应。

二、酶作用高效率机制

酶是由活细胞产生的生物催化剂,其催化效率极高。那么酶是如何催化的?哪些因素促成酶具有高的催化效率?众所周知,在一个化学反应中,只有自由能降低的反应才能进行。可见过渡态的形成和活化能的降低是反应进行的关键步骤。任何有助于过渡态形成与稳定的因素都有利于酶行使其高效催化作用。

(一)酶的作用在于降低反应活化能

根据化学反应原理,一个化学反应能否进行,反应分子的状态起决定作用,只有那些含有较高的能量,超过了反应所需要的能阈的分子才能发生反应。这种具有超过能阈能量、能在分子碰撞中发生化学反应的分子称活化分子。反应体系中活化分子越多,反应速度就越快。由常态分子转变为活化分子所需的能量称为活化能。使常态分子变为活化分子的途径有两个,一是通过向反应体系供给能量,使反应分子活化;二是使用适当的催化剂,降低反应的活化能,使原来活化能较高的反应转变为一种活化能较低的反应。酶是如何使反应的活化能降低而体现出极高的催化效率呢?目前比较圆满的解释是中间产物学说。

1913年,L. Michaelis 和 M. Menton 提出酶-底物复合物的学说。按照他们的学说,酶促反应可以用下式表示:E+S$\rightleftharpoons$ES$\longrightarrow$E+P。其中,E 代表酶,S 代表底物,P 代表产物,ES 为不稳定的中间产物,因此这一学说又称为中间产物学说。此学说认为,酶在催化底物发生变化时,酶分子首先与底物结合成为一个不稳定的过渡态中间产物 ES。然后,经过原子间的重新键合,中间产物 ES 转变为产物释放出游离酶。底物和酶结合后为反应创建一条完全不同的新途径,其过渡态能量要比在没有酶的条件下反应进行时低很多(图 3-3)。

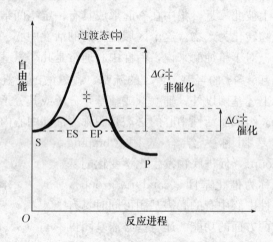

图 3-3 反应产生中间产物
(引自赵武玲,2009)

(二)降低反应活化能的因素

中间产物的形成和活化能的降低,是反应进行的关键步骤,任何有助于过渡态的形成和稳定的因素都有利于酶行使其高效催化作用。

1. 邻近和定向效应 邻近效应(approximation effect)是指酶由于具有与底物较高的亲和力,从而使游离的底物集中于酶分子表面的活性中心区域,使活性中心的底物有效浓度得以极大地提高,并同时使反应基团之间互相靠近,增加亲核攻击的机会,从而使自由碰撞几率增加,提高了反应速度。在生理条件下,底物浓度一般约为 0.001 mol·L^{-1},而酶活性中心的底物浓度达 100 mol·L^{-1},因此在活性中心区域反应速度必然大为提高。

定向效应(orientation effect)是指底物的反应基团与催化基团之间,或底物的反应基团之间正确地取向所产生的效应。因为两个反应物分子要想进入过渡态，它们的反应基团的分子轨道要交叉，并有极强的方向性；稍稍脱离基团之间的正确方向，就要付出更多的能量才能进入过渡态。所以反应物结合在专一的活性部位上，给分子轨道交叉提供了良好的条件。

对酶催化来说，"邻近"和"定向"虽是两个概念，但实际上是共同产生催化效应的，只有既"邻近"又"定向"，才能迅速形成过渡态，共同产生较高的催化效率（图3-4）。

Ⅰ. 不合适的靠近　　Ⅱ. 合适的靠近　　Ⅲ. 合适的靠近
　不合适的定向　　　 不合适的定向　　　 合适的定向

图3-4　邻近效应与定向排列
（a，b分别为两个相互作用的底物）
（引自刘新光，2007）

2. 底物形变　前面曾经提到，当酶遇到它的专一性底物时，发生构象变化以利于催化。事实上，不仅酶构象受底物作用而变化，底物分子常常也受酶作用而变化。酶中的某些基团或离子可以使底物分子内敏感键中的某些基团的电子云密度增高或降低，产生"电子张力"，使敏感键的一端更加敏感，更易于发生反应。有时甚至使底物分子发生变形，这样就使酶-底物复合物易于形成。而且往往是酶构象发生改变的同时，底物分子也发生形变，从而形成一个互相契合的酶-底物复合物。羧肽酶A的X射线衍射分析结果就为这种"电子张力"理论提供了证据。

3. 共价催化　共价催化（covalent catalysis）是指酶在催化反应时，亲核的酶或亲电子的酶分别释放出电子或吸收电子，作用于底物的缺电子或富电子中心，迅速形成不稳定的共价中间复合物，降低反应的活化能，以加速反应的进行。

根据酶对底物所攻击的基团不同，该催化方式可分为亲核催化和亲电催化两类，前者是指酶攻击底物的基团是富电子的，这些基团首先攻击底物的亲电子基团（亦称缺电子基团）而形成酶-底物的共价复合物。反之，酶的缺电子基团攻击底物分子上富电子基团而形成酶-底物共价中间产物。在酶的共价催化中，亲核催化较为常见，酶分子的氨基酸残基侧链提供了多种亲核中心。如Ser的羟基、Cys的巯基、His的咪唑基、Lys的ε-氨基。这些基团都含有剩余的电子对，可以对底物的缺电子基团发动亲核攻击。例如，胰凝乳蛋白酶就是利用Ser 195-OH的H^+通过His传向Asp 102后，Ser 195-O^-成为强的亲核基团，来攻击底物的羰基碳。

4. 酸碱催化　化学反应中，通过瞬时向反应物提供质子或从反应物中接受质子以稳定过渡态，加速反应的机制，称为酸碱催化（acid-base catalysis）。在酶的活性中心上，有些基团（表3-1）是质子供体，如—COOH、—NH_3^+、His的咪唑基等，可以向底物分子提供质子，称酸催化（acid catalysis）；有些催化基团是质子受体，如—COO^-、—NH_2，可以从底物上接受质子，称为碱催化（base catalysis）。当酸催化基团和碱催化基团共同发挥催化作用时，可以大大提高底物反应速率。在这些功能基团中，组氨酸咪唑基的解离常数约为6.0，这意味着由咪唑基上解离下来的质子的浓度与水中的[H^+]相近，因此在接近于生物体液pH的条件下（中性pH条件），咪唑基有一半以酸形式存在，另一半以碱形式存在。也就是说，咪唑基既可以作为质子供体，又可以作为质子受体在酶反应中发挥催化作用，因此咪唑基是催化中最有效最活泼的一个催化功能基团。

表 3-1 酶分子中作为酸碱催化的功能基团

(引自王金胜,2007)

氨基酸种类	酸催化基团(质子供体)	碱催化基团
Glu, Asp	—COOH	—COO$^-$
Lys	—NH$_3^+$	—NH$_2$
Cys	—SH	—S$^-$
Tyr	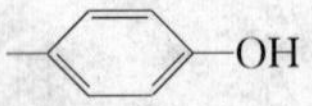 ─⟨◯⟩─OH	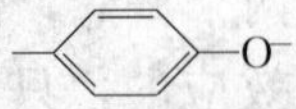 ─⟨◯⟩─O$^-$
His	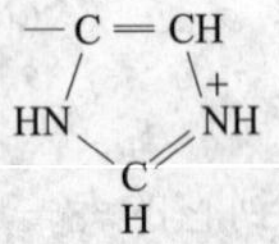 咪唑基(质子化)	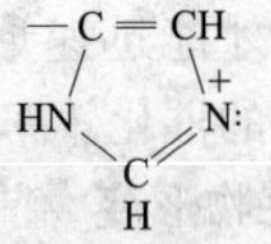 咪唑基

5. 微环境效应 酶活性中心是酶分子中具有三维结构的区域,形如裂缝或凹陷。此裂缝或凹陷由酶的特定空间构象所维持,深入到酶分子内部,且多为氨基酸残基的疏水基团组成的疏水环境,形成疏水"口袋"。疏水环境可排除水分子对酶和底物功能基团的干扰性吸引或排斥,防止在底物与酶之间形成水化膜,有利于酶与底物的密切接触。

上述降低反应活化能的因素,在同一酶分子催化的反应中并非各种因素都同时发挥作用,然而也并非单一的机制,而是由多种因素配合完成的。

第三节 酶促反应动力学

一、酶活力的测定

酶活力 (enzyme activity) 也称为酶活性,酶活力是指酶催化一定化学反应的能力,酶活力的大小可以用在一定条件下它所催化的某一化学反应的速度来表示,酶催化的反应速度愈大,酶的活力愈大,反应速度慢,表示酶的活力小。

(一) 酶活力

酶活性又称酶活力,是指酶催化化学反应的能力。酶活力的大小可用在一定的条件下酶催化某一化学反应的速度来表示。所以酶活力的测定,实际上就是测定酶所催化的化学反应的速度。反应速度可以用一定时间内底物的减少量或产物的增加量来表示,所以酶活力测定就是在一定条件下,一定时间内催化某一化学反应所引起化学变化的量。由于在酶反应时,底物的量都是过量的,而且反应又不能进行得太久,因此底物的减少量占总量的百分比很低,分析起来不易准确。相反,产物从无到有就可以准确测定,所以测定化学变化的量通常以测定产物的增加为好,反应速度只在最初一段时间内保持恒定,随着反应的时间延长,酶反应速度逐渐下降,引起下降的原因很多:①如底物浓度的降低;②酶在一定的 pH 及温度条件下部分失活;③产物对酶的抑制;④产物浓度增加而加速了逆反应的进行等,因此研究酶反应速度以酶促反应的初速度为准,这时上述各种干扰因素尚未起作用,速度保持恒定不变。

(二) 酶的活力单位

酶活性的大小用酶活力单位 (U) 表示。酶活力单位是指在一定条件下,一定时间内将一定量的底物转化为产物所需的酶量。在实际工作中，酶活力单位往往与所用的测定方法、反应条件等因素有关。为了便于比较，酶的活力已标准化，1961年国际酶学委员会（EC）规定：1个酶活力国际单位（IU）是指在酶的最适反应条件下，每分钟内催化 1 μmol 底物转化为产物所需的酶量。如果酶的底物中有一个以上的可被作用的键或基团，则一个国际单位指的是：每分钟催化 1 μmol 的有关基团或键的变化所需的酶量。温度一般规定为 25 ℃。

但有时人们也常用习惯单位，如 α-淀粉酶的活力单位规定为每 1 h 催化 1 g 可溶性淀粉液所需要的酶量，或每 1 h 催化 1 ml 的 2% 可溶性淀粉液所需要的酶量，但是这种习惯沿用的单位不规范，不利于同种酶的活力比较。

（三）酶的比活力

酶的比活力（specific activity）也称比活性，是指每毫克酶蛋白所具有的酶活力单位数。有时也用每克酶制剂或每毫升酶制剂所含有的酶活力单位数来表示。比活力是表示酶制剂纯度的一个重要指标。对同一种酶来说，酶的比活力越高，表示酶越纯。

二、影响酶促反应速度的因素

（一）底物浓度对酶促反应速度的影响

1. 底物浓度与酶促反应速度的关系 在酶促反应中，在其他因素不变的情况下，底物浓度的变化对反应速度影响的作图呈矩形双曲线。

从图 3-5 可见，在 [S] 较低时，v 与 [S] 之间呈正比关系，表现为一级反应。随着 [S] 的增加，v 不再按正比关系增加，而表现为混合级反应。当 [S] 达到一定值后，若再增加 [S]，v 将趋于恒定，不再受 [S] 的影响，曲线表现为零级反应。v 的极限值，称为酶的最大反应速度，以 v_{max} 表示。

v-[S] 的变化关系，可用中间产物学说进行解释，当底物初始浓度 [S] 很低时，游离的酶极多，故随着 [S] 增高，酶与底物结合产生的中间复合物 ES 量也随着增高，因此 v 随着 [S] 的增加而呈直线上升；随之，当大部分酶与底物结合

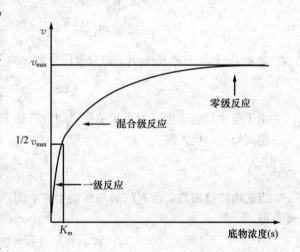

图 3-5 底物浓度对反应速度的影响
（引自邹思湘，2010）

后，所余的游离酶已不多，所以随着 [S] 的增高，ES 的生产速度比反应初始时增高的幅度小，反应速度也趋于缓和。当 [S] 继续增高，此时所有游离酶均与底物结合成 ES，酶的活性中心已被底物饱和，反应速度达到 v_{max}。所有的酶均有此饱和现象，只是达到饱和时所需的底物浓度不同而已。

2. 米氏方程 1903 年，Henri 观察到许多酶催化反应都有底物饱和现象，并提出了解释酶促反应中底物浓度和反应速度关系学说——中间产物学说，即酶（E）首先与底物（S）结合形成酶-底物复合物（中间产物 ES），此复合物再分解为产物（P）和游离的酶（E）。

$$E+S \underset{k_{-1}}{\overset{k_{+1}}{\rightleftharpoons}} ES \underset{k_{-2}}{\overset{k_{+2}}{\rightleftharpoons}} E+P$$

式中：k_{+1}、k_{-1} 和 k_{+2}、k_{-2} 分别为各向反应的速度常数。

1913年，Micaelis 和 Menten 继承和发展了中间产物学说，在前人工作的基础上提出酶促动力学的基本原理，并以数学公式表明了底物浓度和反应速度的定量关系，即著名的米曼氏方程（Micaelis-Menten equation），简称米氏方程：

$$v=\frac{v_{max}[S]}{K_m+[S]}$$

式中：v 为反应速率，v_{max} 为最大反应速率，$[S]$ 为底物浓度，K_m 称米氏常数。

米氏方程的推导基于这样的假设：

① 在反应的初始阶段，底物浓度远远大于酶浓度，因此，底物浓度 $[S]$ 可以认为不变。

② 测定的反应速度为初速度，此时 S 消耗极少，只占起始浓度的极小部分（5%以内），产物 P 的生成量极少，因此，$E+P \longrightarrow ES$ 这一步可忽略不计。

反应中游离酶的浓度为总酶浓度减去结合到中间产物中酶的浓度，即 [游离酶] = $[E]-[ES]$。

这样，ES 生成速度为：$k_1([E]-[ES])[S]$；ES 的分解速度为：$k_{-1}[ES]+k_{+2}[ES]$；当反应处于稳态时，ES 的生成速度＝ES 的分解速度，即

$$k_1([E]-[ES])[S]=k_{-1}[ES]+k_{+2}[ES] \tag{3-1}$$

经整理：
$$\frac{([E]-[ES][S])}{[ES]}=\frac{k_{-1}+k_{+2}}{k_{+1}} \tag{3-2}$$

令 $k_{-1}+k_{+2}/k_1=K_m$，K_m 即为米氏常数，则 $[E][S]-[ES][S]=K_m[ES]$

$$[ES]=\frac{[E][S]}{K_m+[S]} \tag{3-3}$$

由于整个反应速度 v 取决于单位时间内产物 P 的生成量，因此，$v=k_{+2}[ES]$

将式(3-3)代入得：

$$v=\frac{k_{+2}[E][S]}{K_m+[S]} \tag{3-4}$$

当底物浓度很高，所有的酶与底物生成中间产物（即 $[E]=[ES]$ 时），反应达到最大速度。即

$$v_{max}=k_{+2}[ES]=k_{+2}[E] \tag{3-5}$$

将式（3-5）代入式（3-4），即得米氏方程式：

$$v=\frac{v_{max}[S]}{K_m+[S]}$$

3. K_m 与 v_{max} 的意义

（1）K_m 值的物理意义是酶促反应速度为最大反应速度一半时的底物浓度。它的单位与底物浓度的单位一致，为摩尔/升（$mol \cdot L^{-1}$）。

（2）K_m 是酶的特征性常数之一。一般只与酶的性质有关，而与酶的浓度无关。不同的酶 K_m 值不同。各种酶的 K_m 一般为 $10^{-6} \sim 10^{-2}\ mol \cdot L^{-1}$。

（3）K_m 值可用来表示酶对底物的亲和力。同一种酶有几个底物，就有几个 K_m，K_m 值

的大小,可以近似地表示酶和底物的亲和力,从 K_m 的物理含义可以看出,K_m 值大,意味着酶和底物亲和力小,反之则大。因此,对于一个专一性较低的酶,作用于多种底物时,具有最小的 K_m 的底物就是该酶的最适底物或称天然底物。

(4) v_{max} 是酶完全被底物饱和时的反应速度,与酶浓度呈正比。v_{max} 虽不是酶的特征常数,但当酶浓度一定,而且底物浓度又明显高于酶浓度时,对特定底物而言,v_{max} 是一定的。

4. K_m 和 v_{max} 的测定

酶促反应的底物浓度曲线呈矩形双曲线特征,很难从米氏方程直接求出。为了求得准确的 K_m 值和 v_{max} 值,把米氏方程的形式加以改变,使它成为相当于 $y=ax+b$ 的直线方程,然后用图解法求之,由作图的直线斜率、截距可求得 K_m 值和 v_{max} 值。最常用的是林-贝(Lineweaver-Burk)作图法(双倒数作图法)。将米氏方程两边取倒数,可得:

$$\frac{1}{v}=\frac{K_m}{v_{max}}\frac{1}{[S]}+\frac{1}{v_{max}}$$

从图 3-6 可知,以 $1/v$ 对 $1/[S]$ 的作图得一直线,其斜率是 K_m/v_{max},在纵轴上的截距为 $1/v_{max}$,横轴上的截距为 $-1/K_m$。

(二)酶浓度对酶促反应速度的影响

在一定温度和 pH 下,当酶促反应系统中底物浓度足够大,足以使酶饱和时,反应速度与酶浓度成正比关系(图 3-7)。因为在酶促反应中,酶分子首先与底物分子作用,生成活化的中间产物,而后再转变成最终产物。在底物充分过量的情况下,可以设想,酶的数量越多,则生成的中间产物越多,反速度也就越快。相反,如果反应体系中底物不足,酶分子过量,现有的酶分子尚未发挥作用,中间产物的数量比游离酶分子数还少,在此情况下,即使再增加酶浓度,也不会增大酶促反应的速度。

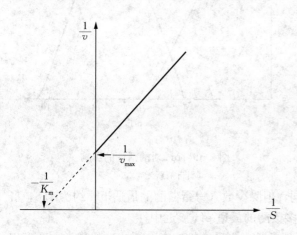

图 3-6 双倒数作图法
(引自邹思湘,2010)

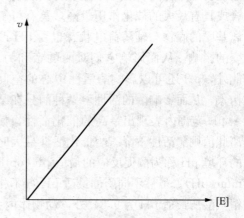

图 3-7 酶浓度对反应速度的影响
(引自邹思湘,2010)

(三)温度对酶促反应速度的影响

酶是生物催化剂,温度对酶促反应速度具有双重影响:①与非酶促的化学反应相同,当温度升高,活化分子数增多,酶促反应速度加快,对酶来说,温度系数 Q_{10} 多为 1~2,也就是说每增高反应温度 10 ℃，酶促反应速度增加 1～2 倍。②由于酶是蛋白质，随着温度升高酶变性失活，从而降低酶的反应速度。在温度较低时，前一影响较大，反应速度随温度升高而加快。但温度超过一定数值后，酶受热变性的因素占优势，反应速度反而随着温度上升而变慢。因此温度对酶活性的影响曲线呈倒 U 形，在此曲线顶点，酶促反应速度最大，此时的温度称为该酶的最适温度（optimum temperature）（图 3-8）。

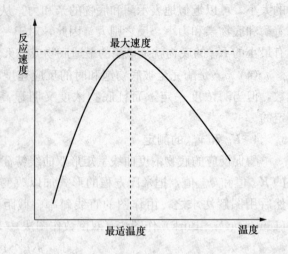

图 3-8　温度对酶活性的影响
（引自邹思湘，2010）

酶的最适温度不是酶的特征性常数，它与反应进行的时间有关。酶可以在短时间内耐受较高的温度。相反，延长反应时间，最适温度便降低。动物组织中提取的酶，最适温度为 35～40 ℃，植物酶一般为 40～50 ℃，一些细菌酶如 Taq DNA 聚合酶的最适温度可达 70 ℃。可以说，除少数酶外，大部分酶在 60 ℃ 以上时，即发生变性失活。

（四）pH 对酶反应的影响

环境 pH 对酶活性的影响很大（图 3-9）。pH 的变化不仅影响酶的稳定性，而且还影响酶分子中尤其是酶活性中心的许多极性基团的解离状态，使其带不同的电荷和数量，酶活性中心的某些必需基团往往仅在某一解离状态时才最容易同底物结合或具有最大的催化作用。许多具有可解离基团的底物与辅酶荷电状态也受 pH 改变的影响，从而影响它们对酶的亲和力。此外，pH 还可以影响酶活性中心的空间构象，从而影响酶的活性。一种酶只在某一 pH 范围内表现出最高的催化活性，偏离此值则酶活性下降。酶催化活性最大时的环境 pH 称为酶促反应的最适 pH（optimum pH）。

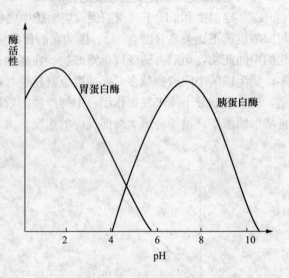

图 3-9　pH 对酶活性的影响
（引自刘新光，2007）

虽然不同酶的最适 pH 各不相同，但除少数（胃蛋白酶的最适 pH 约为 1.8，肝精氨酸酶最适 pH 为 9.8）外，动物体内大多数酶的最适 pH 接近中性。

需要指出的是，最适 pH 不是酶的特征性常数，它受底物浓度、缓冲液的种类与浓度以及酶的纯度等因素的影响。在测定酶活性时，应选用适宜的缓冲液以保持酶活性的相对恒定。

（五）激活剂对反应速度的影响

使酶由无活性变为有活性或使酶活性增加的物质称为酶的激活剂（activator）。激活剂大多是金属离子，如 Mg^{2+}、K^+、Mn^{2+} 等；少数为阴离子，如 Cl^- 等。金属离子作为激活剂的作用,一是作为酶的辅助因子,参与酶的组成成分;二是当酶与底物结合时能起桥梁作用。另外,还有许多小分子有机化合物激活剂,如半胱氨酸、还原型谷胱甘肽、维生素 C,它们能激活某些含巯基的酶,使酶中被氧化的二硫键还原成巯基,从而提高酶活性,如木瓜蛋白酶及 3-磷酸-D-甘油醛脱氢酶等都属于巯基酶,所以在它们的分离纯化过程中,通常需加上述还原剂,以保护巯基不被氧化。此外,金属螯合剂如 EDTA(乙二胺四乙酸)等能除去重金属离子对酶的抑制,也可视为酶的激活剂。激活剂的作用是相对的,一种试剂对某种酶是激活剂,对另一种酶可能是抑制剂。不同浓度的激活剂对酶活性的影响也不同,往往是低浓度下起激活作用,高浓度下则产生抑制作用。

(六)抑制剂对酶促反应速度的影响

与激活作用相反,凡能使酶活力降低或暂时丧失的作用称为抑制作用(inhibition)。凡能使酶活性下降而不引起酶蛋白变性的物质称为抑制剂(inhibitor)。抑制剂多与酶的活性中心内、外必需基团相结合,从而抑制酶的催化活性。除去抑制剂后酶的活性得以恢复。酶的抑制作用有很重要的生理意义,抑制剂对酶的抑制作用有一定的选择性,一种抑制剂只能引起一种酶或一类酶的活性降低或丧失,而蛋白变性剂均可使酶蛋白变性而酶活性丧失,变性剂对酶的作用没有选择性。

按照抑制剂的抑制作用,可将其分为不可逆抑制作用(irreversible inhibition)和可逆抑制作用(reversible inhibition)两大类。

1. 不可逆抑制作用 不可逆抑制作用的抑制剂与酶分子的必需基团共价结合引起酶活性的抑制,且不能采用透析等简单方法使酶活性恢复的抑制作用就是不可逆抑制作用。不可逆抑制剂的抑制作用随着抑制剂浓度的增加而增强,当抑制剂的量大到足以和所有的酶结合时,则酶的活性就完全被抑制。如有机磷化合物能强烈地抑制与中枢神经系统有关的乙酰胆碱酯酶的活性,使乙酰胆碱积累,引起一系列的神经中毒症状。除有机磷化合物之外,有机汞、有机砷化合物、碘乙酸、碘乙酰胺对含巯基的酶是不可逆的抑制,常用碘乙酸等作为鉴定酶中是否存在巯基的特殊试剂。

2. 可逆抑制作用 抑制剂以非共价键与酶分子结合造成酶活性的抑制,且可采用透析等简单方法去除抑制剂而使酶活性完全恢复的抑制作用就是可逆抑制作用。根据抑制剂与底物的关系,可逆抑制作用可分为竞争性抑制、非竞争性抑制、反竞争性抑制和混合抑制等。这里重点讲述竞争性抑制和非竞争性抑制。

(1)竞争性抑制作用。此类抑制剂一般与酶的天然底物结构相似,可与底物竞争酶的活性中心,从而干扰了酶与底物的结合,使酶的催化活性降低,这种抑制作用称为竞争性抑制作用(competitive inhibition)。其反应式如下:

$$E+S \rightleftharpoons ES \longrightarrow E+P$$
$$+$$
$$I$$
$$\updownarrow k_i$$
$$EI$$

竞争性抑制剂与酶的结合是可逆的,其抑制程度取决于抑制剂和底物的相对浓度和二者对酶的亲和力。在竞争性抑制过程中,增加底物的浓度,可降低甚至解除抑制剂的抑制作用，这是竞争性抑制剂的特点。丙二酸对琥珀酸脱氢酶的抑制作用是典型的竞争性抑制作用。丙二酸与琥珀酸结构相似，可竞争性结合琥珀酸脱氢酶的活性中心，而且琥珀酸脱氢酶对丙二酸的亲和力远大于酶对琥珀酸的亲和力，当丙二酸的浓度仅为琥珀酸浓度的1/50时，酶的活性便被抑制50%。增大琥珀酸的浓度，可削弱这种抑制作用。

按照推导米氏方程的方法可以导出竞争性抑制作用的速度方程为：

$$v=\frac{v_{max}[S]}{K_m\left(1+\frac{[I]}{k_i}\right)+[S]}$$

其双倒数方程式为：

$$\frac{1}{v}=\frac{K_m}{v_{max}}\left(1+\frac{[I]}{k_i}\right)\frac{1}{[S]}+\frac{1}{v_{max}}$$

从图3-10可知，以$1/v$对$1/[S]$的作图，可得其动力学曲线。可见随着竞争性抑制剂浓度的增加，曲线的斜率增加，表明竞争性抑制剂结合的强度增加，但纵轴上的截距不变，即最大反应速度不变，但酶对底物的亲和力降低了，所以K_m增加，即需要更高的底物浓度才能达到最大反应速度。

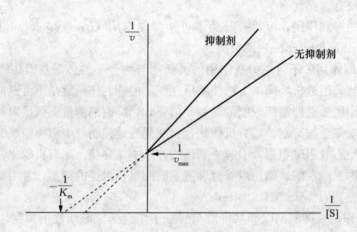

图3-10 竞争性抑制的特征性曲线
(引自邹思湘，2010)

竞争性抑制作用的原理可用来阐明某种药物的作用原理和指导新药的合成，磺胺类药物是典型的例子。磺胺类药物（对氨基苯磺酰胺）的结构与对氨基苯甲酸十分相似，因此，对氨基苯磺酰胺与对氨基苯甲酸相互竞争，抑制二氢叶酸合成酶的活性，影响二氢叶酸的合成，从而抑制细菌的生长，达到抗菌消炎治疗疾病的目的。这是因为人体能直接利用食物中的叶酸，而某些细菌不能直接利用外源的叶酸，只能在二氢叶酸合成酶催化下，利用对氨基苯甲酸为原料合成叶酸，叶酸再由二氢叶酸合成酶催化形成二氢叶酸，二氢叶酸又是核酸的嘌呤核苷酸合成中的重要辅酶——四氢叶酸的前体。如果四氢叶酸不能合成，那么细菌DNA合成就因缺少原料（嘌呤核苷酸）而受到影响，细菌的繁殖就被抑制了。

(2) 非竞争性抑制作用。有些抑制剂与酶的活性中心外的必需基团结合，底物与抑制剂之间无竞争关系。抑制剂与酶的结合不影响底物与酶的结合，酶和底物的结合也不影响酶与抑制剂的结合。但酶-底物-抑制剂复合物（ESI）不能进一步释放出产物。这种抑制作用称为非竞争性抑制剂（non-competitive inhibition）。其反应式如下：

$$\begin{array}{ccc} E+S & \rightleftharpoons ES & \longrightarrow E+P \\ + & + & \\ I & I & \\ \Updownarrow k_i & \Updownarrow k_i & \\ EI+S & \rightleftharpoons ESI & \end{array}$$

底物和非竞争性抑制剂在与酶分子结合时，互不排斥、竞争，因而不能用增加底物浓度的办法达到接触抑制作用的目的。非竞争性抑制剂多是与酶活性中心以外的巯基可逆结合，包括某些含金属离子的化合物（Cu^{2+}、Hg^{2+}、Ag^+）和 EDTA。

按照推导米氏方程的方法可以导出非竞争性抑制作用的速度方程为

$$v = \frac{v_{max}[S]}{\left(1+\frac{[I]}{k_i}\right)(K_m+[S])}$$

其双倒数方程式为：

$$\frac{1}{v} = \frac{K_m}{v_{max}}\left(1+\frac{[I]}{k_i}\right)\frac{1}{[S]}+\frac{1}{v_{max}}\left(1+\frac{[I]}{k_i}\right)$$

以 $1/v$ 对 $1/[S]$ 的作图，可得其动力学曲线（图 3-11）。可见随着抑制剂浓度的增加，在纵轴上的截距增加，即最大反应速度减小，减小的幅度与抑制剂的浓度相关，但 K_m 值不受抑制剂存在的影响，酶对底物的亲和力不变，所以 K_m 不变。

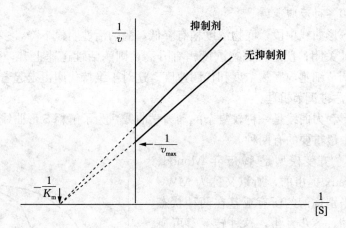

图 3-11　非竞争性抑制的特征性曲线
(引自邹思湘，2010)

第四节　调节酶类

细胞内的代谢途径错综复杂，但能够有条不紊地协调进行是因为机体内存在着精细的调节作用。有多种因素对这种有序性进行着调节和控制，但从分子水平上讲，是以酶为中心的调控系统。

一、别构酶

(一) 别构酶的结构及别构效应

别构酶 (allosteric enzyme) 多为寡聚酶,含有两个或多个亚基。其分子中包括两个中心:一个是与底物结合、催化底物反应的活性中心;另一个是与调节物结合、调节反应速度的别构中心。两个中心可能位于同一亚基上,也可能位于不同亚基上。在后一种情况中,存在别构中心的亚基称为调节亚基。别构酶是通过酶分子本身构象变化来改变酶的活性。酶的这种调节作用称为变构调节,导致别构效应的代谢物称为别构效应剂。

调节物也称效应物或调节因子。一般是酶作用的底物、底物类似物或代谢的终产物。调节物与别构中心结合后,诱导或稳定住酶分子的某种构象,使酶的活性中心对底物的结合与催化作用受到影响,从而调节酶的反应速度和代谢过程,此效应称为酶的别构效应 (allosteric effect)。因别构导致酶活力升高的物质,称为正效应物或别构激活剂,反之为负效应物或别构抑制剂。在细胞内,别构酶的底物通常是它的变构激活剂,代谢途径的终产物常常是它的变构抑制剂。

(二) 别构酶的动力学

别构酶的反应初速度与底物浓度 (v 对 [S]) 的关系不符合米氏方程关系式,不是双曲线。许多别构酶的 v 对 [S] 作用呈 S 形曲线 (图 3-12)。S 形曲线表明,结合一分子底物(或效应物)后,酶构象发生变化,这种新的构象非常有利于后续分子与酶的结合,大大促进酶对后续底物分子(或效应物)的亲和性。因此当底物浓度发生较小的变化时,别构酶就可以灵敏地调节酶各种反应速度。

在别构酶的 S 形曲线中段,底物浓度稍有降低,酶的活性明显下降,多酶体系催化的代谢途径可因此而被关闭;反之,底物浓度稍有升高,则酶活性迅速上升,代谢途径又被打开,因此可快速调节细胞内底物浓度和代谢速度。这对于维持代谢恒定起着重要作用。

(三) 别构酶活性调节机理

别构酶的 S 形动力曲线是一种较复杂的动力学曲线,为了解释 S 形曲线,曾提出多种酶分子的模型,其中最重要的有两种。

1. 齐变模型 齐变模型是 1965 年 Monod、Wyman 和 Changeux 提出的,所以又称为 MWC 模型。此模型主张别构酶的所有亚基在两种状态间的转变是同时的,齐步发生,这种转变是可逆的,而且各个亚基的排列是对称的。比如一种别构酶是由两个相同亚基组成的寡聚体,存在两种状态:RR 和 TT。R 表示松弛态 (relaxed state, R),具有高活性,对底物的亲和力大;而 T 表示紧张态 (tensed state, T),具有很低的活性或不具有活性,与底物的亲和力很小。R 与 T 可以互变。酶分子的构象是 RR 是 TT,而不是 RT。

别构酶与底物的结合过程为:底物不存在

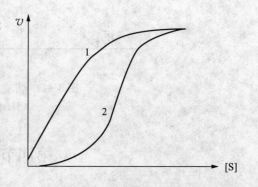

图 3-12 别构酶的 S 形曲线
1. 米氏酶 2. 别构酶
(引自王金胜,2007)

时，所有酶分子均为T态，加入底物后，构象的平衡向R态方向移动，因为底物只与R态结合，当底物与一个活性部位结合时，同一酶分子的另一部位也必须处于R态，这是协同模式所假设的，换言之，从T态到R态或从R态到T态的转变是协同的。因此当加入底物时，R态酶分子的比例逐步增加，故底物的结合是协作的，当活性部位全饱和时，所有酶分子均为R态，速度也达到了最大反应速度。

2. 序变模型 别构酶的相互作用还可以用另一种模型来解释，这就是1966年Kosland、Nemethy和Filmer提出的序变模型，因此又称为KNF模型。这个模型认为任何亚基都只有两种构象状态，即R和T态；结合底物后，改变结合底物的亚基构象，成为R态，而未结合底物的亚基构象并没有发生显著的饱和，仍处于T态；一个亚基结合底物引起的构象变化会使同一酶分子中另一亚基对底物的亲和力增加或减少。

序变模型和齐变模型相比较有几点不同。如果酶分子是由几个亚基组成，这几个亚基的构象由T态变化为R态不是同时进行的，而是逐个地依次变化。因此，亚基有各种可能构象状态，存在RT形式；而协调模式中不存在RT形式。在序变模型中，底物可以为正协同效应，也可以为负协同效应，取决于底物结合后，此亚基对其他亚基的影响，这种影响如果增大其他亚基对底物的解离常数，则产生负协同效应，若减少其他亚基对底物的解离常数时，则产生正协同效应；而齐变模型目前认为不适用于负协同效应。齐变模型可以表示酶分子的许多中间构象状态，因此用来解释别构酶活性的调节作用比齐变模型更好一些，适用于大多数别构。

二、共价修饰调节酶

共价修饰调节酶是酶分子多肽链上的某些基团在其他酶的作用下发生可逆的共价修饰，使酶处于有活性与无活性的互变状态，从而调节酶活性。酶的可逆共价修饰是灵敏快速、节约能量、机制多样的调节酶活性的重要方式。有时常受激素甚至神经的指令，导致级联放大反应，具有重要的生理意义。酶的共价修饰方式有磷酸化/脱磷酸化、乙酰化/脱乙酰化、甲基化/脱甲基化、腺苷化/脱腺苷化等。其中以磷酸化/脱磷酸化在代谢调节中最为重要和常见。磷酸化/脱磷酸化是由蛋白激酶和蛋白磷酸酶这一组酶共同催化的。通过各种蛋白激酶的催化，由ATP提供磷酸基，使酶蛋白中丝氨酸、苏氨酸或酪氨酸等氨基酸残基侧链上的—OH磷酸化；脱磷酸化则由蛋白磷酸酶催化完成，从而形成可逆的共价修饰，调节酶活性。

共价修饰调节有以下特点：

(1) 这类酶一般具有无活性（或低活性）与有活性（或高活性）的两种形式，它们之间的互变反应中，正、逆两个反应由不同的酶所催化，催化互变反应的酶受激素等因素的调节。

(2) 这种酶促反应表现出级联放大效应。如果某一激素或其他修饰因子使第一个酶发生酶促共价修饰后，被修饰的酶又可催化另一种酶分子发生共价修饰，每修饰一次，就可将调节因子的信号放大一次，从而呈现出级联放大效应。因此这种调节方式具有极高的效率。

三、同 工 酶

同工酶（isoenzyme）是指能够催化相同的化学反应，而酶蛋白的分子结构、理化性质以及免疫学性质不同的一组酶。它们是由不同基因或等位基因编码的多肽链，或由同一基因转录生成的不同 mRNA 翻译的不同多肽链组成的蛋白质。同工酶存在于同一种属或同一个体的不同组织或同一细胞的不同亚细胞结构中，它在代谢调节上起着重要的作用。研究最多的是人和动物体内的乳酸脱氢酶（LDH）。

存在于哺乳动物中的 LDH 是由 H（心肌型）和 M（骨骼肌型）两种类型的亚基，按不同的组合方式装配成的四聚体（图 3-13）。H 亚基和 M 亚基由两种不同结构基因编码。两种亚基可装配成 $H_4(LDH_1)$、$MH_3(LDH_2)$、$M_2H_2(LDH_3)$、$M_3H(LDH_4)$、$M_4(LDH_5)$ 5 种四聚体。此外，在动物睾丸及精子中还发现另一种基因编码的 X 亚基组成的四聚体 $C_4(LDH-X)$。LDH 同工酶有组织特异性，LDH_1 在心肌中含量较高，而 LDH_5 在肝、骨骼肌中相对含量高。每种组织中 LDH 同工酶谱具有特定相对百分率。因此，LDH 同工酶相对含量的改变在一定程度上更敏感地反应了某脏器的功能状况，若某一组织发生病变，则会引起血清 LDH 同工酶谱的变化，这些变化是组织损伤的象征，可被用于临床诊断。例如，血清中 LDH_1 相对于 LDH_2 升高是心肌炎或心脏受损的标志。

同工酶广泛存在于生物界，具有多种多样的生物学功能。同工酶的存在能满足某些组织或某一发育阶段代谢转换的特殊需要，提供了对不同组织和不同发育阶段代谢转换的独特调节方式；同工酶作为遗传标志，已广泛用于遗传分析的研究；农业上同工酶分析法已用于优势杂交组织的预测。

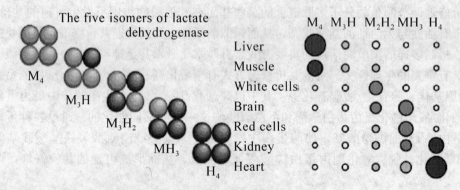

图 3-13　5 种乳酸脱氢酶的组成和分布
（引自 http://jpkc.sczeju.com/swhx/showindex/617/569）

四、酶原的激活

大多数酶合成后即具有活性，但有些酶在细胞内合成或初分泌时以酶的以无活性的前体形式存在。在一定的条件下，这些酶的无活性前体被激活表现出酶的活性。这种无活性的酶的前体称为酶原（zymogen）。由无活性的酶原变成有活性的酶的过程成为酶原的激活。酶原的激活一般通过某些蛋白酶的作用，水解一个或几个特定的肽建，致使蛋白质构象发生改变而使酶原具有活性，其实这是酶的活性中心的形成或暴露的过程。酶原的激活是不可逆的。

消化道中的酶如胰凝乳蛋白酶原（chymotrypsinogen）、胰蛋白酶原（trypsinogen）和胃蛋白酶原（pepsinogen）等酶类通常都以酶原的形式存在，在一定条件下，水解掉一个或几个短肽，转变成相应的酶。如胰脏分泌的胰蛋白酶原进入小肠后，在 Ca^{2+} 存在下可受肠激酶的激活，第 6 位赖氨酸残基与第 7 位异亮氨酸残基之间的肽键断裂，水解掉一个 6 肽，分子的构象发生改变，形成酶的活性中心，从而成为有催化活性的胰蛋白酶（图 3-14）。

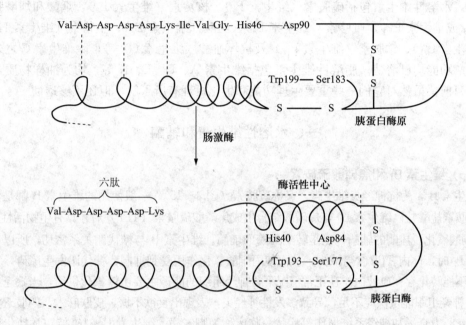

图 3-14　胰蛋白酶原的激活过程
（引自 http://jpkc.scezju.com/swhx/showindex/617/569）

酶原激活具有重要的生理意义。一方面可保护细胞本身的蛋白质不受蛋白酶的水解破坏；另一方面保证了合成的酶在特定部位和环境中发挥生理作用。此外，酶原还可以视为酶的储存形式。如凝血和纤维蛋白溶解酶类以酶原形式在血液循环中运行，一旦需要便转变为有活性的酶，发挥其对机体的保护作用。

酶原的激活具有级联放大的作用。这对于酶在其作用部位快速有效地发挥作用具有很重要的意义。

第五节　维生素与辅酶

维生素（vitamin）是动物维持正常功能所必需的一组有机化合物，需要量极小，但动物本身不能合成或合成量不足，必须从食物中获得，是人体必需的一类微量营养素。维生素在生物体内既不是构成各种组织的主要原料，也不是体内能量的来源，它们的主要生理功能是调节机体的新陈代谢，维持机体正常生理功能。机体缺少某种维生素时，可使物质代谢过程发生障碍，因而使生物不能正常生长，以至发生不同的维生素缺乏病。

多数的维生素作为辅酶或辅基的组成成分，参与体内的代谢过程。已经查明，许多水溶性B族维生素是酶的组成部分,他们以辅酶的形式与酶蛋白质的部分结合,使酶具有催化活性。甚至有些维生素,如硫辛酸、抗坏血酸等其本身就是辅酶。脂溶性维生素则专一地作用于机体的某些组织,例如,维生素A对视觉起作用,维生素D对骨骼构成起作用,维生素E对维持正常生育起作用,维生素K对血液凝固起作用等。

维生素在化学上,并不是同一类化合物,有的是胺,有的是酸、有的是醇或醛,因此,不能按其化学结构进行分类,而按其溶解性质,将维生素分为水溶性维生素和脂溶性维生素两大类。水溶性维生素包括硫胺素(维生素B_1)、核黄素(维生素B_2)、烟酸和烟酰胺(维生素B_5或维生素PP)、吡哆素(维生素B_6)、泛酸(维生素B_3)、生物素(维生素H)、叶酸(维生素B_{11})、钴胺素(维生素B_{12})及抗坏血酸(维生素C)等,除维生素C之外,它们的辅酶功能均已清楚。脂溶性维生素包括维生素A、D、E、K等,均为油样物质,不溶于水,目前,虽然对它们一些重要生理功能和生化机理有所了解,但还不够透彻。

一、水溶性维生素和辅酶

(一)维生素B_1和焦磷酸硫胺素

维生素B_1,为抗神经炎维生素,又称硫胺素(图3-15)。一般使用的维生素B_1都是化学合成的硫胺素盐酸盐。维生素B_1与焦磷酸结合生成焦磷酸硫胺素(TPP)后才具有生物活性。TPP是α-酮酸氧化脱羧酶的辅酶,也是转酮醇酶的辅酶。维生素B_1与糖代谢关系密切,所以当缺乏维生素B_1时,体内TPP含量减少,从而使丙酮酸氧化作用受到抑制,糖代谢发生障碍,大量的丙酮酸不能转化存在血液中。在正常情况下,神经组织的能源主要由糖氧化供给,当缺乏维生素B_1时,神经组织能量供应不足,导致多发性神经炎,表现出食欲不振,皮肤麻木,四肢乏力,肌肉萎缩,心力衰竭和神经系统损伤等症状,临床称为脚气病。维生素B_1对维持正常糖代谢起着非常重要的作用,能防止脚气病,还能促进幼畜及儿童发育和增进食欲等。

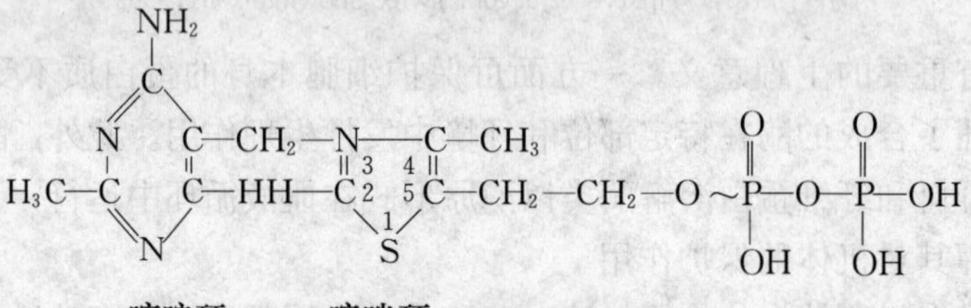

嘧啶环 **噻唑环**

图3-15 焦磷酸硫胺素的结构

(引自王金胜,2007)

维生素与辅酶的重要生理功能和机制来源与缺乏病见表3-2。

表3-2 维生素与辅酶的重要生理功能和机制、来源与缺乏病

名称	别名	辅酶	主要生理功能	来源	缺乏病
维生素B_1	硫胺素、抗脚气病维生素	TPP	参与α-酮酸氧化脱羧作用; 抑制胆碱酯酶活性,保护神经正常传导	酵母、谷类种子的外皮和胚芽	脚气病(多发性神经炎)

(续)

名称	别名	辅酶	主要生理功能	来源	缺乏病
维生素 B_2	核黄素	FMN FAD	氢载体	小麦、青菜、黄豆、蛋黄、肝等	口角炎、唇炎、舌炎等
泛酸	遍多酸	HSCoA	酰基载体	动植物细胞中均含有	人类未发现缺乏病
维生素 PP	尼克酸和尼克酰胺、抗癞皮病维生素	NAD^+ $NADP^+$	氢载体	肉类、谷物、花生等，人体可自色氨酸转变一部分	癞皮病
生物素	维生素 H		羧化酶的辅酶，参与体内 CO_2 的固定	动植物组织均含有，肠道细菌可合成	人类未发现典型缺乏病
叶酸		THFA	一碳基团载体	青菜、肝、酵母等	恶性贫血
维生素 B_{12}	钴胺素	5′-脱氧腺苷钴胺素	参与某些变位反应；甲基的转移	肝、肉、鱼等肠道细菌可合成	恶性贫血
维生素 C	抗坏血病维生素		氧化还原作用；作为脯氨酸羟化酶的辅酶，促进细胞间质的形成	新鲜水果、蔬菜，特别是番茄、柑橘、鲜枣等	坏血病
硫辛酸			酰基载体；氢载体	肝、酵母等	人类未发现缺乏病
维生素 A	视黄醇、抗干眼病维生素		合成视紫红质；维持上皮组织的结构完整；促进生长发育	肝、蛋黄、鱼肝油、胡萝卜、青菜、玉米等	夜盲病、上皮组织质化、生长发育受阻
维生素 D	抗佝偻病维生素		促使骨骼正常发育	鱼肝油、肝、蛋黄、奶等	佝偻病、软骨病
维生素 E	生育酚		维持生殖机能；抗氧化作用	麦胚油及其他植物油	人类未发现缺乏病
维生素 K	凝血维生素		促进合成凝血酶原；与肝脏合成凝血因子有关	肝、菠菜等，肠道细菌可合成	成人一般不易缺乏，偶见于新生儿及胆管阻塞患者，表现于凝血时间延长。

维生素 B_1 在植物中分布广泛。主要存在于种子的外皮和胚芽中。例如，在米糠和麦麸中维生素 B_1 的含量很丰富，酵母中的维生素 B_1 含量最多。此外、瘦肉、白菜和芹菜中含量亦较丰富。

(二) 维生素 B_2 和黄素辅酶

维生素 B_2 又称核黄素，其化学本质为核糖醇与 6,7-二甲基异咯嗪的缩合物（图 3-16）。在生物体内维生素 B_2 以黄素单核苷酸（FMN）和黄素腺嘌呤二核苷酸（FAD）的形式存在。它们是多种氧化还原酶（黄素蛋白）的辅基。在生物氧化过程中，FMN 和 FAD 能把氢从底物传递给受体。维生素 B_2 作为辅酶，参与生物体内多种氧化还原反应，能促进糖、脂肪、蛋白质的代谢。维生素 B_2 对维持皮肤、黏膜和视觉的正常机能有一定的作用。缺乏维生素 B_2 时，主要症状是口角炎、唇炎、舌炎、结膜炎、视觉模糊、脂溢性皮炎等。

维生素 B_2 在自然界中分布很广，动物的肝、肾、心含量最多；其次奶类蛋类和酵母；绿叶蔬菜水果含量也很丰富；粮食子粒也含有少量；某些细菌和霉菌能合成核黄素，但在动物体内不能合成，必须由食物供给。

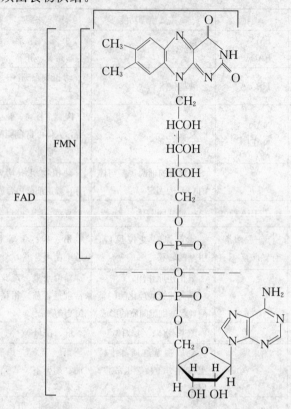

图 3-16 FAD 和 FMN 的结构式
（引自 http：//jpkc.scezju.com/swhx/showindex/619/569）

（三）泛酸和辅酶 A

泛酸（维生素 B_3）是自然界中分布十分广泛的维生素，故又称遍多酸。它是 α、γ-二羟-β，β-二甲基丁酸与 β-丙氨酸通过肽键缩合而成的酸性物质。辅酶 A 是泛酸的复合核苷酸。由泛酸、巯基乙胺、焦磷酸与腺嘌呤核苷酸组成，其结构如图 3-17 所示。

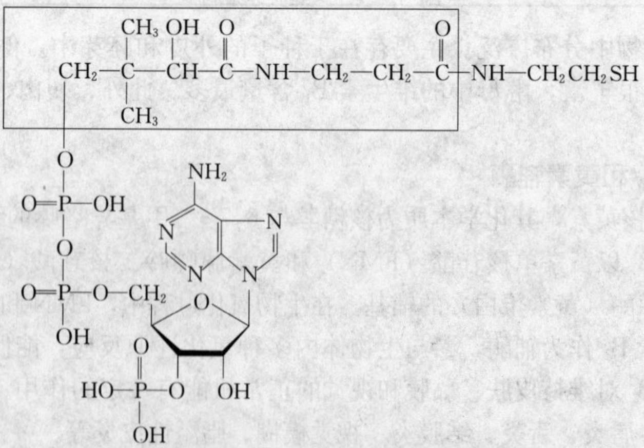

图 3-17 辅酶 A 的结构
（引自 http：//jpkc.scezju.com/swhx/showindex/619/569）

在生物组织中，泛酸作为辅酶 A（CoA 或 CoASH）的组成成分而发挥其生理效应。辅酶 A 的生理功能主要是在代谢中作为酰基的载体，可充当多种酶的辅酶参加酰化反应及氧化脱羧等反应。

辅酶 A 对厌食、乏力等症状有明显的疗效，故被广泛用作多种疾病的重要辅助药物，如白细胞减少症、原发性血小板减少性紫癜、功能性低热、脂肪肝、各种肝炎、冠心病等症。

泛酸在酵母、肝、肾、蛋、小麦、米糠、花生、豌豆中含量丰富，在蜂王浆中含量最多，同时人类肠道中的细菌能合成泛酸，因此，人类极少发生泛酸缺乏症。

（四）维生素 PP 和辅酶Ⅰ、辅酶Ⅱ

维生素 PP 又称抗糙皮病因子或维生素 B_5。它包括尼克酸（又称烟酸）与尼克酰胺（又称烟酰胺）两种物质，它们都是吡啶的衍生物，在生物体内主要以尼克酰胺形式存在。

已知的尼克酰胺核苷酸类辅酶有两种。一种是尼克酰胺腺嘌呤二核苷酸，简称 NAD^+（又称为辅酶Ⅰ），另一种是尼克酰胺腺嘌呤二核苷酸磷酸，简称 $NADP^+$（又称辅酶Ⅱ）。NAD^+ 和 $NADP^+$ 是多种脱氢酶的辅酶，它们与酶蛋白的结合非常松，容易脱离酶蛋白而单独存在。NAD^+ 和 $NADP^+$ 的分子结构中都含有尼克酰胺的吡啶环，可通过它可逆的进行氧化还原，在代谢反应中起递氢作用（图 3－18）。

$$NADP^+ \underset{-2H}{\overset{+2H}{\rightleftharpoons}} NADPH + H^+$$

$$NAD^+ \underset{-2H}{\overset{+2H}{\rightleftharpoons}} NADH + H^+$$

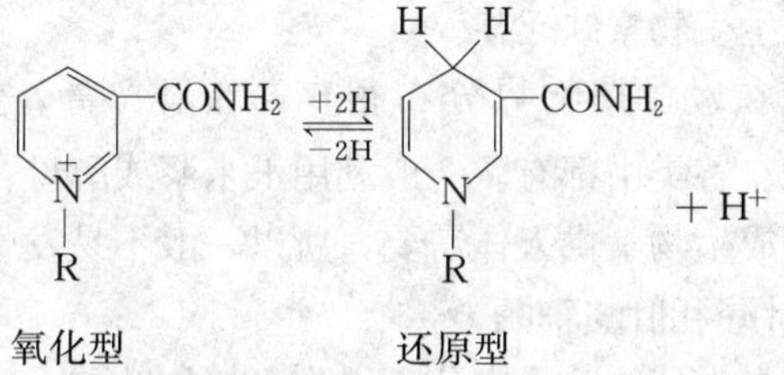

图 3－18　NAD 或 NADP 参与的氧化还原反应

缺乏维生素 PP 时，可能出现腹泻和痴呆。常在肢体裸露或易摩擦部位出现对称性皮炎，称为糙皮病（癞皮病）。服用尼克酸后，一日之内即可见效，所以有人把维生素 PP 成为抗癞皮病维生素。维生素 PP 在自然界分布很广，肉类、酵母、谷物及花生中含量丰富。此外，在体内色氨酸可转变成尼克酰胺（成人男子 60 mg 色氨酸可合成 1 mg 尼克酰胺），故人类一般不会缺乏。但玉米中缺乏色氨酸和尼克酸，若长期只食玉米，则有可能患癞皮病，故应将各种杂粮合理搭配食用。

（五）维生素 B_6 和磷酸吡哆醛

维生素 B_6 又称吡哆素，包括吡哆醇、吡哆醛、吡哆胺 3 种结构类似的物质。在体内 3 种物质可以互相转化。化学结构上都是吡啶的衍生物（图 3－19）。

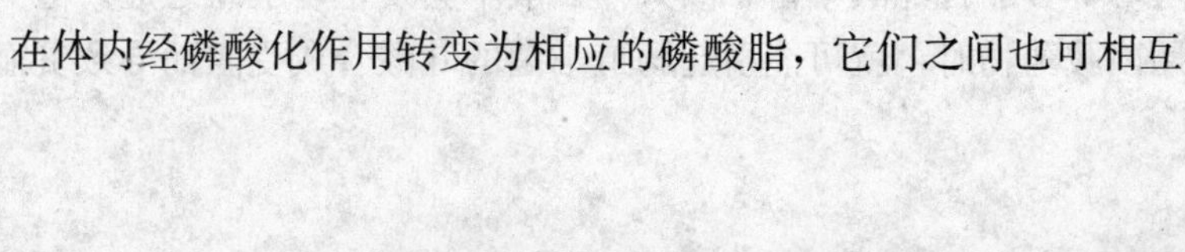

图 3－19　3 种维生素 B_6

（引自 http：//www.chinabaike.com/article/316/327/2007/2007022046677.html）

维生素 B_6 在体内经磷酸化作用转变为相应的磷酸脂，它们之间也可相互转变。参与代谢作用主要是磷酸吡哆醛和磷酸吡哆胺。磷酸吡哆醛和磷酸吡哆胺是氨基酸转氨酶和脱羧酶的辅酶。此外，维生素 B_6 还可以作为辅酶参与脂类代谢，转一碳基团的反应。具有防治动脉粥样硬化发生、发展的作用。临床上可治疗呕吐。

维生素 B_6 广泛存在与动物植物中，酵母、蛋黄、肉类、肝、鱼类和谷类中含量均很丰富，尤其是粮粒中的种皮、果皮会有丰富的维生素 B_6。同时肠道细菌也可以合成维生素 B_6，一般人类很少缺乏，若长期缺乏会引起皮肤病。

（六）生物素与羧化酶辅酶

生物素又称维生素 H 或维生素 B_7，是由带有戊酸侧链的噻吩与尿素结合的骈环化合物（图3-20）。生物素是多种羧化酶的辅酶，参与体内 CO_2 的固定以及羧化反应。生物素与糖、脂肪、蛋白质和核酸的代谢有密切关系，在代谢过程中起 CO_2 载体作用。

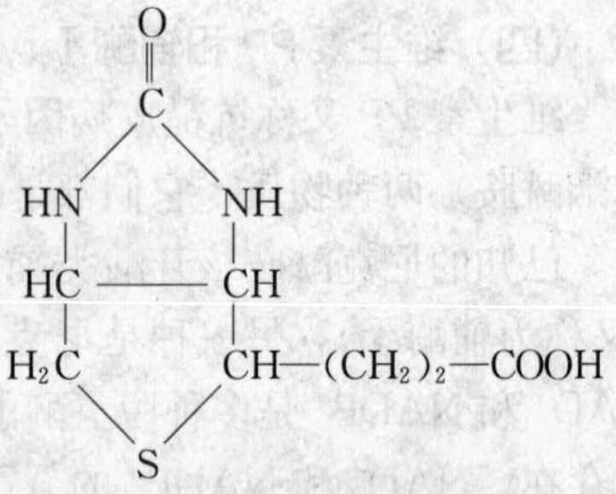

生物素对一些微生物如酵母菌、细菌的生长有强烈促进作用。人和动物缺乏生物素时易引起毛发脱落、皮肤发炎等疾病。当长期口服抗生素药物或过多吃生鸡蛋清时，会发生生物素缺乏症。

图3-20 生物素结构
（引自邹思湘，2010）

生物素在动、植物界分布很广，在肝、肾、蛋黄、酵母、蔬菜、谷类中都有。一般利用玉米浆或酵母膏就可满足微生物对生物素的需要。肠道细菌也能合成生物素供人体需要，所以一般不易发生生物素缺乏病。

（七）叶酸和叶酸辅酶

叶酸最先由植物叶子中分离得到，故称叶酸。叶酸又称蝶酰谷氨酸（PGA），是由2-氨基-4-羟基-6-甲基蝶呤啶、对氨基苯甲酸与L-谷氨酸3部分组成的（图3-21）。在生物体内作为辅酶的是叶酸加氢的还原产物——5,6,7,8-四氢叶酸（THFA 或 FH_4）。叶酸还原反应是由肠壁、肝、骨髓等组织中的叶酸还原酶所促进。

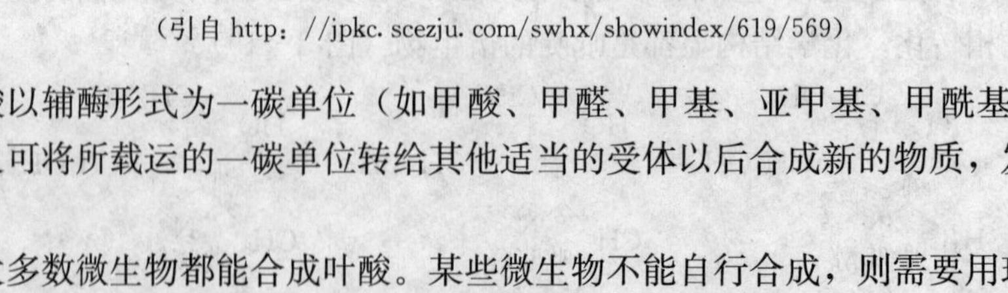

图3-21 叶酸的结构
（引自 http://jpkc.scezju.com/swhx/showindex/619/569）

四氢叶酸以辅酶形式为一碳单位（如甲酸、甲醛、甲基、亚甲基、甲酰基和羟甲基等）等的载体，又可将所载运的一碳单位转给其他适当的受体以后合成新的物质，发挥它在代谢中的作用。

植物和大多数微生物都能合成叶酸。某些微生物不能自行合成，则需要用现成的叶酸作为生长因子。哺乳动物不能合成叶酸，但肠道细菌能利用对氨基苯甲酸合成叶酸。绿色蔬菜、肝、肾、酵母等食品含叶酸丰富，故人体一般不会发生叶酸缺乏症。但当消化道吸收障碍，或长期服用磺胺药物时，就可能引起肠道细菌的叶酸合成受阻而导致贫血症的发生。

(八) 维生素 B_{12} 和维生素 B_{12} 辅酶

维生素 B_{12} 分子中含有金属元素钴，故又称为钴胺素，这是唯一的一种分子中含有金属元素的维生素。在体内，维生素 B_{12} 辅酶作为变位酶的辅酶，参加一些异构反应。如甲基天冬氨酸变位酶催化谷氨酸分子中—COOH 的转移，转变为甲基天冬氨酸。同时它也是甲基丙二酰辅酶 A 变位酶的辅酶。维生素 B_{12} 的另一种辅酶形式为甲基钴胺素，它参与生物合成中的甲基化作用。例如，在胆碱、甲硫氨酸等化合物的生物合成过程中起着传递甲基的作用。

维生素 B_{12} 参与体内一碳单位的代谢，因此维生素 B_{12} 与叶酸的作用常常互相关联。缺乏维生素 B_{12} 时，表现为恶性贫血并伴随着机体造血功能的障碍和神经系统的失常及其他疾病。

植物和动物均不能合成维生素 B_{12}，只有某些微生物能合成。人和动物主要靠肠道细菌合成维生素 B_{12}。动物肝、肾、鱼、蛋等食品富含维生素 B_{12}，所以一般情况下人体不会缺乏。

(九) 维生素 C

维生素 C 是一种酸性多羟基化合物，因能防治坏血病，故又称为抗坏血酸。抗坏血酸是 L-型己糖的衍生物故又称为 L-抗坏血酸。因其分子中 C-2 及 C-3 上两个相邻的烯醇式羟基上的氢可游离出 H^+，故虽不含自由羧基，而仍具有机酸的性质，这种特殊的烯醇式结构，也使它非常容易脱氢而变成脱氢抗坏血酸。在体内，维生素 C 以还原型和氧化型两种形式存在，两者能可逆转化，在生物氧化还原体系中起重要作用。氧化型和还原型维生素 C 同样具有生理功能，但氧化型维生素 C 易水解生成古洛酮酸而失去生理活性，而且水解作用不能逆转。维生素 C 的分子结构及有关变化如图 3-22 所示。

维生素 C 具有许多重要的生理作用，作为多种疾病治疗的辅助药物广泛用于临床。主要生理功能：

(1) 参与体内的氧化还原反应。由于维生素 C 能够可逆的脱氢和加氢，故它在许多重要的氧化还原反应中发挥作用。

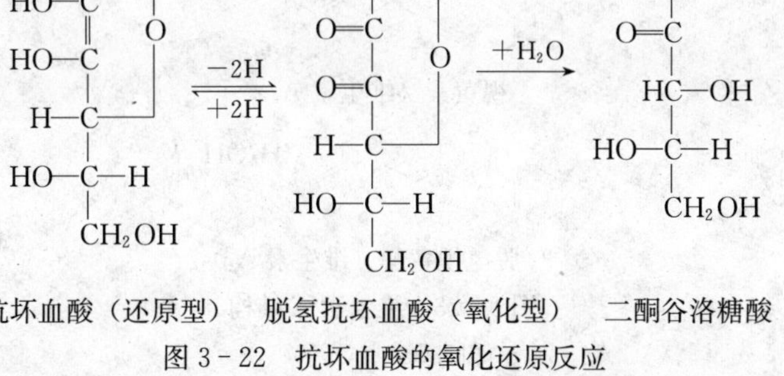

抗坏血酸（还原型）　脱氢抗坏血酸（氧化型）　二酮古洛糖酸

图 3-22　抗坏血酸的氧化还原反应

（引自 http://www.bbioo.com/bio101/2006/6861.htm）

(2) 促进细胞间质的合成。维生素 C 能促进细胞间质中胶原蛋白和氨基多糖的合成，从而维持结缔组织和细胞间质的完整性，促进骨基的生长，以维持骨骼和牙齿的正常生长。胶原蛋白合成时，多肽链中的脯氨酸及赖氨酸等须在酶的催化下羟化为羟脯氨酸及羟赖氨酸，而维生素 C 与此羟化作用有关，故当维生素 C 缺乏时势必影响胶原蛋白的合成。此外体内的类固醇、胆酸、儿茶酚胺及5-羟色胺等合成过程中均需羟化作用。

（3）维生素C的解毒作用。重金属化合物、苯及细菌病毒进入人体内时，若给予大量的维生素C，可缓解其毒性。其作用机理可能是由于重金属离子能与体内含巯基的酶类分子上的-SH基结合，使其失活，以致代谢发生障碍而中毒，而维生素C可使氧化型谷胱甘肽（G-S-S-G）还原成还原型谷胱甘肽（G-SH）后者可与金属离子结合排出体外，达到解毒效果。

另外，由于维生素C具有极强的还原性，因此常作为抗氧化剂使用。

维生素C缺乏时，引起坏血病。其症状为创口溃疡不易愈合；骨骼和牙齿易于折断或脱落，毛细血管通透性增大，角化的毛囊四周出血，严重时皮下、黏膜、肌肉出血等。维生素C的缺乏或过量均影响健康，当长期大量服用维生素C，血浆中浓度特别高时，还有可能发生草酸盐以及尿道可能出现草酸盐结石，故应合理服用。

植物、微生物能够合成维生素C，人体不能自身合成，需靠食物供给。维生素C广泛存在于新鲜水果和蔬菜中，在柑橘、红枣、山楂、番茄、辣椒、松针和新生幼苗中含量丰富。干植物种子中没有维生素C，但一经发芽，就能在胚芽中合成维生素C，因此，各种豆芽及是维生素C的极好来源。工业上，可利用青霉菌或细菌以葡萄糖为原料进行发酵生产。

二、脂溶性维生素

维生素A、维生素D、维生素E、维生素K均可溶于脂类溶剂而不溶于水，故总称为脂溶性维生素。

（一）维生素A

维生素A是不饱和的一元醇，有维生素A_1和维生素A_2两种，维生素A_1在哺乳动物及咸水鱼的肝脏中丰富，维生素A_2在淡水鱼的肝脏中丰富。维生素A_1即视黄醇，维生素A_2为3-脱氢视黄醇。维生素A_2比维生素A_1在化学结构上多一个双键。结构如图3-23所示。维生素A_1的生理效力高于维生素A_2两倍多。

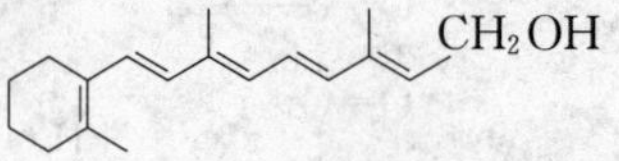

视黄素（维生素A_1）

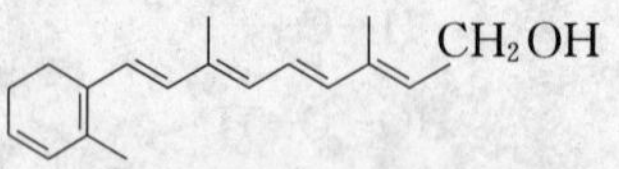

3-脱氢视黄醇（维生素A_2）

图3-23 维生素A结构

（引自王金胜，2007）

维生素A能维持机体上皮组织健康，正常视觉和感光，促进骨的形成和生长，提高机体免疫功能。维生素A又称抗干眼病维生素。缺乏时，会引起夜盲症，上皮组织干燥，抵抗病菌能力降低。

维生素A主要存在于动物性食物中，动物的肝脏中含量最多，鱼肝油中含有丰富的维生素A，其次乳制品及蛋黄中含量也丰富。植物性食物中一般不含维生素A，只含有胡萝卜素。例如，胡萝卜、番茄、菠菜、枸杞子等都有丰富的胡萝卜素。胡萝卜素的分子结构相当于两个维生素 A 分子的基本结构，在人和动物体内可转化为维生素 A，故把胡萝卜素称为维生素 A 原。胡萝卜素有 α、β、γ 3 种，它们的基本结构相似，其中以 β 胡萝卜素生理活性最高。一分子 β 胡萝卜素可转化为两分子维生素 A，γ 胡萝卜素也可转化为维生素 A，但转化率比 β 胡萝卜素低。

(二) 维生素 D

维生素 D 是固醇类物质，因为具有抗佝偻病的作用，故又称为抗佝偻病维生素，维生素 D 有几种，其中以维生素 D_2 和维生素 D_3 较为重要，维生素 D_2 比维生素 D_3 仅多一个甲基和一个双键（图 3-24）。维生素 D 的主要功能是调节钙、磷代谢作用，维持血液钙、无机磷浓度正常，能促进小肠对钙和无机磷的吸收和运转；也能促进肾小管对无机磷的重吸收；促进骨组织中沉钙成骨的作用，使牙齿骨骼发育完全。所以小儿缺维生素 D 就会引起发育停顿，甚至产生佝偻病。过多摄入维生素 D 会产生副作用，造成骨化过度，严重者引起肾功能、肺功能损坏。

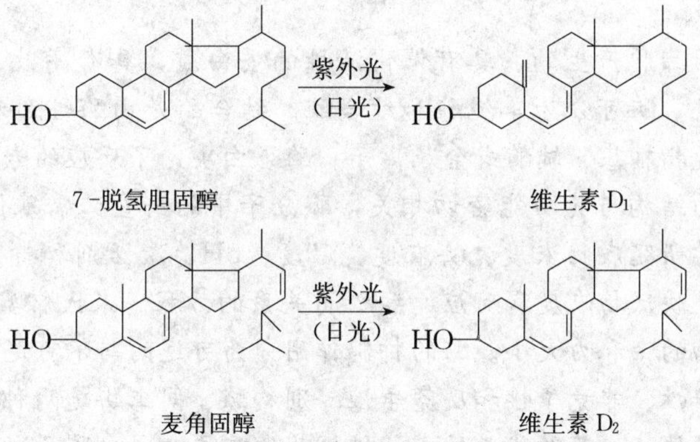

图 3-24 维生素 D 结构
（引自邹思湘，2010）

维生素 D 主要存在于动物性食品中，如动物的肝、肾、脑、皮肤和蛋黄、牛奶中含量都较高，尤其是鱼肝油中含有丰富的维生素 D。人和动物的皮肤下含有 7-脱氢胆固醇，当皮肤被紫外线（日光）照射后，可转变成维生素 D_3。牛乳中维生素 D 的含量部分取决于饲料，主要取决于乳牛晒太阳的时间。夏季含量高于冬季乳，因光照多少而不同，两者相差高达 9 倍之多。植物、酵母及其他真菌中含的麦角固醇经紫外线（日光）照射后，即可转变为维生素 D_2。

(三) 维生素 E

维生素 E 又称生育酚。已知具有维生素 E 作用的物质有 8 种，其中 4 种（α、β、γ、δ）较为重要，α 生育酚活性最高。通常说的维生素 E 即 α 生育酚。

维生素 E 的生理功能较为广泛，具有抗氧化作用，可使细胞膜上不饱和脂肪酸不被氧化。维生素 E 还可以保护巯基不被氧化，而保护某些酶的活性。维生素 E 有抗不育和预防流产的作用，还有延缓衰老、预防冠心病和癌症的作用。

维生素 E 分布广泛，多存在于植物组织中。植物油中维生素 E 的含量丰富，尤其是麦胚油、玉米油、花生油中含量较多。此外豆类和绿叶蔬菜中的含量也较丰富。因为食物中维生素 E 来源充足，所以一般不易缺乏。

(四) 维生素 K

维生素 K 又称凝血维生素，自然界中发现的维生素 K 有维生素 K_1 和维生素 K_2 两种，从化学结构上看，维生素 K_1 和 K_2 都是 2-甲基-1,4-萘醌的衍生物。

维生素 K 具有促进血凝固的生理功能。它可促进凝血酶原的生物合成。此外，维生素 K 还可能作为电子传递体系的一部分，参与氧化磷酸化过程。缺乏维生素 K 时，凝血时间延长，皮下肌肉及胃肠道内常常容易出血。

维生素 K 广泛存在于绿色植物中，绿色蔬菜、动物肝脏和鱼类含有丰富的维生素 K，其次是牛奶、麦麸、大豆等食物。人和动物肠道内的细菌能合成维生素 K，故人体一般不出现缺乏病，若食物中缺乏绿色蔬菜或长期服抗菌素影响肠道微生物生长，可造成维生素 K 缺乏。

【 本章小结 】

酶是由生物体活细胞产生的、具有催化活性的蛋白质，具有高效、专一、可调节等特点。根据其化学组成，酶可分为单纯酶和结合酶。结合酶是由酶蛋白和辅助因子两部分构成，辅助因子一般是指辅基、辅酶或金属离子。酶蛋白决定了反应的专一性，辅助因子决定了反应的性质。酶的结构与其功能密切相关，酶分子中的一些必需基团组成了酶的活性中心。酶促反应动力学研究底物浓度、酶浓度、温度、pH、激活剂和抑制剂等对酶促反应的影响。米氏方程是反映底物浓度和反应速度之间关系的方程。米氏常数是酶的特征性常数，可用来表示酶和底物的亲和力大小。酶的抑制作用分为可逆的与不可逆的两大类，可逆抑制作用中又可分为竞争性、非竞争性和反竞争性。别构酶、同工酶是两种重要的调节酶；酶的可逆共价修饰是灵敏快速、节约能量的酶活性调节的重要方式。酶原激活的生理学意义在于保护产生酶原的组织器官免受损伤。

◆ 思考题

1. 简述酶与一般催化剂的共性以及作为生物催化剂的特点。
2. 某酶符合米氏动力学。计算当反应体系中，80%的酶与底物结合时，底物浓度 [S] 与 K_m 有什么关系？
3. 研究抑制剂对酶活性的影响有什么实际意义？试举例说明。
4. 抑制剂对酶促反应速度的影响有哪些？
5. 酶对底物的专一性有哪些类型？其相应的特点分别是什么？
6. 影响酶促反应速度的因素是如何影响酶促反应的？

第四章 生物氧化

第一节 生物氧化概述

一、生物氧化的概念

（一）生物氧化

生物活动的主要能量来源是有机物质。生物氧化（biological oxidation）是指有机物质如糖、蛋白质或脂肪等在细胞内通过氧化分解逐步释放能量，最终生成二氧化碳和水的过程。

生物氧化主要讨论的问题：一是细胞如何利用 O_2 将代谢物分子中的氢，氧化成水；二是代谢物中的碳如何在酶催化下脱羧生成 CO_2；三是有机物被氧化时产生的自由能如何被收集、转换或储存。

（二）生物氧化的特点

生物氧化与体外物质氧化或燃烧的化学本质是相同的，即都是消耗氧，将有机物氧化，最终生成 CO_2 与 H_2O，并释放能量的过程。但生物氧化又有其自身的特点：生物氧化是在细胞内，pH 接近中性，温度为体温的溶液中逐步进行的酶促反应；生物氧化的终产物 CO_2 由有机酸经脱羧反应生成，并非像体外燃烧时由碳与氧直接化合生成；生物氧化中生成的水是有机物分子脱下的氢经一系列传递反应，最终与氧结合而生成，也并非如体外氧化时直接与氧结合所生成，能量是逐步释放的。

氧化与还原反应不能孤立地进行，一种物质被氧化，必有另一种物质被还原，所以氧化和还原反应总是同时进行的。被氧化的物质失去电子或氢原子，必定有物质得到电子或氢原子而被还原。被氧化的物质是还原剂（reductant），是供氢体或供电子体，被还原的物质则是氧化剂（oxidant），是受氢体或受电子体。在生物氧化中，既能接受氢（或电子），又能提供氢（或电子）的物质，称为传递氢载体（或电子载体，electron carrier）。

1. 氧化方式 生物体内物质的氧化方式包括失电子、加氧和脱氢。

（1）失电子。例如，亚铁离子氧化为高价铁离子，反应式如下：

$$Fe^{2+} - e^- \rightleftharpoons Fe^{3+}$$

（2）加氧。向底物中加入氧原子或氧分子。如苯丙氨酸氧化为酪氨酸，反应如下：

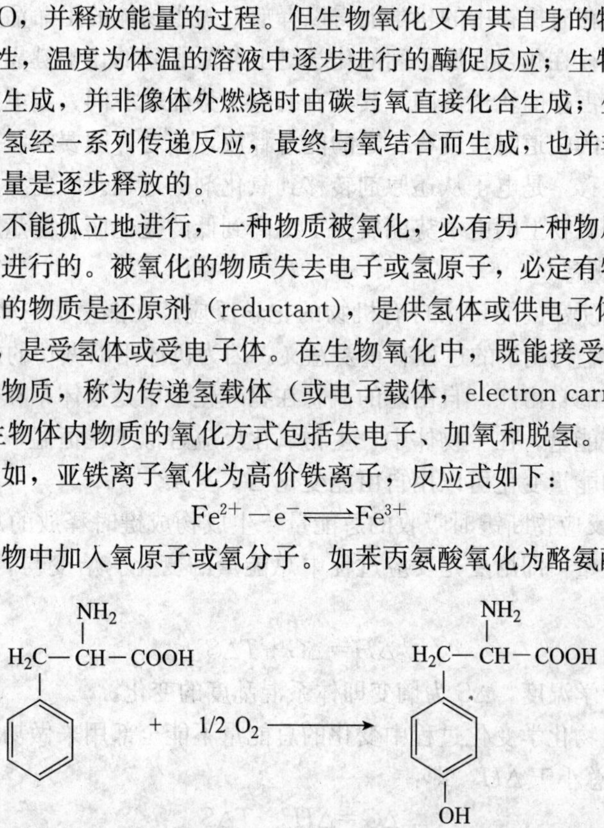

苯丙氨酸 + 1/2 O_2 ⟶ 酪氨酸

(3) 脱氢。例如，将乳酸氧化为丙酮酸，反应式如下：

$$CH_3CH(OH)COOH \xrightarrow[乳酸脱氢酶]{-2H} CH_3COCOOH$$

2. 二氧化碳的生成方式 细胞呼吸产生的 CO_2 是由有机物代谢的中间产物有机酸在酶催化下通过脱羧作用产生的。脱羧过程伴随氧化作用的称为氧化脱羧，没有氧化作用的称为直接脱羧。

(1) 直接脱羧。如丙酮酸脱羧，其反应如下：

$$CH_3-\underset{\underset{}{\parallel}}{\overset{O}{C}}-COOH \xrightarrow{丙酮酸脱羧酶} CH_3CHO + CO_2$$

(2) 氧化脱羧。如苹果酸的氧化脱羧，见如下反应：

$$\begin{matrix} CH_2-COOH \\ HO-CH-COOH \end{matrix} + NADP^+ \xrightarrow{苹果酸酶} CH_3-\overset{O}{\underset{\parallel}{C}}-COOH + CO_2 + NADPH + H^+$$

3. 水的生成方式 H_2O 是生物氧化的产物之一，其生成机制是代谢物被各种脱氢酶催化脱氢，脱下的氢再经过一系列传递体的传递，最后与氧结合生成水，所以生物氧化是需氧的过程。

二、氧化还原电位与自由能

生物氧化使储藏在有机物中的化学能得以释放，为生物体的生命活动提供能量。化学能主要以键能的形式储存在化合物原子间的化学键上，原子间的化学键靠电子以一定的轨道绕核运转来维持。电子占据的轨道不同，其具有的电子势能就不同。当电子从一较高能级的轨道跃迁到一较低能级的轨道时，就有一定的能量释放，反之，则要吸收一定的能量。氧化还原的本质是电子的迁移，是电子从还原剂转移到氧化剂的过程。因此，不难理解，生物氧化过程中，由于被氧化底物上的电子势能发生了由高到低的变化而有能量释放。

（一）自由能的概念

生物体生命活动所需的能量来自有机物的化学反应。在能量概念中，自由能（free energy）的概念对研究生物化学的过程有重要意义。因为机体用以做功的能正是体内有机物在化学反应中所释放出的自由能。自由能的概念在物理化学中是指体系在恒温，恒压下所做的最大有用功的这部分能量。在生物体中，生物氧化反应近似于在恒温，恒压状态下进行，化学反应过程中发生的能量变化可以用自由能变化 ΔG 表示。

ΔH（焓变）＝反应物断键时吸收的总能量－生成物成键时释放的总能量＝生成物的总能量－反应物的总能量，即焓变是反应过程中总能量的变化。焓变与自由能变（ΔG）的关系可用下式表示：

$$\Delta H = \Delta G + T\Delta S$$

式中，T 为热力学温度，ΔS 为熵变即体系混乱度的变化。

由上式可知，生物化学变化过程中变化的总能量不能全部用来做功。有一部分要用于 T 温度下的熵变，ΔG 总小于 ΔH，即：

$$\Delta G = \Delta H - T\Delta S$$

可利用 ΔG 的大小判断一个化学反应的方向。

$\Delta G < 0$ 时，反应是释放能量的，可自发进行，推动力的大小与自由能的降低成正比；

$\Delta G = 0$ 时，体系处于平衡状态，此时反应向任一方向进行都缺乏推动力；

$\Delta G > 0$ 时，反应是吸收能量的，不能自发进行，需要环境对体系做功，反应才可进行。

应该说明的是：ΔG 是一个状态函数，只能用它来判断反应体系的状态，不能用来判断反应速率。通过实验测得的有自由能降低的化学反应并不等于这个反应实际上已经自发地进行，还必须供给分子所需的反应活化能或用催化剂来降低活化能，反应才能进行。

在研究中，人们常用标准自由能变来预测一个反应在标准条件下是否可以发生。在物理化学中，标准自由能变是指在标准条件下，即 25 ℃、一个大气压、各种物质的浓度为 1 mol·L^{-1}、pH 为 0（即氢离子浓度为 1.0 mol·L^{-1}）时物质的自由能变，用 $\Delta G^{\ominus}$ 表示。但在生物体中，一方面绝大多数反应是在 pH 大约为 7.0 的条件下进行的，另一方面质子（H$^+$）也参与了反应，溶液 pH 的高低会直接影响该体系的自由能变的大小。所以生物化学研究体系中的标准状态被定义为：25 ℃，0.1 MPa，pH 为 7.0。如果水作为反应物或产物时，水的活度规定为 1.0。生物化学中的标准自由能变用 $\Delta G^{\ominus\prime}$ 表示。

（二）自由能与平衡常数

常温常压下，对于一个化学反应：

$$a\mathrm{A} + b\mathrm{B} \longrightarrow c\mathrm{C} + d\mathrm{D}$$

其平衡常数可用下式表示：

$$K_{eq} = \frac{[\mathrm{C}]^c [\mathrm{D}]^d}{[\mathrm{A}]^a [\mathrm{B}]^b}$$

其中 A、B 为反应物，C、D 为产物，K_{eq} 为平衡常数，a、b、c、d 分别为 A、B、C、D 的分子数。反应的自由能变为：

$$\Delta G = \Delta G^{\ominus} + RT\ln\frac{[\mathrm{C}]^c [\mathrm{D}]^d}{[\mathrm{A}]^a [\mathrm{B}]^b} \text{ 或 } \Delta G = \Delta G^{\ominus} + RT\ln K_{eq}$$

式中，R 为气体常数（8.315 J·mol^{-1}·K^{-1}），T 为 298 K。

当反应达到平衡时，$\Delta G = 0$ $\Delta G^{\ominus} = -RT\ln K_{eq} = -2.303\, RT\lg K_{eq}$

对于一个生化反应体系而言，由于标准条件与物理化学中的不同，因此标准自由能变以 $\Delta G^{\ominus\prime}$ 表示，平衡常数则变为 K'_{eq}

$\Delta G^{\ominus\prime}$ 与反应平衡常数（K'_{eq}）的关系如下：

$$\Delta G^{\ominus\prime} = -RT\ln K'_{eq} = -2.303\, RT\lg K'_{eq}$$

应该指出的是，无论在试管中或在细胞中要维持单位摩尔浓度的环境是很困难的，而且生物体内许多代谢作用都发生在非均相系中。尽管如此，标准自由能变化的概念在中间代谢研究中仍然很有用。根据标准自由能变化可以预测出某个生化反应发生时所释放能量的多少，同时标准自由能变也是衡量化学反应自发性的依据。

（三）氧化还原电位与自由能变的关系

生物氧化的本质是电子的得失，氧化反应总是与还原反应同时发生的。每个可发生氧化还原反应的体系都会有它的氧化还原电位（oxidation-reduction potential），通常用氧化还原电位表示各种化合物对电子亲和力的大小。生物体内常见的氧化还原体系的标准氧化还原电位数据见表 4-1。

表4-1 生物体内常见氧化还原体系的标准氧化还原电位

（引自王镜岩等，2002）

半反应式	氧化还原电位 $E^{\ominus\prime}$ (V)
乙酸 + 2H$^+$ + 2e$^-$ = 乙醛	−0.58
2H$^+$ + 2e$^-$ = H$_2$	−0.421
α-酮戊二酸 + CO$_2$ + 2H$^+$ + 2e$^-$ = 异柠檬酸	−0.38
NAD$^+$ + 2H$^+$ + 2e$^-$ = NADH + H$^+$	−0.32
NADP$^+$ + 2H$^+$ + 2e$^-$ = NADPH + H$^+$	−0.32
乙醛 + 2H$^+$ + 2e$^-$ = 乙醇	−0.197
丙酮酸 + 2H$^+$ + 2e$^-$ = 乳酸	−0.185
FAD + 2H$^+$ + 2e$^-$ = FADH$_2$	−0.18
FMN + 2H$^+$ + 2e$^-$ = FMNH$_2$	−0.30
草酰乙酸 + 2H$^+$ + 2e$^-$ = 苹果酸	−0.166
延胡索酸 + 2H$^+$ + 2e$^-$ = 琥珀酸	+0.031
2 细胞色素 b(Fe^{3+}) + 2e$^-$ = 2 细胞色素 b(Fe^{2+})	+0.07
（氧化型）辅酶 Q + 2H$^+$ + 2e$^-$ =（还原型）辅酶 QH$_2$	+0.10
2 细胞色素 c$_1$(Fe^{3+}) + 2e$^-$ = 2 细胞色素 c$_1$(Fe^{2+})	+0.22
2 细胞色素 c(Fe^{3+}) + 2e$^-$ = 2 细胞色素 c(Fe^{2+})	+0.25
2 细胞色素 a(Fe^{3+}) + 2e$^-$ = 2 细胞色素 a(Fe^{2+})	+0.29
2 细胞色素 a$_3$(Fe^{3+}) + 2e$^-$ = 2 细胞色素 a$_3$(Fe^{2+})	+0.39
2Fe^{3+} + 2e$^-$ = 2Fe^{2+}	+0.77
1/2 O$_2$ + 2H$^+$ + 2e$^-$ = H$_2$O	+0.816

氧化还原电位较高的体系，其氧化能力较强；反之，氧化还原电位较低的体系，其还原能力较强，因此，根据氧化还原电位大小，可以预测任何两个氧化还原体系反应发生所进行的方向、程度及其在该过程中释放能量的大小。

根据热力学定律，在恒温恒压条件下，体系如果不做膨胀功，也没有热量的变化，该化学原电池可称其为理想电池。这时，体系在标准条件下的自由能变就等于体系在可逆过程中所做的最大的有用功。即：

$$\Delta G^{\ominus\prime} = -nF\Delta E^{\ominus\prime}$$

式中，n 表示迁移的电子数，F 表示法拉第常数（96 500 C·mol^{-1}），ΔE 表示发生反应的两个氧化还原体系电位差。

自由能的变化可以根据平衡常数计算，也可以根据反应物与产物的氧化还原电位计算。利用这个式子对于任何一对氧化还原反应都可由 ΔE 方便地计算出 ΔG。例如，NADH 传递

链中 $NAD^+/(NADH+H^+)$ 的氧化还原标准电位为 $-0.32\ V$，而 O_2/H_2O 的氧化还原标准电位为 $+0.816\ V$，因此一对电子自 $NADH+H^+$ 传递到氧原子的反应中，标准自由能变化可按上式计算求得：

$$\Delta E^{\ominus\prime}=0.816-(-0.32)=-1.136\ V$$
$$\Delta G^{\ominus\prime}=-nF\Delta E^{\ominus\prime}=219.22\ kJ$$

根据上述方法，计算出在电子传递过程中，还原型辅酶在被氧化时所释放的能量大小为：

$$NADH+H^++1/2O_2 \longrightarrow NAD^++H_2O \quad \Delta G^{\ominus\prime}=-220.07\ kJ\cdot mol^{-1}$$
$$FADH_2+1/2O_2 \longrightarrow FAD+H_2O \quad \Delta G^{\ominus\prime}=-181.58\ kJ\cdot mol^{-1}$$

在生物体内，并不是存在电位差的任何两体系间都能发生反应，如上述的 $NAD^+/(NADH+H^+)$ 和 O_2/H_2O 两体系之间的电位差很大，它们之间直接反应的趋势很强，但是这种直接反应在生物体内通常不能发生，生物体是高度组织化的，电子必须通过组织化的各中间传递体按顺序传递，能量才能得以释放。

三、高能化合物

高能化合物在生物机体的能量转换过程中起着重要作用。一般将水解时可释放 $20.92\ kJ\cdot mol^{-1}$ 以上自由能的化合物称为高能化合物，其水解放能的化学键称为高能键。高能键常以"～"符号表示。在生物化学中所说的"高能键"和化学中的"键能"的含义是根本不同的。化学中的键能是指断裂某一化学键需外界提供的能量的多少，而生物化学中的"高能键"指的是发生水解反应或基团转移反应时可释放出较多自由能的化学键。

（一）高能化合物的类型

根据化合物化学键的特点，可将生物内的高能化合物归纳为如下类型：

1. 磷氧键型　很多高能化合物属于这种类型。其中，1,3-二磷酸甘油酸、氨甲酰硫酸等属于酰基磷酸化合物。ATP、焦磷酸等属于焦磷酸化合物。磷酸烯醇式丙酮酸属于烯醇式磷酸化合物。

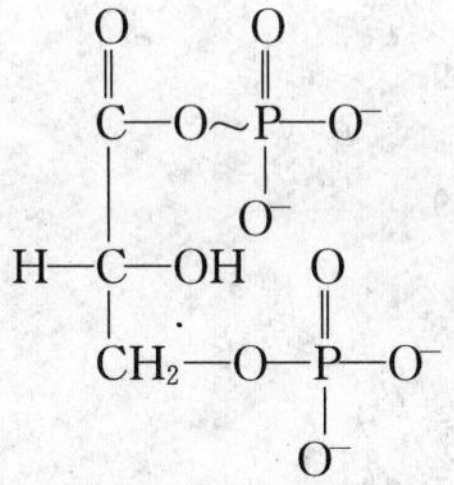

1,3-二磷酸甘油酸 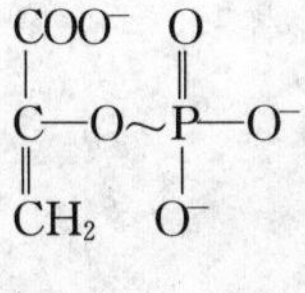　　磷酸烯醇式丙酮酸

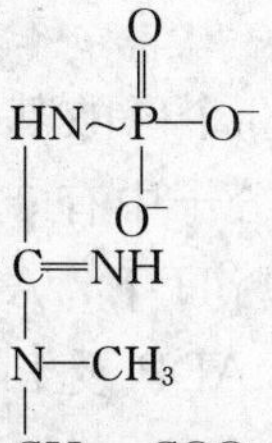

磷酸肌酸 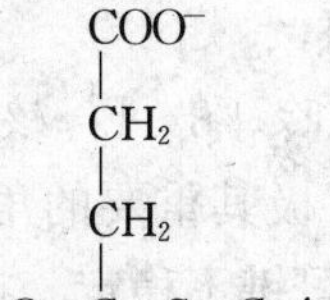　　琥珀酰辅酶A 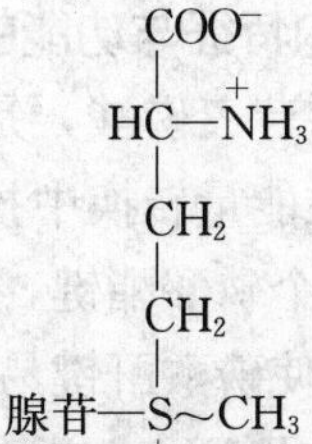　　S-腺苷甲硫氨酸

2. **磷氮键型** 磷酸肌酸和磷酸精氨酸属于这一类。
3. **硫酯键型** 三羧酸循环中产生的琥珀酰辅酶 A 属于这类化合物。
4. **甲硫键型** S-腺苷甲硫氨酸属于这一类。

(二) 高能磷酸化合物

高能化合物中含有磷酸基团的占很大比例。表 4-2 列举了一些常见磷酸化合物水解时的标准自由能变。并不是所有的含有磷酸基团的化合物都属于高能磷酸化合物。例如，6-磷酸葡萄糖，3-磷酸甘油等化合物中的磷脂键，水解时每 1 mol 只能释放出 4.184~12.552 kJ 能量，就不属于高能磷酸化合物。高能化合物具有重要的功能，如磷酸烯醇式丙酮酸、1,3-二磷酸甘油酸以及乙酰磷酸在化学能的保存和转移中有特定功能。磷酸肌酸及磷酸精氨酸为代谢能的储存形式。磷酸肌酸在肌肉能量供给方面起着重要作用，当肌肉组织中 ATP 浓度高时，其末端磷酸基团即转移到肌酸上产生磷酸肌酸；当 ATP 因肌肉运动而消耗、ADP 浓度增高时，则促进磷酸基团向相反方向转移，将 ADP 磷酸化生成 ATP。

表 4-2 一些磷酸化合物水解的标准自由能变

(引自王镜岩等，2002)

化合物	标准自由能变（kJ·mol^{-1}）	磷酸基团转移势（kJ·mol^{-1}）
磷酸烯醇式丙酮酸	-61.9	61.9
1,3-二磷酸甘油酸	-49.4	49.4
磷酸肌酸	-43.1	43.1
乙酰磷酸	-42.3	42.3
磷酸精氨酸	-32.2	32.2
ATP(ATP→ADP+Pi)	-30.5	30.5
1-磷酸葡萄糖	-20.9	20.9
6-磷酸果糖	-15.9	15.9
6-磷酸葡萄糖	-13.8	13.8
1-磷酸甘油	-9.2	9.2

(三) ATP 的结构特征与功能的关系

ATP 即腺嘌呤核苷三磷酸，是腺嘌呤、β-D-核糖和 3 个磷酸基团形成的典型的高能磷酸化合物。ATP 在能量转换中扮演了极其重要的角色。分子中有 3 个磷酸基团，分别形成 2 个磷酸酐键和 1 个磷酸酯键，磷酸酐键不稳定。在生理 pH 下，ATP 约带 4 个负电荷，它们之间相互排斥，使磷酸酐键易水解。当 ATP 水解产生 ADP 及 Pi（正磷酸）时或者当 ATP 水解产生 AMP 及 PPi（焦磷酸）时，即释出大量的自由能。

在 pH7.0 时，ATP 的 3 个磷酸基团全部解离，ATP 以 ATP^{4-} 形式存在，ATP^{4-} 易与

二价阳离子结合，形成较稳定的可溶性络合物。在生物体内无论是游离态的 ATP 还是与酶蛋白结合的 ATP，它总是与二价镁离子结合在一起。在酶促反应中，当 ATP 作为磷酸基供体时，真正的底物是 ATP‑Mg^{2+}，该形式 ATP 水解时释放的自由能要比单独 ATP 的形式释放的自由能大。

$$\text{腺嘌呤—核糖}-O-\overset{\overset{O}{\|}}{\underset{\underset{O^-}{}}{P}}-O\sim\overset{\overset{O}{\|}}{\underset{\underset{O^-}{}}{P}}-O\sim\overset{\overset{O}{\|}}{\underset{\underset{O^-}{}}{P}}-O^-$$

$$Mg^{2+}$$

ATP‑Mg^{2+} 络合物

(四) ATP 是能量转运的共同中间体

ATP 并非通过简单的水解作用将细胞放能反应和吸能反应偶联在一起，而是通过磷酸基团的转移实现其对能量的转移过程。在这些磷酸化合物中，高能化合物趋于将其磷酸基团转移出去，低能化合物则趋于保留和接受磷酸基团。从表 2 可以看出，在多种磷酸化合物中，ATP 的磷酸基团转移势能 $\Delta G^{\ominus\prime}$（一般用正值表示）处于中间的位置。由于 ATP 具有居中的磷酸基团转移势能，使 ADP 易从较高势能的磷酸化合物中接受磷酸基团形成 ATP。同时，ATP 又可在酶的催化下，将其磷酸基团转移给低势能的受体，使其能量水平提高，有利于反应的进行。这样 ATP 就起到了能量中转站的作用。它能将磷酸基团从高能化合物转移至低能化合物，提升它们的活化能水平。因此，ATP 被称为活细胞能量流通的货币。

第二节 电子传递链

通常细胞内生物氧化分解的有机物质主要为糖、脂肪和蛋白质这三大类物质，其中糖是最主要的能量物质。脱氢是这 3 类物质降解的主要方式。在酶的催化下，糖、脂肪、蛋白质通过脱羧脱氢反应，生成 CO_2 并使 NAD^+ 或 FAD 还原成 $NADH+H^+$ 和 $FADH_2$，电子再被位于线粒体内膜上的电子传递链通过一系列的氧化还原反应传递至末端的电子接受体，激活 O_2，与氢结合生成水，同时释放能量。

在真核生物细胞中，电子传递主要在线粒体内膜上进行，而原核生物则在其细胞质膜上进行。

一、电子传递链的概念

糖、蛋白质、脂肪等代谢物所含的氢，一般是不活泼的，必须通过相应的脱氢酶使之激活后才能脱落。进入体内的氧也必须经过氧化酶激活后才能变为活性很高的氧化剂。但激活的氧在一般情况下，尚不能直接氧化由脱氢酶激活而脱落的氢，两者之间还需传递体的联系才能结合生成水。代谢物在降解时脱下的成对氢原子（2H），通过位于线粒体内膜上按一定顺序排列的递氢体和递电子体的传递，最终与分子氧结合成水。这条由传递体所组成的传递电子和氢的氧化还原系统称为电子传递链，由于此过程需要氧（即细胞呼吸），所以将传递链称为呼吸链。其中传递氢的酶或辅酶称为递氢体，传递电子的酶或辅酶称为递电子体。不论递氢体或递电子体都起着传递电子的作用。

二、电子传递链的组成与排列顺序

呼吸链的主要组分中,除泛醌与细胞色素 c 以游离形式存在外,其余的成分均以结构化大分子复合物的形式嵌入线粒体内膜上。美国学者用毛地黄皂甙、胆酸盐等表面活性剂处理分离的线粒体,溶解线粒体外膜,成功地将线粒体内膜上的电子传递链拆分成 4 个具有电子传递活性的复合物（Ⅰ～Ⅳ）以及辅酶 Q 和细胞色素 c。在一定条件下按 1∶1 的比例将它们重组便可基本恢复原有的电子传递活力。电子传递链的主要组分与排列顺序如图 4-1 所示。

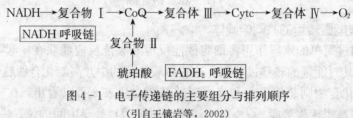

图 4-1 电子传递链的主要组分与排列顺序
（引自王镜岩等,2002）

NADH 氧化呼吸链：生物氧化中大多数脱氢酶如乳酸脱氢酶、苹果酸脱氢酶均以 NAD^+ 为辅基。不同代谢物（SH_2）在相应的脱氢酶催化下脱氢,并由 NAD^+ 接受而生产 $NADH+H^+$。$NADH+H^+$ 脱下的 2H 经复合体Ⅰ传递给 CoQ,再经复合体Ⅲ传递给细胞色素 c,然后传递至复合体Ⅳ,最后将 $2e^-$ 交给氧,氧和基质中的 $2H^+$ 结合生成水。

在线粒体中,大多数代谢物是通过 NADH 氧化呼吸链氧化的,如糖代谢的中间产物（异柠檬酸、α-酮戊二酸、苹果酸等）以及谷氨酸、β-羟丁酸中的氢等也都是通过 NADH 氧化呼吸链被氧化的。

$FADH_2$ 氧化呼吸链：有些代谢物,如琥珀酸、α-磷酸甘油、脂酰辅酶 A 等不通过 NADH 氧化呼吸链而是通过 $FADH_2$ 氧化呼吸链被氧化。代谢物由脱氢酶催化脱下的 2H 经复合物Ⅱ传递给 CoQ 形成 $CoQH_2$,$CoQH_2$ 再将 $2e^-$ 传递至复合体Ⅲ,然后经复合体Ⅳ传递给氧,使氧活化,活化的氧与基质中的 2H 结合生成水。

如图 4-1 所示,复合物Ⅰ、Ⅲ、Ⅳ组成了 NADH 呼吸链,催化 NADH 的氧化;而复合物Ⅱ、Ⅲ、Ⅳ组成另一条电子传递链,即 $FADH_2$ 呼吸链。辅酶 Q 处在这两条电子传递链的交汇点上。

（一）复合物Ⅰ

由约 42 条多肽链组成,相对分子质量为 850 000,除了很多亚单位外,还含有 1 个 FMN-黄素蛋白和至少 6 个铁硫蛋白。它是电子传递链中最复杂的酶系,其作用是催化 NADH 脱氢,并将电子传递给辅酶 Q,因此,又被称为 NADH 脱氢酶复合物（或 NADH-辅酶 Q 氧化还原酶）。

NADH 脱氢酶的底物为 $NADH+H^+$,由烟酰胺脱氢酶类（nicotinamine dehydrogenase）催化有机物脱氢产生。现已知在代谢中这类酶有 200 多种。这类酶催化脱氢时,其辅酶 NAD^+ 或 $NADP^+$ 先和酶的活性中心结合,接受氢后被还原成 $NADH+H^+$ 或 $NADPH+H^+$,并从酶蛋白上脱落下来。在糖等有机物的代谢中,许多底物是由以 NAD^+ 或 $NADP^+$ 为辅酶的脱氢酶催化的,如异柠檬酸脱氢酶,苹果酸脱氢酶,丙酮酸脱氢酶,α-酮戊二酸脱氢酶，乳酸脱氢酶，3-磷酸甘油醛脱氢酶等。

复合物Ⅰ首先催化线粒体基质的NADH脱氢，将质子、电子传递给FMN，FMN得到氢被还原为$FMNH_2$，然后$FMNH_2$将电子交给铁硫蛋白后，再转移至辅酶Q，使之还原为QH_2，同时利用电子传递的能量将4个质子泵到线粒体内膜外侧，如图4-2所示。

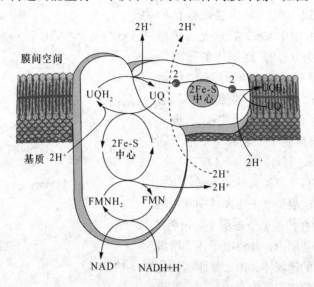

图4-2　NADH-CoQ还原酶（复合物Ⅰ）
（引自王镜岩等，2002）

复合物Ⅰ中的铁硫蛋白含有非血红素铁和酸不稳定性硫，故称为铁硫蛋白（iron-sulfur protein），常简写为FeS。这类蛋白在线粒体内膜上常与黄素酶或细胞色素等递氢体、递电子体结合成复合物存在。复合物中的铁硫蛋白是传递电子的反应中心，所以又称为铁硫中心（iron-sulfur center）。它通过非血红素铁中Fe^{3+}和Fe^{2+}的互变来传递电子。

$$Fe^{3+} + e^- \rightleftharpoons Fe^{2+}$$

迄今，已知的铁硫蛋白主要有3类：最简单的是蛋白质中的1个铁与其中的4个半胱氨酸残基的硫络合；第二类是Fe_2S_2，含有2个活泼的无机硫和2个铁原子，每个铁原子都同时与2个半胱氨酸残基的硫以及2个无机硫相连接；第三类为Fe_4S_4，由4个活泼的无机硫和4个铁原子构成，每个铁原子都同时与1个半胱氨酸残基的硫相以及3个无机硫相连接（图4-3）。

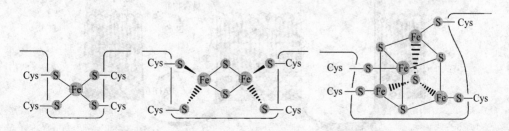

图4-3　3种不同结构的铁硫中心示意图
（引自王镜岩等，2002）

铁硫蛋白在生物界广泛存在。在呼吸链中，从NADH到氧至少存在8个不同的铁硫中心。

（二）辅酶 Q

辅酶 Q(coenzyme Q，CoQ) 是一种黄色、脂溶性、带有一个长的异戊二烯侧链的醌类化合物，又称为泛醌（ubiquinone）。不同的 CoQ 的差异主要表现为侧链异戊二烯数目的不同，动物和高等植物中 CoQ 的异戊二烯单位数为 10，微生物为 6～9。泛醌中的苯醌结构能进行可逆的加氢和脱氢反应，接受 2H 后由氧化型转变成还原型。CoQ 的醌型（CoQ）接受 1 个氢和 1 个电子可变为半醌式（CoQH·或·Q^-），半醌式再接受 1 个氢和 1 个电子则产生还原型 CoQ(CoQ H_2)（图 4-4）。

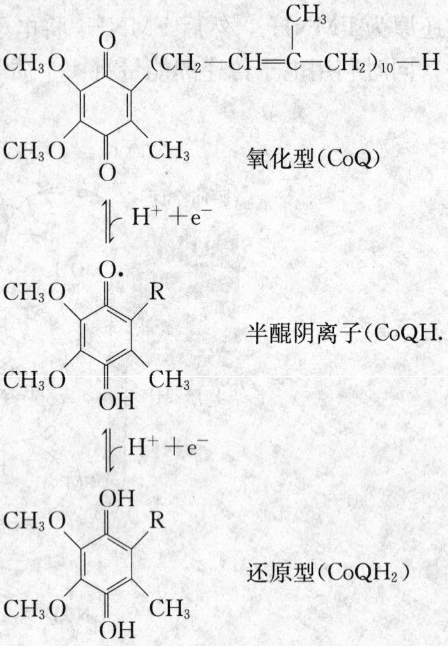

泛醌在线粒体内膜上以游离的而不是与蛋白质结合的形式存在。泛醌是电子传递链中唯一的非蛋白质组分。泛醌在传递电子过程中，可将 2 个质子释放入线粒体基质内，并将电子传递给细胞色素，是呼吸链中的递氢体。由于是脂溶性化合物，泛醌可以在线粒体内膜中自由扩散，往返于比较固定的蛋白类电子传递体之间。它不仅可接受 NADH 脱氢酶、琥珀酸脱氢酶传递的电子，而且还可以接受其他黄素酶类传递的电子，所以 CoQ 在电子传递链中处于中心地位。

图 4-4 辅酶 Q 接受氢转变为 CoQ H_2
（引自 Nelson 等，2008）

（三）复合物Ⅱ

复合物Ⅱ由 4～5 条多肽链组成，相对分子质量为 127 000～140 000。它含有 1 个 FAD 为辅基的黄素蛋白，2 个铁硫蛋白和 1 个细胞色素 b（图 4-5）。它的作用是催化琥珀酸脱氢，其辅基 FAD 接受 2 个氢，转变为 $FADH_2$。随后，后者再将 2 个电子通过铁硫蛋白传给辅酶 Q，因此，复合物Ⅱ又被称为琥珀酸-辅酶 Q 氧化还原酶。复合物Ⅱ不具有质子泵的功能。

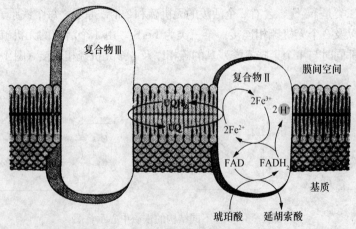

图 4-5 琥珀酸脱氢酶（复合物Ⅱ）
（引自王镜岩等，2002）

复合物Ⅰ的辅基为 FMN，复合物Ⅱ的辅基为 FAD，因此它们都属于黄素蛋白类。虽然辅基不同，底物不同（前者是 NADH，后者为琥珀酸），但传递电子的方式是相似的：

$$FMN(FAD)+2H^++2e^- \rightleftharpoons FMNH_2(FADH_2)$$

（四）复合物Ⅲ

复合物Ⅲ，即细胞色素 bc_1 复合物。细胞色素（cytochrome，Cyt）存在于一切需氧生物的细胞中，是细胞中一类以铁卟啉为辅基的催化电子传递的蛋白质，因具有颜色而得名。

细胞色素具有特殊的吸收光谱（图 4-6），根据其吸收光谱的不同，可将细胞色素分为多种。参与呼吸链组成的细胞色素有细胞色素 a、b、c(Cyta、Cytb、Cytc) 3类。每一类又因其最大吸收峰的微小差别再分为几种亚类，如细胞色素 a 和 a_3、c 和 c_1、b_{562} 和 b_{566}（562，566 是这种细胞色素的最大吸收波长）。

从结构上来看，各种细胞色素的差别主要表现在铁卟啉辅基的侧链以及铁卟啉与蛋白质部分的连接方式不同。细胞色素 b、c、c_1 中的铁卟啉辅基属于铁原卟啉Ⅸ，而细胞色素 a 和 a_3 中的铁卟啉辅基属于血红素 A，是在其 C-2

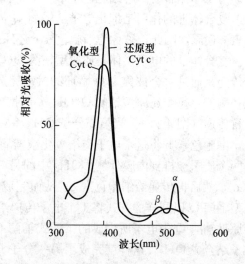

图 4-6 氧化型和还原型细胞色素 c 的光吸收曲线
（引自 Nelson 等，2008）

位上以 17 个碳的烯烃侧链代替了铁原卟啉Ⅸ中的乙烯基，以及在 C-8 上以甲酰基代替铁原卟啉Ⅸ中的甲基（图 4-7）。c 和 b 型铁卟啉辅基的区别在于 b 型的辅基与蛋白质是非共价结合，而 c 型的辅基和蛋白质以共价方式结合。

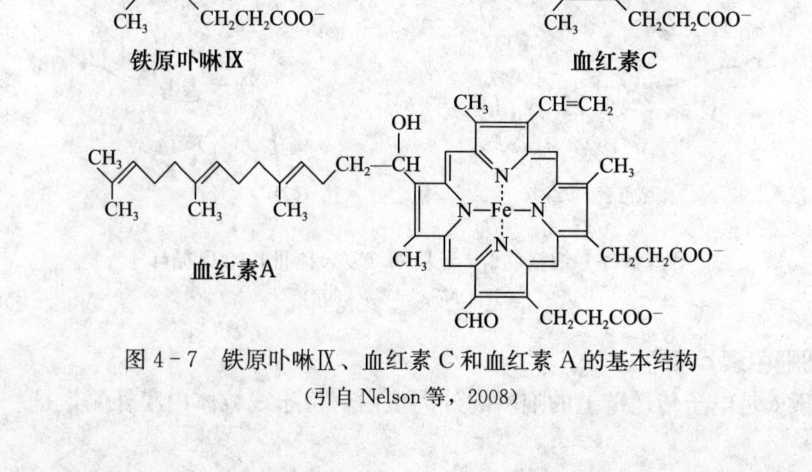

铁原卟啉Ⅸ　　　　　　　血红素C

血红素A

图 4-7 铁原卟啉Ⅸ、血红素 C 和血红素 A 的基本结构
（引自 Nelson 等，2008）

细胞色素 b 和 c_1 都是线粒体内膜上的嵌入蛋白，均以复合体的形式存在。据光谱分析，细胞色素 b 有两种形式，分别为 b_{562} 和 b_{566}。细胞色素 b 有质子泵的功能。

复合物Ⅲ，由 11 条多肽链组成，分子量为 250 kD，在线粒体内膜上以二聚体形式存在。每个单体含有 2 个细胞色素 b，一个细胞色素 c_1 和一个铁硫蛋白（图 4-8）。

复合体Ⅲ的作用是催化电子从辅酶 Q 传给细胞色素 c，使还原型辅酶 Q 氧化而使细胞色素 c 还原，因此，被称为细胞色素 c 还原酶（或辅酶 Q：细胞色素 c 氧化还原酶）。

复合体Ⅲ的电子供体是还原型辅酶 $Q(QH_2)$，电子受体是细胞色素 c，这两者之间的电子传递是通过一个被称为 Q 循环的过程完成的，该过程可分为两个步骤，涉及两分子还原型辅酶 Q，每个还原型辅酶 $Q(QH_2)$ 所携带的两个电子在复合物Ⅲ中通过两个不同的途径进行传递（图 4-8）。当第一分子 QH_2 将它其中的一个电子传递给复合物Ⅲ中的细胞色素 b 时，细胞色素 b 将这个电子交给氧化型辅酶 Q 形成半醌式辅酶 Q，即 $\cdot Q^-$，在这一过程中有两个质子被排到内膜外侧；QH_2 中的另一个电子则经复合物Ⅲ中的铁硫蛋白交给细胞色素 c_1，然后再传递给细胞色素 c，从而完成第一分子 QH_2 中两个电子的传递。第二分子还原型辅酶 Q 以同样的方式将 1 个电子传递给细胞色素 c，但另一个电子则传递给由第一分子还原型辅酶 Q 失电子所生成的半醌式辅酶 $Q(\cdot Q^-)$，$\cdot Q^-$ 接受电子后又与基质中的 2 个质子结合成 QH_2，这样就完成了另一分子 QH_2 中两个电子的传递。第二分子的 QH_2 在传递电子的过程中同样有两个质子被排至内膜外侧。概括起来，两个 QH_2 参与电子传递，使两个细胞色素 c 还原，该过程又产生一个 QH_2。总的效果是一个 QH_2 分子中的两个电子传递给两分子细胞色素 c，即

$QH_2 + 2Cytc（氧化型） + 2H^+（基质内） \longrightarrow Q + 2Cytc（还原型） + 4H^+（排至内膜外侧）$

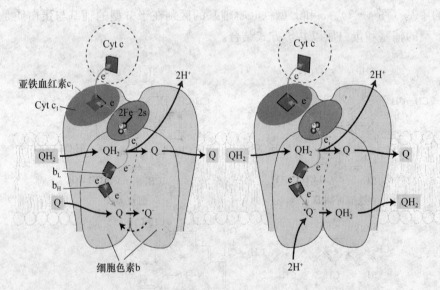

图 4-8　细胞色素 c 还原酶（复合体Ⅲ）的 Q 循环
（引自 Nelson 等，2008）

（五）细胞色素 c

细胞色素 c 是电子传递链上的唯一的外周蛋白，位于线粒体内膜外侧，是一个较小的球

状蛋白，相对分子质量为 13 000，由一条多肽链构成，它是唯一能溶于水的细胞色素。细胞色素 c 可交互地与复合物Ⅲ中的细胞色素 c_1 和复合物Ⅳ接触，在复合物Ⅲ和复合物Ⅳ之间起传递电子的作用。

(六) 复合物Ⅳ

复合物Ⅳ即细胞色素 aa_3，是细胞色素 a 和 a_3 的复合体，由 13 条多肽链组成，相对分子质量为 204 000，在线粒体内膜上以二聚体形式存在。每个单体含 1 个细胞色素 a，1 个细胞色素 a_3。复合体中除在铁卟啉辅基中含有铁外，还含有两个铜原子。细胞色素 aa_3 是跨膜蛋白，并具有质子泵的作用，可以从细胞色素 c 接受电子，并将电子传递给分子氧，生成水，同时可将基质中的至少 2 个质子泵到线粒体内膜外侧。由于细胞色素 aa_3 可将细胞色素 c 氧化，所以被称为细胞色素 c 氧化酶。在生物体中，凡能催化氧原子得到一对电子而被活化为 O^{2-}，并与 H^+ 结合成水的酶称为氧化酶。细胞色素 aa_3 具有上述催化性质，同时又处于呼吸链的末端，因此，又被称为末端氧化酶 (图 4-9)。

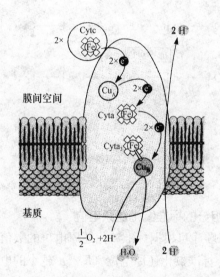

图 4-9　细胞色素 c 氧化酶复合物 (复合物Ⅳ)
(引自王镜岩等，2002)

三、确定电子传递链主要成分排列顺序的原理

电子传递链 (呼吸链) 中氢和电子的传递有着严格的顺序和方向，其主要成分的排列顺序可根据实验结果推导出来。

(一) 测定不同组分的氧化还原状态

当电子传递链某一部位被电子传递抑制剂作用后，其下游由于无电子供应，各组分处于氧化状态，其上游由于电子无法向下游传递而处于还原状态。从而使电子传递链中电子传递体沿着从底物到氧的方向，氧化程度逐渐升高。依据这一原理，通过检测各组分的氧化还原状态，就可确定电子传递链各组分的排列顺序。这些能够阻断电子传递链某一特定部位电子传递的物质被称为电子传递抑制剂。常见的电子传递抑制剂根据抑制的部位可分为以下几种：

1. 鱼藤酮、安密妥、杀粉蝶菌素 鱼藤酮（rotenone）是一种植物毒素，可用作杀虫剂，其作用是阻断电子从 NADH 向 CoQ 的传递，从而抑制 NADH 脱氢酶，即抑制复合物 I 传递电子的功能。与鱼藤酮抑制部位相同的抑制剂还有安密妥（amytal），杀粉蝶菌素（pireicidin）等。

2. 抗霉素 A 抗霉素 A（antimycin A）是由淡灰链霉菌分离出的抗菌素，有抑制电子从细胞色素 b 到细胞色素 c_1 传递的作用，即抑制复合物 III。

3. 氰化物、硫化氢、一氧化碳、叠氮化物 这类化合物能与细胞色素 aa_3 卟啉铁保留的一个配位键结合形成复合物，抑制细胞色素氧化酶的活力，阻断电子由细胞色素 aa_3 向分子氧的传递，也是氰化物等中毒的机理。图 4-10 表示电子传递链中被抑制剂所阻断的部位。

$$\text{NADH} \xrightarrow{\text{鱼藤酮} \otimes} Q \rightarrow \text{Cyt b} \rightarrow \text{Cyt } c_1 \rightarrow \text{Cyt c} \rightarrow \text{Cyt}(a+a_3) \rightarrow O_2$$

$$\text{NADH} \rightarrow Q \rightarrow \text{Cyt b} \xrightarrow{\text{抗霉素 A} \otimes} \text{Cyt } c_1 \rightarrow \text{Cyt c} \rightarrow \text{Cyt}(a+a_3) \rightarrow O_2$$

$$\text{NADH} \rightarrow Q \rightarrow \text{Cyt b} \rightarrow \text{Cyt } c_1 \rightarrow \text{Cyt c} \rightarrow \text{Cyt}(a+a_3) \xrightarrow{CN^- \text{或} CO \otimes} O_2$$

图 4-10 电子传递抑制剂的作用部位

（引自 Nelson 等，2008）

（二）测定呼吸链中各组分的标准氧化还原电位

呼吸链中各组分的排列顺序可根据标准氧化还原电位的数值确定。呼吸链中各组分的标准氧化还原电位见表 4-1。标准氧化还原电位（$E^{\ominus\prime}$）越小的电子传递体，其供电子能力越大，就越处于传递链的前列，反之，则排列在传递体的后面（图 4-11）。

$$\begin{array}{c} & & -0.18 \\ & & \text{FADH}_2 \\ & & \downarrow \\ \text{NADH} \rightarrow & \text{FMN} \rightarrow & \text{CoQ} \rightarrow \text{Cyt b} \rightarrow \text{Cyt } c_1 \rightarrow \text{Cyt c} \rightarrow \text{Cyt } aa_3 \rightarrow O_2 \\ -0.32 & -0.30 & +0.1 \quad +0.07 \quad +0.22 \quad +0.25 \quad +0.29 \quad +0.816 \end{array}$$

电子迁移方向⟶

图 4-11 电子传递链标准氧化还原电位的变化

（引自王镜岩等，2002）

（三）电子传递体重组实验

用分离出的电子传递体进行重组实验表明，NADH 可使 NADH 脱氢酶还原，但不能直接使细胞色素 b、c 或 aa_3 还原。同样，还原型 NADH 脱氢酶不能直接与细胞色素 c 起作用，必须经过辅酶 Q 和细胞色素 b 和 c_1 后才能与细胞色素 c 进行作用。这样也可以得到有关呼吸链中各组分排列顺序的信息。

第三节 氧化磷酸化作用

一、ATP 的形成方式

糖、蛋白质、脂肪等代谢物的分子结构中蕴藏着大量的化学能,在细胞代谢过程中,这些物质逐渐分解,经生物氧化逐步释放能量,一部分能量储存于高能磷酸化合物的高能磷酸键中,最普遍的方式是通过将 ADP 磷酸化为 ATP 而将能量储存起来,在 ATP 水解时就可直接为机体提供能量,另一部分能量以热的形式用来维持体温或散失于环境中。ADP 的磷酸化主要有两种方式:一种为底物水平磷酸化,另一种是电子传递链磷酸化,也称氧化磷酸化。

(一) 底物水平磷酸化

代谢底物在分解代谢中,通过脱氢或脱水反应,引起代谢物分子内部能量重新分布,形成某些高能中间代谢物,这些高能中间代谢物中的高能键,可以通过酶促磷酸基团转移反应,直接使 ADP 磷酸化生成 ATP,这种作用称为底物水平磷酸化 (substrate‐level phosphorylation)。

$$X\sim P + ADP \longrightarrow XH + ATP$$

式中,X~P 代表底物在氧化过程中所形成的高能磷酸化合物。例如,在糖分解代谢中,由糖酵解途径生成的 1,3‐二磷酸甘油酸和磷酸烯醇式丙酮酸,由三羧酸循环中的 α‐酮戊二酸氧化脱羧生成的琥珀酰 CoA 都是带有高能键的中间代谢物,可使 ADP 磷酸化为 ATP。底物水平磷酸化是捕获能量的一种方式,在无氧发酵作用中它是生物取得能量的唯一方式。底物水平磷酸化和氧的存在与否无关,在 ATP 生成中没有氧分子参与,也不涉及电子在电子传递链上的传递。由于无氧代谢过程中有机物所释放的能量较少,所以通过底物水平磷酸化作用合成的 ATP 在细胞 ATP 总量中所占比例很小。

(二) 电子传递链磷酸化

利用生物氧化作用所释放的能量,将 ADP 磷酸化为 ATP 的过程称为氧化磷酸化作用 (oxidative phosphorylation)。氧化磷酸化作用是需氧细胞获得能量的主要方式,也是产生 ATP 的主要方式。氧化磷酸化作用又称为电子传递链磷酸化 (electron transport chain phosphorylation),是指利用电子从 $NADH+H^+$ 或 $FADH_2$ 通过电子传递链传递到分子氧形成水时所释放的能量,使 ADP 磷酸化生成 ATP 的作用。

二、氧化磷酸化的偶联部位

呼吸链上的电子传递是放能的过程 (exergonic process),ADP 的磷酸化是吸能过程 (endergonic process),将两者偶联起来才能形成 ATP。电子在呼吸链中按顺序逐步传递释放自由能,其中释放自由能较多,足以用来形成 ATP 的电子传递部位称为偶联部位 (coupling site)。

(一) P/O 比

1940 年 Ochoa 测定了在呼吸过程中氧的消耗和 ATP 产生的比例关系,从而提出了 P/O

比的概念。P/O 比是指以某一物质作为呼吸底物时，消耗 1 mol 氧原子的同时消耗无机磷的物质的量，或者指每对电子经呼吸链传递给氧原子所生成的 ATP 的物质的量。每消耗 1 个氧原子，就意味着一对电子通过电子传递链传递给氧，生成 1 分子水。所以 P/O 比实质上就是电子传递链传递一对电子所释放的能量偶联产生 ATP 的数目。不同的底物，不同的电子受体，其 P/O 比不同，或者说产生 ATP 的数目不同。

从呼吸链电子传递的过程可以看出，每对电子通过复合物 I（NADH-CoQ 还原酶），就会有 4 个质子被从基质泵出；每对电子通过复合物 III 同样会有 4 个质子被从基质泵出；而每对电子通过复合物 IV 时只有 2 个质子被泵出。这样，当一对电子从 NADH-CoQ 还原酶传递到氧，共有 10 个 H^+ 从基质中泵出到内膜外侧。每 3 个质子从内膜外侧流入基质所释放的能量可推动 1 个 ATP 的合成，此外，考虑到该过程所产生的 ATP 从线粒体基质进入细胞质时还需消耗 1 个质子，所以目前认为每形成 1 个 ATP 共消耗 4 个质子。这样，一对电子从 NADH 到氧将产生 $(4+4+2)/4=2.5$ 个 ATP，其 P/O 比为 2.5；而一对电子从 $FADH_2$ 到氧将产生 $(4+2)/4=1.5$ 个 ATP，其 P/O 比为 1.5。

（二）通过氧化还原电势差确定偶联部位

电子传递链每个组分都有各自的氧化还原电势，不同区间的电势差是不同的，因此所释放能量的大小各异。如果某一区间可偶联 ATP 的合成，则该区间通过电子传递所释放的能量应大于 ATP 合成所需的能量。ATP 水解为 ADP 时，其水解的自由能为 $-30.54 \text{ kJ} \cdot \text{mol}^{-1}$，与电子传递时自由能的变化相比较，发现电子传递链过程中有 3 个部位的自由能变大于 $-30.54 \text{ kJ} \cdot \text{mol}^{-1}$，这 3 个部位分别是：NADH→CoQ、CoQ→Cytc 和 Cytc→O_2，即复合物 I、III 以及 IV 他们是将电子传递过程释放的能量与 ATP 合成相偶联的部位）。复合物 II 不是偶联部位。

需要特别说明的是，偶联部位只是指该部位所释放的自由能可以满足 ATP 合成的需要，并非说这些部位可直接合成 ATP。

三、氧化磷酸化的细胞结构基础

线粒体是真核细胞内中重要的细胞器，其主要功能是进行氧化磷酸化，合成 ATP，为细胞生命活动提供能量。线粒体由外膜、内膜、膜间隙及基质（内室）4 部分组成。内膜位于外膜内侧，把膜间隙与基质分开，内膜向基质折叠形成嵴。用电子显微镜负染法观察分离的线粒体时，可见内膜和嵴的基质面上有许多排列规则的带柄的球状小体，称为基粒。基粒是参与 ATP 合成的酶复合体，也称 ATP 合酶。ATP 合酶分布广泛，除线粒体内膜外，还存在于叶绿体类囊体膜以及原核生物的质膜，它们在组成、结构以及功能上是相似的。其中，大肠杆菌 ATP 合酶的结构最简单，因此被作为模式来研究。它由两个主要部分构成（图 4-12），F_0 嵌入内膜，起质子通道作用，其脚注为英文字母"o"，表示寡霉素（oligomycin）对该蛋白有抑制作用；F_1 突出于膜内侧并通过两个柄与 F_0 相连，是催化 ATP 合成的单元。其中一个柄是由 γ 亚基和 ε 亚基所组成的中心旋转轴，另一个是由 δ 亚基和两个 b 亚基所组成的外围的柄。ATP 合酶又称为 $F_0 F_1$ ATP 酶（$F_0 F_1$-ATPase）。

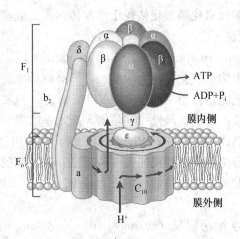

图 4-12 F_oF_1-ATPase 结构示意图
(引自 Nelson 等，2008)

F_1 为球状结构，它是由 α，β，γ，δ，ϵ 5 种亚基组成的九聚体（$\alpha_3\beta_3\gamma\delta\epsilon$）。$F_1$ 的功能是催化 ADP 和 Pi 发生磷酸化而生成 ATP。因为它以游离状态存在时还有水解 ATP 的功能，所以又称它为 F_1-ATP 酶。

F_o 是跨线粒体内膜的疏水蛋白质，由 $ab_2c_{9\sim12}$ 组成，其中 a、b、c 分别是 F_o 中的不同亚基。b 亚基的跨膜区域与 a 亚基相连，另一端的亲水区域通过 δ 亚基与 F_1 连接。10 个 c 亚基以环状组合在一起形成质子通道，内膜外侧的质子可通过该通道返回基质。

在动物线粒体 ATP 合酶的柄中存在一种称为寡霉素敏感性赋予蛋白（oligomycin sensitivity conferring protein，OSCP）的亚基，与大肠杆菌中的 δ 亚基同源。寡霉素是一种抗生素，它能阻碍 H^+ 经由质子通道返回膜内侧而抑制 ATP 的合成，但寡霉素并不直接与形成质子通道的 F_o 上的亚基结合，而是与 OSCP 结合。在牛心线粒体中，OSCP 位于外围柄中。寡霉素与 OSCP 结合所引起的该亚基构象的变化可能通过 b、a 等亚基传递至 c 亚基，从而抑制位于 F_o 的质子通道。除寡霉素外，还有一种脂溶性的试剂称为二环己基碳二亚胺（dicyclohexylcarbodimide，DCCD），有着与寡霉素相似的抑制 H^+ 通过 F_o 的效果，但其发挥抑制作用的方式与寡霉素不同，DCCD 通过专一性地与 F_o 上 c 亚基的 C 末端结合而阻塞质子通道。

四、氧化磷酸化的作用机理

电子在传递链上传递时通过释放的能量推动 ADP 磷酸化为 ATP。为了解释电子在传递链上传递和 ATP 生成这两个过程的偶联机制，人们先后提出 3 个假说，即化学偶联假说、构象变化偶联假说和化学渗透偶联假说。现将这 3 种学说的主要内容分述如下。

（一）化学偶联假说

化学偶联假说（chemical-coupling hypothesis）认为电子传递过程中所释放的化学能直接转移到某种高能中间物中，然后由这个高能中间物提供能量使 ADP 和无机磷酸形成 ATP。由于至今未在线粒体中发现这种假定的高能中间产物，且未能分离得到相应的偶联因子，并且此学说也不能解释氧化磷酸化依赖于线粒体内膜的完整性，因而没有得到公认。

(二) 构象变化偶联假说

构象变化偶联假说（conformational-coupling hypothesis）认为电子在传递过程中，释放的能量使线粒体内膜发生构象变化，成为收缩态，即高能构象态，当这种收缩态变成膨胀态时，即低能构象态，就把能量传给 ADP 生成 ATP。总之，构象变化偶联假说认为能量变化引起维持蛋白质三维构象的一些次级键（如氢键、疏水基团等）的数目和位置的变化，当高能结构中的能量提供给 ADP 和无机磷酸生成 ATP 后，它就可逆地回到原来的低能状态。也有人认为构象偶联假说是化学偶联假说的另一种提法，其过程的反应式与化学偶联学说相似，到目前为止，还没有发现支持这种假说的有力证据。

(三) 化学渗透假说

1. 化学渗透假说 化学渗透假说（chemiosmotic-coupling hypothesis）是由英国生物化学工作者 Mitchell 于 1961 年最先提出的，并已得到越来越多的实验结果支持，在 1978 年获得诺贝尔化学奖。其要点如下：

(1) 化学渗透假说认为呼吸链存在于线粒体内膜上，呼吸链中递氢体和电子传递体在线粒体内膜中是间隔交替排列的，并且都有特定的位置，催化反应是定向的。

(2) 传递体有质子泵的作用，当递氢体从线粒体内膜内侧接受从 $NADH+H^+$ 传来的氢后，将电子传给位于其后的电子传递体，利用电子由高能状态到低能状态时释放出来的能量，将 H^+ 从内膜泵到膜外侧（图 4-13）。

(3) 内膜对 H^+ 不通透，泵到膜外侧的 H^+ 不能自由返回膜内侧，因而使线粒体内膜外侧的 H^+ 浓度高于内侧，造成 H^+ 浓度的跨膜梯度，并使原有的外正内负的跨膜电位增高，形成了膜内外两侧间跨膜的质子电化学梯度（即质子浓度梯度和电位梯度，合称为质子动力势）。这种质子电化学梯度就是质子返回内膜的一种动力。

(4) 质子通过内膜上专一的质子通道（F_0）返回基质时，驱动膜上 ATP 合酶，使 ADP 与 Pi 合成 ATP。线粒体内膜的完整性和对质子的不可通透性是氧化磷酸化偶联的前提和基础。

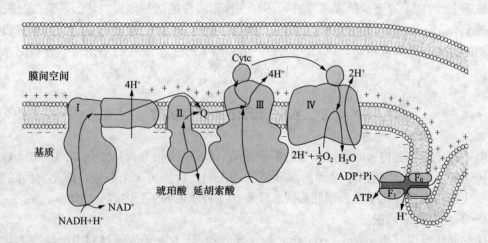

图 4-13 化学渗透假说示意图
(引自 Nelson 等，2008)

这一假说受到很多实验证据的支持，如氧化磷酸化作用确实需要线粒体内膜的完整性；线粒体内膜对 H^+、OH^-、K^+、Cl^- 等离子是不通透的；电子传递链传递电子时确能将质子泵到内膜外侧，ATP 形成时伴有质子向膜内的转移，且二者速率相当；破坏质子浓度梯度的形成（用解偶联剂处理线粒体）会破坏氧化磷酸化作用的进行；寡霉素和二环己基碳二亚胺（DCCD）可抑制 H^+ 通过 F_o，干扰对质子梯度的利用从而抑制 ATP 的合成，其中最直接的证据是纯化得到了 F_oF_1 - ATP 酶并确定了它的功能。

化学渗透假说能够解释氧化磷酸化过程中的大部分问题，尤其是该学说所提出的跨膜质子电化学势梯度在能量偶联中的关键作用已成为共识，但氧化磷酸化过程还存在一些疑问尚未彻底解决。

2. 氧化磷酸化的重组实验 在研究 ATP 合成机理的过程中，Racker 及其同事用超声波处理方法破碎线粒体，将线粒体内的嵴膜打成碎片，有的嵴膜碎片可重新闭合起来形成泡状物，称为亚线粒体泡。这是一种内膜，内外表面翻转，内表面朝向外侧的单层囊泡，在囊泡的外面可看到 F_1 球状体。这些由内膜重新封闭形成的亚线粒体泡仍具有氧化磷酸化的功能（图 4-14）。

用胰蛋白酶或尿素进一步处理囊泡，使 F_1 球状体从囊泡上脱落下来，F_o 留在上面。这样亚线粒体泡就被分为两部分：一部分是失去 F_1 球状体的膜泡部分，这部分只能够传递电子，但不能进行磷酸化作用；另一部分是可溶性的 F_1 球状体，这部分具有催化 ATP 水解为 $ADP+Pi$ 的能力，但不能传递电子。当把膜泡和可溶性 F_1 球状体混合在一起时，亚线粒体泡重新组成，即膜泡的周围又聚集了 F_1 球状体，多数亚线粒体泡的膜是内表面翻转朝向外侧的线粒体内膜。这时大部分的氧化磷酸化功能又重新恢复。ATP 合成系统的重组实验证明内膜

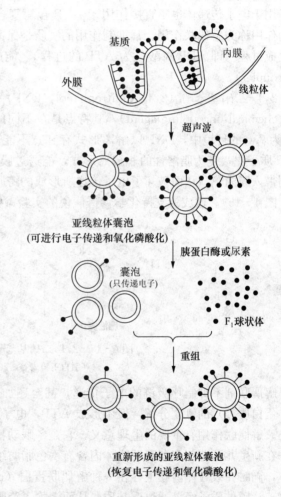

图 4-14 氧化磷酸化重组示意图
(引自王镜岩等，2002)

（膜泡）含有电子传递链的酶系，而内膜球体（F_1-ATP 酶）则含有将电子传递链与氧化磷酸化连接起来的偶联因子。重组实验明确了氧化磷酸化系统的构成及其功能，成为支持化学渗透假说有力的实验证据。

五、氧化磷酸化的解偶联剂和抑制剂

氧化磷酸化是由复杂的步骤组成的,用特殊的试剂可将氧化磷酸化过程分解成单个的反应,这是研究氧化磷酸化中间过程的有效方法。氧化磷酸化与电子传递过程相似,可受到许多化学试剂的抑制作用,不同化学因素对氧化磷酸化过程的影响方式不同,由此可分为解偶联剂、氧化磷酸化抑制剂和离子载体抑制剂等。

(一) 解偶联剂

某些化合物能够消除跨膜的质子浓度梯度或电位梯度,使 ATP 不能合成。这种既不直接作用于电子传递体也不直接作用于 ATP 合酶复合体,只解除电子传递与 ADP 磷酸化偶联的作用称为解偶联作用。其抑制作用的实质是保留氧化过程(电子正常传递),破坏 ATP 的生成过程(即 ADP 磷酸化为 ATP 的过程)。能产生上述作用的化合物被称为解偶联剂(uncoupler)。

2,4-二硝基苯酚(2,4-dinitrophenol,DNP)是最早发现的也是最典型的化学解偶联剂(chemical uncoupling agent),其特点是在不同的 pH 环境中可释放 H^+ 和结合 H^+。在 pH 为 7.0 的环境中,DNP 以解离形式存在,不能透过线粒体膜;在酸性环境中,解离的 DNP 质子化,变为脂溶性的非解离形式,能透过膜的磷脂双分子层,同时把一个质子从膜外侧带入膜内侧,从而破坏了电子传递所形成的跨膜质子电化学势梯度,抑制了 ATP 的形成(图 4-15)。这成为支持化学渗透假说的实验重要证据之一。

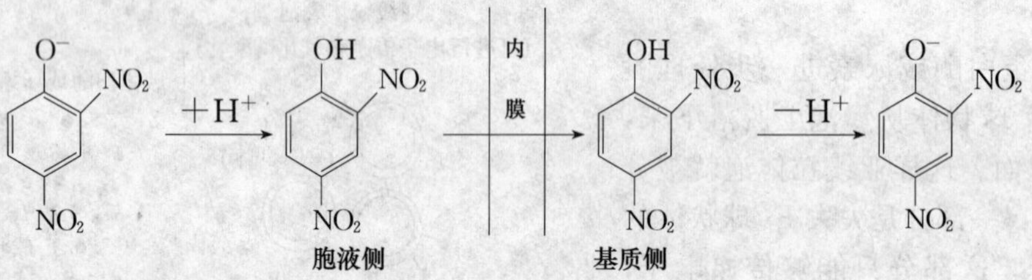

图 4-15 2,4-二硝基苯酚的作用机理
(引自王镜岩等,2002)

解偶联剂不抑制呼吸链的电子传递,甚至还加速电子传递,促进燃料分子(如糖、脂肪、蛋白质等)的氧化分解,但不形成 ATP,电子传递过程中释放的自由能以热量的形式散失。解偶联作用有重要的生理意义,它是冬眠动物和新生儿获得热量、维持体温的一种方式。在新生儿颈背部和冬眠动物体内含有褐色脂肪组织,这种褐色脂肪组织中含有大量的线粒体,同时在线粒体内膜上存在一种解偶联蛋白(uncoupling protein),这种蛋白构成质子通道,让膜外质子经该通道返基质,从而消除了跨膜的质子浓度梯度,使电子传递产生的能量不能完全用于 ATP 的合成,而是以热的形式散发以维持体温。

解偶联剂只抑制与电子传递链氧化磷酸化作用相关的 ATP 的生成,不影响底物水平磷酸化。

(二) 氧化磷酸化抑制剂

氧化磷酸化抑制剂(oxidative phosphorylation inhibitor)主要是指直接作用于线粒体 ATP 合酶中的组分而抑制 ATP 合成的一类化合物。寡霉素(oligomycin)是这类抑制剂的一个重要例子，它可与ATP合酶中的寡霉素敏感性赋予蛋白进行结合，间接堵塞F_0的质子通道，从而抑制ATP合酶的功能；另一个例子是双环己基碳二亚胺，即DCCD。这类抑制剂的共同特点是抑制膜外质子通过F_0组分返回膜内的过程。氧化磷酸化抑制剂虽然不直接抑制质子的泵出，但由于膜两侧逐渐积累增大的质子浓度梯度和电势梯度使质子的泵出越来越困难，最后不得不停止，当膜两侧的势能差达到一定程度时，电子传递过程最终会受到抑制而终止，所以这类抑制剂通过抑制质子向膜内侧流动而间接抑制电子传递、ATP的形成以及分子氧的消耗。

氧化磷酸化的抑制机制与解偶联剂不同，解偶联剂不抑制电子传递，只抑制ADP磷酸化，从而抑制ATP的生成，但氧的消耗量非但没减少而且还增加。

(三) 离子载体抑制剂

这是一类脂溶性物质，能与某些阳离子结合并作为它们的载体，自由穿过线粒体内膜进入基质。它和解偶联剂的区别在于它是作为H^+离子以外的其他一价阳离子的载体。例如，由链霉菌产生的抗菌素缬氨霉素（valinomycin）能与K^+离子配位结合形成脂溶性复合物，穿过线粒体内膜，从而将膜外的K^+转运到膜内。又如，短杆菌肽（gramicidin）可使K^+、Na^+及其他一些一价阳离子穿过内膜。这类离子载体（ionophore）由于增加了线粒体内膜对一价阳离子的通透性，消除了跨膜的电位梯度，从而消耗了电子传递过程中产生的自由能，破坏了ADP的磷酸化的前提条件，从而抑制了ATP的合成。

六、线粒体的穿梭系统

线粒体外膜的通透性较大，内膜却有着较严格的通透选择性，NAD^+和NADH是不能自由通过内膜进入线粒体的。在线粒体外产生的NADH，如糖酵解作用是在胞浆（cytosol）中进行的，要使糖酵解所产生的NADH进入呼吸链氧化生成ATP，必须通过特殊的跨膜转运机制才能进入线粒体氧化。研究发现，细胞可以通过所谓穿梭系统的方式，间接进入电子传递链进行氧化并释放能量。

(一) 磷酸甘油穿梭系统

胞液中的NADH在两种不同的α-磷酸甘油脱氢酶的催化下，以α-磷酸甘油为载体穿梭往返于胞液和线粒体之间，间接转变为线粒体内膜上的$FADH_2$而进入呼吸链，这种过程称为磷酸甘油穿梭（glycerol phosphate shuttle）。

在线粒体外的胞液中，糖酵解产生的磷酸二羟丙酮和$NADH+H^+$，在以NAD^+为辅酶的α-磷酸甘油脱氢酶的催化下，生成α-磷酸甘油，α-磷酸甘油可扩散到线粒体内，再由线粒体内膜上的以FAD为辅基的α-磷酸甘油脱氢酶（一种黄素脱氢酶）催化，重新生成磷酸二羟丙酮和$FADH_2$，前者穿出线粒体返回胞液，$FADH_2$将2H传递给CoQ，进入呼吸链，最后传递给分子氧生成水并形成ATP（图4-16）。由于此呼吸链和琥珀酸的氧化相似，越过了第一个偶联部位，因此胞液中$NADH+H^+$中的两个氢通过呼吸链氧化时就只形成1.5分子ATP，比线粒体中$NADH+H^+$的氧化少产生1分子ATP。这种穿梭作用存在于动物骨骼肌、脑及昆虫的飞翔肌等组织细胞中。

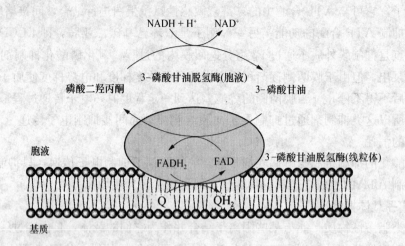

图 4-16　α-磷酸甘油穿梭作用
（引自王镜岩等，2002）

（二）苹果酸-天冬氨酸穿梭系统

苹果酸-天冬氨酸穿梭系统（malate-aspartate shuttle）需要两种谷-草转氨酶，两种苹果酸脱氢酶和一系列专一的转移酶共同作用。首先，NADH 在胞液苹果酸脱氢酶（辅酶为 NAD^+）催化下将草酰乙酸还原成苹果酸，然后苹果酸穿过线粒体内膜到达基质，经基质中苹果酸脱氢酶（辅酶也为 NAD^+）催化脱氢，重新生成草酰乙酸和 $NADH+H^+$；$NADH+H^+$ 随即进入呼吸链进行氧化磷酸化，草酰乙酸经基质中谷-草转氨酶催化形成天冬氨酸，同时将谷氨酸变为 α-酮戊二酸，天冬氨酸和 α-酮戊二酸通过线粒体内膜返回胞液，再由胞液谷-草转氨酶催化变成草酰乙酸，参与下一轮穿梭运输，同时由 α-酮戊二酸生成的谷氨酸又回到基质（图 4-17）。上述代谢中间物在内膜两侧的往返是通过专一的内膜载体的转运作用完成的。线粒体外的 $NADH+H^+$ 通过这种穿梭作用而进入呼吸链被氧化，仍能产生 2.5 分子 ATP。苹果酸穿梭系统，主要存在于动物的肝、肾和心肌细胞的线粒体中。

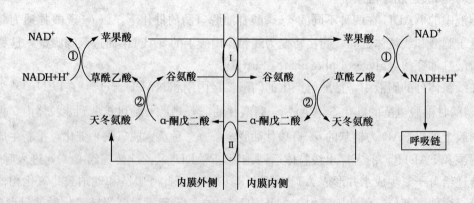

图 4-17　苹果酸-天冬氨酸穿梭作用
①胞液或线粒体苹果酸脱氢酶；②胞液或线粒体谷-草转氨酶；Ⅰ、Ⅱ为线粒体内膜上的转运蛋白
（引自王镜岩等，2002）

七、细胞内 ATP 含量的调节

（一）能荷的概念

在细胞中的 ATP、ADP 和 AMP，称为腺苷酸库（adenylate pool）。在细胞中 ATP，ADP 和 AMP 在某一时间的相对数量控制着细胞的代谢活动。为了衡量细胞中高能磷酸化合物能量状态的高低，Atkinson（1968）提出了能荷的概念。能荷的大小可以说明生物体中 ATP、ADP 和 AMP 系统的能量状态。能荷（energy charge）的定义可用下式表示：

$$能荷=\frac{[ATP]+1/2[ADP]}{[ATP]+[ADP]+[AMP]}$$

从以上方程式可以看出储存在 ATP、ADP 系统中的能量是与 ATP 的物质的量加上 1/2ADP 的物质的量成正比的，即能荷的大小取决于 ATP 和 ADP 的多少。

（二）能荷对 ATP 生成与利用的调节

能荷的数值变化范围为 0~1.0，即当细胞中全部的 AMP 和 ADP 都转化成 ATP 时，能荷为 1.0，此时，腺苷酸系统中可利用态的高能磷酸键数量最大；当腺苷化合物都呈 ADP 状态时，此时能荷为 0.5；而当所有的 ATP 和 ADP 都转化为 AMP 时，则能荷等于零，此时腺苷酸系统中完全不存在高能化合物，只有生物接近死亡时，才出现这种情况。正常情况下，大多数细胞的能荷变动范围在 0.8~0.95。

高能荷抑制生物体内 ATP 生成的同时，还促进了 ATP 的利用，也就是说高的能荷能够促进合成代谢而抑制分解代谢。细胞中能荷的大小对细胞的代谢活动有重要的调节作用。当能荷很高时，ATP 的合成受到抑制。能荷降低时 ATP 的分解速度增大，ADP 含量升高，就会使机体加快 ATP 的合成速度，补充 ATP 的亏缺。

当机体消耗 ATP 时，胞液中的 ADP 转运至线粒体基质中，同时 ATP 被转运到线粒体外。当 ADP 和 H_3PO_4 进入线粒体增多时，氧化磷酸化速度加快，使 NADH 迅速减少而使 NAD^+ 增加，间接促进 TCA 循环。产生更多 NADH，又促进了氧化磷酸化速度加快。反之，如果 ATP 水平高而 ADP 不足时，氧化磷酸化速度减慢，NADH 堆积，导致产能的重要途径——三羧酸循环的速度减慢，ATP 合成减少。这种 ADP 浓度对氧化磷酸化速率的调控现象称为呼吸控制。

【 本章小结 】

生物氧化是指有机物质如糖、蛋白质或脂肪等在细胞内通过氧化分解逐步释放能量，最终生成二氧化碳和水的过程。糖、蛋白质、脂肪等代谢物所含的氢一般是不活泼的，必须通过相应的脱氢酶使之激活后才能脱落。进入体内的氧也必须经过氧化酶激活后才能变为活性很高的氧化剂。但激活的氧在一般情况下，尚不能直接氧化由脱氢酶激活而脱落的氢，两者之间尚需传递体的联系才能结合生成水。代谢物在降解时脱下的成对氢原子（2H），通过位于线粒体内膜上按一定顺序排列的递氢体和递电子体的传递，最终与分子氧结合成水。线粒体内膜上的电子传递链由 4 个具有电子传递活性的复合物（Ⅰ～Ⅳ）以及辅酶 Q 和细胞色素c组成。电子传递链（呼吸链）中氢和电子的传递有着严格的顺序和方向。ADP的磷酸化主要有两种方式：一种为底物水平磷酸化，另一种是电子传递链磷酸化，也称氧化磷酸化。在电子传递链上，复合物Ⅰ、Ⅲ、Ⅳ是将电子传递过程释放的能量与ATP合成相偶联的部位。化学渗透学说认为呼吸链存在于线粒体内膜上，传递体有质子泵的作用，当递氢体从线粒体内膜内侧接受从$NADH+H^+$传来的氢后，将电子传给位于其后的电子传递体，利用电子由高能状态到低能状态时释放出来的能量，将H^+从内膜泵到膜外侧。内膜H^+不通透，因而使线粒体内膜外侧的H^+浓度高于内侧，造成质子浓度的跨膜梯度，并使原有的外正内负的跨膜电位增高，形成了膜内外两侧间跨膜的质子电化学梯度。当质子通过内膜上专一的质子通道（F_0）返回基质时，驱动膜上ATP合成酶，使ADP与Pi合成ATP。

◆ 思考题

1. 简述生物氧化的特点。
2. 简述呼吸链各组分的功能、存在状态以及工作机理。
3. 化学渗透学说的要点有哪些？
4. 呼吸链ATP产生部位的确定标准是什么？
5. 影响呼吸链产生ATP的因素有哪些？

第五章 糖类代谢

糖类（saccharide），也称碳水化合物（carbohydrate），是生物界中分布最广、数量最多的天然有机化合物，几乎存在于所有生物体中。从最简单的细菌到高等植物和高等动物都含有各种糖类，特别是植物界，糖类物质按干重计占植物的85%～90%。微生物中，糖类占菌体干重的10%～30%。人和动物体中糖类含量较少，占干重的2%以下，如动物血液含有葡萄糖，肝脏、肌肉中含有糖原，乳汁中含有乳糖。虽然动物体内糖含量不多，但其在生命活动所需能量主要来源于糖类。糖类是人体主要的供能物质，人体所需能量的70%以上由糖氧化分解供应。人体内作为能源的糖主要是糖原和葡萄糖。

第一节 生物体内主要的糖类化合物

一、糖类的概念

糖类主要由C、H、O 3种元素组成，是多羟基醛或多羟基酮及其缩聚物和衍生物的总称。这类物质都是绿色植物、藻类以及一些特殊微生物光合作用的直接或间接产物。储存在生物细胞中的糖类，通过分解代谢产生各种中间产物满足细胞生理代谢所需，同时还产生大量为生命活动所需的能量。

二、糖类的生物学功能及分类

（一）生物学功能

1. 作为细胞中的结构物质 细胞中的结构物质如植物细胞壁等主要由纤维素、半纤维素和果胶等物质组成；属于杂多糖的肽聚糖是细菌细胞壁的结构多糖；甲壳质或几丁质为N-乙酰葡萄糖胺的同聚物，是组成昆虫和虾、蟹等甲壳类外骨骼的结构物质。

2. 作为生物体的主要能源物质 生物细胞的各种代谢活动，包括物质的分解和合成都需要足够的能量，其中ATP是糖类降解时通过氧化磷酸化作用而形成的重要的能量载体物质。生物细胞只能利用高能化合物（主要是ATP）水解时释放的化学能来做功，以满足生物体生长发育所需要的能量消耗。

3. 作为合成生物体内重要代谢物质的碳架和前体 葡萄糖、果糖等在降解过程中除了提供大量能量外，其分解过程还能形成许多中间产物和前体，生物细胞通过这些前体物质再去合成一系列其他重要的物质，包括：

（1）乙酰CoA、氨基酸、核苷酸等。它们分别是合成脂肪、蛋白质和核酸等大分子物质的前体。

（2）生物体内许多重要的次生代谢物、抗性物质。如生物碱、黄酮类等物质，它们对提高植物的抗逆性起着重要作用。

4. 参与分子和细胞特异性识别　由寡糖和多糖组成的糖链常存在于细胞表面,形成糖脂和糖蛋白,参与分子或细胞间的特异性识别和结合,如抗体和抗原、激素和受体、病原体和宿主细胞、蛋白质和抑制剂等,常常通过糖链识别后再进行结合。

（二）分类

糖类是含多羟基的醛类和酮类化合物。不同的糖分子质量差别很大。高分子的糖都是以简单的糖为基本单位缩合而成的,因此根据聚合度糖可分为3类:

1. 单糖　不能再水解的多羟基醛或多羟基酮,如葡萄糖、果糖等。

2. 寡糖　含2~10个单糖结构的缩合物,以二糖最为多见,如蔗糖、麦芽糖、乳糖等。

3. 多糖　含10个以上单糖结构的缩合物,如淀粉、纤维素等。

三、单　糖

单糖是最简单的糖,即在温和条件下不能再被水解成更小的单体糖,如葡萄糖、果糖等。按碳原子的数目分类,单糖可分为三碳（丙）糖、四碳（丁）糖、五碳（戊）糖、六碳（己）糖、七碳（庚）糖等。每一特定碳原子数目的单糖又有数目不等的同分异构体。单糖中的官能团若是醛基,则为醛糖（aldose）;若是酮基,则为酮糖（ketose）。本节着重介绍与基础糖代谢有关的一些糖类分子的生物化学性质。

1. 三碳（丙）糖　已知生物细胞中最重要的三碳糖（triose）是D-甘油醛和二羟丙酮。它们的结构式如下所示。

$$\begin{matrix} CHO \\ | \\ HCOH \\ | \\ CH_2OH \end{matrix} \qquad \begin{matrix} CH_2OH \\ | \\ C=O \\ | \\ CH_2OH \end{matrix}$$

D-甘油醛　　　　二羟丙酮

在细胞内这两个分子通常与磷酸基团结合,分别形成3-磷酸甘油醛和磷酸二羟丙酮,是糖和脂肪代谢途径中的重要中间体。

2. 四碳（丁）糖　生物细胞中常见的四碳糖（tetrose）为D-赤藓糖和D-赤藓酮糖。其中赤藓糖的磷酸化衍生物4-磷酸赤藓糖是磷酸戊糖途径中一个重要的转酮反应的中间体。在光和碳同化途径中,4-磷酸赤藓酮糖是6-磷酸果糖和3-磷酸甘油醛转羟乙醛基反应的产物。

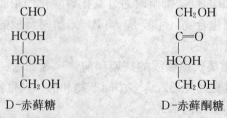

D-赤藓糖　　　　D-赤藓酮糖

3. 五碳（戊）糖　生物体中存在的五碳糖（pentose）主要包括D-核糖、D-木酮糖、D-核酮糖、D-2-脱氧核糖等。D-核糖和D-2-脱氧核糖分别是核糖核酸（RNA）和脱氧核糖核酸（DNA）中核苷酸的组成成分。核糖、木酮糖、核酮糖的磷酯化合物分别为5-磷酸核糖、5-磷酸木酮糖、5-磷酸核酮糖，它们是糖分解代谢磷酸戊糖途径和光合碳途径（卡尔文循环）中的中间代谢产物。此外，这些五碳糖中还有的参与细胞结构物质的合成，也是植物次生代谢物质的成分。五碳糖是细胞中较丰富的单糖之一。

$$
\begin{array}{ccc}
\text{CHO} & \text{CH}_2\text{OH} & \text{CH}_2\text{OH} \\
| & | & | \\
\text{HCOH} & \text{C=O} & \text{C=O} \\
| & | & | \\
\text{HCOH} & \text{HCOH} & \text{HOCH} \\
| & | & | \\
\text{HCOH} & \text{HCOH} & \text{HCOH} \\
| & | & | \\
\text{CH}_2\text{OH} & \text{CH}_2\text{OH} & \text{CH}_2\text{OH} \\
\text{D-核糖} & \text{D-核酮糖} & \text{D-木酮糖}
\end{array}
$$

4. 六碳（己）糖 六碳糖 (hexose) 广泛存在于生物细胞中，其含量相对较高。己糖中重要的醛糖为 D-葡萄糖、D-半乳糖及 D-甘露糖等，重要的酮糖有 D-果糖等。通过葡萄糖的有氧分解，生活细胞可获得大量的能量，同时又得到许多生理代谢需要的一系列中间体，这些中间体进一步代谢，转化为生物体最终需要的物质。因此，己糖中葡萄糖的代谢涉及其他重要物质代谢的方方面面，是生物细胞中物质与能量代谢的中心。

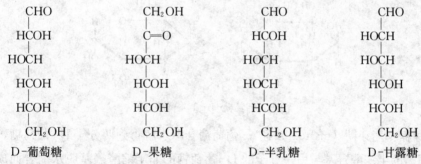

$$
\begin{array}{cccc}
\text{CHO} & \text{CH}_2\text{OH} & \text{CHO} & \text{CHO} \\
\text{HCOH} & \text{C=O} & \text{HCOH} & \text{HOCH} \\
\text{HOCH} & \text{HOCH} & \text{HOCH} & \text{HOCH} \\
\text{HCOH} & \text{HCOH} & \text{HOCH} & \text{HCOH} \\
\text{HCOH} & \text{HCOH} & \text{HCOH} & \text{HCOH} \\
\text{CH}_2\text{OH} & \text{CH}_2\text{OH} & \text{CH}_2\text{OH} & \text{CH}_2\text{OH} \\
\text{D-葡萄糖} & \text{D-果糖} & \text{D-半乳糖} & \text{D-甘露糖}
\end{array}
$$

5. 七碳（庚）糖 细胞中存在的重要七碳糖 (heptose) 主要为 D-景天庚酮糖，其磷酸化合物 D-7-磷酸景天庚酮糖出现在己糖分解代谢以及光合作用 CO_2 的固定途径中。

$$
\begin{array}{c}
\text{H}_2\text{COH} \\
| \\
\text{C=O} \\
| \\
\text{HOCH} \\
| \\
\text{HCOH} \\
| \\
\text{HCOH} \\
| \\
\text{HCOH} \\
| \\
\text{H}_2\text{COPO}_3^{2-} \\
\text{D-7-磷酸景天庚酮糖}
\end{array}
$$

四、双　糖

双糖 (disaccharide) 属于寡聚糖 (oligosaccharide) 中的一类。寡聚糖水解后生成 2～10 个单糖分子。生物细胞中重要的寡聚糖是水解后能生成两分子单糖的二糖，即双糖，如蔗糖、麦芽糖等。

1. 蔗糖 蔗糖（sucrose）大量存在于成熟的植物果实中，其他部位如叶片也含有较多的蔗糖。植物体内蔗糖是糖分运输的主要形态，如光合产物从地上部叶内通过蔗糖形式输送到根、果实或子粒中，对植物体内糖类化合物起着重要分配作用。蔗糖为非还原性二糖，是由一分子α-D-葡萄糖 C-1 上的半缩醛羟基与一分子β-D-果糖 C-2 上的半缩醛羟基通过1,2-糖苷键连接而成，其结构如下：

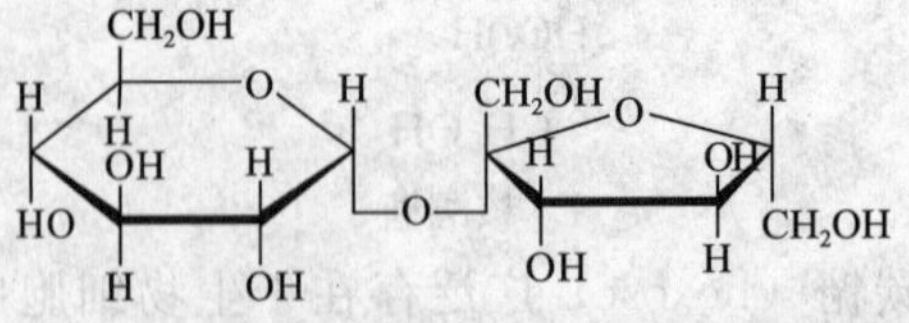

蔗糖（葡萄糖-α-1,2果糖苷）

2. 乳糖 乳糖（lactose）主要存在于哺乳动物的乳汁中，是一种还原性二糖。乳糖是由β-D-半乳糖分子上 C-1 上的半缩醛羟基与 D-葡萄糖分子 C-4 上的非半缩醛脱水通过β-1,4-糖苷键连接而成，其结构如下：

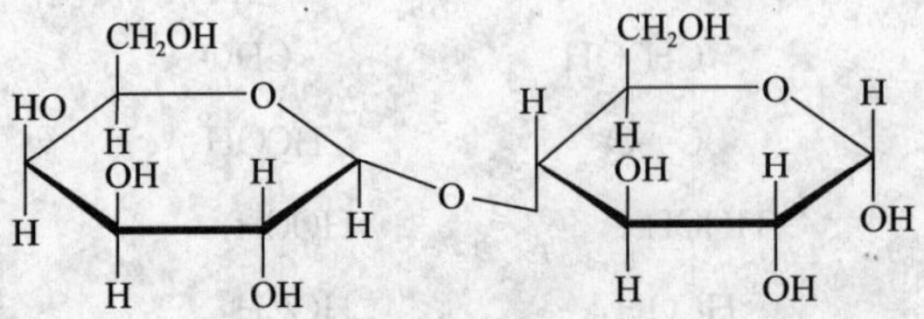

乳糖（半乳糖-β-1,4-葡萄糖）

3. 麦芽糖 麦芽糖（maltose）经α-葡萄糖苷酶水解得到两分子 D-葡萄糖，由一分子α-D-葡萄糖的半缩醛羟基与另一分子的 D-葡萄糖的非半缩醛羟基脱水缩合而成，是还原性二糖，其结构如下：

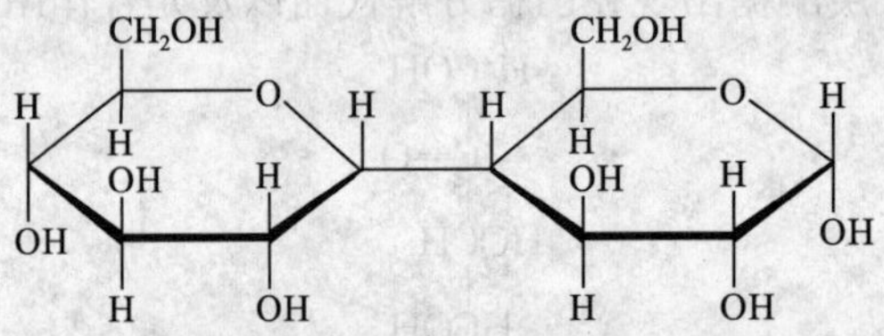

麦芽糖（葡萄糖-α-1,4-葡萄糖）

4. 纤维二糖 纤维二糖（cellobiose）由两分子 D-葡萄糖通过β-1,4-糖苷键连接而成。

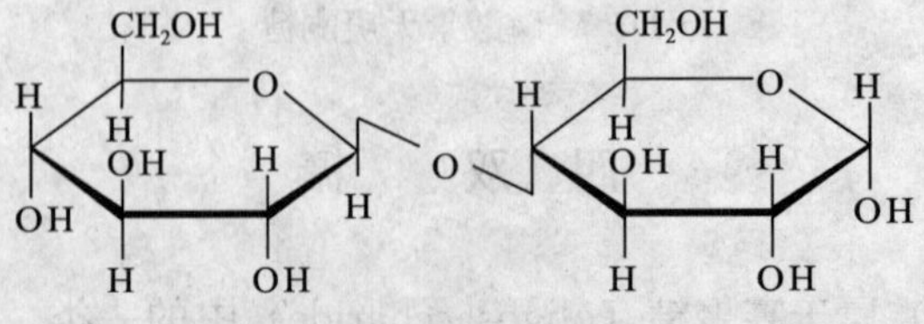

纤维二糖（葡萄糖-β-1,4-葡萄糖）

五、多 糖

多糖（polysaccharide）是由几十、几百乃至数千个相同或不同的单糖及其衍生物以糖苷键相连而成的高聚物，广泛分布于植物、动物、微生物中。多糖按其组成可分为均多糖和杂多糖。均多糖是指由同种单糖构成的多糖，如淀粉、纤维素、糖原等，都是由葡萄糖聚合而成。而杂多糖是由两种或两种以上的单糖构成的多糖，如果胶质、黏多糖等。下面介绍动、植物中几种重要的多糖。

1. 淀粉 淀粉（starch）是由葡萄糖组成的均多糖，是植物的储存物质和其他异养生物的主要营养物之一。叶绿体进行光合作用时可形成短期储存的淀粉，黑暗条件下又以蔗糖形式运出。根据淀粉结构可分为直链淀粉和支链淀粉。

直链淀粉（amylose）是不分支的长链分子，其葡萄糖残基均以 α-1,4-糖苷键相连。直链淀粉的相对分子质量为 $1.0×10^4 \sim 2.0×10^6$，相当于 $50 \sim 2×10^4$ 个单体（图 5-1）。

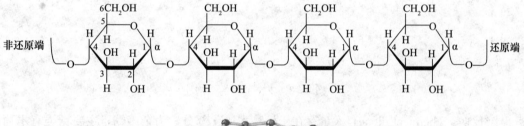

图 5-1 直链淀粉的结构

支链淀粉（amylopectin）是具有高度分支的分子，链状部分葡萄糖单体以 α-1,4-糖苷键相连，分支点处葡萄糖单体以 α-1,6-糖苷键相连。每个分子的分支数为 50 个以上，每个分支平均含 20~30 个葡萄糖单体，每个分支链也以螺旋状存在。支链淀粉的分支结构是三维的，分支伸向所有方向，为球形结构。支链淀粉分子比直链淀粉分子大，相对分子质量为 $5.0×10^4 \sim 4.0×10^8$，单体数为 $3.0×10^2 \sim 1.0×10^4$（图 5-2）。

2. 纤维素和半纤维素 纤维素（cellulose）是植物界分布最广的有机化合物，是植物细胞壁的主要成分。在棉花、麻皮纤维中，纤维素多达 97%~99%。纤维素分子是由 D-葡萄糖单位通过 β-1,4-糖苷键连接成的链状化合物且无分支。其分子量为 $5.0×10^4 \sim 1.0×10^9$，约含 $3.0×10^2 \sim 1.5×10^4$ 个单体。

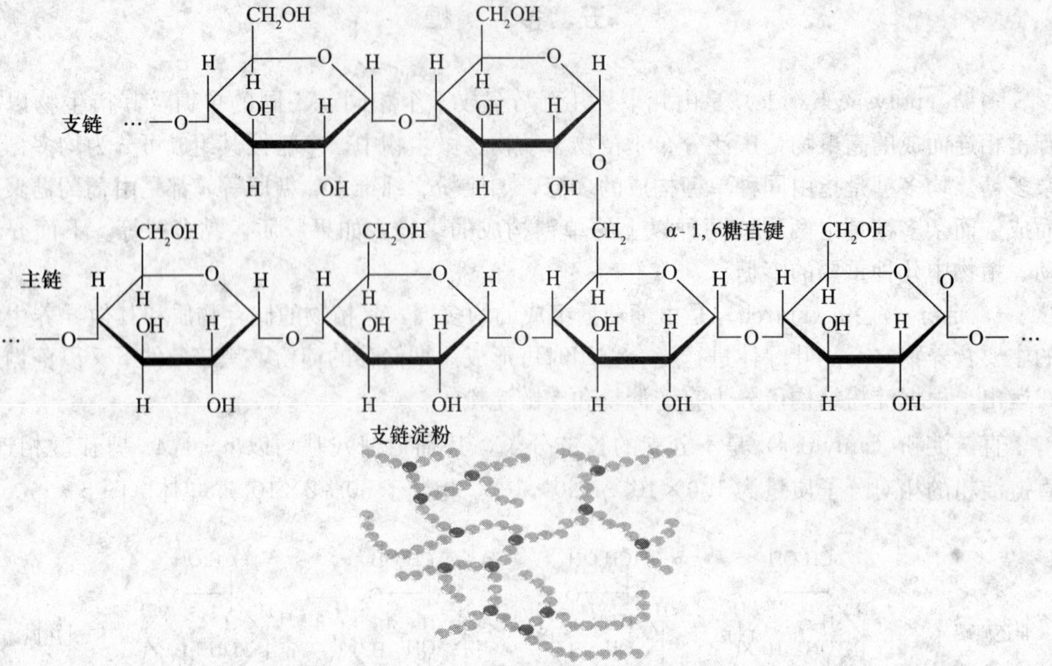

图 5-2 支链淀粉的结构

半纤维素（hemicellulose）大量存在于植物木质化部分，为杂多糖，主要糖类有木葡聚糖、甘露聚糖、木聚糖等。半纤维素不溶于水，而溶于稀碱。实际上把能用 17.5% NaOH 溶液提取的多糖统称为半纤维素。

3. 糖原 糖原（glucogen）结构与支链淀粉相似，但糖原的分支更多，支链更短，分子质量更大。糖原主要存在于动物和细菌细胞内，也属于储存多糖。

4. 果胶 果胶（pectin）基本是半乳糖醛酸聚合体。有的链内杂有鼠李糖，有的有大量分支。各单体间以 α-1,4-糖苷键相连。半乳糖醛酸的羧基可部分甲酯化，果胶的聚合度变化很大，可从 30 到 300。

六、肽聚糖与糖蛋白

（一）肽聚糖

肽聚糖（glycoprotein）是原核生物特有的细胞壁成分。肽聚糖是一种大分子复合体，由若干个 N-乙酰葡萄糖（N-acetyl-glucosamine，NAG）和 N-乙酰胞壁酸（N-acetyl-muramicacid，NAM）以及少数氨基酸短肽链组成的亚单位聚合而成。NAG 和 NAM 相间排列，以 β-1,4-葡萄糖苷键连接，形成肽聚糖的多糖链，长度因菌种而异。每条多糖链有 10~65 个二糖单位（或氨基糖）。相邻的短肽通过一定的方式将肽聚糖亚单位交叉连接成重复结构，革兰氏阳性菌肽聚糖分子中的 75% 的亚单位纵横交错连接，从而形成了紧密编织、质地坚硬和机械强度很大的多层三度空间网络结构。

（二）糖蛋白

糖蛋白（glycoprotein）广泛存在于生物体内，是由糖链与肽链通过共价键结合而成的球状高分子复合物。不同的糖蛋白其糖和蛋白质之间的比例不同，多数情况下，以蛋白质为主，而糖链较小，故总体性质更接近蛋白质。在糖蛋白肽链的一些氨基酸残基上，结合着或长或短的糖链。有些糖链结合在丝氨酸（Ser）或苏氨酸（Thr）的羟基上（O-糖肽键），也有些结合在天冬酰胺（Asn）的酰胺基上（N-糖肽键）。这些寡糖链常是具有分支的杂糖链，不呈现重复的二糖系列，一般由 2～10 个单体组成（通常少于 15 个），末端成员常常是唾液酸或 L-岩藻糖。糖蛋白和肽聚糖在结构和相对分子量范围均有所不同。肽聚糖存在于原核生物的细胞壁，由糖和氨基酸交替组成的巨大分子所构成。糖蛋白分布于各种生物体中和各类组织细胞中。估计糖蛋白占所有各种天然蛋白质总数的 1/2 以上。

糖蛋白具有多种生物学活性，包括润滑、运输、识别、保护等功能。如消化道、呼吸道和泌尿生殖道中的黏液糖蛋白，起着润滑、润湿和保护作用。血浆中的一些糖蛋白具有运输功能，如铁传递蛋白，甲状腺素结合糖蛋白等。有的糖蛋白是酶和酶的抑制剂，如哺乳动物的核糖核酸酶 B 和血浆胆碱酯酶，酵母的转化酶和羧基肽酶 Y 等。人体的几种激素是糖蛋白，担负着体液免疫功能的免疫球蛋白也是糖蛋白。对糖蛋白结构与功能之间关系的研究已成为当今生物化学研究的重要内容之一。

第二节 双糖和多糖的降解

一、双糖的酶促降解

（一）蔗糖的酶促降解

蔗糖是非还原性糖，在植物界中分布最广的双糖，特别是在甘蔗、甜菜和菠萝的汁液中含量很丰富。蔗糖是重要的光合产物，也是植物体糖类运输的主要形式。蔗糖的酶促降解有两条途径。

1. 蔗糖酶途径 蔗糖在蔗糖酶（sucrase）作用下水解成等分子的葡萄糖和果糖。

蔗糖及其水解产物都有旋光性。蔗糖为右旋糖，水解后形成的葡萄糖和果糖的等分子混合物为左旋的，由于旋光性发生了转变，蔗糖酶又称为转化酶（invertase），蔗糖的水解产物总称为转化糖（invert sugar）。蔗糖酶广泛存在于植物中，其功能是催化蔗糖水解，以供给细胞单糖。

2. 蔗糖合酶途径 在蔗糖合酶（sucrose synthase）催化下，蔗糖和核苷二磷酸（NDP：ADP、GDP、CDP、UDP）反应，生成果糖和核苷酸葡萄糖（NDPG：ADPG、GDPG、CDPG、UDPG）。

$$\text{蔗糖} + \text{NDP} \begin{cases} \text{ADP} \\ \text{GDP} \\ \text{CDP} \\ \text{UDP} \end{cases} \xrightleftharpoons{\text{蔗糖合酶}} \text{果糖} + \text{NDPG} \begin{cases} \text{ADPG} \\ \text{GDPG} \\ \text{CDPG} \\ \text{UDPG} \end{cases}$$

核苷酸葡萄糖是合成淀粉、纤维素等多糖的活性供糖体,所以该途径的重要意义在于蔗糖降解,为多糖合成提供底物。

已经从多种植物中分离得到了蔗糖合酶,不同来源的酶的大小、聚合度不同。从绿豆种苗中分离的该酶相对分子质量为 $3.75×10^5$,为四聚体,最适 pH 为 7.4。该酶催化的反应是可逆反应,动力学研究发现,当细胞内蔗糖浓度超过 10 mmol·L^{-1} 时,此酶催化蔗糖的分解大于合成,因此普遍认为它在植物细胞内的主要作用是催化蔗糖降解。蔗糖合酶可利用 5 种核苷二磷酸,但对 UDP 亲和力最大。$NADP^+$、吲哚乙酸、赤霉素、焦磷酸等能抑制蔗糖的合成,促进其分解。果糖-1-磷酸和 Mg^{2+} 则能抑制蔗糖的降解而促进其合成。

以上两种蔗糖降解的酶系,在植物不同发育期起着不同的作用。Tsai 等指出,玉米蔗糖的降解,在胚乳发育的早期,主要由转化酶催化水解;到生长后期,蔗糖降解主要通过蔗糖合成酶途径。与此相反,Baxter 等发现,大麦幼嫩胚乳中,含有较高活力的蔗糖合酶。因此研究这两种酶在蔗糖降解中的消长关系,对于植物发育理论可能具有重要的意义。

(二) 麦芽糖的酶促降解

植物体内麦芽糖的主要来源是淀粉的水解。麦芽糖不会积累,一旦形成,立即在麦芽糖酶的作用下分解成两分子葡萄糖。麦芽糖具有多种不同的同工酶。

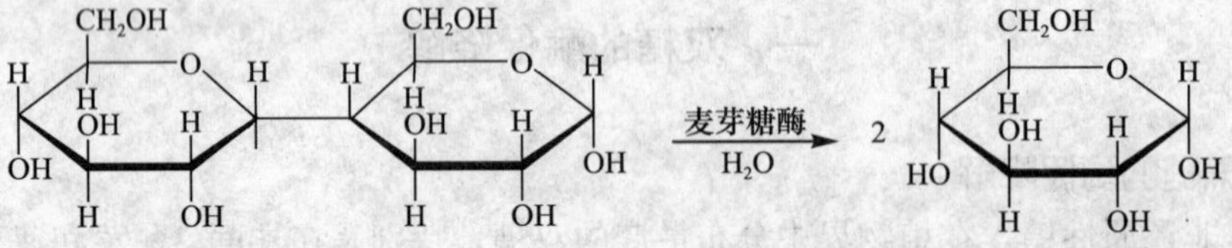

(三) 乳糖的酶促降解

乳糖可在乳糖酶(lactase)催化下水解为葡萄糖和半乳糖。

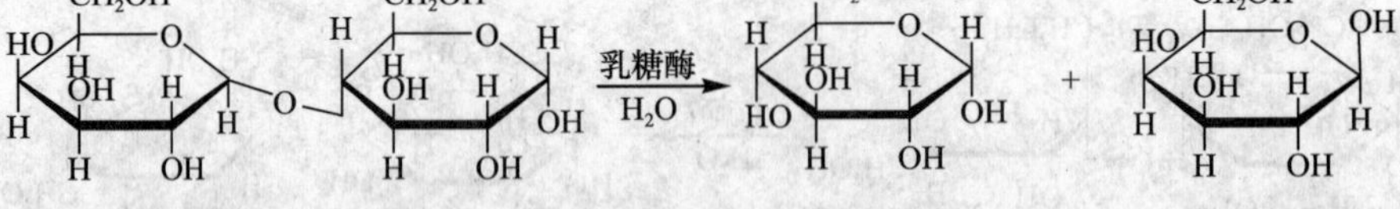

在动物乳和乳制品中,乳糖含量较高,这些乳糖被肠道中的乳糖酶水解为单糖而吸收利用。

二、多糖(淀粉、糖原)的酶促降解

淀粉是高等植物的储存多糖。它是人类粮食及动物饲料的重要来源。植物种子萌发和生长所需的能源主要靠自身的淀粉分解提供。人类及动物在代谢中所需的能量主要由食物中的糖类(淀粉)供给。动物淀粉——糖原主要储藏在肝脏和骨骼肌中。除此之外,细菌、酵母、真菌及甜玉米中也发现有糖原的存在。

淀粉（或糖原）在酶的作用下，通过两种途径降解——水解和磷酸解，降解的产物也因此而异。

（一）淀粉的酶促水解

在植物中参与淀粉水解的酶有淀粉酶（amylase）、脱支酶（debranching）和麦芽糖酶。

1. 淀粉酶 按其催化特性和作用方式的不同，淀粉酶可分为 α-淀粉酶和 β-淀粉酶。

（1）α-淀粉酶。系统名称是 α-1,4-D-葡聚糖水解酶，广泛存在于动物、植物、微生物中，为淀粉内切酶，可随机水解淀粉分子内部 α-1,4-糖苷键。如果底物是直链淀粉，生成葡萄糖、麦芽糖、麦芽三糖以及低聚糖的混合物；如果底物是支链淀粉，则水解产物中除上述产物外，还有含有 α-1,6-糖苷键的 3 个以上葡萄糖基构成的极限糊精混合物。经 α-淀粉酶作用后的淀粉溶液黏度迅速降低，因此该酶又称为液化淀粉酶或液化酶。

（2）β-淀粉酶。系统名称是 α-1,4-D-麦芽糖-葡萄糖水解酶，主要存在于高等植物生物种子中，大麦芽中尤为丰富，为淀粉外切酶，它只能从淀粉非还原端开始水解淀粉中的 α-1,4-D-糖苷键产物，是麦芽糖。β-淀粉酶不能越过分支点水解内部的 α-1,4-D-糖苷键，同时该酶在水解过程中能使基团发生转位反应，使 α-D-麦芽糖转变为 β-D-麦芽糖，因而支链淀粉水解产物为 β-D-麦芽糖，故该酶被称为 β-淀粉酶。而对于支链淀粉，除生成 β-D-麦芽糖外，还有许多分支和不再被 β-淀粉酶水解的极限糊精，见图 5-3。

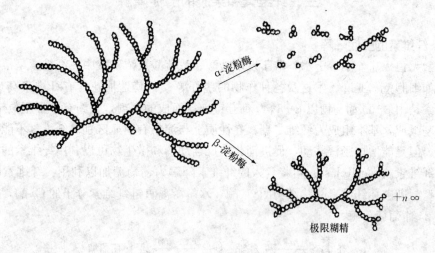

图 5-3 淀粉酶的作用

α-淀粉酶耐高温，在 70 ℃时 15 min 不变性失活，但不耐酸，当 pH 为 3.3 时即失去活性；β-淀粉酶恰好相反，70 ℃下酶蛋白易变性失活，但在 pH3.3 时仍保持活性。因此，根据上述性质，通过调节温度或 pH 可分别测定两种酶的活性。

2. 脱支酶（debranching，又称 R 酶） 它是专一水解 α-1,6-糖苷键的酶。

3. 麦芽糖酶 在 α-淀粉酶、β-淀粉酶、R-酶的协同作用下，可将支链淀粉彻底水解，主要产物是麦芽糖。麦芽糖在植物体内很少积累，一旦产生，即被 α-葡萄糖苷酶（麦芽糖酶）分解为葡萄糖。

(二) 淀粉的磷酸解

这种作用是指在较高浓度的磷酸存在下,由淀粉磷酸化酶催化,将磷酸作用于 α-1,4-糖苷键,使淀粉链非还原端葡萄糖残基生成葡萄糖-1-磷酸(G-1-P),如此,这种反应可反复进行下去。

(三) 糖原的磷酸解

1. 糖原磷酸化酶 是降解糖原磷酸化的限速酶,有活性和非活性两种形式,分别称为糖原磷酸化酶 a(活化态)和糖原磷酸化酶 b(非活化态),两者在一定条件下可相互转变。糖原磷酸解时,从糖原的非还原端开始逐个加磷酸切下葡萄糖,生成 1-磷酸葡萄糖,切至糖原分支点 4 个葡萄糖残基处为止。

2. 转移酶 又称 1,4→1,4 葡聚糖转移酶,它的主要作用是将连接于分支点上 4 个葡萄糖残基的葡聚三糖转移至同一分支点的另一个葡聚四糖链的末端,使分支点仅留下一个 α-1,6-糖苷键连接的葡萄糖残基。脱支酶,即水解 α-1,6-糖苷键的酶,再将这个葡萄糖水解下来,使支链淀粉的分支结构变成直链结构,之后,磷酸化酶再进一步将其降解为 1-磷酸葡萄糖。由于磷酸化酶、转移酶和脱支酶的协同作用,将糖原(或支链淀粉)彻底降解。糖原磷酸化酶主要存在于动物肝脏中,通过糖原分解直接补充血糖。

三、纤维素和果胶的酶促降解

(一) 纤维素的酶促降解

纤维素无色无味,不溶于水,溶于发烟盐酸、浓硫酸及浓磷酸中。纤维素是植物主要组成物质,如细胞壁、亚麻、木材及各种作物的茎秆等,尤其是棉花含有纤维素高达 97% 以上。纤维素是由 β-D 葡萄糖以 β-1,4-糖苷键连接而成的多糖,大约有 5 万至数千万 β-D 葡萄糖残基组成,基本组成为纤维二糖,在性质上与淀粉有明显区别。纤维素不能被人体吸收和利用,但是能增加肠胃蠕动,促进消化。反刍动物和微生物可以利用纤维素的原因是它们能分泌纤维素酶(cellulase)可将食入的纤维素降解为葡萄糖加以利用。纤维素酶至少包括 3 种类型,即破坏纤维素晶状结构的 C_1 酶,水解游离直链纤维素分子的 C_x 酶,及水解纤维二糖的 β-葡萄糖苷酶。

$$纤维素 \xrightarrow{纤维素酶} n \text{ 纤维二糖} \xrightarrow{n \text{ 纤维二糖酶}} 2n \text{ β-葡萄糖}$$

(二) 果胶物质的降解

植物体内的果胶物质的分解是通过水解和裂解两种作用,使多聚半乳糖醛酸的 α-1,4-糖苷键断裂。微生物由裂解酶作用亦使多聚半乳糖醛酸 α-1,4-糖苷键断裂,以上两种酶分解的产物是单体、二聚体、三聚体或三者的混合物。

果胶酶和果胶酯酶常存在于致病的细菌和真菌中,细菌利用这些酶分解植物细胞壁,以便病原体入侵植物体内;高等植物体内可合成和分泌分解果胶质的多种酶类,果胶质被分解后导致细胞间相互分离,是引起植物器官(花、果实、种子和叶片等)脱落及果实软化的直接原因。

第三节　糖酵解作用

在无氧的情况下，葡萄糖经 1,6 - 二磷酸果糖和 3 - 磷酸甘油酸转变为丙酮酸并伴随 ATP 生成的一系列化学反应称为糖酵解（glycolysis）。糖酵解过程被认为是生物最古老、最原始的获取能量的一种方式，是一切有机体中普遍存在的葡萄糖降解的途径，是所有生物体进行葡萄糖分解代谢所必须经过的共同阶段。

糖酵解是最早被阐明的重要的代谢途径之一，主要依赖动物肌肉和酵母的实验结果。在这项研究中许多生物化学家对此作出过重要贡献，其中 3 位德国生物化学家 Gustav Embden、Otto Meyerhof 和 Jacob Parnas 的贡献最大，因此糖酵解途径又称为 Embden - Meyerhof - Parnas 途径，简称 EMP 途径。糖酵解的各个步骤在 20 世纪 40 年代就已经很清楚了，但对糖酵解的深入研究（如对有关酶的结构与功能的研究）还在不断进行着。

糖酵解途径定位于细胞质内。葡萄糖在生物细胞内首先被降解为丙酮酸，在无氧条件下丙酮酸可以进一步直接被还原为乳酸，或丙酮酸先脱羧生成乙醛，然后再还原为乙醇。因此，糖酵解的过程与乳酸和酒精发酵有关。

一、糖酵解的化学历程

葡萄糖分解为丙酮酸的反应过程可为两个阶段，第一阶段为磷酸丙糖生成阶段（耗能过程）；第二阶段为丙酮酸生成阶段（能量释放过程）。

（一）第一阶段生成丙糖

1. 葡萄糖磷酸化生成 6 - 磷酸葡萄糖　葡萄糖在己糖激酶（hexokinase）作用下生成 6 - 磷酸葡萄糖（6 - P - G）（在肝脏中为葡萄糖激酶催化），该反应不可逆，$\Delta G^{o'}$ 为 $-16.7 \text{ kJ} \cdot \text{mol}^{-1}$。磷酸化后葡萄糖不能自由通过细胞膜而逸出细胞。

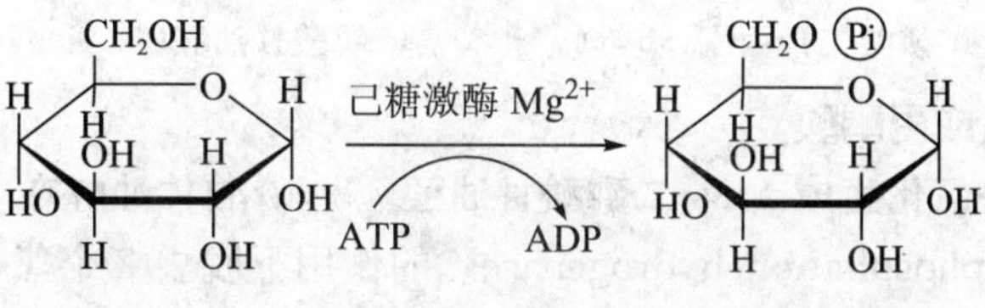

2. 6 - 磷酸葡萄糖异构化生成 6 - 磷酸果糖　6 - 磷酸葡萄糖在磷酸葡萄糖异构酶（glucose phosphate isomerase）作用下生成 6 - 磷酸果糖（6 - P - F），是需要 Mg^{2+} 参与的可逆反应。

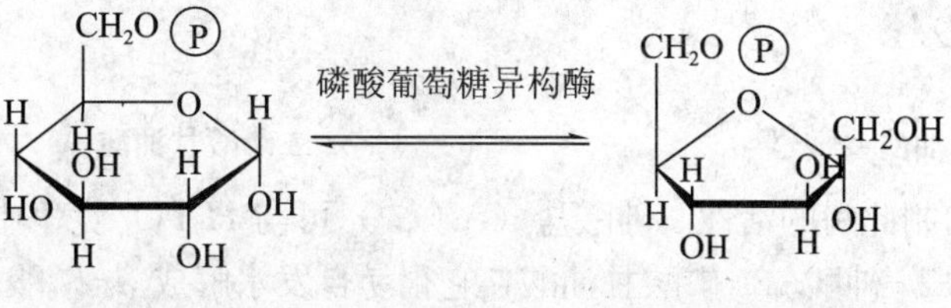

3. 6-磷酸果糖再磷酸化生成 1,6-二磷酸果糖 6-磷酸果糖在磷酸果糖激酶（phosphofructokinase, PFK）的催化作用下生成 1,6-二磷酸果糖（1,6-2P-F），这是糖酵解过程中的第二个不可逆反应。

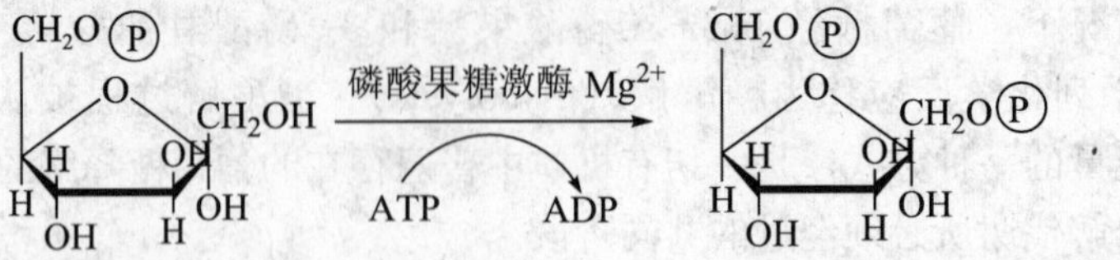

$$\text{6-磷酸果糖} \xrightarrow[\text{ATP} \quad \text{ADP}]{\text{磷酸果糖激酶} \quad Mg^{2+}} \text{1,6-二磷酸果糖}$$

4. 1,6-二磷酸果糖裂解成两个磷酸丙糖 1,6-二磷酸果糖在醛缩酶（aldolase）催化作用下裂解成磷酸二羟丙酮和 3-磷酸甘油醛。该反应本身在热力学上不利于向右进行（$\Delta G^\circ = +23.85 \text{ kJ} \cdot \text{mol}^{-1}$）。但在正常生理条件下，由于 3-磷酸甘油醛进入后续反应，因而驱动反应向裂解方向进行。

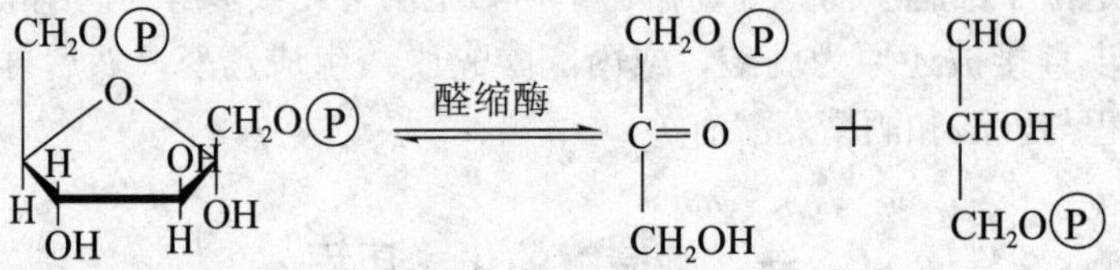

$$\text{1,6-二磷酸果糖} \xrightleftharpoons{\text{醛缩酶}} \text{磷酸二羟丙酮} + \text{3-磷酸甘油醛}$$

5. 磷酸二羟丙酮异构化生成 3-磷酸甘油醛 虽然反应的平衡趋向于向左，但由于 3-磷酸甘油醛有效地进入后续反应，故反应仍向右进行。

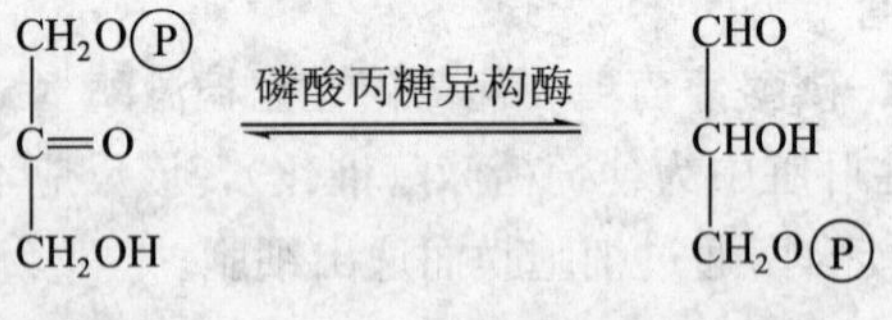

$$\text{磷酸二羟丙酮}(96\%) \xrightleftharpoons{\text{磷酸丙糖异构酶}} \text{3-磷酸甘油醛}(4\%)$$

（二）第二阶段生成丙酮酸

1. 3-磷酸甘油醛氧化生成 1,3-二磷酸甘油酸 3-磷酸甘油醛在 3-磷酸甘油醛脱氢酶（glyceraldehyde-3-phosphate dehydrogenase）的作用下脱去 2 个氢，同时有 Pi 参与生成含一个高能磷酸酯键的 1,3-二磷酸甘油酸（1,3-BPG）。

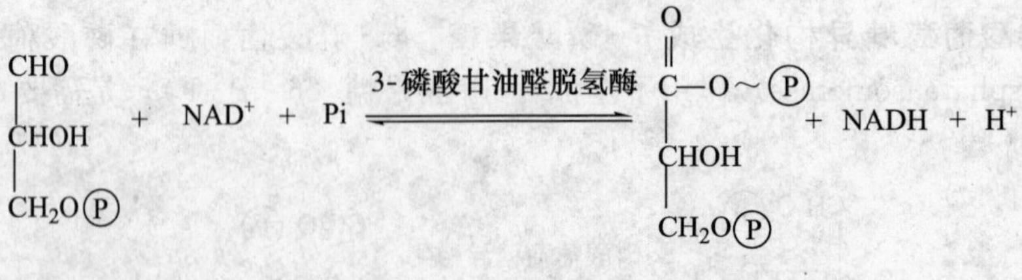

$$\text{3-磷酸甘油醛} + NAD^+ + Pi \xrightleftharpoons{\text{3-磷酸甘油醛脱氢酶}} \text{1,3-二磷酸甘油酸} + NADH + H^+$$

碘乙酸可强烈抑制此酶的活性。砷酸盐（AsO_4^{2-}）可与 H_3PO_4 竞争中间化合物高能硫酯，形成不稳定的化合物 1-砷酸-3-磷酸甘油酸，它很易自发水解成 3-磷酸甘油酸，但是没有磷酸化作用。因此砷酸是能使氧化作用正常进行，而磷酸化不能进行的解偶联剂。

2. 1,3-二磷酸甘油酸生成 3-磷酸甘油酸　磷酸甘油酸激酶催化 1,3-二磷酸甘油酸分子上的高能磷酸基团转移到 ADP 上，生成 ATP，这是糖酵解过程中第一次产生能量 ATP 的反应，是糖酵解中首次底物水平的磷酸化。

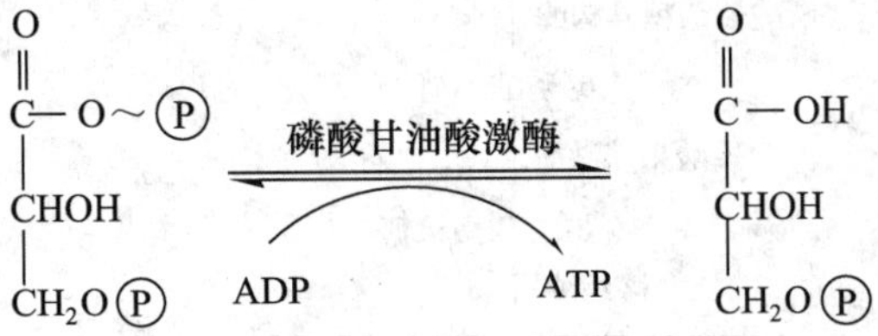

$$\begin{array}{c} \text{O} \\ \| \\ \text{C—O}\sim\text{P} \\ | \\ \text{CHOH} \\ | \\ \text{CH}_2\text{O}\,\text{P} \end{array} \xrightarrow[\text{ADP} \quad \text{ATP}]{\text{磷酸甘油酸激酶}} \begin{array}{c} \text{O} \\ \| \\ \text{C—OH} \\ | \\ \text{CHOH} \\ | \\ \text{CH}_2\text{O}\,\text{P} \end{array}$$

1,3-二磷酸甘油酸　　　　　　　3-磷酸甘油酸

3. 3-磷酸甘油酸异构化为 2-磷酸甘油酸　磷酸甘油酸变位酶（phosphoglycerate mutae）催化 3-磷酸甘油酸中磷酸基团由 3 号位移动到 2 号位，该反应实际是分子内基团的重排反应。

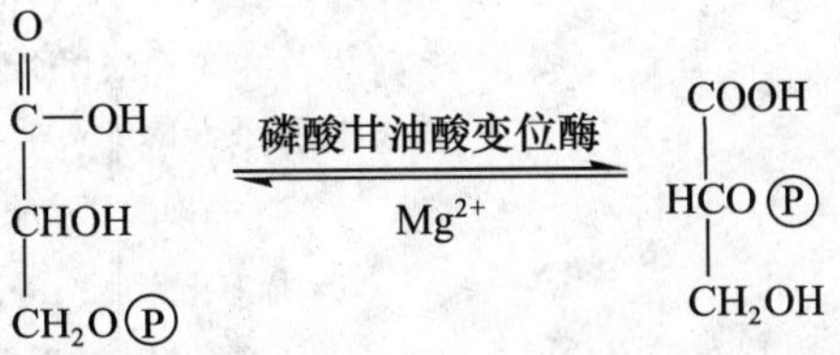

$$\begin{array}{c} \text{O} \\ \| \\ \text{C—OH} \\ | \\ \text{CHOH} \\ | \\ \text{CH}_2\text{O}\,\text{P} \end{array} \xrightleftharpoons[\text{Mg}^{2+}]{\text{磷酸甘油酸变位酶}} \begin{array}{c} \text{COOH} \\ | \\ \text{HCO}\,\text{P} \\ | \\ \text{CH}_2\text{OH} \end{array}$$

3-磷酸甘油酸　　　　　　　　2-磷酸甘油酸

4. 2-磷酸甘油酸脱水生成磷酸烯醇式丙酮酸　在烯醇化酶（enolase）催化作用下，2-磷酸甘油酸脱去 H_2O 分子，分子内部能量重新分布，生成磷酸烯醇式丙酮酸（phosphoenolpyruvate，PEP）。

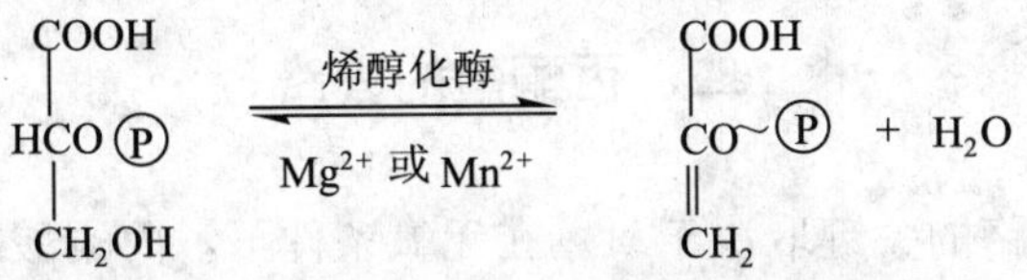

$$\begin{array}{c} \text{COOH} \\ | \\ \text{HCO}\,\text{P} \\ | \\ \text{CH}_2\text{OH} \end{array} \xrightleftharpoons[\text{Mg}^{2+}\text{或 Mn}^{2+}]{\text{烯醇化酶}} \begin{array}{c} \text{COOH} \\ | \\ \text{CO}\sim\text{P} \\ \| \\ \text{CH}_2 \end{array} + H_2O$$

2-磷酸甘油酸　　　　　　磷酸烯醇式丙酮酸

5. 磷酸烯醇式丙酮酸生成丙酮酸　在丙酮酸激酶催化下，PEP 上的磷酸基团转移至 ADP 生成 ATP，同时 PEP 形成的烯醇式丙酮酸极不稳定，很易自发地转变为丙酮酸。

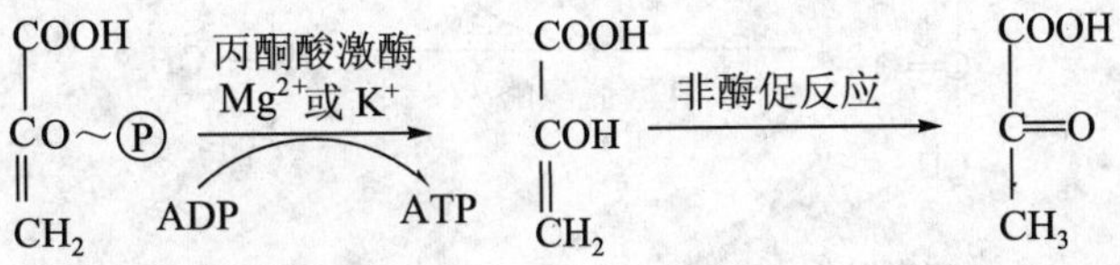

$$\begin{array}{c} \text{COOH} \\ | \\ \text{CO}\sim\text{P} \\ \| \\ \text{CH}_2 \end{array} \xrightarrow[\text{ADP} \quad \text{ATP}]{\substack{\text{丙酮酸激酶} \\ \text{Mg}^{2+}\text{或 K}^+}} \begin{array}{c} \text{COOH} \\ | \\ \text{COH} \\ \| \\ \text{CH}_2 \end{array} \xrightarrow{\text{非酶促反应}} \begin{array}{c} \text{COOH} \\ | \\ \text{C=O} \\ | \\ \text{CH}_3 \end{array}$$

磷酸烯醇式丙酮酸　　　烯醇式丙酮酸　　　丙酮酸

这是糖酵解过程中第二次产生能量 ATP 的反应，也是第二次底物水平磷酸化反应。糖酵解的反应过程可概括为如图 5-4 所示。

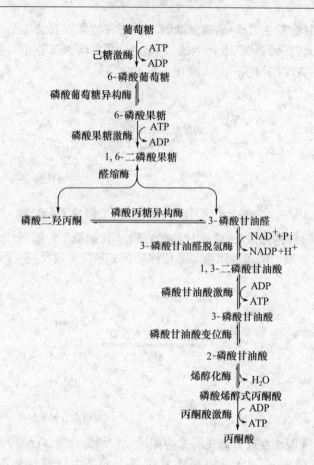

图 5-4 糖酵解途径

二、丙酮酸的去路

糖酵解终产物的去路的关键取决于氧。在无氧条件下,丙酮酸或生成乳酸,或生成乙醇。在有氧条件下,丙酮酸的转变将在下节讨论。

(一)丙酮酸生成乳酸

在无氧酵解时,产生的 NADH 无法经电子呼吸链再生为 NAD^+,此时可利用乳酸脱氢酶(lactate dehydrogenase)将丙酮酸还原为乳酸(lactate)。

$$\begin{array}{c} COOH \\ | \\ C=O \\ | \\ CH_3 \end{array} \xrightarrow[\text{L-乳酸脱氢酶}]{NADH+H^+ \quad NAD^+} \begin{array}{c} COOH \\ | \\ HC-OH \\ | \\ CH_3 \end{array}$$

丙酮酸   L-乳酸

动物、植物及微生物都可以进行乳酸发酵。如果动物缺氧时间过长,将积累大量乳酸,造成代谢性酸中毒,严重时会导致死亡。人在剧烈运动时,肌肉细胞中乳酸含量增高,会产生酸痛感。乳酸发酵可用于生产奶酪、酸奶、食用泡菜及青储饲料等。如食用泡菜的腌制就是依靠乳酸杆菌大量繁殖，产生乳酸导致酸性增强，抑制了其他细菌的活动，因而使泡菜不会腐烂。

（二）丙酮酸生成乙醇

在酵母菌或其他微生物中，丙酮酸脱羧酶（pyruvate decarboxylase）催化丙酮酸脱羧变成乙醛，后者被 $NADH+H^+$ 还原形成乙醇。

$$\underset{\text{丙酮酸}}{\begin{matrix}COOH\\|\\C=O\\|\\CH_3\end{matrix}} \xrightarrow[\text{丙酮酸脱羧酶}]{TPP \quad CO_2} \underset{\text{乙醛}}{\begin{matrix}CHO\\|\\CH_3\end{matrix}} \xrightarrow[\text{乙醇脱氢酶}]{NADH+H^+ \quad NAD^+} \underset{\text{乙醇}}{CH_3CH_2OH}$$

三、糖酵解的化学计量

糖酵解整个过程的总反应可表示为：

葡萄糖 $+2ADP+2Pi+2NAD^+ \longrightarrow 2$ 丙酮酸 $+2ATP+2NADH+2H^+ +2H_2O$

因此糖酵解过程净产生 2 分子 ATP（表 5-1）。如果糖酵解从糖原开始，则糖原经磷酸解后生成 1-磷酸葡萄糖，然后再经磷酸葡萄糖变位酶催化转变为 6-磷酸葡萄糖，此时相当于每分子葡萄糖经糖酵解可净产生 3 分子 ATP。另外，生成的 2 分子 NADH 若进入有氧的彻底氧化途径可产生 5 分子 ATP（原核细胞）或 3 分子 ATP（真核细胞）。

表 5-1 糖酵解过程中 ATP 的消耗和产生

消耗或产生 ATP 的反应	每步反应 ATP 的消耗或增加量
葡萄糖→6-磷酸葡萄糖	−1ATP
6-磷酸葡萄糖→1,6-二磷酸果糖	−1ATP
2×1,3-二磷酸甘油酸→2×3-磷酸甘油酸	+2ATP
2×磷酸烯醇式丙酮酸→2×丙酮酸	+2ATP
总计	+2ATP

四、糖酵解的生物学意义

糖酵解在生物体中普遍存在，它在无氧及有氧条件下都能进行，是葡萄糖进行有氧或无氧分解的共同代谢途径。在正常生理条件下，糖酵解不是主要的供能方式，但在缺氧条件下，例如短跑运动员瞬间消耗大量的氧，处于相对缺氧状态；人在病态下，如呼吸或循环功能受阻（失血、休克、肺源性心脏病、心功能不全等），糖酵解途径即使产生有限的能量，也有其重要的生理意义。

另外，有一些组织，即使在有氧情况下，也要进行糖的无氧酵解。例如，表皮中 50%～75% 的葡萄糖经酵解产生乳酸；视网膜、神经、睾丸、血细胞等组织代谢极为活跃，即使不缺氧，也常由无氧分解提供部分能量；成熟的红细胞由于没有线粒体而完全依赖糖酵解获得能量。对于厌氧生物或供氧不足的组织来说，糖酵解是糖分解的主要形式，也是获得能量的主要方式。

糖酵解途径中形成的许多中间产物，可作为合成其他物质的原料，如磷酸二羟丙酮可转变为甘油，丙酮酸可转变为丙氨酸或乙酰CoA，后者是脂肪酸合成的原料，这样就使糖酵解与其他代谢途径联系起来，实现了物质间的相互转化。

糖酵解途径虽然有3步反应不可逆，但其余反应均可逆转，这就为糖异生作用（见第六节）提供了基本途径。凡是糖酵解的中间产物或能转变为此类中间产物的物质，如乳酸、甘油、氨基酸等，在氧化过程中生成的丙酮酸或草酰乙酸均可在肝脏中经过糖酵解的逆过程转变为葡萄糖。

五、糖酵解途径的调控

糖酵解中有3步反应由于大量释放自由能而不可逆，它们分别由己糖激酶、磷酸果糖激酶（PFK）和丙酮酸激酶催化。因此这3种酶调节着糖酵解的速度，以满足细胞对ATP和合成原料的需要。

（一）磷酸果糖激酶

磷酸果糖激酶是糖酵解过程中最重要的调节酶，是限速酶。此酶是一个四聚体的别构酶，其活性主要通过4种途径被调节：

1. AMP是磷酸果糖激酶的别构激活剂，而ATP是该酶的别构抑制剂 当ATP浓度低时，ATP和酶的活性中心结合；当ATP浓度高时，ATP与酶的别构中心结合，引起酶构象改变而失活。因此，ATP/AMP的比值的高低影响着糖酵解的进行。

2. 柠檬酸也是磷酸果糖激酶的别构抑制剂 柠檬酸是丙酮酸进入三羧酸循环的第一个中间产物，当糖酵解的速度快时，柠檬酸生成得多，高浓度柠檬酸与磷酸果糖激酶的别构中心结合，使酶构象改变而失活，导致糖酵解减速。

3. 2,6-二磷酸果糖是磷酸果糖激酶的别构激活剂 磷酸果糖激酶2（PFK2）催化6-磷酸果糖形成2,6-二磷酸果糖，后者被2,6-二磷酸果糖酯酶（FBPase）水解生成6-磷酸果糖（图5-5），这两种催化活性相反的酶集中在同一条肽链上，是一种双功能酶。因此，当6-磷酸果糖水平高时，激活磷酸果糖激酶（PFK）促进糖酵解的进行。

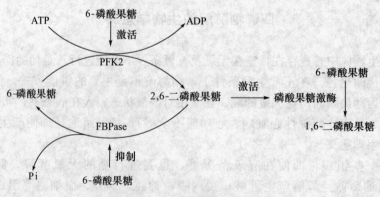

图5-5 2,6-二磷酸果糖的调节

(二) 己糖激酶

己糖激酶的别构抑制剂为其产物 6-磷酸葡萄糖。当磷酸果糖激酶活性被抑制时，该酶的底物 6-磷酸果糖积累，进而使 6-磷酸葡萄糖的浓度升高，从而引起己糖激酶活性下降。因此，ATP/AMP 比值高或柠檬酸水平高也会抑制己糖激酶的活性。

(三) 丙酮酸激酶

丙酮酸激酶活性也受高浓度 ATP、丙氨酸、乙酰 CoA 等代谢物的抑制，这是生成物对反应本身的反馈抑制。当 ATP 的生成量超过细胞自身需要时，通过丙酮酸激酶的别构抑制使糖酵解速度降低。因此，当能荷高时，磷酸烯醇式丙酮酸生成丙酮酸的反应将受阻。另外，受 cAMP 激活的蛋白激酶也可使丙酮酸激酶磷酸化而失活。

第四节 糖的有氧氧化

大部分生物的糖分解代谢是在有氧条件下进行的，葡萄糖在有氧条件下彻底氧化成 H_2O 和 CO_2 的过程称为有氧氧化 (aerobic oxidation)。该过程的实质是丙酮酸在有氧条件下的彻底氧化分解 (图 5-6)，丙酮酸以后的氧化反应在线粒体中进行。

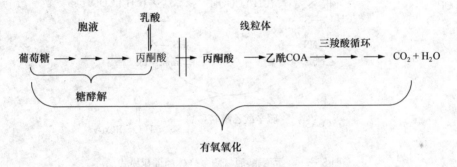

图 5-6 葡萄糖有氧氧化概况

一、糖有氧氧化的反应过程

糖有氧氧化可分为 3 个阶段：葡萄糖经糖酵解途径生成丙酮酸；丙酮酸进入线粒体，氧化脱羧生成乙酰 CoA；乙酰 CoA 进入三羧酸循环彻底氧化为 H_2O 和 CO_2，同时产生能量。第一阶段的反应如前所述，这里介绍第二阶段和第三阶段的反应。

(一) 丙酮酸氧化脱羧生成乙酰 CoA

丙酮酸进入线粒体内膜后，在丙酮酸脱氢酶系 (pyruvate dehydrogenase complex) 的作用下，转变为乙酰 CoA。丙酮酸脱氢酶系是一个多酶复合体，位于线粒体内膜上，由 3 种酶 6 种辅助因子组成。酶包括丙酮酸脱羧酶 (E_1)、硫辛酸乙酰转移酶 (E_2) 和二氢硫辛酸脱氢酶 (E_3)；辅助因子包括焦磷酸硫胺素 (TPP)、硫辛酸、FAD、NAD^+、CoASH 和 Mg^{2+} 等 6 种 (图 5-7)。

$$\text{丙酮酸} \xrightarrow[\text{丙酮酸脱氢酶复合体}]{NAD^+, HSCoA \quad CO_2, NADH+H^+} \text{乙酰CoA}$$

反应历程为：

① 丙酮酸脱羧形成羟乙基-TPP。
② 由二氢硫辛酰胺转乙酰酶（E_2）催化形成乙酰硫辛酰胺-E_2。
③ 二氢硫辛酰胺转乙酰酶（E_2）催化生成乙酰CoA，同时使硫辛酰胺上的二硫键还原。
④ 二氢硫辛酰胺脱氢酶（E_3）使还原的二氢硫辛酰胺脱氢，同时将氢传递给FAD。
⑤ 在二氢硫辛酰胺脱氢酶（E_3）催化下，将$FADH_2$上的H转移给NAD^+，形成$NADH+H^+$。

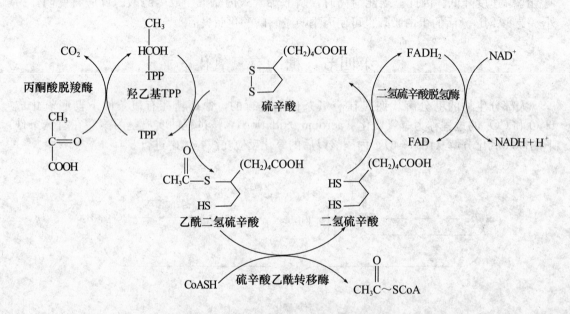

图5-7　丙酮酸脱氢酶复合体的催化模式

整个丙酮酸氧化脱羧反应过程，只有第一步反应是不可逆的，反应受产物和能量物质的调节：

(1) 产物抑制。丙酮酸氧化脱羧的3个产物，其中乙酰CoA抑制硫辛酸乙酰转移酶E_2，NADH抑制二氢硫辛酸脱氢酶E_3。抑制效应可以被相应的反应物CoA和NAD^+逆转。

(2) 核苷酸调节。丙酮酸脱羧酶E_1受GTP抑制，为AMP活化，即当细胞内富有可利用的能量时，丙酮酸脱氢酶系活性降低。

(3) 共价修饰调节。当细胞内[ATP]/[ADP]、[NADH]/[NAD^+]或[乙酰CoA]/[CoA-SH]比值高时，丙酮酸脱羧酶分子上特殊的Ser残基可被专一的磷酸激酶磷酸化，变得没有活性，当酶上的磷酸基团被专一的磷酸酶水解时又恢复活性。

(二) 三羧酸循环的反应历程

三羧酸循环（tricarboxylic acid cycle，TCA），简称TCA循环，因开始于柠檬酸的合成，所以该途径又称为柠檬酸循环。这一循环是德国科学家Hans Krebs于1937年最先提出的，为纪念Krebs在阐明三羧酸循环中所作出的贡献，因此也称Krebs循环。这一途径在动植物、微生物细胞中普遍存在，不仅是糖分解代谢的主要途径，也是脂肪、蛋白质分解代谢的最终途径，具有重要的生理意义。这是生物化学领域中一项经典性成就，为此Krebs于1953年获得诺贝尔奖。

TCA 循环在线粒体内膜上进行，全部酶位于线粒体内膜上，主要过程包括 8 步反应。

1. 乙酰 CoA 与草酰乙酸缩合成柠檬酸　在柠檬酸合酶（citrate synthase）催化下乙酰 CoA 与草酰乙酸缩合成柠檬酰 CoA，放出大量能量，反应不可逆。

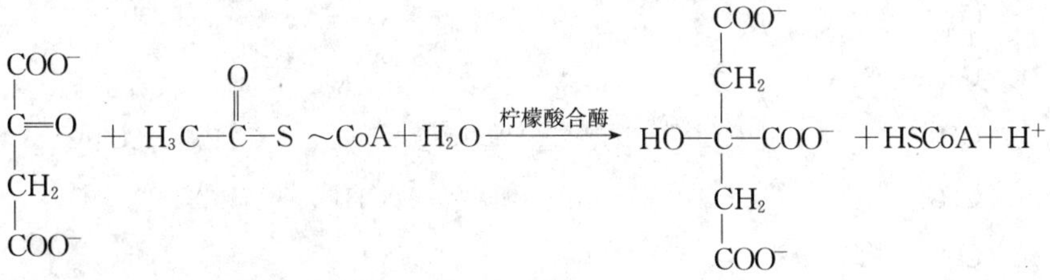

$$\text{草酰乙酸} + H_3C-CO\sim CoA + H_2O \xrightarrow{\text{柠檬酸合酶}} \text{柠檬酸} + HSCoA + H^+$$

2. 柠檬酸异构化生成异柠檬酸

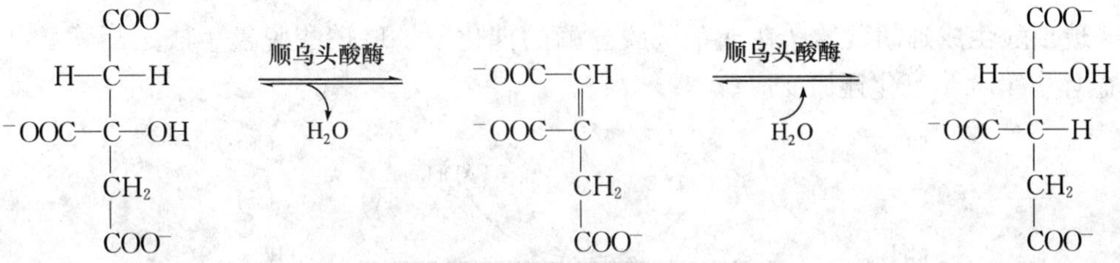

$$\text{柠檬酸} \underset{H_2O}{\overset{\text{顺乌头酸酶}}{\rightleftharpoons}} \text{顺乌头酸} \underset{H_2O}{\overset{\text{顺乌头酸酶}}{\rightleftharpoons}} \text{异柠檬酸}$$

3. 异柠檬酸氧化脱羧生成 α-酮戊二酸　异柠檬酸脱氢酶（isocitrate dehydrogenase）是变构酶，催化异柠檬酸脱氢、脱羧形成 α-酮戊二酸。

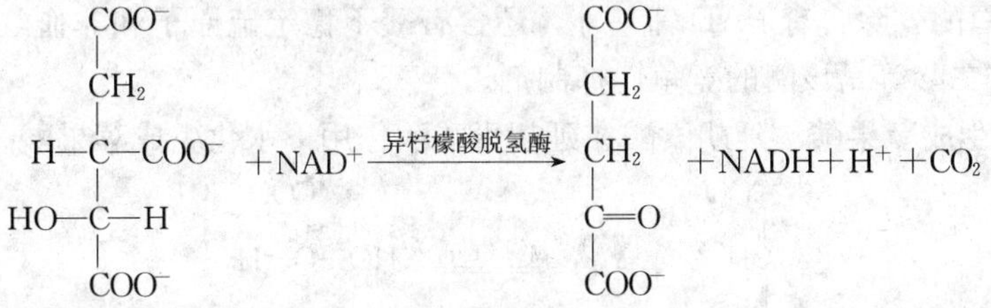

$$\text{异柠檬酸} + NAD^+ \xrightarrow{\text{异柠檬酸脱氢酶}} \text{α-酮戊二酸} + NADH + H^+ + CO_2$$

4. α-酮戊二酸氧化脱羧生成琥珀酰 CoA　这是三羧酸循环中第 2 个氧化脱羧反应，由 α-酮戊二酸脱氢酶系（α-ketoglutarate dehydrogenase complex）催化，该酶系与丙酮酸脱氢酶系的结构和催化机制相似，由 α-酮戊二酸脱氢酶（E_1）、二氢硫辛酸脱氢酶（E_2）、二氢硫辛酸转琥珀酰酶（E_3）和 6 种辅助因子 TPP、CoA、FAD、NAD^+、Mg^{2+} 和硫辛酸组成多酶复合体，并同样受产物 NADH、琥珀酰 CoA 及 ATP、GTP 反馈抑制。

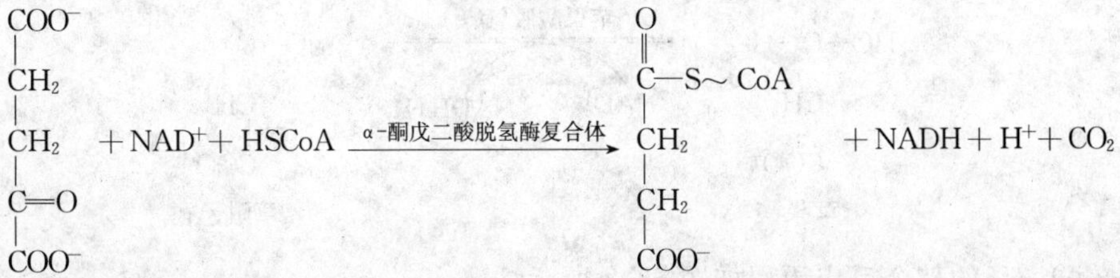

$$\text{α-酮戊二酸} + NAD^+ + HSCoA \xrightarrow{\text{α-酮戊二酸脱氢酶复合体}} \text{琥珀酰 CoA} + NADH + H^+ + CO_2$$

5. 琥珀酰 CoA 生成琥珀酸　琥珀酰 CoA 是高能化合物，在琥珀酸硫激酶催化下，硫酯键水解释放的能量使 GDP 磷酸化生成 GTP。这是三羧酸循环中唯一的底物水平磷酸化。在植物中琥珀酰 CoA 直接生成的是 ATP。

$$\begin{array}{c}\text{O}\\\|\\\text{C—S~CoA}\\|\\\text{CH}_2\\|\\\text{CH}_2\\|\\\text{COO}^-\end{array} + \text{GDP} + \text{Pi} \xrightleftharpoons{\text{琥珀酰 CoA 合成酶}} \begin{array}{c}\text{COO}^-\\|\\\text{CH}_2\\|\\\text{CH}_2\\|\\\text{COO}^-\end{array} + \text{GTP} + \text{HSCoA}$$

琥珀酰 CoA　　　　　　　　　　　　　　　　　琥珀酸

$$\text{GTP} + \text{ADP} \xrightarrow{\text{核苷二磷酸激酶}} \text{GDP} + \text{ATP}$$

6. 琥珀酸生成延胡索酸　在琥珀酸脱氢酶的催化下，琥珀酸脱氢生成延胡索酸。这是 TCA 循环中第 3 步氧化还原反应。

$$\begin{array}{c}\text{COO}^-\\|\\\text{CH}_2\\|\\\text{CH}_2\\|\\\text{COO}^-\end{array} \xrightarrow{\text{FAD}\quad\text{FADH}_2} \begin{array}{c}\text{COO}^-\\|\\\text{CH}\\\|\\\text{HC}\\|\\\text{COO}^-\end{array}$$

琥珀酸　　　　　　　　　　　　　　　延胡索酸

琥珀酸脱氢酶是 TCA 循环中唯一结合在线粒体内膜上并直接与呼吸链联系的酶，此酶为含铁的黄素蛋白酶，除含有 FAD 辅基外，还含有酸不稳定硫原子和非血红素铁（铁硫蛋白）。丙二酸、戊二酸等是该酶的竞争性抑制剂。

7. 延胡索酸生成苹果酸　延胡索酸在延胡索酸酶作用下水化生成苹果酸。

$$\begin{array}{c}\text{COO}^-\\|\\\text{CH}\\\|\\\text{HC}\\|\\\text{COO}^-\end{array} + \text{H}_2\text{O} \xrightleftharpoons{\text{延胡索酸酶}} \begin{array}{c}\text{COO}^-\\|\\\text{HO—C—H}\\|\\\text{CH}_2\\|\\\text{COO}^-\end{array}$$

延胡索酸　　　　　　　　　　苹果酸

8. 苹果酸生成草酰乙酸　苹果酸在苹果酸脱氢酶的作用下氧化脱氢生成草酰乙酸，这是 TCA 循环的第 4 次氧化还原反应。至此草酰乙酸又重新形成，又可接受进入循环的乙酰 CoA 分子。

$$\begin{array}{c}\text{COO}^-\\|\\\text{HO—C—H}\\|\\\text{CH}_2\\|\\\text{COO}^-\end{array} \xrightleftharpoons[\text{NAD}^+\quad\text{NADH}+\text{H}^+]{\text{苹果酸脱氢酶}} \begin{array}{c}\text{COO}^-\\|\\\text{O=C}\\|\\\text{CH}_2\\|\\\text{COO}^-\end{array}$$

苹果酸　　　　　　　　　　　　　　　草酰乙酸

三羧酸循环的整个反应历程如图 5-8 所示。

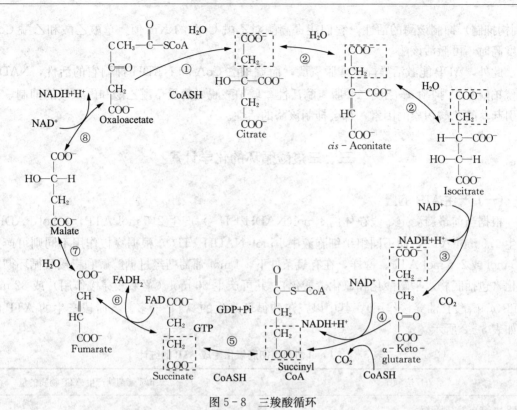

图 5-8 三羧酸循环
①柠檬酸合酶　②顺乌头酸酶　③异柠檬酸脱氢酶　④α-酮戊二酸脱氢酶系
⑤琥珀酰CoA合成酶　⑥琥珀酸脱氢酶　⑦延胡索酸酶　⑧苹果酸脱氢酶

二、三羧酸循环的调控

三羧酸循环的多个反应是可逆的，但由于柠檬酸的合成及α-酮戊二酸的氧化脱羧两步反应不可逆，故整个循环只能单方向进行（图 5-9）。

三羧酸循环调节的部位主要有 4 个，即柠檬酸合酶、异柠檬酸脱氢酶、α-酮戊二酸脱氢酶系和琥珀酸脱氢酶催化的反应。调节的关键因素是[NADH]/[NAD$^+$]、[ATP]/[ADP]的比值和草酰乙酸、乙酰CoA等代谢产物的浓度。

柠檬酸合酶是 TCA 循环途径的关键限速酶，NADH、ATP

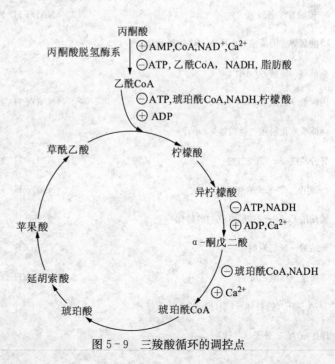

图 5-9 三羧酸循环的调控点

（别构抑制）抑制该酶的活性，它们能提高酶对乙酰 CoA 的 K_m 值。草酰乙酸和乙酰 CoA 浓度高时，可激活该酶。

此外，ADP 能激活异柠檬酸脱氢酶，而琥珀酰 CoA 和 NADH 抑制它的活性，NADH 和琥珀酰 CoA 抑制 α-酮戊二酸脱氢酶活性。琥珀酸脱氢酶受草酰乙酸和丙二酸的抑制，任何引起草酰乙酸积累的因素，都会抑制该酶的活性。

三、三羧酸循环的化学计量

（一）产生 ATP 的量

根据当前最新测定，线粒体内 1 mol($NADH+H^+$) 产生 2.5 mol ATP，1 mol $FADH_2$ 产生 1.5 mol ATP，而不同组织细胞液中 1 mol($NADH+H^+$) 根据穿梭作用不同则可产生 1.5 mol 或 2.5 mol ATP。这样，在有氧条件下，1 mol 葡萄糖经过糖酵解和三羧酸循环彻底氧化（包括底物水平磷酸化和氧化磷酸化），共可产生 30 mol（苹果酸穿梭作用）或 32 mol ATP（α-磷酸甘油穿梭作用），其中以三羧酸循环产生的 ATP 最多。各阶段产生的 ATP 的量如表 5-2 所示。

表 5-2 1 mol 葡萄糖彻底氧化生成 ATP 的统计

反应顺序		1 mol 葡萄糖产生 ATP 物质的量
葡萄糖→6-磷酸葡萄糖		−1
6-磷酸果糖→1,6-二磷酸果糖		−1
1,3-二磷酸甘油酸→3-磷酸甘油酸（底物磷酸化）		+1×2
3-磷酸甘油醛脱氢	2×($NAD+H^+$)	(+1.5 或 +2.5)×2
磷酸烯醇式丙酮酸→丙酮酸（底物磷酸化）		+1×2
糖酵解（胞液）（小计）		5 或 7 ATP
丙酮酸→乙酰 CoA	2×($NAD+H^+$)	+2.5×2
丙酮酸氧化脱羧（线粒体）（小计）		5ATP
异柠檬酸→α-酮戊二酸	2×($NAD+H^+$)	+2.5×2
α-酮戊二酸→琥珀酰 CoA	2×($NAD+H^+$)	+2.5×2
琥珀酰 CoA→琥珀酸（底物磷酸化）	2GTP	+1×2
琥珀酸→延胡索酸	2×$FADH_2$	+1.5×2
苹果酸→草酰乙酸	2×($NAD+H^+$)	+2.5×2
TCA 循环（线粒体）（小计）		20ATP
净生成 ATP 分子（共计）		30 或 32ATP

（二）水分子的产生与消耗

1. 糖酵解中 3-磷酸甘油醛脱下的 2 个 H 生成的 $NAD+H^+$ 经呼吸链产生 2 分子 H_2O。
2. 丙酮酸氧化脱羧产生的 2 个 H 生成的 $NAD+H^+$ 经呼吸链产生 2 分子 H_2O。
3. 三羧酸循环中产生的 $NAD+H^+$ 和 $FADH_2$ 经呼吸链产生 8 分子 H_2O，共产生 12 分子 H_2O。

在柠檬酸合成、延胡索酸水化及琥珀酰 CoA 生成琥珀酸 3 步反应分别消耗 2 分子 H_2O。（$GDP+Pi \longrightarrow GTP+H_2O$，这个水用来水解 CoASH）。因此，净生成 6 分子 H_2O。

此外，还有循环内消耗水，第一个是柠檬酸生成异柠檬酸的反应脱水又加水，第二个是 2-磷酸甘油酸脱水生成磷酸烯醇式丙酮酸时产生的 2 分子 H_2O。这 2 分子 H_2O，一个是葡萄糖生成 6-磷酸葡萄糖和 6-磷酸果糖生成 1,6-二磷酸果糖时分别加入半个水分子，另一个是两个 3-磷酸甘油醛生成 1,3-二磷酸甘油酸磷酸化时加入的，到生成磷酸烯醇式丙酮酸时，这 2 分子 H_2O 才释放出来。

（三）产生的 CO_2 的量

丙酮酸氧化脱羧、异柠檬酸氧化脱羧和 α-酮戊二酸氧化脱羧 3 步反应各产生 2 分子 CO_2，共产 6 分子 CO_2。三羧酸循环中产生的 CO_2 和 H_2O 还可以被其他合成反应重新利用。

四、三羧酸循环的特点

三羧酸循环从草酰乙酸和乙酰 CoA 缩合成柠檬酸开始到草酰乙酸结束，每循环一周，有 2 次脱羧，4 次脱氢，1 次底物水平磷酸化，消耗 1 个乙酰 CoA，能量和 CO_2 主要在三羧酸循环中产生。

三羧酸循环必须在有氧条件下才能进行，若没有氧，脱下的氢就无法进入呼吸链进行彻底氧化。

三羧酸循环是不可逆的，因为在反应中有 3 步不可逆反应，而且在循环中还没有发现有绕过这 3 步反应的酶。

三羧酸循环中，第三、第四和第八步反应的辅酶是 NAD^+，第六步反应的辅酶是 FAD，同时第五步反应底物磷酸化产生的是 GTP。

该途径定位于线粒体内。

五、三羧酸循环的生物学意义

（一）三羧酸循环是糖、脂肪、蛋白质及其他有机物质代谢的联系枢纽

糖有氧分解过程中产生的 α-酮戊二酸和草酰乙酸可以通过氨基化转变为谷氨酸和天冬氨酸合。反之，这些氨基酸脱去氨基又可转变成相应的酮酸进入糖的有氧分解途径。此外，琥珀酰 CoA 可以与甘氨酸合成血红素，丙酸等低级脂肪酸可经琥珀酰 CoA、草酰乙酸等途径异生为糖。因而，三羧酸循环将各种营养物质的相互转变联系在一起，在提供生物合成前体的代谢中起重要作用。

（二）三羧酸循环是脂质、蛋白质、核酸三大物质分解代谢共同的最终途径

乙酰 CoA 糖有氧分解的产物，也是脂肪酸和氨基酸代谢的产物，因此三羧酸循环是三大营养物质的最终代谢通路。据估计，生物体大约 2/3 有机物可通过三羧酸循环而被彻底氧化。

（三）三羧酸循环为机体提供大量的能量

三羧酸循环中产生的能量物质 ATP 和还原力 $NADH+H^+$ 是生物细胞能量利用最有效和直接的方式。

六、草酰乙酸的回补

三羧酸循环能够正常运行，主要依靠草酰乙酸接受乙酰 CoA。在理论上，草酰乙酸不被消耗，但由于生物代谢各个途径之间存在联系，草酰乙酸也会不断地被输出、利用和消耗。一旦草酰乙酸浓度下降至一定程度，就会直接影响 TCA 循环的正常运转。但是，生物细胞可以通过以下 4 个途径对草酰乙酸进行及时的补充，这种补充称为草酰乙酸的回补（图 5-10）。

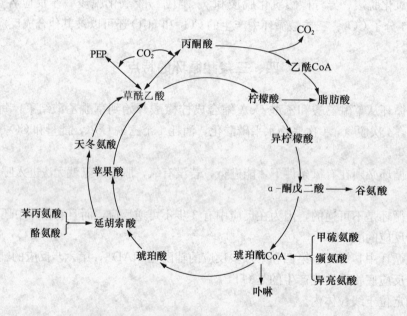

图 5-10　三羧酸循环中间产物的消耗与回补

（一）丙酮酸羧化生成草酰乙酸

丙酮酸在丙酮酸羧化酶催化下，并有生物素、CO_2、ATP 参与形成草酰乙酸。

$$\begin{array}{c} CH_3 \\ | \\ C=O \\ | \\ COOH \end{array} + CO_2 + ATP + H_2O \xrightarrow[Mn^{2+}、生物素]{丙酮酸羧化酶} \begin{array}{c} COOH \\ | \\ O=C \\ | \\ CH_2 \\ | \\ COOH \end{array} + ADP + Pi$$

丙酮酸　　　　　　　　　　　　　　　　　　　　草酰乙酸

(二) PEP 羧化生成草酰乙酸

PEP 在磷酸烯醇式丙酮酸羧化酶作用下形成草酰乙酸，反应在胞液中进行，后者需转变成苹果酸后穿梭进入线粒体，然后再脱氢生成草酰乙酸。

$$\begin{array}{c} CH_2 \\ \| \\ CO\sim PO_3^{2-} \\ | \\ COOH \end{array} + CO_2 + H_2O \xrightarrow{\text{PEP 羧激酶}} \begin{array}{c} COOH \\ | \\ O=C \\ | \\ CH_2 \\ | \\ COOH \end{array} + Pi$$

磷酸烯醇式丙酮酸　　　　　　　　　草酰乙酸

(三) 天冬氨酸和谷氨酸经转氨作用生成草酰乙酸

天冬氨酸和谷氨酸经转氨作用，可形成草酰乙酸和 α-酮戊二酸。异亮氨酸、缬氨酸、苏氨酸和甲硫氨酸也可形成琥珀酰 CoA。

$$\begin{array}{c} COOH \\ | \\ H_2N-C-H \\ | \\ CH_2 \\ | \\ COOH \end{array} + \begin{array}{c} COOH \\ | \\ C=O \\ | \\ CH_2 \\ | \\ CH_2 \\ | \\ COOH \end{array} \xrightleftharpoons{\text{谷草转氨酶}} \begin{array}{c} COOH \\ | \\ H_2NCH \\ | \\ CH_2 \\ | \\ CH_2 \\ | \\ COOH \end{array} + \begin{array}{c} COOH \\ | \\ O=C \\ | \\ CH_2 \\ | \\ COOH \end{array}$$

天冬氨酸　　α-酮戊二酸　　　　　谷氨酸　　　草酰乙酸

(四) 苹果酸酶催化丙酮酸羧化生成苹果酸

在动物、植物和微生物中，还存在由苹果酸酶催化丙酮酸羧化生成苹果酸，再在苹果酸脱氢酶（以 NAD^+ 为辅酶）作用下，苹果酸脱氢生成草酰乙酸。在糖异生途径中，生成的苹果酸可通过转移性载体进入线粒体内。胞液中的苹果酸酶的辅酶是 $NADP^+$，脱氢生成还原型的 $NADPH^+ + H^+$，可作为多种生物合成的供氢体。

$$\begin{array}{c} CH_3 \\ | \\ C=O \\ | \\ COOH \end{array} + HCO_3^- \xrightleftharpoons[\text{NADPH+H}^+ \quad \text{NADP}^+]{\text{苹果酸酶}} \begin{array}{c} COO^- \\ | \\ HO-C-H \\ | \\ CH_2 \\ | \\ COO^- \end{array} \xrightleftharpoons[\text{NAD}^+ \quad \text{NADH+H}^+]{\text{苹果酸脱氢酶}} \begin{array}{c} COOH \\ | \\ O=C \\ | \\ CH_2 \\ | \\ COOH \end{array}$$

丙酮酸　　　　　　　　　　　苹果酸　　　　　　　　草酰乙酸

第五节　磷酸戊糖途径

糖的无氧酵解和有氧氧化过程是生物体内糖分解的主要途径，但并非唯一途径，当在组织匀浆中添加酵解碘乙酸或氟化物等抑制剂后，糖酵解和三羧酸循环被抑制，但葡萄糖仍能继续氧化分解，这一现象表明，还存在其他葡萄糖的氧化途径。20 世纪 50 年代，科学家们发现了 6-磷酸葡萄糖可以转变为 CO_2 和 5-磷酸核糖，即磷酸戊糖途径 (pentose phosphate pathway，PPP)，又称磷酸己糖旁路 (hexose monophosphate shunt，HMS)。该途径产生磷酸戊糖和 $NADPH + H^+$。

一、磷酸戊糖途径的化学历程

磷酸戊糖途径在细胞液中进行，分为氧化阶段和非氧化阶段：氧化阶段从6-磷酸葡萄糖氧化开始，直接氧化脱羧形成5-磷酸核糖；非氧化阶段是磷酸戊糖分子在转酮酶和转醛酶等酶的催化下产生三碳糖、四碳糖、五碳糖、六碳糖、七碳糖等中间产物的阶段。

（一）氧化阶段

1. 6-葡萄糖生成6-磷酸葡萄糖酸内酯　6-葡萄糖在6-磷酸葡萄糖脱氢酶的作用下脱氢，生成6-磷酸葡萄糖酸内酯。

6-磷酸葡萄糖 + NADP$^+$ →(6-磷酸葡萄糖脱氢酶)→ 6-磷酸葡萄糖内酯 + NADPH + H$^+$

2. 6-磷酸葡萄糖酸内酯生成6-磷酸葡萄糖酸　6-磷酸葡萄糖酸内酯在6-磷酸葡萄糖酸内酯酶催化下，生成6-磷酸葡萄糖酸，反应不可逆。

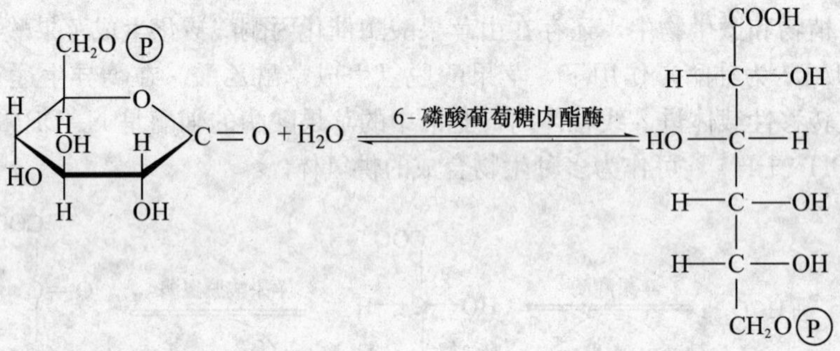

6-磷酸葡萄糖内酯 + H$_2$O ⇌(6-磷酸葡萄糖内酯酶)⇌ 6-磷酸葡萄糖酸

3. 6-磷酸葡萄糖酸生成5-磷酸核酮糖　6-磷酸葡萄糖酸在6-磷酸葡萄糖酸脱氢酶催化下，氧化脱羧生成5-磷酸核酮糖，反应不可逆。

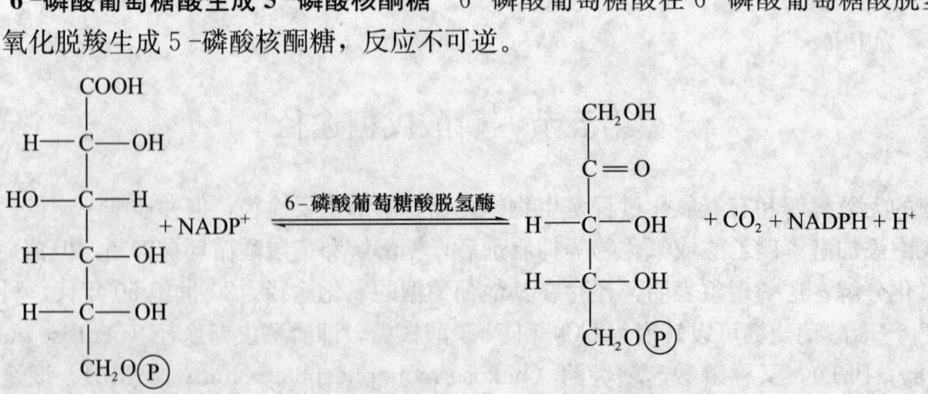

6-磷酸葡萄糖酸 + NADP$^+$ ⇌(6-磷酸葡萄糖酸脱氢酶)⇌ 5-磷酸核酮糖 + CO$_2$ + NADPH + H$^+$

(二) 非氧化阶段

1. 5-磷酸核酮糖生成 5-磷酸核糖　5-磷酸核酮糖在磷酸戊糖异构酶作用下，生成 5-磷酸核糖。

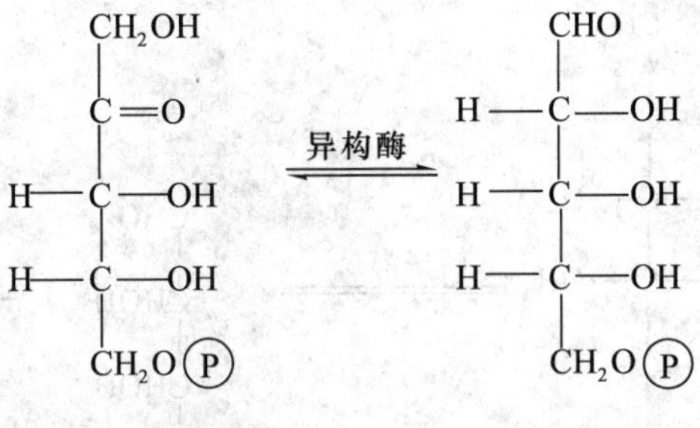

$$\text{5-磷酸核酮糖} \underset{}{\overset{\text{异构酶}}{\rightleftharpoons}} \text{5-磷酸核糖}$$

2. 5-磷酸核酮糖生成 5-磷酸木酮糖　5-磷酸核酮糖在磷酸戊糖表异构酶作用下，生成 5-磷酸木酮糖。

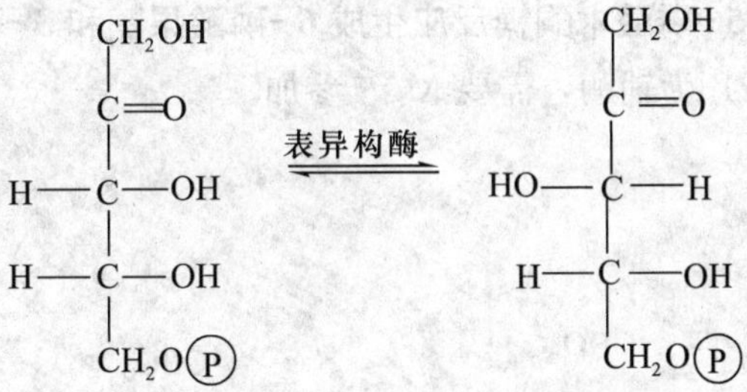

$$\text{5-磷酸核酮糖} \underset{}{\overset{\text{表异构酶}}{\rightleftharpoons}} \text{5-磷酸木酮糖}$$

3. 5-磷酸木酮糖与 5-磷酸核糖反应生成 3-磷酸甘油醛和 7-磷酸景天庚酮糖　在转酮酶的催化下，5-磷酸木酮糖上的二碳单位（羟乙醛基）被转移到 5-磷酸核糖的第一个碳原子上，生成 7-磷酸景天庚酮糖与 3-磷酸甘油醛，焦硫酸硫胺素（TPP）为辅酶，需要 Mg^{2+} 参加。

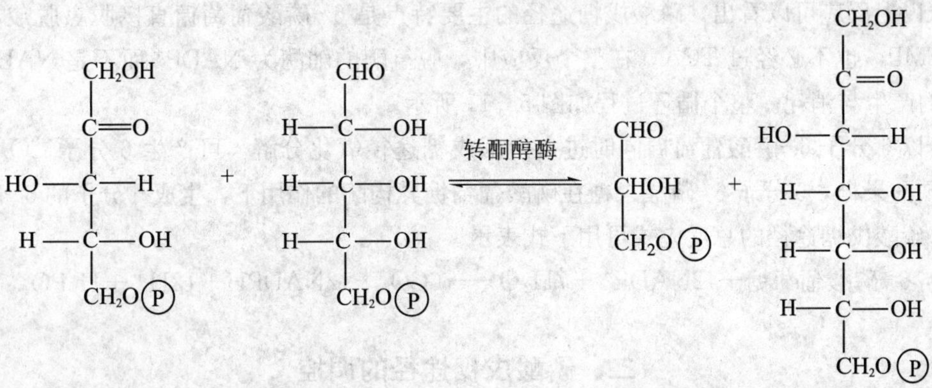

$$\text{5-磷酸木酮糖} + \text{5-磷酸核糖} \underset{}{\overset{\text{转酮醇酶}}{\rightleftharpoons}} \text{3-磷酸甘油醛} + \text{7-磷酸景天庚酮糖}$$

4. 7-磷酸景天庚酮糖与 3-磷酸甘油醛反应生成 4-磷酸赤藓糖和 6-磷酸果糖 在转醛酶催化下，7-磷酸景天庚酮糖上的二羟丙酮被转移给 3-磷酸甘油醛，生成 4-磷酸赤藓糖和 6-磷酸果糖。焦硫酸硫胺素（TPP）为辅酶，需要 Mg^{2+} 参加。

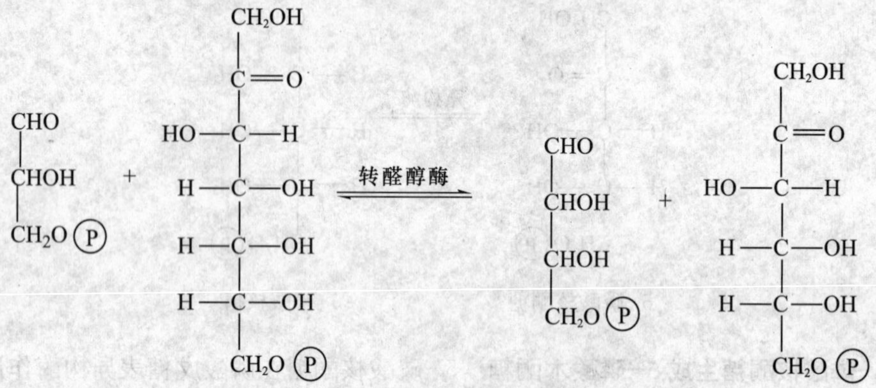

3-磷酸甘油醛　7-磷酸景天庚酮糖　　　　4-磷酸赤藓糖　6-磷酸果糖

5. 4-磷酸赤藓糖与 5-磷酸木酮糖反应生成 6-磷酸果糖和 3-磷酸甘油醛 由转酮酶催化，焦硫酸硫胺素（TPP）为辅酶，需要 Mg^{2+} 参加。

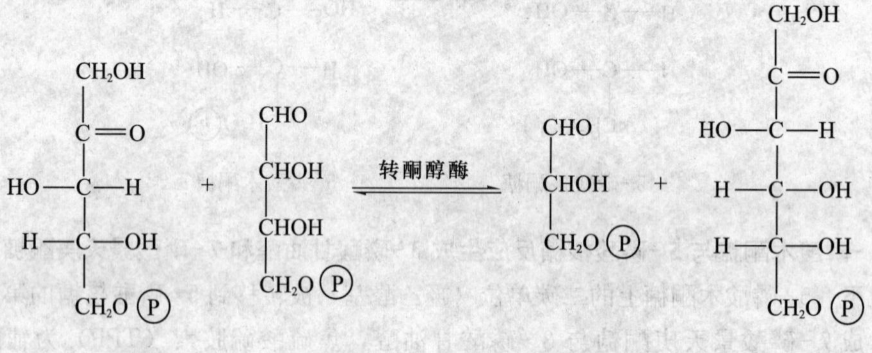

5-磷酸木酮糖　4-磷酸赤藓糖　　　　3-磷酸甘油醛　6-磷酸果糖

从以上反应可以看出，磷酸戊糖途径的主要特点是 6-磷酸葡萄糖直接脱氢脱羧，不必经过 EMP，也不必经过 TCA。在整个反应中，脱氢酶的辅酶为 $NADP^+$ 而不是 NAD^+，无 ATP 的产生与消耗。整个循环过程如图 5-11 所示。

若以 6 分子 6-磷酸葡萄糖同时进入磷酸戊糖途径氧化分解，可产生 6 分子 CO_2、5 分子 6-磷酸果糖，5 分子 6-磷酸果糖在磷酸葡萄糖异构酶的作用下，生成 5 分子的 6-磷酸葡萄糖。磷酸戊糖途径的总反应式可用下式表示。

6-磷酸葡萄糖 $+12NADP^+ +7H_2O \longrightarrow 6CO_2 +12NADPH+12H^+ +H_3PO_4$

二、磷酸戊糖途径的调控

在磷酸戊糖途径中，第一步反应是由 6-磷酸葡萄糖脱氢酶催化的一个不可逆反应，在

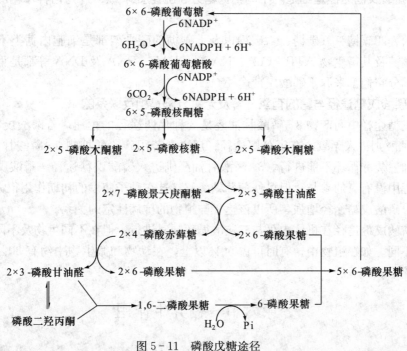

图 5-11 磷酸戊糖途径

生理条件下，该反应是限速步骤。控制该途径反应速率最重要的调节因子是 $[NADP^+]/[NADPH+H^+]$ 的比值。$NADP^+$ 接受 6-磷酸葡萄糖脱下的氢，并激活该脱氢酶，$NADPH^++H^+$ 竞争性抑制 6-磷酸葡萄糖脱氢酶和 6-磷酸葡萄糖酸脱氢酶的活性。

非氧化阶段中，戊糖的转变主要受控于底物浓度。5-磷酸核糖过多时，可转化成 6-磷酸果糖和 3-磷酸甘油醛进行酵解。

三、磷酸戊糖途径的化学计量

在磷酸戊糖途径中，1 分子 6-磷酸葡萄糖彻底氧化共产生 12 分子 NADPH，后者可以通过转氢酶生成 12 分子 NADH，进入呼吸链彻底氧化可产生 30 个 ATP。

$$6\text{-磷酸葡萄糖}+12NADP^++7H_2O \longrightarrow 6CO_2+12NADPH+12H^++H_3PO_4$$
$$12NADPH+12H^++12NAD^+ \longrightarrow 12NADP^++12H^++12NADH$$

四、磷酸戊糖途径的特点和意义

（一）磷酸戊糖途径是细胞产生还原力（NADPH）的主要途径

生活细胞将获得的燃料分子经分解代谢将一部分高潜能的电子通过电子传递链传至 O_2，产生 ATP 提供能量消耗的需要，另一部分高潜能的电子并不产生 ATP，而是以还原力的形式保存下来，供还原性生物合成需要。NADPH 作为主要供氢体，为脂肪酸、固醇、四氢叶酸等的合成，非光合细胞中硝酸盐、亚硝酸盐的还原以及氨的同化、丙酮酸羧化还原成苹果酸等反应所必需。

(二) 磷酸戊糖途径是细胞内不同结构糖分子的重要来源,并为各种单糖的互相转变提供条件

三碳糖、四碳糖、五碳糖、六碳糖以及七碳糖的碳骨架都是细胞内糖类不同的结构分子,其中核糖及其衍生物 ATP、CoA、NAD^+、FAD、RNA 及 DNA 等都是重要的生物分子的组成部分它们都来源于磷酸戊糖途径。

(三) 磷酸戊糖途径与糖的有氧分解及无氧分解是相互联系的

磷酸戊糖途径中间产物 3-磷酸甘油醛是 3 种代谢途径的枢纽。若磷酸戊糖途径受阻,3-磷酸甘油醛则进入无氧或有氧分解途径;反之,若用碘乙酸抑制 3-磷酸甘油醛脱氢酶,使糖酵解和三羧酸循环不能进行,3-磷酸甘油醛则进入磷酸戊糖途径。磷酸戊糖途径在整个代谢过程中没有氧的参与,但可使葡萄糖降解,这在种子萌发的初期作用很大;植物感病或受伤时,磷酸戊糖途径增强,所以该途径与植物的抗病性定的关系。

通常磷酸戊糖途径在机体内可与三羧酸循环同时进行,但在不同生物及不同组织器官中所占比例不同。如在植物中,有时可占 50% 以上,在动物和微生物中约有 30% 的葡萄糖经此途径氧化。

第六节 糖异生作用

一、糖异生作用的概念

糖异生作用 (gluconeogenesis) 是指以非糖有机物作为前体合成葡萄糖的过程。这是植物、动物体内一种重要的单糖合成途径。非糖物质包括乳酸、丙酮酸、甘油、草酰乙酸、乙酰 CoA 及生糖氨基酸 (如丙氨酸) 等。植物果实成熟期间,有机酸含量下降,糖分含量增加,就是糖异生作用的结果。动物体内葡萄糖异生作用是必不可少的。它对维持血糖浓度恒定,为大脑、肌肉、眼晶状体、中枢神经系统等利用葡萄糖分解供能提供了保障。人剧烈运动时,肌肉中糖酵解产生大量的乳酸,乳酸通过血液转移到肝,肝中启动糖异生作用,既解除了乳酸的积累,又保证了不断提供葡萄糖的问题。

二、葡萄糖异生作用的途径

葡萄糖异生途径几乎是糖酵解 (EMP) 途径的逆转,但要绕过 EMP 途径的 3 处不可逆反应,采用葡萄糖异生作用特有的酶催化、转移,才能完成非糖有机物合成葡萄糖的过程。葡萄糖异生途径 3 处迂回路径是:

(一) 丙酮酸生成磷酸烯醇式丙酮酸

丙酮酸逆转为高能磷酸化合物磷酸烯醇式丙酮酸 (PEP) 经历了较复杂的迂回路径。其过程简式为:

丙酮酸 +CO_2⟶草酰乙酸 (OAA) ⟶苹果酸穿梭⟶OAA⟶PEP+ CO_2
  C_3 C_1 C_4 C_4 C_4 C_3 C_1

这里的迂回反应不仅步骤多,而且还有化合物碳数目的变化,甚至还发生了线粒体内物质向细胞质转移的穿梭。丙酮酸在丙酮酸羧基酶 (pyruvate carboxylase) 催化下,以生物素

为辅酶，利用 CO_2，消耗 1 mol ATP 形成草酰乙酸：

$$丙酮酸 + CO_2 + ATP + H_2O \xrightarrow{丙酮酸羧化酶} 草酰乙酸 + ADP + Pi + 2H^+$$

丙酮酸羧化酶是一个生物亲蛋白，需乙酰 CoA 和 Mg^{2+} 激活。该酶定位于线粒体，丙酮酸需经运载系统进入线粒体后才能羧化成草酰乙酸（OAA），草酰乙酸不能直接穿出线粒体，需转变为苹果酸（MA）形式，苹果酸借助于穿梭系统穿出线粒体到细胞质中，再变回草酰乙酸，经历了四碳二羧酸的变迁过程（图5-12）。

草酰乙酸在磷酸烯醇式丙酮酸羧激酶（phosphoenolpyruvate carboxykinase，PEPCK）催化下，脱羧并获得能量，完成了 PEP 这一高能磷酸化合物形成的转变。该反应需要消耗 1 mol GTP，并释放出 CO_2。

$$草酰乙酸 + GTP \xrightarrow[丙酮酸羧激酶]{磷酸烯醇式} 磷酸烯醇式丙酮酸 + GDP + CO_2$$

细胞质中 PEPCK 由一条肽链组成（$M_r = 140\,000$），其序列、理化特性随生物不同而有差异。多数动物体内该酶存在于细胞质中，人类除了细胞质中有 PEPCK 外，线粒体中也有。鸟类、兔子的肝细胞中 PEPCK 全部存在于线粒体中。

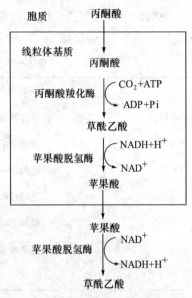

图5-12 线粒体内外草酰乙酸的运转

（二）果糖-1,6-二磷酸生成果糖-6-磷酸

反应由果糖-1,6-二磷酸酯酶催化，使果糖-1,6-二磷酸（FBP）分解为果糖-6-磷酸（6-P-F）和磷酸（Pi）。该酶是变构酶，受 AMP、2,6-二磷酸果糖变构抑制，但受 ATP、柠檬酸变构激活。这一反应的意义在于避开了 EMP 途径在此处不可逆的吸能反应过程。

$$1,6\text{-二磷酸果糖} + H_2O \xrightarrow{1,6\text{-二磷酸果糖酯酶}} 6\text{-磷酸果糖} + Pi$$

（三）6-磷酸葡萄糖水解为葡萄糖

由 6-磷酸葡萄糖磷酸酯酶催化，将 6-磷酸葡萄糖（6-P-G）水解为葡萄糖（G）和磷酸（Pi），其意义同样在于避开了 EMP 途径在此处不可逆的吸能反应过程。

$$6\text{-磷酸葡萄糖} + H_2O \xrightarrow{6\text{-磷酸葡萄糖磷酸酯酶}} 葡萄糖 + Pi$$

哺乳动物的糖异生作用在肝脏中进行；高等植物主要发生在油料种子萌发时脂肪酸氧化产物甘油向糖的转变过程中。动物体内若以乳酸（Lac）为原料，糖异生的总反应式为：

$$2\,乳酸 + 4ATP + 2GTP + 6H_2O \longrightarrow G + 4ADP + 2GDP + 6Pi$$

植物体内若以丙酮酸为原料，糖异生的总反应式可写成：

$$2\,丙酮酸 + 6ATP + 2NADH + 2H^+ + 6H_2O \longrightarrow G + 6ADP + 6Pi + 2NAD^+$$

可见，葡萄糖异生途径是一条消耗能量的糖类合成途径，其他有机物（如甘油、乙酰 CoA、氨基酸）作为原料进入糖异生途径将在脂类代谢和氨基酸代谢中介绍。

三、糖酵解与糖异生作用的关系

糖酵解中许多可逆反应与葡萄糖异生途径是通用的,这两个途径有关联,但不是完全逆转关系。表5-3中和图5-13中阐明了两种途径的主要区别。

表5-3 糖酵解与葡萄糖异生途径的主要区别

	EMP途径	葡萄糖异生途径
反应部位	均在细胞质中	部分反应在线粒体中,多数反应在细胞质中
物质代谢	糖的分解	糖的合成
能量代谢	产能	耗能
不同的酶	己糖激酶	葡萄糖-6-磷酸酶
	磷酸果糖激酶	果糖二磷酸酯酶
	丙酮酸激酶	丙酮酸羧化酶
		PEP羧激酶

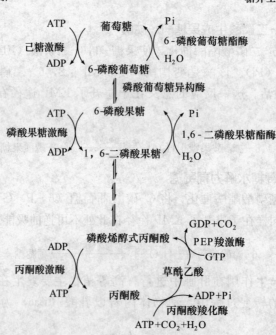

图5-13 糖异生与糖酵解的比较

在细胞中葡萄糖异生作用和糖酵解作用相互协调、相互制约,受到很多代谢物的调控。糖酵解与糖异生的相互调节总结于图5-14。

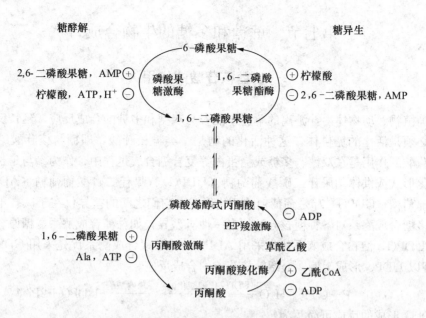

图 5-14 糖酵解与糖异生的相互调节

（一）AMP/ATP 的比例影响着两种代谢途径

高水平的 ATP，抑制 EMP 途径，此时葡萄糖异生途径中特有的酶——果糖-1,6-二磷酸酶（FBPase）和葡萄糖-6-磷酸酶（G6Pase）的活性被激活，导致葡萄糖异生作用加速进行。反之，AMP 浓度升高时，机体需要糖的氧化分解产能。AMP 激活了 EMP 途径中的关键酶——磷酸果糖激酶（PFK）和丙酮酸激酶的活性，促进了 EMP 途径和 TCA 循环的产能过程活跃进行，而葡萄糖异生途径中的 FBPase 等活性下降，使葡萄糖异生作用受阻。

（二）乳酸的产生和有效地利用

人剧烈运动时，肌肉中糖酵解产生大量的乳酸。乳酸是无氧代谢的产物，除了转变为丙酮酸外别无去路，过多的乳酸在体内积累会导致中毒。为了解除乳酸的积累，大部分乳酸通过血液循环转移到葡萄糖异生的重要场所——肝脏中。肝利用乳酸等非糖有机物合成葡萄糖，更新肝糖原，补充血糖和组织中的葡萄糖。动物体内这种乳酸的产生和异生为葡萄糖的循环过程叫做可立氏循环（Cori's cycle）或乳酸循环。

（三）调节物和信号分子对两种途径的调节

细胞中果糖-2,6-二磷酸（F-2,6-BP）是 1980 年被发现的一种调节物和信号分子，它是果糖-1,6-二磷酸的同分异构物，是一种对糖代谢中间产物转折点——果糖-6-磷酸附近的一些酶活性起调节作用的物质。它是由特殊的磷酸果糖激酶 2（PFK_2）催化产生的。果糖-2,6-二磷酸对 EMP 途径中的关键酶——磷酸果糖激酶（PFK）有强烈的激活作用，而对葡萄糖异生途径中的关键酶——果糖-1,6-二磷酸酶有抑制作用。实验证实，当动物饱食时，血糖浓度升高，F-6-P 充足，可激活磷酸果糖激酶 2，产生调节物 F-2,6-BP，该调节物水平上升，激活磷酸果糖激酶，促进糖酵解进行，抑制果糖二磷酸酶的水解，葡萄糖异生作用受阻，以此来控制血糖浓度的上升；反之，动物饥饿时，血糖含量下降，低水平的 F-2,6-BP，解除了对果糖二磷酸酶的抑制，使糖异生作用占优势。

第七节 蔗糖和多糖的生物合成

一、糖核苷酸的作用

在高等植物、动物体内，游离的单糖不能参与双糖和多糖的合成反应，延长反应中提供的单糖基必须是活化的糖供体，这种活化的糖是一类糖核苷酸，即糖与核苷酸结合的化合物。糖核苷酸的作用是在双糖、多糖或糖蛋白等复合糖合成过程中，作为参与延长糖链的单糖基的活化形式或供体。尿苷二磷酸葡萄糖（UDPG）、腺苷二磷酸葡萄糖（ADPG）和鸟苷二磷酸葡萄糖（GDPG）都是葡萄糖的活化形式，它们之间的差异仅在于碱基不同。不同的双糖和多糖合成酶系对各种糖核苷酸的专一性有差异，如蔗糖合成酶系、糖原合成酶系均优先采用 UDPG，淀粉合成酶系优先采用 ADPG，纤维素合成酶系优先采用 GDPG 和 UDPG 等。现以 UDPG 形成为例，介绍糖核苷酸的合成反应。

$$G-1-P+UTP+H_2O \xrightarrow{UDPG\text{焦磷酸化酶}} \xrightarrow{\text{焦磷酸酶}} UDPG+2Pi$$

同理，ADPG 形成的反应可简写为：

$$G-1-P+ATP+H_2O \xrightarrow{ADPG\text{焦磷酸化酶}} \xrightarrow{\text{焦磷酸酶}} ADPG+2Pi$$

以此类推，糖核苷酸合成反应的通式可简写成：

$$G-1-P+NTP+H_2O \xrightarrow{NDPG\text{焦磷酸化酶}} \xrightarrow{\text{焦磷酸酶}} NDPG+2Pi$$

由此可知，每活化 1 个葡萄糖残基，至少消耗 1 分子的 NTP，即至少损失了 1 个高能磷酸键。糖的活化反应中 G-1-P 可来自多种途径。

二、蔗糖的生物合成

蔗糖是植物光合作用的主要产物，也是植物体内运输的主要形式。高等植物中，主要有两种参与蔗糖合成有关的途径。

1. 磷酸蔗糖合酶途径　磷酸蔗糖合酶可使 UDPG 的葡萄糖转移到 6-磷酸果糖上，形成磷酸蔗糖。

$$UDPG+6\text{-磷酸果糖} \xrightleftharpoons{\text{磷酸蔗糖合酶}} \text{磷酸蔗糖}+UDP$$

在光合组织中磷酸蔗糖合酶活性高。在磷酸蔗糖磷酸酶的催化下，磷酸蔗糖水解生成蔗糖。

$$\text{磷酸蔗糖}+H_2O \xrightarrow{\text{磷酸蔗糖磷酸酶}} \text{蔗糖}+Pi$$

由于磷酸蔗糖合酶的活性较大，平衡常数有利于蔗糖合成，而磷酸蔗糖合酶存在量大，所以一般认为此途径是植物合成蔗糖的主要途径。

2. 蔗糖合酶途径　蔗糖合酶能利用 UDPG 作为葡萄糖供体与果糖合成酶反应如下：

$$UDPG+\text{果糖} \xrightleftharpoons{\text{蔗糖合酶}} \text{蔗糖}+UDP$$

该酶还可利用 ADPG、GDPG 等作为葡萄糖供体，主要存在于植物的非绿色组织（如储藏器官）中。现在认为这一途径主要是起蔗糖分解的作用，特别是在储藏淀粉的组织器官中蔗糖转变成淀粉过程中起着重要作用。

三、淀粉的生物合成

植物体内的淀粉（starch）和动物体内的糖原（glycogen）都属于葡聚糖（glucan）。糖原比淀粉具有更多的分支。支链淀粉（amylopectin）每 24~30 个葡萄糖残基有一个分支，而糖原每 8~12 个葡萄糖残基有一个分支。

淀粉和糖原的生物学意义在于它们既是能量和碳架物质的储存形式，又是容易动员的多糖。如禾谷类植物种子中积累了大量的淀粉，是种子萌发和生长的能量和物质基础；动物在肝等细胞中储备了糖原，当大脑和肌体运动时，就会启动糖原分解供能。医学证明，当人血糖水平低时，会影响中枢神经系统的正常功能，严重时会出现休克症状。有些人采用饥饿方式减肥，导致四肢无力，头晕眼花，可能和糖原含量下降、低血糖有关。

光合作用旺盛时，叶绿体可直接合成和累积淀粉；非光合组织也可利用葡萄糖合成或通过蔗糖转化成淀粉。

（一）直链淀粉的合成

参与直链淀粉合成的酶和途径主要有以下几种：

1. 淀粉合酶　淀粉合酶（starch synthase）是直链淀粉延长中的主要酶类。它以糖核苷酸（ADPG 等）为原料，将活化的葡萄糖基转移到"引物"上，延长了葡聚糖链。引物是糖基受体，由 3 个以上的葡萄糖基以 α-1,4-糖苷键连接成麦芽三糖、寡糖或直链淀粉。加成反应不断进行，寡聚糖链逐渐延长。催化反应可简写成：

$$ADPG + G_n (引物) \xrightarrow{淀粉合酶} G_{n+1} (直链淀粉) + ADP$$

式中，引物的 $n \geqslant 3$；活化的葡萄糖基从引物的非还原端延长；淀粉合酶催化连接的键是 α-1,4-糖苷键。

糖核苷酸有较高的自由能，当其降解为核苷二磷酸和糖时，释放的自由能为 $33.5 \text{ kJ} \cdot \text{mol}^{-1}$；淀粉合酶催化的反应中，每个单糖基加到引物上，需要自由能 $21 \text{ kJ} \cdot \text{mol}^{-1}$，则反应的自由能变化为 $-12.5 \text{ kJ} \cdot \text{mol}^{-1}$，表明反应可以自发地向着淀粉延长的方向进行。

2. D 酶　在马铃薯、大豆中发现有这种酶。D 酶是一种糖苷基转移酶，作用于 α-1,4-糖苷键上，它能将一个麦芽多糖的残余段转移到葡萄糖、麦芽糖或其他 α-1,4-糖苷键的多糖上，起着加成作用，故有人称之为加成酶。D 酶的存在，有利于葡萄糖转变为麦芽多糖，为直链淀粉延长反应提供了必要的引物。例如，当葡萄糖与麦芽五糖混合时，D 酶可催化产生两分子的麦芽三糖。

3. 蔗糖转化为淀粉　光合组织合成的糖转化成蔗糖运输到非光合组织，光合器官中蔗糖转化为淀粉。

4. 淀粉磷酸化酶　该酶广泛存在于动物、植物、酵母和某些细菌中。催化的是可逆反应：

$$G-1-P + G_n (引物) \xrightarrow{淀粉磷酸化酶} G_{n+1} + Pi \quad (n > 3)$$

淀粉磷酸化酶属于转移酶类，转移的基团是葡萄糖基，可以将 G-1-P 的葡萄糖基转移到淀粉非还原末端 C_4 的羟基上，淀粉以 α-1,4-糖苷键连接形式增加一个葡萄糖基。植物细胞中无机磷酸浓度较高,因此通常磷酸化酶的主要作用是催化淀粉水解成 G-1-P,且 G-1-P 要比游离的葡萄糖更有效地被生物所利用。所以,该酶不是生物体内合成直链淀粉的主要酶类。

(二) 支链淀粉的合成

支链淀粉除含有 α-1,4-糖苷键外,还有 α-1,6-糖苷键。因此,支链淀粉是在淀粉合成酶和 1,4-葡聚糖分支酶(原称 Q 酶)共同作用下生成的。淀粉合成酶催化葡萄糖以 α-1,4-糖苷键结合,Q 酶可从直链淀粉的非还原端拆开一个低聚糖片段,并将其转移到毗邻的直链片段的非末端残基上,并以 α-1,6-糖苷键与之相连,即形成一个分支。以后在淀粉合酶作用下,继续延长直链;经 Q 酶的反复作用,淀粉分支增加,进而合成大分子的支链淀粉。

四、糖原的生物合成

动物肌肉和肝脏中糖原的合成与植物淀粉合成的机制相似,但动物有自身特殊的酶类——糖原合成酶,另外葡萄糖供体为 UDPG。动物糖原分支要比植物支链淀粉多得多。糖原的分支主要由分支酶形成 α-1,6 糖苷键来完成。动物消化淀粉成 6-磷酸葡萄糖,再将其转化成 1-磷酸葡萄糖,形成 UDPG,合成糖原储存于肝脏,只需消耗很少的能量,因此糖原是葡萄糖的有效储存形式糖原合成途径见图 5-15。

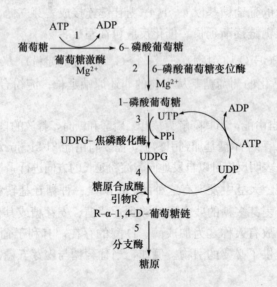

图 5-15 糖原合成途径

五、纤维素的生物合成

纤维素(cellulose)分子是由葡萄糖残基以 β-1,4-糖苷键连接组成的直链葡聚糖,是植物和某些微生物细胞壁的主要成分。纤维素占植物碳素含量的 50% 以上,尤其是棉花、麻、树木和麦秸中纤维素含量非常丰富。天然纤维素材料以它们的多种优势在纺织、造纸和家居材料中占有重要地位。

催化β-1,4-糖苷键连接的酶是纤维素合酶。延长纤维素的合成反应可简写为：

$$NDPG+(G)_n \xrightarrow{\text{纤维素合酶}} NDP+(G)_{n+1}$$

式中，$(G)_n$ 是纤维素合成所需的引物，是一段由β-1,4-糖苷键连接的葡聚糖。NDPG 是糖核苷酸，作为延长纤维素的糖基供体。随生物不同，糖核苷酸的种类有差异，豌豆、绿豆、玉米、茄子等植物中以 GDPG 作为糖基供体，细菌而只能利用 UDPG 合成纤维素。

六、半纤维素的生物合成

半纤维素是从植物细胞壁中去掉果胶物质，能被 15% 的 NaOH 提取的多糖总称。属于半纤维素的有木聚糖（xylan）、甘露聚糖（mannan）、葡甘露聚糖（glucomannan）、半乳葡甘露聚糖（galacto glucomannan）、木葡聚糖（xyloglucan）等。它们的主链多数是β-1,4-糖苷键连接的多聚己糖或多聚戊糖，侧链上以 1,6-糖苷键形式连接杂糖。少数主链是β-1,3-糖苷键连接的，如愈创葡聚糖（callose）也称β-1,3-葡聚糖。

半纤维素的合成较为复杂，不同的植物组成半纤维素的糖类也各异。其糖基供体是核苷二磷酸戊糖或核苷二磷酸己糖。可通过 UDPG 等糖核苷酸经脱氢酶、脱羧酶及异构酶的催化，转变为各种半纤维素的糖基供体，再参与半纤维素的合成。

七、果胶的生物合成

果胶物质（pectic substance）是细胞壁中的基质杂多糖衍生物，主要分布在植物初生细胞壁和细胞之间的中间层内。在浆果、果实和植物茎中含量丰富。果胶物质中的杂多糖主要是酸性的，故也称果胶酸。果胶酸主链或是聚半乳糖醛酸（galacturonan），或是聚鼠李半乳糖醛酸（rhamnogalacturonan）。其长侧链有阿拉伯聚糖、阿拉伯半乳聚糖、半乳聚糖。短侧链杂糖有 D-半乳糖、L-阿拉伯糖、D-岩藻糖、D-葡萄糖醛酸等。果胶酸的结构比半纤维素更复杂。每种植物因其品种、组织、发育阶段不同，其果胶酸中侧链杂糖的数目、种类、连接方式以及取代基情况有很大的差异。

合成果胶酸所用的糖核苷酸最初是 UDPG，经脱氢、异构等步骤转变为 UDP-半乳糖醛酸等各种所需的糖核苷酸，再参与果胶酸的合成。

果胶酸羧基不同程度甲酯化可转变为果胶。其甲基供体是 S-腺苷-甲硫氨酸。甲基化程度 <45% 的为低甲氧基果胶；甲基化程度 >45% 的为高甲氧基果胶。果胶溶液是一种亲水胶体，果胶进一步与纤维素或半纤维素结合就成为水不溶性的原果胶（protopectin）。

【本章小结】

糖是生物体重要的能源和碳源。糖代谢包括糖分解代谢和合成代谢。糖的分解代谢包括：糖酵解——糖的共同分解途径；三羧酸循环——糖的最后氧化途径；葡萄糖氧化支路磷酸戊糖途径——糖的直接氧化途径。动、植物通过淀粉磷酸化酶或淀粉酶水解糖原（淀粉）

成葡萄糖。很多微生物则有水解纤维素的酶。蔗糖、乳糖等寡糖经水解和异构化成葡萄糖。葡萄糖经糖酵解-三羧酸循环氧化分解产生 CO_2 和 $NADH+H^+$、$FADH_2$。磷酸戊糖途径则生成 CO_2 和 $NADPH+H^+$，后者是合成代谢的还原剂。糖分解途径的多种中间产物是合成氨基酸、脂肪、核苷酸等的原料。ATP、$NADH+H^+$、$NADPH+H^+$ 通过抑制 EMP、TCA 和 HMP 途径的关键酶而抑制整个途径。柠檬酸及脂肪酸也抑制 EMP。果糖2,6-二磷酸、AMP 则可激活 EMP 途径。糖分解可释放能量，供给生命活动的需要。糖代谢的中间产物作为碳骨架可以转变成氨基酸、脂肪酸、核苷酸等，糖还是植物体内的重要结构物质。糖的合成代谢有糖异生途径，该途径是生物将非糖化合物转化为糖的途径。单糖进一步作为单体合成寡糖和多糖，糖核苷酸是其活化单体形式。

◆ **思考题**

1. 淀粉在植物体内通过什么途径合成和降解？
2. 简述糖酵解的生理意义及其调控。
3. 从反应历程、能量计算、代谢调控等方面阐述三羧酸循环的要点。
4. 为什么说三羧酸循环是糖、脂和蛋白质三大物质代谢的共同通路？
5. 简述糖异生的关键酶反应。
6. 简述6-磷酸葡萄糖的代谢途径及其在糖代谢中的作用。
7. 丙酮酸的代谢去路有哪些？
8. 什么是磷酸戊糖途径？该途径的代谢特点及生理意义如何？

第六章 脂质与脂质代谢

脂质（lipids）是一类在化学组成和结构上有很大差异的化合物，不溶于水而易溶于乙醚、氯仿等非极性溶剂。脂质包括多种多样的分子，其特点是主要由碳和氢两种元素以非极性的共价键组成。由于这些分子是非极性的，所以和水不能相容，因此是疏水的。严格地说，脂质不是大分子，因为它们的相对分子质量不如糖类、蛋白质和核酸的那么大，而且它们也不是聚合物。

动物油脂、植物油和工业、医药上用的蓖麻油和麻仁油等都属于脂质物质。脂质是细胞的重要结构物质和生理活性物质，也是动植物的储能物质。随着对生物膜结构和功能研究的深入，人们越来越多的发现，物质跨膜运输、信息的识别与传递、能量转换、细胞识别、细胞免疫、代谢调控等生命现象都与生物膜有关。

第一节 生物体内的脂质

脂质是脂肪酸（4个碳原子以上）和醇（包括甘油醇、鞘氨醇、高级一元醇和固醇）等所形成的酯类及其衍生物。

按脂质的化学组成可将其分成三大类：单纯脂类、复合脂类、非皂化脂类。

1. 单纯脂类（simple lipids） 指脂肪酸与醇脱水缩合形成的化合物，包括蜡（waxes）和甘油酯。蜡是不溶于水的固体，是高级脂肪酸和长链一羟基脂醇所形成的酯，或者是高级脂肪酸甾醇所形成的酯，如虫蜡、蜂蜡。甘油酯又称脂肪，是以甘油为主链的脂肪酸酯。如三酰甘油酯的化学结构为甘油分子中三个羟基都被脂肪酸酯化，故称为三酰甘油（triacylglycerol，TG）或中性脂肪。

2. 复合脂类（compound lipids） 是含有其他化学基团的脂肪酸酯，如磷脂（phospholipid）、糖脂（glycolipid）。磷脂是生物膜的重要组成部分，其特点是在水解后产生含有脂肪酸和磷酸的混合物。糖脂是糖与脂类通过糖苷键连接起来的化合物。

单纯脂类和复合脂类都可以发生皂化反应（即碱水解）。

3. 非皂化脂类（non-saponifiable lipids） 是一类不含有脂肪酸，不能进行皂化反应的脂质。主要包括萜类（terpenes）和甾类（sterol）及其衍生物。

一、脂肪酸

生物体中存在100多种脂肪酸（fatty acid），表6-1所列举的是常见的脂肪酸，它们的主要区别在于烃链的长度、不饱和度以及双键的位置。

表示脂肪酸结构的简明写法是先写出碳原子的数目，再写出双键的数目，最后表明双键的位置。如棕榈酸用16：0表示，表明棕榈酸含16个碳原子，无双键。油酸用18：1(9)或者18：1$^{\Delta 9}$表示，表明油酸为18个碳原子，在9～10位之间有一个不饱和双键。不饱和双键有顺式（cis，c）和反式（trans，t）两种构型。如顺,顺-9,12-十八烯酸（亚油酸）简写为 $18:2^{\Delta 9c,12c}$。

表6-1 常见的脂肪酸

俗 名	碳原子数	系统命名	熔点（℃）	结构式
1. 饱和脂肪酸				
月桂酸	12	n-十二酸	44.2	$CH_3(CH_2)_{10}COOH$
棕榈酸	16	n-十六酸	63.1	$CH_3(CH_2)_{14}COOH$
硬脂酸	18	n-十八酸	69.6	$CH_3(CH_2)_{16}COOH$
花生酸	20	n-二十酸	76.5	$CH_3(CH_2)_{18}COOH$
2. 单不饱和脂肪酸				
棕榈油酸	16	十六碳-9-烯酸	−0.5～0.5	$CH_3(CH_2)_5CH=CH(CH_2)_7COOH$
油酸	18	十八碳-9-烯酸	13.4	$CH_3(CH_2)_7CH=CH(CH_2)_7COOH$
贡多酸	20	二十碳-11-烯酸	23～24	$CH_3(CH_2)_7CH=CH(CH_2)_9COOH$
芥子酸	22	二十二碳-13-烯酸	33～35	$CH_3(CH_2)_7CH=CH(CH_2)_{11}COOH$
神经酸	24	二十四碳-15-烯酸	42～43	$CH_3(CH_2)_7CH=CH(CH_2)_{13}COOH$
3. 多不饱和脂肪酸				
亚油酸	18	十八碳-9,12 二烯酸（顺，顺）	−5	$CH_3(CH_2)_4(CH=CHCH_2)_2(CH_2)_6COOH$
α-亚麻酸	18	十八碳-9,12,15-三烯酸（全顺）	−11	$CH_3(CH=CHCH_2)_3(CH_2)_6COOH$
γ-亚麻酸	18	十八碳-6,9,12-三烯酸（全顺）	−14.4	$CH_3(CH_2)_4(CH=CHCH_2)_3(CH_2)_3COOH$
花生四烯酸	20	二十碳-5,8,11,14-四烯酸（全顺）	−49	$CH_3(CH_2)_4(CH=CHCH_2)_4(CH_2)_2COOH$
DHA	22	二十二碳-4,7,10,13,16,19-六烯酸（全顺）	−45.5	$CH_3CH_2(CH=CHCH_2)_6CH_2COOH$

多不饱和脂肪酸（polyunsaturated fatty acid，PUFA）是指含有两个或两个以上双键且碳链长为18～22个碳原子的直链脂肪酸，主要包括亚油酸（linoleic acid，LA）、亚麻酸（linolenic acid，LA）、花生四烯酸（arachidonic acid，AA）、二十碳五烯酸（eicosapentaenoic acid，EPA）、二十二碳六烯酸（docosahexenoic acid，DHA）等。对人体及动物来讲亚油酸、亚麻酸及花生四烯酸是维持机体功能不可或缺的，且只能从食物中获得，因此被称为必需脂肪酸（essential fatty acid，EA）。

多不饱和脂肪酸因其结构特点及在人体内代谢的相互转化方式不同，主要可分为 ω-3、ω-6 两个系列（ω命名法）。即在多不饱和脂肪酸分子中，从甲基末端（ω 端）计数双键，用 ω 后加数字表示靠甲基碳最近的第一个双键的位置，双键在第3个碳原子上的称为 ω-3 多不饱和脂肪酸，如在第6个碳原子上，则称为 ω-6 多不饱和脂肪酸。ω-6 系和 ω-3 系多不饱和脂肪酸在人体内不能相变。α-亚麻酸属于 ω-3 多不饱和脂肪酸，在人体内可转化成为 ω-3 系列中的 20 碳和 22 碳的多不饱和脂肪酸，如 EPA 和 DHA，人体许多组织含有这些 20 碳和 22 碳 ω-3 多不饱和脂肪酸。亚油酸属于 ω-6 多不饱和脂肪酸，在人和哺乳动物体内可被转化为 γ-亚麻酸，并进一步延长为花生四烯酸，后者是构成生物膜的重要组分。

多不饱和脂肪酸对动脉血栓形成和血小板功能以及对脑、视网膜和神经组织发育有影响。DHA 和 AA 是脑的视网膜中两种主要的多不饱和脂肪酸。多不饱和脂肪酸对成年人而言，它们的缺乏表征极少见，但对于婴幼儿的影响显著，所以，母亲膳食中脂肪酸的摄入及婴儿乳中的脂肪酸组成与孩子智力、视力等脑发育关系密切。

二、三酰甘油

三酰甘油是三个脂肪酸与甘油形成的三酯，其化学通式如图 6-1 所示。

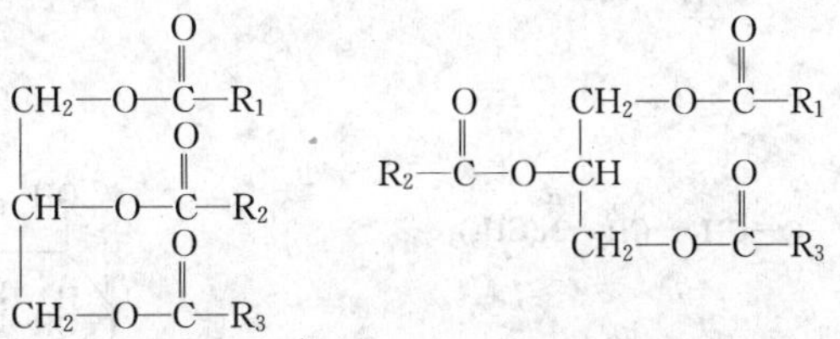

图 6-1 三酰甘油结构通式

甘油分子本身无不对称碳原子，但它的 3 个羟基可被不同的脂肪酸酯化，则甘油分子的中间 1 个碳原子是 1 个不对称原子，因而有两种不同的构型（L 构型和 D 构型）。天然的三酰甘油都是 L 构型。

上图中三酰甘油通式中的 R_1、R_2 和 R_3 相当于各脂肪酸链，当 $R_1=R_2=R_3$ 时，该化合物称为简单三酰甘油，如棕榈酸甘油酯、硬脂酸甘油酯；当 R_1、R_2 和 R_3 任意两个不同或 3 个都不相同时，称为混合三酰甘油，如 1-棕榈酰-2-硬脂酰-3-豆蔻酰-sn-甘油。三酰甘油中的脂肪酸不饱和的较多，在室温下为液态，被称为油；若饱和的脂肪酸较多，则室温下为固态，被称为脂，因此三酰甘油又统称为油脂。多数的天然油脂都是简单三酰甘油的复杂混合物。

三、磷　脂

生物体内，构成生物膜的脂中含量最多是磷脂，根据磷脂的醇部分的差异，可将磷脂分成甘油磷脂（phosphogly ceride）和鞘磷脂（sphingomyelin）两类。最简单的磷脂甘油酯是由 sn-甘油-3-磷酸衍生而来。

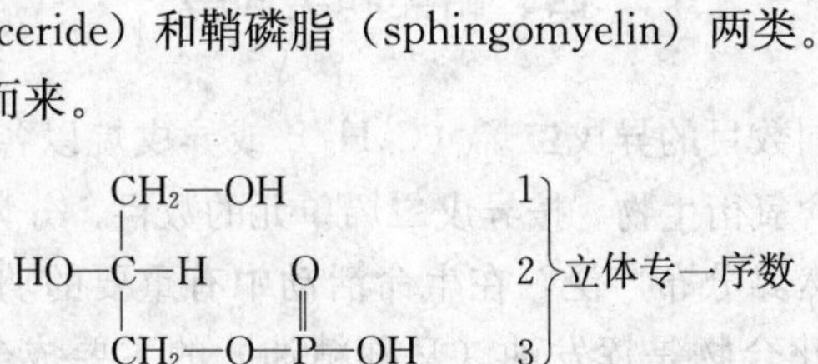

sn-甘油-3-磷酸

sn 是 stereospecific numbering 的缩写，称为立体专一序数，所有甘油衍生物的名称前都应冠以 sn 符号；将甘油的 3 个碳原子标号为 1, 2, 3, 三者顺序不能颠倒，且 C-2 位羟基一定要放在 C-2 的左边。

磷脂酸是最简单的甘油磷脂，称为 sn-二酯酰甘油-3-磷酸，其磷酸基被不同的残基酯化，形成不同的甘油磷脂。几种常见的磷脂见图 6-2。

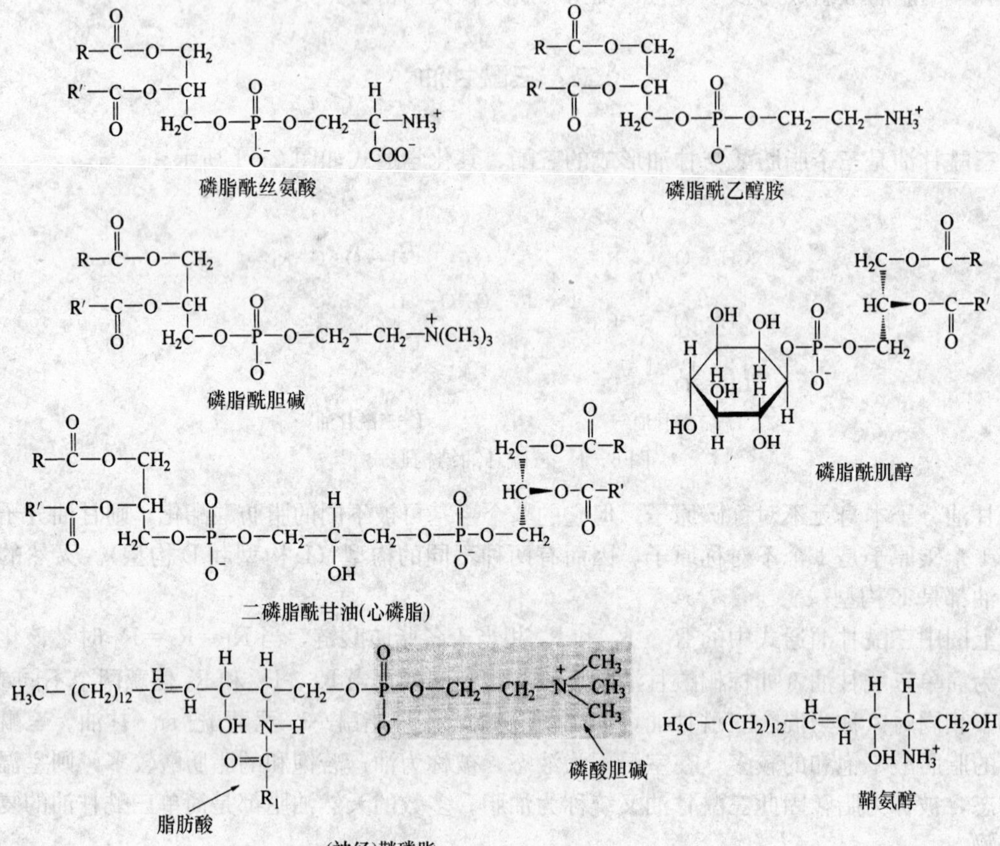

图 6-2 几种常见的磷脂
(改自王镜岩，2002)

四、萜类和类固醇

萜类化合物是由不同数目的异戊二烯（C_5H_8）或异戊烷以各种方式连接而成的聚合物以及其不同饱和程度的含氧衍生物。按异戊二烯单元的数目，分为单萜、倍半萜、二萜、三萜、四萜等。萜类在自然界分布广泛，在生命活动中有重要的功能，如维生素 A、维生素 E、维生素 K 等；萜类化合物是挥发油（又称精油）的主要成分，从植物的花、果、叶、茎、根中得到有挥发性和香味的油状物，具有一定的生理活性，如祛痰、止咳、祛风、发汗、驱虫、镇痛。

类固醇也被称为甾类，是一类以环戊烷多氢菲为基本结构的化合物，环戊烷多氢菲被称为甾核。类固醇中有一大类化合物被称为固醇或甾醇，广泛存在于动植物体内，植物中含有的固醇主要为β谷固醇，动物中则在脑、肾组织中富含胆固醇。固醇结构的特点是在甾核的C-3位上有一个β羟基，C-17位上含有8~10个碳原子的烃链（图6-3）。固醇存在于多数真核细胞膜中，但细菌不含固醇类。

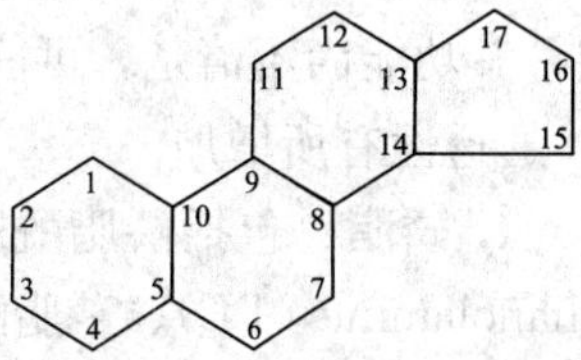

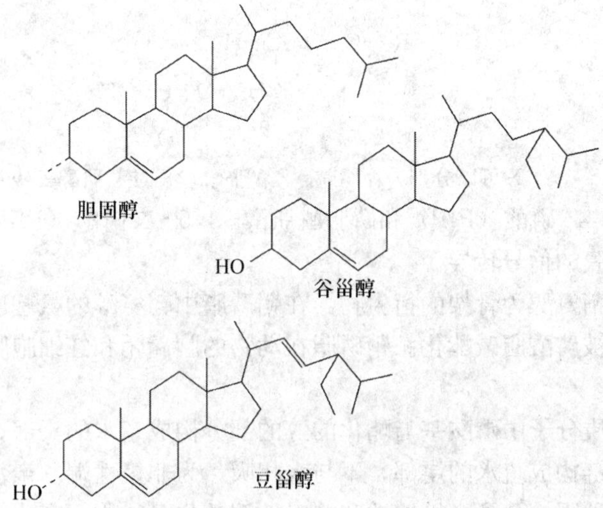

图6-3 甾醇的分子结构

第二节 生 物 膜

生物的基本结构和功能单位是细胞，任何细胞都有一层膜将细胞的内外环境隔开，这层膜被称为细胞膜（cell membrane），又称质膜（plasmalemma）或原生质膜，起着调节和维持内环境相对稳定的作用，也是物质运输的关键所在。此外，大多数细胞中还有许多内膜如核膜、各种细胞器的膜，在生理活动上都占有重要地位。这些内膜系统（cytomembrane）与细胞膜统称为"生物膜"（biomembrane）。

一、生物膜的组成

生物膜主要由蛋白质和脂类组成，此外尚有少量的糖类、无机盐、金属离子等成分。脂类在膜中起着骨架的作用，而蛋白质决定了细胞膜功能的特异性。功能越复杂的膜，膜蛋白的含量及种类就越多。

（一）生物膜脂质

膜脂质约占细胞总脂质的40%，主要有磷脂、糖脂，其中磷脂占主导地位。真核生物的膜中还含有胆固醇，原核生物膜不含胆固醇。

磷脂和糖脂是构成脂质双层的结构物质，胆固醇在膜内是以中性脂的形式分布于脂质双层，其功能尚不清楚，可能与膜的流动性和通透性有关，因为缺乏胆固醇的生物膜对 Na^+、K^+ 通透性有所增加。

1. 磷脂 包括磷脂酰胆碱（phosphatidyl choline，PC）、磷脂酰乙醇胺（phosphatidyl ethanolamine，PE）、磷脂酰丝氨酸（phosphatidyl serine，PS）、磷脂酰肌醇（phosphatidy linositol，PI）和鞘磷脂等，他们都属于甘油磷酸二酯。甘油磷酸二酯结构如下：

$$\begin{array}{c} \text{O} \quad\quad\quad \text{CH}_2-\text{O}-\overset{\overset{\text{O}}{\|}}{\text{C}}-\text{R}_1 \\ \text{R}_2-\overset{\|}{\text{C}}-\text{O}-\text{CH} \quad\quad \overset{\text{O}}{\|} \\ \text{CH}_2-\text{O}-\overset{\|}{\text{P}}-\text{OH} \\ \text{OX} \end{array}$$

X 可以分别为：胆碱、乙醇胺、丝氨酸、肌醇等残基

磷脂酰肌醇-4-磷酸（PIP）和磷脂酰肌醇-4,5-二磷酸（PIP_2）是磷脂酰肌醇的衍生物，它们参与跨膜的信号转导。

鞘磷脂是以鞘氨醇为骨架的衍生物，在鞘磷脂中鞘氨醇的氨基以酰胺键与一长链脂肪酸相连，其羟基则被磷酸胆碱酯化。鞘磷脂在动物的脑髓鞘和红细胞膜中含量丰富，也存在于植物种子中。

生物膜的脂质分子中磷酸基与酯化的醇的部分构成亲水的头部，极易与水相吸，为极性端；两条长的烃链构成疏水的尾部，不与水相吸，为非极性端。亲水端与疏水端由甘油醇或鞘氨醇连接。这种同一分子含极性端和非极性端的化合物称两亲化合物。磷脂和糖脂都属于两亲化合物。

$$\text{非极性端}\begin{cases} \text{R}\sim\sim\sim\sim\overset{\overset{\text{O}}{\|}}{\text{C}}-\text{O}-\text{CH}_2 \\ \text{R}\sim\sim\sim\sim\overset{\|}{\underset{\text{O}}{\text{C}}}-\text{O}-\text{CH} \\ \quad\quad\quad\quad\quad\quad \text{CH}_2-\text{O}-\overset{\overset{\text{O}}{\|}}{\underset{\underset{\text{极性端}}{\text{O}^-}}{\text{P}}}-\text{CH}_2-\text{CH}_2-\overset{+}{\text{N}}(\text{CH}_3)_3 \end{cases}$$

2. 糖脂 糖脂即含糖的脂质。细胞膜外表面经常由保护性的糖类覆盖，糖基可以连接在脂质上形成糖脂，不同的糖脂不仅结合脂肪酸的种类不同，而且所含糖的种类差别也较大。糖脂分鞘糖脂和甘油糖脂两类，前者分子中含有鞘氨醇、脂肪酸和糖；后者中以甘油代替鞘氨醇。几乎所有动物细胞膜中都含有鞘糖脂，而植物和细菌细胞膜中含有较多的甘油糖脂。糖脂在真核细胞的质膜上很丰富，却很少存在于如线粒体内膜和叶绿体基粒膜等细胞内膜系统上。

3. 胆固醇 是细胞膜内的中性脂类。真核细胞膜中胆固醇含量较高，有的膜内胆固醇与磷脂之比可达 1：1。胆固醇也是双亲性分子，包括 3 部分：极性的羟基团头部、非极性的固醇环和非极性的脂肪酸链尾部。在膜中，胆固醇分子散布在磷脂分子之间，其极性的羟基头部紧靠磷脂的极性头部，将固醇环固定在近磷脂头部的碳氢链上，其余部分分离。这种排列方式对膜的稳定性十分重要。

（二）膜蛋白

根据与膜作用方式以及在膜上的定位不同，可将膜蛋白大致分为膜整合蛋白、膜外周蛋白和膜锚定蛋白（图6-4）。

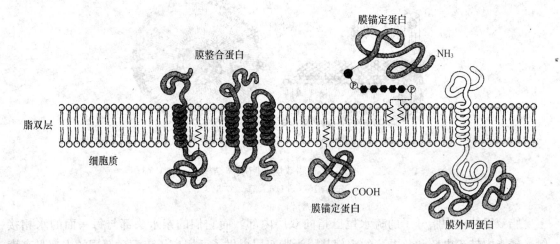

图6-4　膜蛋白与双分子层的结合方式
（引自王镜岩，2002）

1. 膜整合蛋白　膜整合蛋白通常包括胞外、跨膜和胞质3个基本的结构域。多数膜整合蛋白含有一个或多个跨膜结构域，跨膜结构域一般位于蛋白序列内部，含有22~25个氨基酸残基，富含疏水残基，一般以α螺旋的构象穿过非极性核心，这一结构域将富含极性氨基酸的胞外和胞质结构域分开，蛋白的N端一般位于胞外。无论是N端还是C端的结构域都含有较多亲水的极性或带电荷的氨基酸残基。膜整合蛋白的主要生理功能是：作为一些配体内吞的受体；介导跨膜信号传导的受体；形成跨膜离子通道；是细胞表面一些抗原的受体。由于膜整合蛋白插入或跨越膜，只有通过去污剂将膜溶解才可将蛋白游离出来。

2. 膜外周蛋白　膜外周蛋白位于脂双层的表面，一般通过离子键与磷脂的极性头部或与膜整合蛋白的亲水结构域通过氢键而与膜疏松结合，通过改变pH或离子强度可从膜上得到分离，脂质双分子层的基本结构不被破坏。位于线粒体内膜上作为氧化呼吸链组分的细胞色素c就是一种典型的膜外周蛋白。

3. 膜锚定蛋白　这类蛋白可以与细胞膜中的特定脂类通过共价键与膜结合，如膜蛋白可通过蛋白中半胱氨酸残基上的巯基与脂双层中的棕榈酸或异戊二烯结合。G蛋白是生物膜上一类重要的脂锚定蛋白，它在跨膜信号传递中起重要作用。

二、生物膜的结构及特点

由于膜脂有一共同的特点，它们都是两性分子，含有极性成分和非极性成分。膜脂的这种特性使其在膜中排列具有方向性，对形成膜的特殊结构有重要作用。磷脂和糖鞘脂含有两条烃链的尾巴，可以精巧地组装成脂双层。胆固醇分子中的极性基团—OH相对于疏水的稠环系统太小，不能形成脂双层。在生物膜中，不能形成脂双层的胆固醇和其他脂（大约占整个膜脂的30%），可以稳定地排列在其余70%脂组成的脂双层中。脂双层及脂质体结构见图6-5。

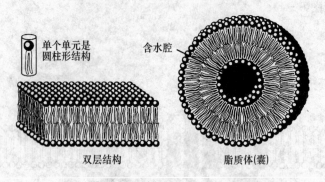

图6-5 脂双层及脂质体结构
(改自 Nelson D. L. 等，2008)

脂双层结构中脂分子的疏水尾巴指向双层内部，而它们的亲水头部与每一面的水相接触，磷脂中带正电荷和负电荷的头部基团为脂双层提供了两层离子表面，双层的内部是高度非极性的。脂双层倾向于闭合形成球形结构，这一特性可以减少脂双层的疏水边界与水相之间的不利的接触。在实验室里可以合成由脂双层构成的小泡，小泡内是一个水相空间，这样的脂双层结构称为脂质体（liposomes）或囊，它相当稳定，并且对许多物质是不通透的。可以包裹药物分子，将药物带到体内特定组织。

（一）生物膜的流动镶嵌模型

脂双层形成了所有生物膜的基础，而蛋白质是生物膜的必要成分。不含蛋白质的脂双层的厚度是5~6 nm，而典型的生物膜的厚度是6~10 nm，这是由于存在着镶嵌在膜中或与膜结合的蛋白质的缘故。

关于膜的结构，先后提出几种模型，如三夹板模型、单位膜模型等。其中，1972年，美国科学家Jonathan Singer 和 Garth Nicolson 提出的"流动镶嵌模型"不仅得到了许多实验结果的广泛支持，而且也已成为后继诸多模型的基础。根据这一模型的描述，脂质双层构成生物膜的基本骨架，膜蛋白看上去像是圆形的"冰山"飘浮在高度流动的脂双层"海"中（图6-6），膜中的蛋白质和脂质可以快速在双层中的每一层内侧向扩散。

（二）生物膜的流动性

膜的流动性包括膜脂和膜蛋白的运动状态，主要取决于磷脂的运动性。

磷脂的运动有以下几种方式：烃链围绕C—C键旋转而导致异构化运动；与膜平面相垂直的轴左右摆动；围绕与膜平面垂直的轴做旋转运动以及在双层膜中做翻转运动。在生理条件下，磷脂大多呈液晶态，当温度降低至一定值时，磷脂从流动的液晶态转变为高度有序的凝胶态，这个温度被称为相变温度，这个变化过程是可逆的（图6-7）。不仅磷脂具有运动性，某些膜蛋白质也可在生物膜内自由扩散，人们曾经利用可分别与人和小鼠细胞膜蛋白特异结合的带有红色和绿色荧光标记的抗体标记两种细胞，细胞融合以后，通过荧光显微镜观察到，红色和绿色两种荧光标记由融合之初分别局限在某一部位，逐渐变为在整个细胞表面随机分布，实验充分表明细胞膜上的蛋白在膜上具有流动性。

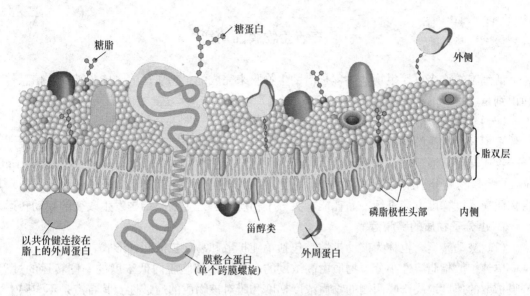

图 6-6 膜的流动镶嵌模型
(改自 Nelson D. L. 等，2008)

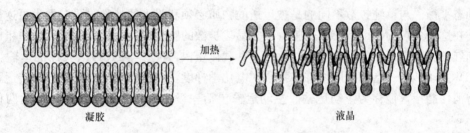

图 6-7 膜的相变
(引自王镜岩，2002)

胆固醇在调节膜的流动性方面起重要作用，在相变温度以上，胆固醇干扰酯酰链的旋转异构化运动，从而降低膜的流动性，在相变温度以下，胆固醇又会阻止酯酰链的有序排列，防止其向凝胶态转化，因此，胆固醇使膜的流动性维持适中状态。

(三) 生物膜的不对称性

1. 膜脂两侧分布不对称性 这种不对称分布会导致膜两侧的电荷数量、流动性等的差异。这种不对称分布与膜蛋白的定向分布及功能有关。

2. 膜糖基两侧分布不对称性 质膜上的糖基分布在细胞表面，而细胞器膜上的糖基分布则全部朝向内腔。这种分布特点与细胞互相识别和接受外界信息有关。

3. 膜蛋白两侧分布不对称性 膜蛋白是膜功能的主要承担者。不同的生物膜，由于所含的蛋白质不同而所表现出来的功能也不同。同一种生物膜，其膜内、外两侧的蛋白质分布不同，膜两侧功能也不同。膜两侧的蛋白分布不对称是绝对的，没有一种蛋白质同时存在于膜两侧。

生物膜结构上的两侧不对称性，保证了膜功能具有方向性，这是膜发挥作用所必需的。

三、生物膜的功能

活细胞的许多重要生物学过程是借助生物膜来完成的。物质运输、能量转换、信息传递和识别是生物膜的主要功能。

(一) 物质运输

根据运输物质的分子大小,物质运输可分为小分子物质转运和大分子物质转运两类。小分子物质转运可通过被动转运和主动转运两种方式通过生物膜。被动转运(passive transport)是指物质分子流动从高浓度向低浓度,不消耗能量。主动转运(active transport)是指物质逆浓度梯度方向进行,需耗能。大分子物质转运是生物膜结构发生改变的膜动转运。

1. 小分子物质的跨膜运输

(1) 被动转运。也称为被动扩散,包括单纯扩散和易化扩散两种形式。

单纯扩散指脂溶性小分子物质由高浓度的一侧通过细胞膜向低浓度的一侧转运的过程。跨膜扩散的速度取决于膜两侧的物质浓度梯度和膜对该物质的通透性。其特点是不与膜上物质发生任何类型的反应,也不需要供给能量,扩散结果是使物质在膜两侧浓度相等。

易化扩散指非脂溶性小分子物质由高浓度的一侧通过细胞膜向低浓度的一侧移动,直至达到动态平衡。与单纯扩散不同的是被运送的物质必须和膜上的特殊膜蛋白发生可逆性的结合,并在这些蛋白的协助下扩散过膜。参与易化扩散的膜蛋白有载体蛋白质和通道蛋白质两种,如红细胞膜上存在的带 3 蛋白,就是一种载体蛋白,可参与 HCO_3^-、Cl^- 的运输。

(2) 主动转运。指细胞可将许多物质逆电化学梯度,由低浓度向高浓度方向转运,这一过程需消耗能量,被称为主动运输。主动运输包括一级主动转运和二级主动转运两种类型(图 6-8)。

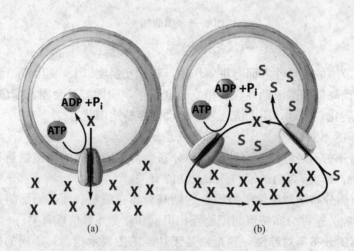

图 6-8 一级主动转运 (a) 和二级主动转运 (b)
(引自 Nelson D. L. 等,2008)

在一级主动转运中直接消耗能量;在二级主动转运中,一种物质跨膜所需要的能量来自另一物质经主动转运所产生化学势能,以转运所需能量来源的不同把主动运输分成 3 类。

① 依靠 ATP 的转运。这种转运是利用细胞膜内存在的 ATP 和 ATP 酶,ATP 被 ATP

酶水解直接释放能量推动离子如 Na^+、K^+、Ca^{2+} 逆浓度梯度的转运。

动植物及微生物的细胞内外都存在着明显的离子梯度，这是由于 Na^+、K^+ 逆浓度梯度主动运输的结果。执行上述运输功能的体系是利用 ATP 水解直接放能推动的，因此也被称为 Na^+-K^+ 泵，或 Na^+-K^+ ATP 酶，它由 α、β 两个亚基组成，α 是催化亚基，是一个相对分子质量约为 100 000 的跨膜蛋白。它面向细胞质一侧有 Na^+ 和 ATP 结合位点，另一侧有 K^+ 结合位点；β 亚基是一个糖蛋白，相对分子质量约为 35 000，功能尚不清楚。在 Na^+ 和 Mg^{2+} 存在下，可利用 ATP 将 Na^+-K^+ ATP 酶磷酸化，磷酸化后，与 K^+ 的亲和力高，而与 Na^+ 的亲和力低；脱磷酸化后对 Na^+ 的亲和力高，而与 K^+ 的亲和力低。脱磷酸化的形式其离子结合孔穴面向细胞膜内侧，而磷酸化的形式其离子结合孔穴面向细胞膜外侧。转运时，首先 3 个 Na^+ 离子结合于脱磷酸化形式的离子结合孔穴中，ATP 也结合在这一位点，然后 Na^+-K^+ ATP 酶被磷酸化，使其转变为对 Na^+ 亲和力低的构象，并且离子结合孔穴面向细胞膜外侧，从而 3 个 Na^+ 离子被释放到胞外，这时位于胞外的 2 个 K^+ 结合到孔穴中，K^+ 的结合诱导 Na^+-K^+ ATP 酶脱磷酸化，与 K^+ 的亲和力低，并使离子结合位点翻转朝向膜的内侧，向胞内释放 2 个 K^+，完成一个转运循环。

② 依赖离子流的转运。是指细胞依靠 Na^+ 浓度梯度的势能促使被转运物质进入细胞。在动物小肠及肾脏细胞中糖和氨基酸的运输就是依赖 Na^+ 梯度储存的能量来完成。葡萄糖和氨基酸的运输是伴随 Na^+ 一起运入细胞的（图 6-9 右侧），故称为协同运输（co-transport）。由于膜外 Na^+ 浓度高，Na^+ 顺电化学梯度流向膜内，葡萄糖利用 Na^+ 梯度提供能量，通过膜上的专一运输载体，伴随 Na^+ 一起运输入细胞。位于质膜上的 Na^+-K^+ 泵可将进入胞内的 Na^+ 泵到胞外以维持 Na^+ 的浓度梯度，从而可使葡萄糖不断以上述方式进入细胞。

③ 依赖质子流的转运。是利用呼吸链中电子传递产生的质子梯度能量驱使物质转运。如 *E. coli* 细胞中的半乳糖苷转运蛋白对乳糖的转运，它可使细胞内乳糖的浓度比生长介质中浓度高 100 倍。*E. coli* 细胞内正常的物质代谢产生跨膜的质子浓度梯度和电位梯度，合称电化学梯度，质子有流回细胞内的趋势，但脂质双分子层不允许质子通过，半乳糖苷转运蛋白为质子进入细胞提供了一个通路，它以跨质子膜的 H^+ 电化学梯度为能源，驱动乳糖分子进入 *E. coli* 细胞（图 6-9）。这样，通过与质子的放能回流相偶联而实现乳糖的需能转运。

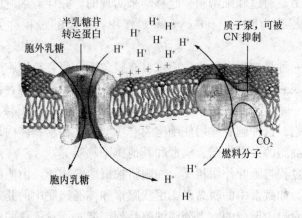

图 6-9　*E. coli* 细胞摄取乳糖的模型
（引自王镜岩，2002）

（3）膜转运蛋白的作用。膜转运蛋白在物质的转运过程中起着重要的作用，膜转运蛋白包括通道蛋白和载体蛋白。通道蛋白分子中的疏水基团与脂质双层接触，亲水基团都向内形成跨膜脂质双层的亲水性孔道，允许特异的离子如 Na^+、K^+、Ca^{2+} 顺其电化学梯度穿过膜，因不需消耗能量，也不与被转运的物质结合，故被称为离子通道。而载体蛋白介导的跨膜转运，需要和被转运物质结合。通常先将转运对象结合位点暴露于膜的一侧，然后再暴露于另一侧，通过一系列构象变化实现跨膜转运；有的载体蛋白介导的跨膜转运是顺电化学梯度的，不需要消耗能量，有些则是利用 Na^+、H^+ 顺其电化学梯度移动时所释放的能量作为驱动力，逆电化学梯度转运其他极性分子或离子。膜转运蛋白的作用如图 6-10 所示。

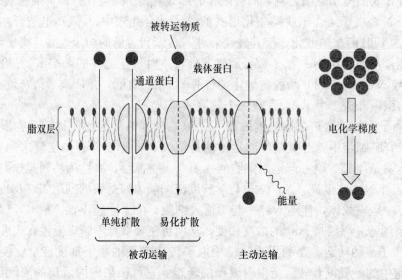

图 6-10　膜转运蛋白的作用
（改自 Nelson D. L. 等，2008）

2. 大分子物质的跨膜运输　小分子物质是以穿过细胞膜的方式进出细胞的，而蛋白质和大颗粒如病毒和细菌是通过和细胞膜一起移动来实现的，并伴有细胞膜的增添或减少。这类物质进入细胞的过程称为胞吞（pinocytosis）作用，排出的过程称为胞吐（exocytosis）作用。

（1）胞吞作用。一种是被摄入的物质原来没有膜包围，当它与细胞膜接触后，细胞膜下陷，将它包入膜中形成囊泡，囊泡再与细胞分开而进入细胞。这种胞吞作用使细胞膜丢失一部分（图 6-11），另一种是被摄入的物质有膜包围，当它与细胞膜接触后发生膜的融合，然后将物质释放入细胞。这种胞吞作用使细胞膜有所增加。在动物体内最重要的胞吞作用有巨噬细胞和嗜中性白细胞的吞噬细菌、病毒和其他感染物质等。

（2）胞吐作用。过程与胞吞作用相反。细胞将被摄取的物质，由质膜逐渐包裹，然后囊口封闭成细胞内小泡。如激素中的胰岛素、甲状腺素和神经递质中的儿茶酚胺、乙酰胆碱等均是在分泌细胞内的囊泡中形成的，当分泌细胞受到刺激时，囊泡移向质膜并与之融合，然后将囊泡中的内含物释放出来。其他一些蛋白分泌，如肝脏分泌的清蛋白、乳腺分泌的乳蛋白、胃和胰分泌的消化酶也以同样的机制释放。

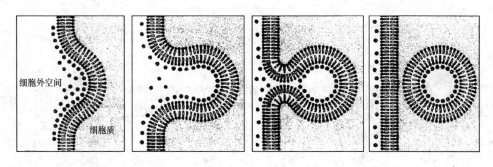

图 6-11　胞吞过程示意图

(引自王镜岩，2002)

（二）跨膜信号转导

生物是一个整体，体内各个细胞以及每个细胞内各个部分的生理活动都要彼此密切配合，相互协调，以适应内外环境的变化。激素调节是生物重要的调节方式，对于那些不能进入细胞的激素，必须通过某些传导途径将信息转导入细胞内。这类激素的受体位于质膜上，它们只与特异的激素进行识别并发生响应，这一响应信号传递至 G 蛋白进一步激活细胞内的相关系统，其主要机制是通过形成 cAMP 或三磷酸肌醇（IP_3）和二酰基甘油（DG）来介导信息传递。

1. cAMP 信号途径　G 蛋白在结构上没有跨膜蛋白的特点，但它们能够固定于细胞膜内侧，主要是通过亚基上氨基酸残基的脂化修饰作用，这些修饰作用把 G 蛋白锚定在细胞膜上。能够激活腺苷酸环化酶的 G 蛋白称为 Gs。Gs 由 α、β、γ 3 个亚基组成，当处于非活化态时，α 亚基上结合着 GDP，此时受体及腺苷酸环化酶无活性。当激素与受体结合后，受体构象改变，受体与 Gs 在膜上扩散导致两者结合，形成受体-Gs 复合体后，α 亚基构象改变，排斥 GDP 并结合 GTP 而活化，结合 GTP 的 α 亚基与 βγ 亚基解离，与腺苷酸环化酶结合而使后者活化，利用 ATP 生成 cAMP；α 亚基也含有能将 GTP 裂解为 GDP 和无机磷酸的 GTP 酶活性，α 亚基上的 GTP 被水解为 GDP 后，α 亚基返回到受体上，与 β、γ 重新亚基结合，恢复最初构象，与腺苷酸环化酶分离。同时 cAMP 在磷酸二酯酶（PDE）的催化下降解生成 $5'$-AMP，这样就减少了 cAMP 的产生。当 cAMP 信号终止后，靶蛋白的活性则在蛋白质脱磷酸化作用下恢复原状。如果激素仍结合在受体上，α 亚基结合的 GDP 可再被 GTP 取代，开始第二次激活过程。在上述中，Gs 穿梭于膜上受体与腺苷酸环化酶之间，起介导信号传递的作用。

cAMP 产生后，与依赖 cAMP 的蛋白激酶（PKA）的调节亚基结合，并使 PKA 的调节亚基和催化亚基分离，活化催化亚基，催化亚基将代谢途径中的一些靶蛋白中的丝氨酸或苏氨酸残基磷酸化，将其激活或钝化。这些被磷酸化共价修饰的靶蛋白往往是一些关键调节酶或重要功能蛋白，因而可以介导胞外信号，调节细胞反应。

2. 磷脂酰肌醇途径　在磷脂酰肌醇信号通路中，激素将受体激活后，通过 G 蛋白的传导作用，激活质膜上的磷脂酶 C（PLC），使质膜内侧的二磷酸磷脂酰肌醇（PIP_2）水解成三磷酸肌醇（IP_3）和二酰基甘油（DG），胞外信号转换为胞内信号，这一信号系统又称为"双信使系统"（图 6-12）。

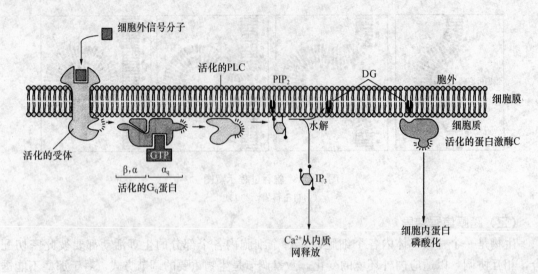

图 6-12 磷脂酰肌醇途径
(引自王镜岩，2002)

IP$_3$ 使内质网上的钙通道开启，或打开位于质膜上钙通道，使胞外 Ca^{2+} 内流，从而胞内 Ca^{2+} 浓度升高，激活各类依赖钙离子的蛋白。用 Ca^{2+} 载体离子霉素处理细胞会产生类似的结果。DG 结合于质膜上，可活化与质膜结合的蛋白激酶 C(PKC)。PKC 以非活性形式分布于细胞溶质中，当细胞接受刺激，产生 IP$_3$，使 Ca^{2+} 浓度升高，PKC 便转位到质膜内表面，被 DG 活化。

钙调素（CaM）由单一肽链构成，具有 4 个钙离子结合部位。结合钙离子发生构象改变，可激活钙调素依赖性激酶（CaM-Kinase）。细胞对 Ca^{2+} 的反应取决于细胞内钙结合蛋白和钙调素依赖性激酶的种类。

IP$_3$ 信号的终止是通过去磷酸化形成 IP$_2$ 或被磷酸化形成 IP$_4$。Ca^{2+} 信号可由质膜上的 Ca^{2+} 泵和 Na^+-Ca^{2+} 交换器将其抽出细胞，或由内质网膜上的钙泵抽进内质网而得到清除。

DG 通过两种途径终止其信使作用：一是被 DG-激酶磷酸化成为磷脂酸，进入磷脂酰肌醇循环；二是被 DG 酯酶水解成单酯酰甘油。

（三）识别功能

人们认为，细胞的识别功能是通过生物膜上的糖蛋白来实现的。表面的分子主要是蛋白质和糖蛋白，其他分子可以是有关细胞的分泌产物。

在植物中，细胞识别可以涉及两个不同物种的细胞，如根瘤菌和豆科根细胞，也可以发生在同一物种的细胞之间，如花粉粒和柱头。细胞识别依赖细胞表面的多糖、糖蛋白和糖脂等分子中的特有顺序。一般认为负责识别表面糖顺序的是植物凝集素。花粉粒和柱头之间相互识别就是植物凝集素作用的一个实例，分子组成包括柱头表面的一个大分子糖蛋白和花粉粒表面一个能识别它的植物凝集素。识别促使柱头释放水分，花粉粒吸水、伸出花粉管、生长并和卵受精。

在动物中，情况就更为复杂，每一类细胞都具有独特的受体蛋白，它们使细胞能够识别相应的信号分子并起反应。这些信号分子的结构，和其功能一样，变化很大，包括小肽、较大的蛋白质分子、糖蛋白、甾体、脂肪酸的衍生物等。对某信号分子来说，具有能识别它的、独特受体的细胞称为靶细胞。在胚胎发育中，识别的现象也起重要作用。已经从海胆精子的头部分离出结合蛋白，这种分子只和同种卵的质膜结合；另一方面，也发现卵细胞质膜中含有物种专一的糖蛋白，它和结合蛋白在黏着中相互作用。哺乳类中则是精子质膜中含有一种物质，可以和卵细胞透明带中的专一糖蛋白直接结合以达到受精。细胞表面糖蛋白和糖脂的寡糖的复杂性，及它们在细胞表面的外露位置，都提示它们可能在细胞识别中起重要作用。

第三节　脂肪的降解

脂代谢包括一切脂质及其组分的代谢，其中脂肪的代谢尤为重要。由于脂质的多样性，因此他们的代谢也具有多样性，就是相同物质的代谢反应，在动植物体内也存在着差异。

一、脂肪的酶水解

脂肪是动植物体内重要的物质，作为储藏物质在无论需要其供能还是合成其他物质时，均需要先酶促水解。在动植物组织中都含有不同种类的脂肪酶（lipase）。脂肪酶（简称脂酶）现专指催化三酰甘油的一个或多个酯键水解的酶。

动物组织中存在有三酰甘油脂肪酶、二酰甘油脂肪酶、单酰甘油脂肪酶。这3种脂肪酶逐步水解脂肪生成二酰甘油、单酰甘油、甘油、脂肪酸（图6-13）。

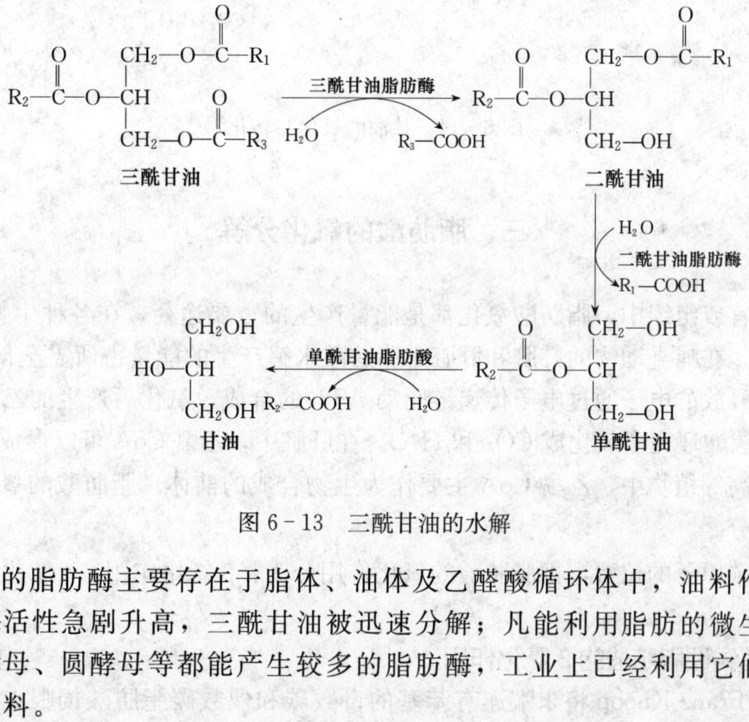

图6-13　三酰甘油的水解

植物体中的脂肪酶主要存在于脂体、油体及乙醛酸循环体中，油料作物种子萌发时，脂酶等酶活性急剧升高，三酰甘油被迅速分解；凡能利用脂肪的微生物也都有脂肪酶，假丝酵母、圆酵母等都能产生较多的脂肪酶，工业上已经利用它们作为制造脂肪酶制剂的原料。

二、甘油的氧化与转化

脂肪水解后产生的甘油在甘油激酶（glycerol kinase）催化下生成3-磷酸甘油。3-磷酸甘油被氧化生成二羟丙酮磷酸，经异构化后，生成3-磷酸甘油醛。然后，经糖酵解途径转化成丙酮酸，进入三羧酸循环而彻底氧化，或者经糖异生途径合成糖元。因此甘油代谢和糖代谢的关系极为密切，二羟丙酮磷酸是联系两者的关键物质。甘油转化成二羟丙酮磷酸或糖的过程见图6-14。

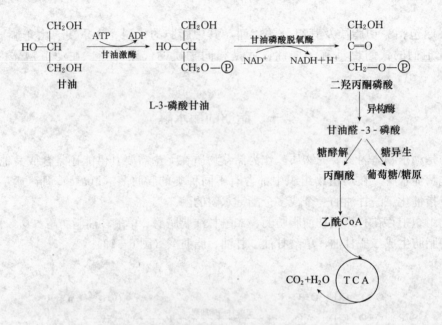

图6-14 甘油的氧化与转化

三、脂肪酸的氧化分解

在很多器官或组织中，脂肪酸氧化都是能量产生的重要途径，在各种生物中普遍存在。常生理条件下，在哺乳动物的心脏和肝脏中脂肪酸水解产生的能量占所需全部能量的80%。脂肪酸氧化时释放的电子通过电子传递链驱动ATP的合成，氧化后产生的乙酰CoA(acetyl CoA)进入三羧酸环完全氧化成CO_2和H_2O。在肝脏中，乙酰CoA可以形成酮体，为大脑提供能量。在高等植物中，乙酰CoA主要作为生物合成的前体。脂肪酸的氧化也是膜脂正常代谢的一部分。

根据氧化碳原子的位置，把脂肪酸的氧化作用分为：β氧化作用，α氧化作用和ω氧化作用。

（一）饱和偶碳脂肪酸的β氧化作用

1904年，Franz Knoop将末端连有苯基的奇数碳和偶数碳脂肪酸饲喂犬，然后分离犬尿中的苯化合物。Knoop发现，当奇数碳脂肪酸衍生物被降解时，尿中检测出的是马尿酸

(苯甲酸和甘氨酸的结合物);如果是偶数碳,尿中排出的则是苯乙尿酸(苯乙酸和甘氨酸的结合物),见图 6-15。因此 Knoop 认为,脂肪酸的氧化发生在 β 碳原子上,即每次从脂肪酸链上降解下来的是 2 碳单位,由此提出脂肪酸 β 氧化(β-oxidation)。

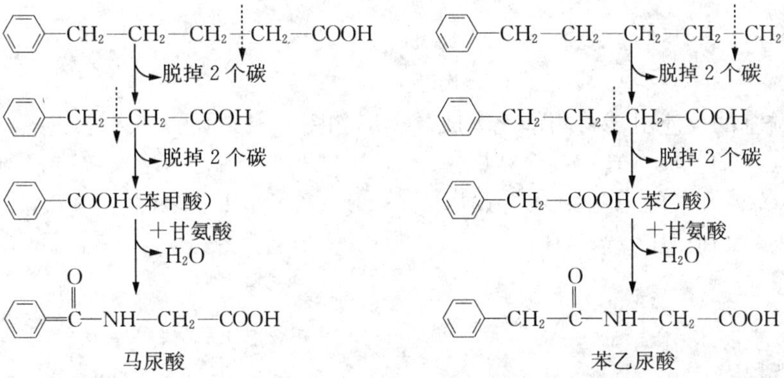

图 6-15 Knoop 的苯环标记实验

脂肪酸的 β 氧化指在一系列酶的作用下,β 碳原子发生氧化,脂肪酸在 α、β 碳原子之间断裂,产生一个二碳单位和比原来少了 2 个碳原子的脂肪酸的过程。如此不断重复进行,脂肪酸即被分解。

脂肪酸的 β 氧化作用是在线粒体基质中进行的。细胞内脂肪酸的降解过程可以分为 3 个阶段:脂肪酸在细胞质中活化为脂酰 CoA,脂酰 CoA 通过转运系统进入线粒体基质和 β 氧化。

1. 脂肪酸的活化　胞液中的脂肪酸可以在脂酰 CoA 合成酶(acyl CoA synthetase)的催化下,与乙酰 CoA 缩合成脂酰 CoA,这个过程称为脂肪酸的活化。反应需要 ATP 的参与。反应中脂肪酸与 ATP 首先形成中间产物脂酰腺苷酸,释放出焦磷酸。然后,脂酰腺苷酸与 CoA 反应,生成脂酰 CoA 和 AMP。其反应如下:

$$R-CH_2-\overset{O}{\underset{\|}{C}}-O + ATP \xrightarrow{\text{脂酰 CoA 合成酶}} R-CH_2-\overset{O}{\underset{\|}{C}}-O-AMP + PPi$$

$$R-CH_2-\overset{O}{\underset{\|}{C}}-O-AMP + HS-CoA \xrightarrow{\text{脂酰 CoA 合成酶}} R-CH_2-\overset{O}{\underset{\|}{C}}-S-CoA + AMP$$

脂酰 CoA 合成酶催化的反应为可逆反应,由于体内无机焦磷酸酶可迅速将产物焦磷酸水解为无机磷酸,整个反应高度放能,从而使活化反应自左向右几乎不可逆转。合成一个活化的脂酰 CoA,需消耗 2 个高能磷酸键。形成的产物脂酰 CoA 和乙酰 CoA 一样是高能化合物,当它被水解成为脂肪酸和 CoA 时,产生很大的负的标准自由能变化。

大肠杆菌中只有一种脂酰 CoA 合成酶。哺乳动物中至少有 4 种脂酰 CoA 合成酶,它们分别对带有短的($<C_6$)、中等长度的($C_{6\sim12}$)、长的($>C_{12}$)和更长的($>C_{16}$)碳链的脂肪酸具有催化特异性。

2. 脂肪酸的转运　12 碳或短于 12 碳的脂肪酸进入线粒体不需要转运蛋白的辅助。14 碳或 14 碳以上的脂酰 CoA 不能直接通过线粒体内膜,需要一个转运系统协助。转运脂酰

CoA 的载体是极性的肉碱（carnitine）分子，化学名称为 L-β羟基-γ三甲氨基丁酸，是一个由赖氨酸衍生而成的化合物，在植物和动物体中均存在，其结构如下：

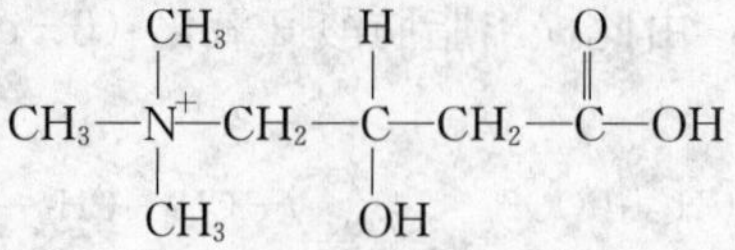

$$CH_3-\overset{CH_3}{\underset{CH_3}{N^+}}-CH_2-\overset{H}{\underset{OH}{C}}-CH_2-\overset{O}{\underset{}{C}}-OH$$

肉碱

肉碱携带脂酰基的反应由转移酶催化完成，反应如图 6-16 所示。

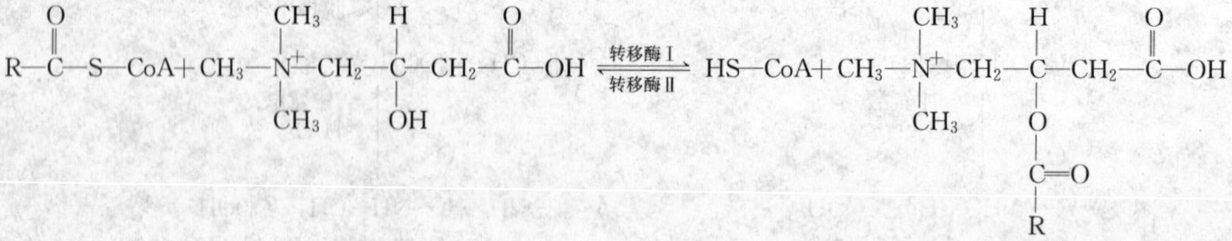

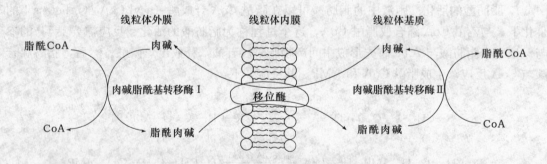

   脂酰 CoA   肉碱   脂酰肉碱

图 6-16 脂酰肉碱的生成

肉碱与脂酰 CoA 结合生成脂酰肉碱（acylcarnitine）以后，转运进入线粒体。该反应由肉碱脂酰基转移酶Ⅰ（carnitine acyl CoA transferase Ⅰ，CATⅠ）催化。脂酰肉碱转移酶Ⅰ可能在线粒体外膜的外侧催化肉碱与脂酰 CoA 结合生成脂酰肉碱，并将其运入膜间隙。也可能是脂酰 CoA 通过转移酶进入膜间隙，再与肉碱结合。然后进入线粒体内膜。但是细节并不很清楚。脂酰肉碱一旦进入线粒体内，又与线粒体基质中的 CoA 结合，重新产生脂酰 CoA，释放肉碱。线粒体内膜内侧的肉碱脂酰基转移酶Ⅱ（carnitine acyl CoA transferase Ⅱ，CATⅡ）把肉碱送回到线粒体外的细胞质中（图 6-17）。

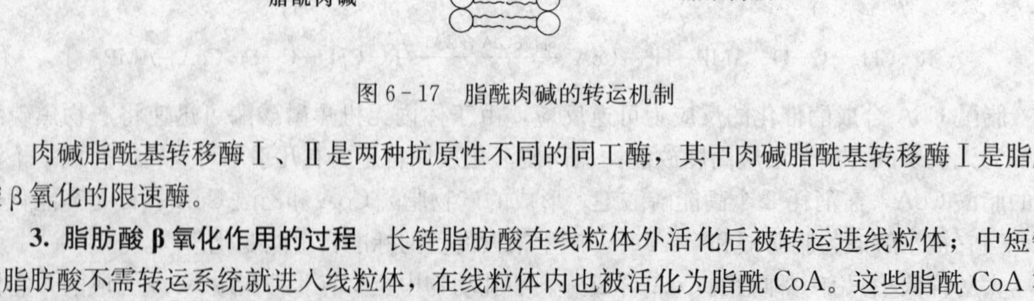

图 6-17 脂酰肉碱的转运机制

肉碱脂酰基转移酶Ⅰ、Ⅱ是两种抗原性不同的同工酶，其中肉碱脂酰基转移酶Ⅰ是脂肪酸 β 氧化的限速酶。

3. 脂肪酸 β 氧化作用的过程 长链脂肪酸在线粒体外活化后被转运进线粒体；中短链的脂肪酸不需转运系统就进入线粒体，在线粒体内也被活化为脂酰 CoA。这些脂酰 CoA 在线粒体基质中进行 β 氧化作用。每一轮氧化包括 4 个反应步骤，产生少了两个碳原子的脂酰 CoA 和一分子乙酰 CoA，一分子 $FADH_2$ 和一分子 NADH。

（1）脱氢反应。脂酰 CoA 在脂酰 CoA 脱氢酶（acyl CoA dehydrogenase）的催化下，在 α 和 β 碳位之间脱氢，形成的产物是反式-Δ^2-烯脂酰 CoA。

$$R-CH_2-CH_2-C(=O)-S-CoA \xrightarrow[FAD \quad FADH_2]{\text{脂酰 CoA 脱氢酶}} R-CH=CH-C(=O)-S-CoA$$

脂酰 CoA 脱氢酶有 3 种同工酶，分别对短、中、长链的脂肪酸起专一性反应。所有 3 种同工酶均以 FAD 作为辅基。从脂酰 CoA 分子上移出的电子被转移到 FAD 辅基上，还原型的脱氢酶立即将电子提供给线粒体呼吸链中的一种电子载体——电子转移黄素蛋白（electron-transferring flavoprotein ETF）。然后再经过 ETF: 泛醌还原酶交给泛醌。经过这一传递反应，脂酰 CoA 脱氢酶重新氧化，又可以参加下一轮反应。这一步反应是不可逆的。

（2）水化反应。反式-Δ^2-烯脂酰 CoA 在烯脂酰 CoA 水合酶（enoyl CoA hydratase）催化下，在双键上加水生成 L(+)-β 羟脂酰 CoA，此酶具有立体化学专一性，只催化 L-异构体的生成。

$$R-CH=CH-C(=O)-S-CoA \xrightarrow[H_2O]{\text{烯脂酰 CoA 水合酶}} R-CH(OH)-CH_2-C(=O)-S-CoA$$

（3）再脱氢反应。由 β 羟脂酰 CoA 脱氢酶（L-β-hydroxyacyl CoA dehydrogenase）催化，在 L-β 羟脂酰 CoA 的 β 位碳原子的羟基上继续脱氢，氧化成 β 酮脂酰 CoA。此酶以 NAD^+ 为辅酶，反应产生了一分子 NADH。

$$R-CH(OH)-CH_2-C(=O)-S-CoA \xrightarrow[NAD^+ \quad NADH+H^+]{\text{β-羟脂酰 CoA 脱氢酶}} R-C(=O)-CH_2-C(=O)-S-CoA$$

（4）硫解反应。在硫解酶（thiolase）即酮脂酰硫解酶的催化下，β 酮脂酰 CoA 被第二个 CoA 分子硫解，产生乙酰 CoA 和比原来的脂酰 CoA 少 2 个碳原子的脂酰 CoA。

$$R-C(=O)-CH_2-C(=O)-S-CoA \xrightarrow[CoA]{\text{β-酮脂酰 CoA 硫解酶}} R-C(=O)-S-CoA + H_3C-C(=O)-S-CoA$$

β 氧化的前三步反应产生了一个稳定性低得多、更容易打开的 C-C 键，其中的 α 碳原子（C-2 位）与两个羰基碳原子成键（β 酮脂酰辅酶 A 中间物）。由于酮基对 β 碳（C-3 位）的影响，使其成为一个适合辅酶 A 的巯基亲核攻击的靶点。

从反应机制中得知：反应中有 2 个 CoA，第一个是在脂肪酸活化时结合上去的，并一直与脂酰基团结合，一轮 β 氧化反应后，以乙酰 CoA 的形式脱去。第二个 CoA 加在原来的 β 碳原子上。

从反应机制中还知道：第一个硫脂键没有断裂，断裂的是脂肪酸上 α、β 间的 C-C 键。第一个硫脂键以乙酰 CoA 的形式脱去以后，少了 2 个碳的脂酰基团与第二个 CoA 的 -SH 结合。

促使 β 氧化作用不断前行的原因是：乙酰 CoA 可以直接进入 TCA 氧化，产物不断消耗；少了 2 个碳单位的脂酰 CoA 进入下一轮反应，第一步反应的不可逆，也推动反应前行。

新形成的脂酰 CoA 继续经脱氢、加水、再脱氢和硫解 4 步反应，进行下一轮的 β 氧化作用。如此重复多次，1 分子棕榈酸即可分解成 8 分子的乙酰 CoA。β 氧化的整个过程见图 6-18。

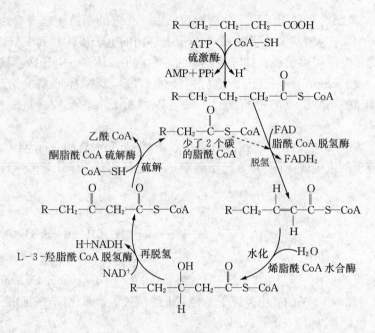

图 6-18 脂肪酸的 β 氧化过程

4. 脂肪酸 β 氧化过程中的能量计量　脂肪酸的氧化是高度的放能过程。棕榈酸活化后经过 7 次 β 氧化循环，即可将棕榈酰 CoA 转变为 8 分子的乙酰 CoA。其总的反应式如下：

棕榈酰 CoA + 7HS-CoA + 7FAD + 7NAD$^+$ + 7H$_2$O ⟶ 8 乙酰 CoA + 7FADH$_2$ + 7NADH + 7H$^+$

脂肪酸在 β 氧化中，每进行一轮循环，就伴随有 1 分子 FAD 和 1 分子的 NAD$^+$ 还原为 FADH$_2$ 和 NADH+H$^+$。FADH$_2$ 进入呼吸链，生成 1.5 分子 ATP；NADH+H$^+$ 进入呼吸链，生成 2.5 分子 ATP。氧化形成的乙酰 CoA 进入三羧酸循环，可彻底分解为 CO$_2$ 和 H$_2$O 共生成 10 分子 ATP（糖代谢一章中已做详实介绍）。棕榈酸活化为棕榈酰 CoA 要消耗 1 分子 ATP 中的两个高能磷酸键。因此计算得知一分子棕榈酸彻底地氧化分解净生成 ATP 的数目：

$$\begin{cases} 8 \text{ 分子乙酰 CoA 彻底氧化，共产生 } 8 \times 10 = 80 \text{ 分子 ATP。} \\ 7 \text{ 分子 FADH}_2 \text{ 进入呼吸链，共产生 } 7 \times 1.5 = 10.5 \text{ 分子 ATP。} \\ 7 \text{ 分子 NADH 进入呼吸链，共产生 } 7 \times 2.5 = 17.5 \text{ 分子 ATP。} \\ \text{棕榈酸活化为棕榈酰 CoA，消耗 2 个高能磷酸键。} \end{cases}$$

以上总计，氧化一分子棕榈酸共计生成 106 分子 ATP。

ATP 水解为 ADP 和 Pi 时，标准自由能的变化为-30.54 kJ·mol^{-1}。106 mol ATP 可释放 3 237.24 kJ 的能量。棕榈酸氧化时，标准自由能的变化是－9 790.56 kJ·mol^{-1}。因此在标准状态下，棕榈酸氧化时约有 33% 的能量转换成磷酸键能。

5. 脂肪酸代谢的调控　调节脂肪酸氧化的关键酶是肉碱脂酰基转移酶Ⅰ，此酶的作用是把脂酰 CoA 通过形成脂酰肉碱的形式转运入线粒体内,它强烈地受丙二酸单酰 CoA 的抑制,丙二酸单酰 CoA 是脂肪酸合成的二碳供体,它含量的提高,激活了脂肪酸的合成,抑制了脂肪酸的氧化分解。当动物处于兴奋、饥饿等状态时,就发生脂肪动员现象,即脂肪的水解作用加强。此时肉碱脂酰基转移酶 I 的活性增加,脂肪酸的氧化作用增强,为机体供能。

(二) 不饱和脂肪酸的氧化

天然三酰甘油中含有很多不饱和的脂肪酸,与饱和脂肪酸一样,不饱和脂肪酸在进行氧化作用以前也需要活化,也需要经过肉毒碱穿梭系统进入线粒体基质,然后进行 β 氧化作用。与饱和脂肪酸不同的是不饱和脂肪酸进行 β 氧化作用还需要另外 2 个酶的参加。一个是异构酶,一个是还原酶。

因为天然脂肪酸中的双键是顺式构型,而 β 氧化作用中的烯脂酰 CoA 水合酶的底物是反式构型,所以需要烯脂酰 CoA 异构酶将不饱和脂肪酸的顺式构型转变成反式构型。对于多不饱和脂肪酸,除了烯脂酰 CoA 异构酶,还需要 2,4-二烯脂酰 CoA 还原酶的共同作用。

1. 单不饱和脂肪酸的氧化 油酸是十八碳的一烯酸,在 C-9 和 C-10 之间有一个双键。双键是顺式构型 ($18:1\Delta^{9c}$)。油酸经过活化并转运进入线粒体后,首先进行 3 轮 β 氧化作用。在第三轮中形成顺式-Δ^3-十二烯脂酰 CoA。顺式-Δ^3-十二烯脂酰 CoA 不能被烯脂酰 CoA 水合酶作用,因此首先需要烯脂酰 CoA 顺反异构酶催化其形成反式-Δ^2-烯脂酰 CoA,再经烯脂酰 CoA 水合酶作用。然后继续进行 5 轮 β 氧化,产生 6 分子乙酰 CoA。β 氧化作用结束后,共生成 9 分子乙酰 CoA。油酸的氧化过程见图 6-19。

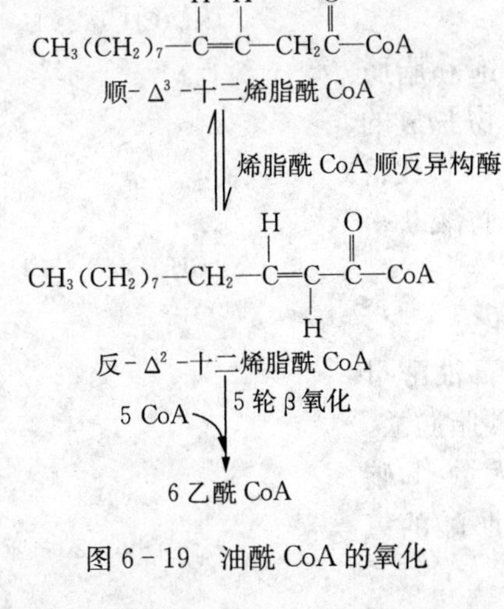

图 6-19 油酰 CoA 的氧化

2. 多不饱和脂肪酸的氧化 多不饱和脂肪酸氧化除了需要烯脂酰 CoA 顺反异构酶之外,还需要 2,4-二烯脂酰 CoA 还原酶的参与。以亚油酸为例,亚油酸是 18 碳二烯酸,在 C-9 和 C-10 及 C-12 和 C-13 之间有顺式双键 ($18:2^{\Delta 9c,12c}$)。亚油酰 CoA 经 3 次 β 氧化产生 3 分子乙酰 CoA 和 1 个十二碳二烯脂酰 CoA,在新形成的 C-3 和 C-4 之间及 C-6 和 C-7 之间的两个双键都是顺式 ($12:2^{\Delta 3c,6c}$)。

顺式-Δ^3 双键经过异构酶催化成反式-Δ^2-构型 ($12:2^{\Delta 2t,6c}$)。烯脂酰 CoA 继续进行 β 氧化,断裂 1 分子乙酰 CoA 后,产生顺式-Δ^4-十碳烯脂酰 CoA($10:1^{\Delta 4c}$)。

经过脂酰 CoA 脱氢酶作用后,十碳烯脂酰 CoA 在 C-2 位置生成一个额外的反式双键,成为反式 Δ^2-顺式-Δ^4-烯脂酰 CoA($10:2^{\Delta 2t,4c}$)。

2,4-二烯脂酰 CoA 还原酶催化这一产物转化为反式-Δ^3-烯脂酰 CoA($10:1^{\Delta 3t}$)。反式-Δ^3-烯脂酰 CoA 经过烯脂酰 CoA 异构酶的催化,形成反式-Δ^2-烯脂酰 CoA($10:1^{\Delta 2t}$),成为烯脂酰 CoA 水合酶的底物。烯脂酰 CoA 继续进行 β 氧化,直到完全形成乙酰 CoA(图 6-20)。

需要注意的是:由于不饱和脂肪酸中双键的存在,使得代谢物脱氢的机会减少,所以最后获得的 ATP 数目要比相同碳原子数的饱和脂肪酸获得的 ATP 的数目少。

(三)奇数碳脂肪酸的氧化

许多植物、海洋生物、石油酵母等生物体中存在有大量奇数碳脂肪酸。例如,石油酵母脂类中含有大量 15 碳和 17 碳脂肪酸。以 17 碳脂肪酸的氧化为例,需要经过 7 轮 β 氧化,产生 7

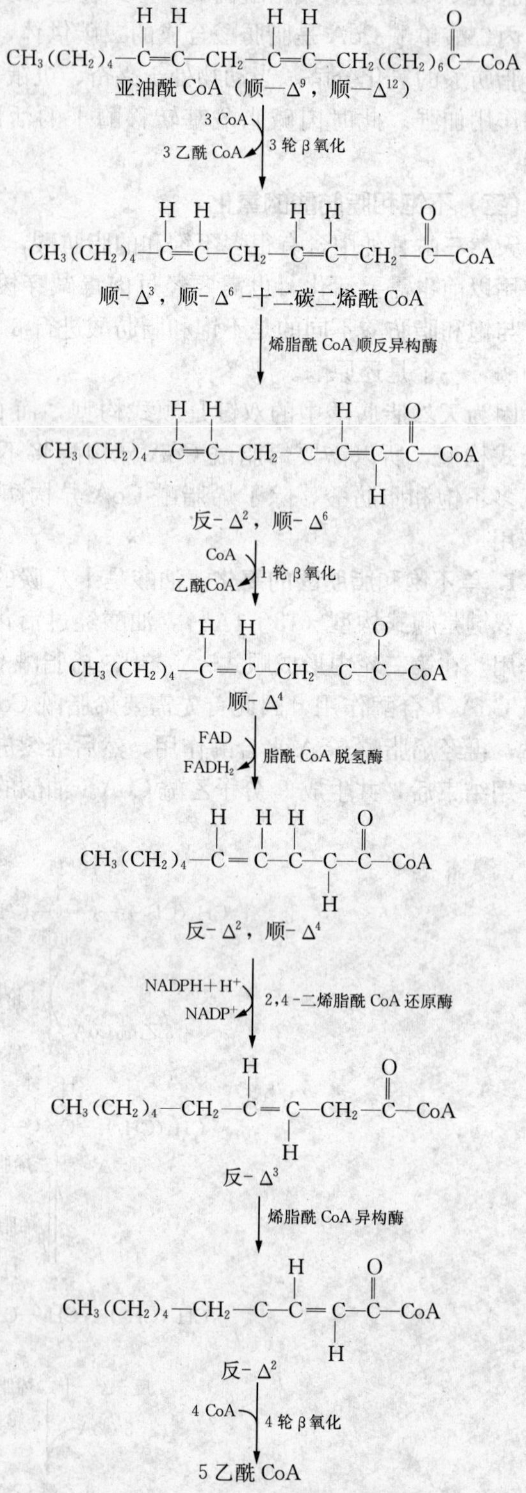

图 6-20 亚油酰 CoA 的氧化

分子 FADH$_2$ 和 7 分子 NADH 以及 7 分子乙酰 CoA 和 1 分子丙酰 CoA。

丙酰 CoA 不再是脂酰 CoA 脱氢酶作用的底物，不能继续进行 β 氧化作用。丙酰 CoA 在丙酰 CoA 羧化酶、甲基丙二酸单酰 CoA 差向异构酶、甲基丙二酸单酰 CoA 变位酶的作用下生成琥珀酰 CoA（图 6-21）。

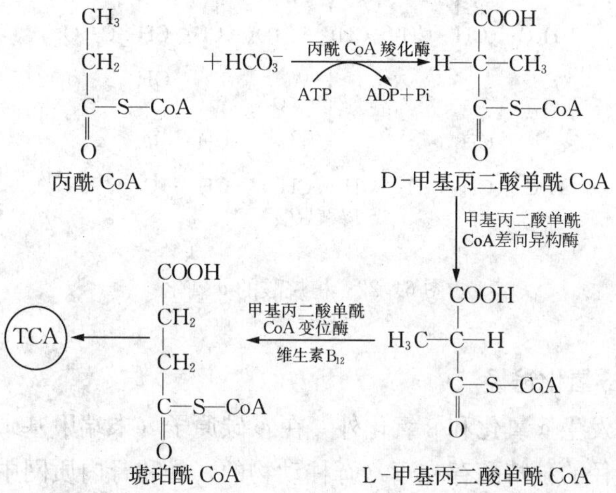

图 6-21　丙酰 CoA 的代谢

在甲基丙二酸单酰 CoA 变位酶催化的反应中，最初位于 C-2 位的 CO-S-CoA 基团与 C-3 位的一个氢原子发生了交换。辅酶 B$_{12}$ 是这个反应的辅因子，正如它是所有此类反应的辅因子一样，催化反应通式如下：

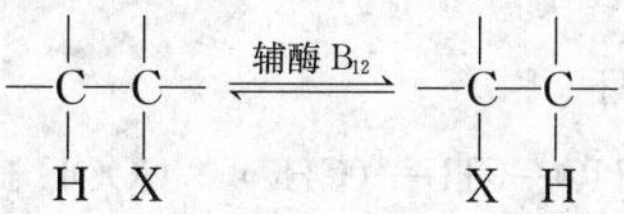

产物琥珀酰 CoA 必须通过 2 个途径才能进入 TCA 完全氧化成 CO_2。一是经 β 氧化形成乙酰 CoA。二是在 TCA 中形成苹果酸，通过特殊的载体，进入细胞质。细胞质中的苹果酸脱氢酶将苹果酸氧化生成草酰乙酸，脱羧后形成的丙酮酸返回线粒体，彻底氧化。

（四）脂肪酸的 α 氧化作用

1956 年，Stumpf 发现在植物种子和植物叶子组织中的脂肪酸除有 β 氧化作用外，还有一种特殊的氧化途径，称为 α 氧化作用。这种特殊类型的氧化系统，后来也在脑和肝细胞中发现。在这个系统中，以游离脂肪酸作为底物，由单氧化酶催化，需要有 O_2、Fe^{2+} 和抗坏血酸等参加，每 1 次氧化经脂肪酸羧基端只失去 1 个碳原子，产物既可以是 D-α 羟基脂肪酸，也可进一步脱羧、氧化转变成少一个碳原子的脂肪酸。

现已证明哺乳动物组织可以把绿色植物的叶绿醇首先降解为植烷酸，植烷酸的 β 位被甲基封闭，因此不能进行 β 氧化，只有通过 α 氧化将其羟化、脱羧，形成降植烷酸（pristanic acid）（图 6-22）。降植烷酸经活化即可以通过 β 氧化作用降解。

对于人类，如果缺乏 α 氧化作用系统，即造成体内植烷酸的积聚，会导致外周神经炎类型的运动失调及视网膜炎等症状。另外 α 氧化对降解支链脂肪酸、奇数碳脂肪酸或过长碳链

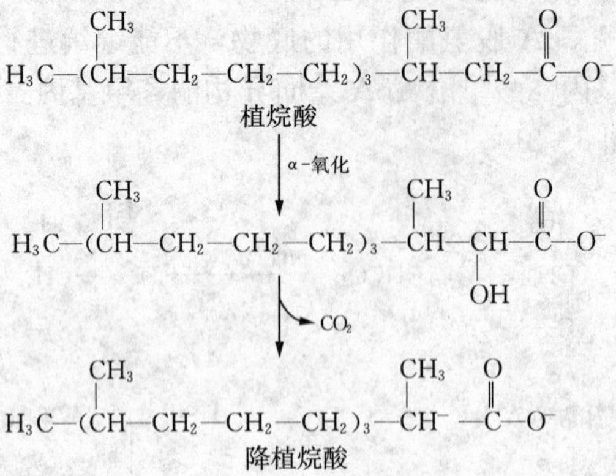

$$\text{植烷酸}: H_3C-(CH-CH_2-CH_2-CH_2)_3-CH-CH_2-\overset{O}{\underset{}{C}}-O^-$$
$$\text{其中支链}CH_3$$

$\downarrow \alpha\text{-氧化}$

$$H_3C-(CH-CH_2-CH_2-CH_2)_3-\underset{OH}{CH}-\overset{CH_3}{\underset{}{CH}}-\overset{O}{\underset{}{C}}-O^-$$

$\downarrow CO_2$

$$\text{降植烷酸}: H_3C-(CH-CH_2-CH_2-CH_2)_3-CH-\overset{CH_3}{\underset{}{C}}-O^-$$

图 6-22 植烷酸的 α 氧化

脂肪酸有重要作用。

(五) 脂肪酸的 ω 氧化途径

脂肪酸的氧化除发生 α 氧化和 β 氧化外，在 ω 碳原子（末端甲基碳原子）上还可以发生氧化反应。催化此途径的独特酶存在于（脊柱动物的）肝和肾内质网中，它所偏爱的底物是 10 或 12 个碳原子的脂肪酸分子。

反应在混合功能氧化酶（mixedfunction oxidase）催化下，其 ω 碳原子发生氧化，引入一个羟基到 ω 碳原子上，这个羟基的氧来自分子氧（O_2），通过一个涉及细胞色素 P_{450} 和电子供体 NADPH 参与的复杂反应而发生。ω 羟脂酸在醇脱氢酶，醛脱氢酶的作用下进一步氧化成醛脂酸，二羧脂酸。

脂肪酸 ω 氧化过程可简示如下：

$$H_3C-(CH_2)_n-COOH + O_2 \longrightarrow HO-CH_2-(CH_2)_n-COOH + H_2O \longrightarrow HOOC-(CH_2)_n-COOH$$
　　脂肪酸　　　　　　　　　ω-羟脂酸　　　　　　　　　α,ω-二羧酸

生成的 α,ω 二羧酸进入线粒体后，可以从分子的两端进行 β 氧化。因此 ω 氧化加速了脂肪酸降解的速度。

某些海面浮游生物具有 ω 氧化途径，能将烃类和脂肪酸迅速降解成水溶性产物，这些海面浮游生物对清除海洋中的石油污染具有重大意义。

四、乙醛酸循环

乙醛酸循环（glyoxylate cycle）最初是在细菌中发现的，后来发现在植物、真菌和某些无脊椎动物中也存在这个途径。由于代谢中产生了一个特殊的中间产物——乙醛酸，因此这个途径被称作乙醛酸循环。

乙醛酸循环可以使乙酰 CoA 通过四碳的中间产物合成葡萄糖，具有乙醛酸循环功能的细胞可以直接利用乙酰 CoA 合成碳水化合物。例如，酵母可以在乙醇中生长，因为酵母可以把乙醇氧化，逐步形成乙酰 CoA，然后通过乙醛酸循环形成苹果酸。同样，很多细菌将乙酸转化为乙酰 CoA，就可以利用乙醛酸循环在乙酸中生长。

(一) 乙醛酸循环的过程及特异酶

在乙醛酸循环中，乙酰 CoA 与草酰乙酸缩合形成柠檬酸（六碳三羧酸），柠檬酸转化为异柠檬酸。这些反应与三羧酸循环相同。但是，异柠檬酸没有继续脱氢脱羧，而是直接裂解生成了乙醛酸（二碳）和琥珀酸（四碳二羧酸），反应由异柠檬酸裂解酶催化。接着，二碳的乙醛酸和另一分子二碳的乙酰 CoA 结合生成苹果酸（四碳二羧酸），反应由苹果酸合酶催化。

异柠檬酸裂解酶（isocitrate lyase）和苹果酸合酶（malate synthase）是乙醛酸循环中两个特异的酶。这两个酶催化的反应如下：

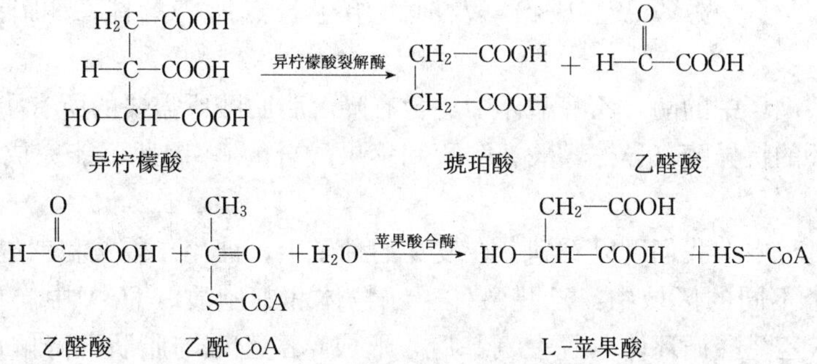

$$\underset{\text{异柠檬酸}}{\begin{array}{c}H_2C-COOH\\H-C-COOH\\HO-CH-COOH\end{array}}\xrightarrow{\text{异柠檬酸裂解酶}}\underset{\text{琥珀酸}}{\begin{array}{c}CH_2-COOH\\CH_2-COOH\end{array}}+\underset{\text{乙醛酸}}{\begin{array}{c}O\\H-C-COOH\end{array}}$$

$$\underset{\text{乙醛酸}}{\begin{array}{c}O\\H-C-COOH\end{array}}+\underset{\text{乙酰 CoA}}{\begin{array}{c}CH_3\\C=O\\S-CoA\end{array}}+H_2O\xrightarrow{\text{苹果酸合酶}}\underset{\text{L-苹果酸}}{\begin{array}{c}CH_2-COOH\\HO-CH-COOH\end{array}}+HS-CoA$$

图 6-23　乙醛酸循环两个特异的酶反应

随后，苹果酸氧化成草酰乙酸，又可以与一分子乙酰 CoA 缩合，开始另一轮反应。乙醛酸循环过程如图 6-24。

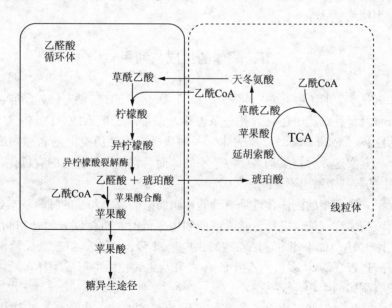

图 6-24　乙醛酸循环途径

乙醛酸循环的总反应方程式是：

$$2\text{乙酰辅酶 A}+NAD^++2H_2O\longrightarrow \text{草酰乙酸}+2\text{辅酶 A}+NADH+H^+$$

反应结果是将 2 分子乙酰 CoA 生成 1 分子草酰乙酸，继续反应。循环中产生的另一个中间产物——琥珀酸返回线粒体，转变为苹果酸。

(二) 乙醛酸循环的意义

植物中具有一种特殊的细胞器叫做乙醛酸体 (glyoxesome)，其中含有催化乙醛酸循环的酶。但是，乙醛酸体并非在所有时间所有的组织中都存在。它们只在富含脂质的种子发芽过程中存在。也就是说，在发芽的种子还不能进行光合作用之前存在。

乙醛酸循环中产生的琥珀酸从乙醛酸体输出后进入线粒体，为 TCA 回补四碳单位。三羧酸循环中的酶把琥珀酸转化成苹果酸。苹果酸可以氧化形成草酰乙酸，也可以从线粒体中进入细胞质。在细胞质中，由细胞质中的苹果酸脱氢酶催化形成草酰乙酸，成为糖异生作用的前体。在油料作物种子发芽期，乙醛酸循环进行得非常活跃，在此期间种子中储藏的脂类经乙酰 CoA 生成糖，及时供给生长点所需的能量和碳架，促进发芽、生长。

除了乙醛酸循环中的酶，乙醛酸体中还含有降解脂肪酸所需要的所有酶。由于脊椎动物没有乙醛酸循环的特异酶（异柠檬酸裂解酶和苹果酸合酶），因此不能完成从脂质到葡萄糖的净合成过程。

从上述的过程中，我们可以看到：在发芽的种子中，催化二羧酸和三羧酸之间相互转化的酶存在于 3 个不同的区域中：乙醛酸体、线粒体和细胞质。TCA 中产生的草酰乙酸以 Asp 的形式进入乙醛酸循环体，脱去氨基后，形成草酰乙酸与脂肪酸降解产生的乙酰 CoA 缩合。形成的柠檬酸转化为异柠檬酸。异柠檬酸裂解产生的琥珀酸返回线粒体，转变为苹果酸。苹果酸有 2 个出路：一是继续进行 TCA，二是进入细胞质进行糖异生作用。我们还可以看到有 4 个代谢途径参与上述的转化过程：脂肪酸降解为乙酰 CoA，乙醛酸循环，三羧酸循环和糖异生作用。

五、酮体的生成与利用

脂肪酸 β 氧化产生的乙酰 CoA，可进入 TCA 循环进行彻底氧化分解，但在人类和大多数哺乳动物肝脏及肾脏细胞中还有另外一条去路，即形成乙酰乙酸、D-β-羟丁酸和丙酮，这三者统称为酮体 (ketone body)。"酮体"一词只是沿用了历史上的名称，最初是指不溶于水的小颗粒。其实这 3 种物质是高度溶于水的，而且它们只是普通的有机化合物，不是什么"体"，其中的羟基丁酸也不是酮。

正常情况下，血液中的酮体含量是很低的，脂肪酸的氧化和糖的降解基本处于平衡，但在病理条件下或糖尿病（糖供应不足时或糖的利用率低时）机体就开始动用脂肪氧化供能，生成大量的乙酰 CoA。如果此时草酰乙酸的供应量跟不上，很多乙酰 CoA 就不能与草酰乙酸缩合为柠檬酸进入 TCA，多余的乙酰 CoA 在肝细胞线粒体中形成酮体，所以肝脏是酮体生成的主要器官酮体的生物合成见图 6-25。

酮体在肝内产生，但肝脏本身不能利用。因为肝脏中缺少将乙酰乙酸转化为乙酰乙酰 CoA 的酰基化酶，因此酮体要随血液流到肝外组织（包括心肌、骨骼肌及大脑等）才能进一步代谢。这些肝外组织含有利用酮体的酶，可以利用酮体氧化供能。

例如，乙酰乙酸和 β-羟丁酸是大脑细胞的燃料分子。乙酰乙酸在琥珀酰 CoA 转硫酶的催化下，转化成乙酰乙酰 CoA，然后被硫解为 2 分子乙酰 CoA，进入三羧酸循环彻底氧化。β-羟丁酸在 β-羟丁酸脱氢酶的作用下生成乙酰乙酸，然后再进行氧化。丙酮不稳定，主要

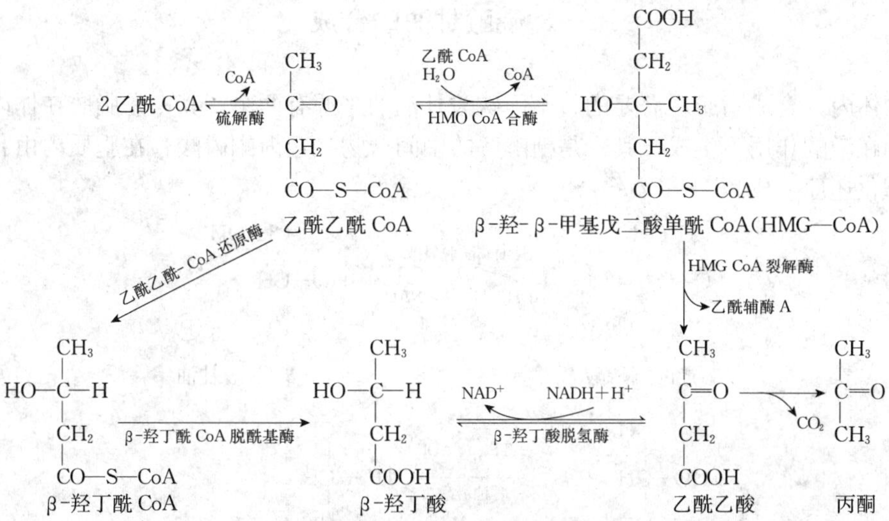

图 6-25 酮体的生物合成

通过呼吸排出体外（图 6-26）。

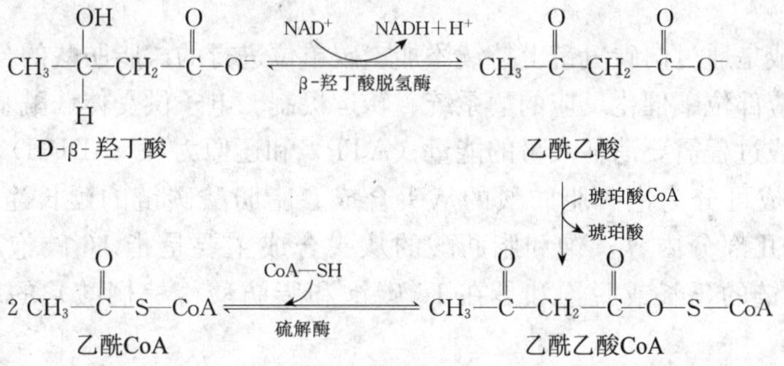

图 6-26 酮体的利用

酮体是脂肪酸分解代谢的正常产物，是肝脏输出能源的一种形式，是脑组织的重要能源。酮体的利用可减少糖的消耗，有利于维持血糖水平的恒定。但当机体缺糖（长期饥饿）或糖不能被利用（严重糖尿病）时，脂肪酸动员加强，酮体生成增加。酮体生成超过肝外组织利用的能力时，引起血酮增高，产生酮血症。酮体随尿排出，引起酮尿。

第四节　脂肪的合成

生物体内脂类的合成是非常活跃的，特别是在高等动物的肝脏组织，脂肪组织和乳腺组织。脂肪合成需要以脂肪酸和甘油为原料。脂类的合成包括磷酸甘油的合成和脂肪酸的合成，然后再进一步加工形成复杂的三酰甘油。脂类的生物合成是吸能和还原的反应，它们以 ATP 为合成能源、以还原电子载体为还原体（通常是 NADPH）。

一、磷酸甘油的合成

生物体内，合成脂肪所需要的 L-3-磷酸甘油的来源有两个，其一是脂肪在体内降解得到的甘油在激酶作用下生成；其二是糖酵解的中间产物二羟丙酮磷酸，在胞质内由甘油磷酸脱氢酶催化还原生成。

$$\underset{\text{二羟丙酮磷酸}}{\begin{array}{c}CH_2OH\\|\\C=O\\|\\CH_2-O-\textcircled{P}\end{array}} \xrightarrow[NADH+H^+ \quad NAD^+]{\text{甘油磷酸脱氢酶}} \underset{\text{L-3-磷酸甘油}}{\begin{array}{c}CH_2OH\\|\\HO-CH\\|\\CH_2O-\textcircled{P}\end{array}}$$

$$\underset{\text{甘油}}{\begin{array}{c}CH_2-OH\\|\\HO-CH\\|\\CH_2-OH\end{array}} \xrightarrow[\text{甘油激酶}]{ATP \quad ADP} \underset{\text{L-3-磷酸甘油}}{\begin{array}{c}CH_2OH\\|\\HO-CH\\|\\CH_2O-P\end{array}}$$

二、脂肪酸的合成

脂肪酸的合成是通过向碳氢链上持续添加二碳单位进行的。脂肪酸的合成过程与脂肪酸的氧化降解在反应部位、催化反应的酶系统、转运机制、电子供受体、酰基载体等方面完全不同。脂肪酸合成过程需要消耗大量的能量（ATP）和还原力（NADPH）。

脂肪酸的合成可分为饱和脂肪酸的从头合成、脂肪酸碳链的延长途径和不饱和脂肪酸的生成途径等几部分内容。饱和脂肪酸的从头合成主要是指 16 碳饱和脂肪酸的从头合成。脂肪酸碳链的延长或脱饱和是在 16 碳饱和脂肪酸（棕榈酸）的基础上继续加工而成。

（一）饱和脂肪酸的从头合成

饱和脂肪酸的合成在胞液中进行。用同位素标记的 $CD_3-^{13}COOH$ 施喂大鼠，发现在大鼠肝脏内分离到的脂肪酸结构是 $CD_3-^{13}CH_2-(CD_2-^{13}CH_2)_n-CD_2-^{13}COOH$。D 出现在甲基碳及脂肪酸碳链中，$^{13}C$ 出现在羧基碳及脂肪酸碳链上，D 和 ^{13}C 交替出现。这说明生物体内脂肪酸的合成是以乙酸作为原料，后来进一步的研究证明乙酸是以乙酰 CoA 的形式参与反应。

脂肪酸从头合成的二碳单位是乙酰 CoA。乙酰 CoA 主要来自线粒体中的丙酮酸氧化脱羧、氨基酸氧化降解，脂肪酸 β 氧化等过程。但是，在脂肪酸的合成过程中，只有 1 分子乙酰 CoA 可以作为引物，其他的乙酰 CoA 首先要形成丙二酸单酰 CoA 的形式，才能掺入脂肪酸的碳链中。这个反应由乙酰 CoA 羧化酶（acetyl CoA carboxylase）催化。二碳单位在脂肪酸合酶复合体（Fatty acid synthase complex）的催化下，经缩合、还原、脱水、再还原 4 步循环反应来完成的。

1. 乙酰 CoA 的转运　脂肪酸在细胞质中合成，而乙酰 CoA 却是在线粒体中产生的。脂肪酸合成所需的乙酰 CoA 不能穿过线粒体的内膜进入细胞质中，所以要借助"柠檬酸-丙酮酸穿梭"才能进入细胞质。

在柠檬酸-丙酮酸穿梭途径中，线粒体中产生的乙酰 CoA 与草酰乙酸结合形成柠檬酸，然后通过三羧酸载体透过线粒体膜进入细胞质，裂解成草酰乙酸和乙酰 CoA，同时消耗 1 分子 ATP，反应由细胞质中的柠檬酸裂解酶催化。草酰乙酸在苹果酸脱氢酶的催化下还原成苹果酸，反应消耗 1 分子的 NADH。苹果酸在苹果酸酶的催化下氧化脱羧产生 CO_2、丙酮酸和 1 分子 NADPH。丙酮酸进入线粒体，在丙酮酸羧化酶催化下重新形成草酰乙酸，又可参加乙酰 CoA 的转运。其过程见图 6-27。

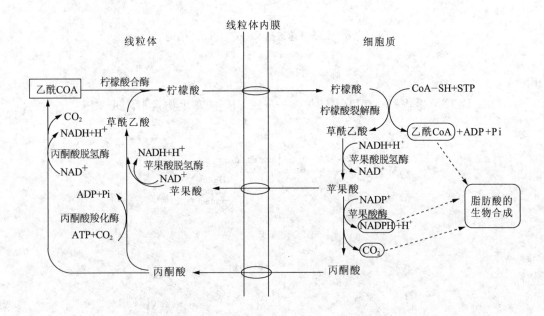

图 6-27 柠檬酸-丙酮酸穿梭系统

2. 丙二酸单酰 CoA（malonyl CoA）的形成 人们用细胞提取液进行脂肪酸从头合成的研究时，发现在脂肪酸从头合成过程中，乙酰 CoA 是引物，加合物（其他二碳单位供体的活化形式）则是丙二酸单酰 CoA。二碳单位中多出的一个碳原子来自于 HCO_3^-，因此脂肪酸的从头合成反应需要 HCO_3^- 的存在。以合成 1 分子棕榈酸为例，合成反应所需的 8 个二碳单位中，只有 1 个是以乙酰 CoA 的形式参与，而其他 7 个均以丙二酸单酰 CoA 形式参与。丙二酸单酰 CoA 是由乙酰 CoA 和 HCO_3^- 在乙酰 CoA 羧化酶（acetyl CoA carboxylase）的催化下合成的，所有的乙酰 CoA 羧化酶都含有生物素辅基。

大肠杆菌中的乙酰 CoA 羧化酶是由 3 种不同的亚基（图 6-28）组成的复合物，包括生物素羧基载体蛋白（biotin carboxyl carrier protein，BCCP）、生物素羧化酶（biotin carboxylase，BC）和转羧基酶（transcarboxylase，CT）。生物素通过酰胺键与生物素羧基载体蛋白的赖氨酸残基上的 ε-氨基共价结合。在动物细胞中，这 3 种活性都位于单一的多肽链上。植物细胞中则含有上述两种形式的乙酰 CoA 羧化酶（图 6-28）。

乙酰 CoA 羧化酶催化的反应可以分成两步。首先，碳氢盐（HCO_3^-）的羧基与生物素环的一个氮原子结合，形成活化的羧基生物素（图 6-29）。这个反应由生物素羧化酶催化并消耗一分子 ATP。生物素辅基是二氧化碳分子的暂时载体。生物素羧化酶催化的反应

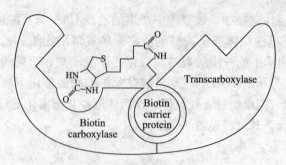

图 6-28 大肠杆菌乙酰 CoA 羧化酶的结构
（改自 Nelson D. L. 等，2008）

如下：

BCCP-生物素＋ATP＋HCO$_3^-$ ⟶ BCCP-羧基生物素＋ADP＋Pi

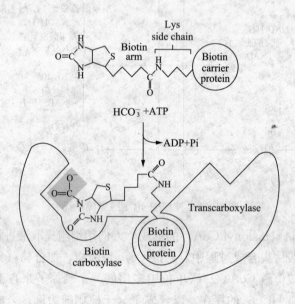

图 6-29 大肠杆菌乙酰 CoA 羧化酶催化的反应
（改自 Nelson D. L. 等，2008）

然后，在第二步反应中，转羧基酶催化 BCCP-羧化生物素上有活性的羧基转移到乙酰 CoA 上，产生丙二酸单酰 CoA 和 BCCP-生物素（图 6-30）。

BCCP-羧基生物素＋乙酰 CoA ⟶ 丙二酸单酰 CoA＋BCCP-生物素

在这两步反应中，生物素羧基载体蛋白结合的生物素臂长而有弹性，可将被激活的 CO_2 从生物素羧化酶的活性位点转移到转羧基酶的活性位点。

乙酰 CoA 羧化酶催化的反应是不可逆的，是脂肪酸合成过程的关键调节步骤。

3. 脂肪酸合酶复合体（FAS） 从乙酰 CoA 和丙二酸单酰 CoA 开始的脂肪酸合成反应，由脂肪酸合酶复合体催化。在大肠杆菌和一些植物的中，脂肪酸合酶复合体是 7 种多肽链的聚合体，包括 6 种酶和 1 个酰基载体蛋白。结构如图 6-31 所示。

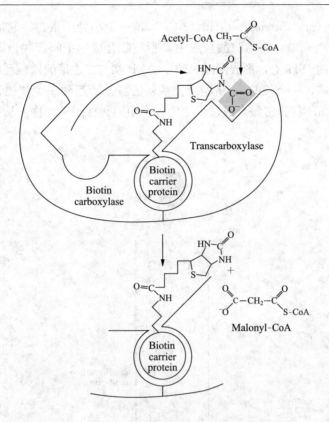

图6-30 大肠杆菌乙酰辅酶A羧化酶催化的反应
(改自 Nelson D. L. 等,2008)

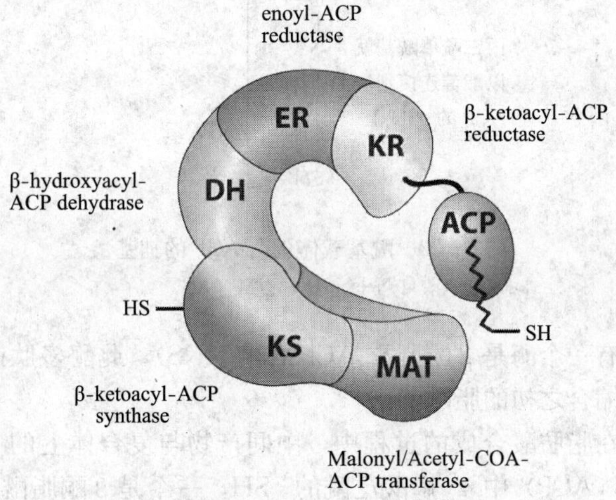

图6-31 脂肪酸合酶复合体的组成
(改自 Nelson D. L. 等,2008)

注:丙二酸单酰/乙酰 CoA - ACP 转移酶 (Malonyl/Acetyl CoA - ACP transferase,MAT) [乙酰 CoA - ACP 酰基转移酶 (Acetyl CoA - ACP transacetylase,AT);丙二酸单酰 CoA - ACP 转移酶 (Malonyl - CoA - ACP transferase,MT)];β酮脂酰 ACP 合酶 (β - ketoacyl - ACP synthase,KS);β酮脂酰 ACP 还原酶 (β - ketoacyl - ACP reductase,KR);β羟脂酰 ACP 脱水酶 (β - hydroxyacyl - ACP dehydrase,DH);烯脂酰 ACP 还原酶 (enoyl - ACP reductase,ER)。

酰基载体蛋白（acyl carrier protein，ACP）是一个小分子蛋白，它的辅基是磷酸泛酰巯基乙胺基团（图6-32）。在脂肪酸合成中，脂肪酸合成的中间产物以共价键连接到磷酸泛酰巯基乙胺基团的-SH上，形成脂酰ACP。ACP和与之连接的磷酸泛酰巯基乙胺在脂肪酸合成中运载脂酰基，这个长的4′-磷酸泛酰巯基乙胺基团起到一个"摇臂"的作用，它利用4′-磷酸泛酰的-SH将脂肪酸合成过程中的各个中间物在酶复合物上从一个催化中心转移到另一个催化中心。

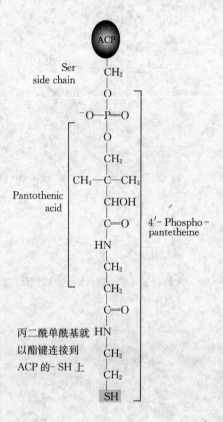

图6-32 酰基载体蛋白ACP的辅基
（改自 Nelson D. L. 等，2008）

脂肪酸合酶中还有一个酶是β酮脂酰ACP合酶（KS），此酶多肽链上一个半胱氨酸残基上的巯基用于连接缩合之初的脂酰基。

由此可以看出，在脂肪酸合成的过程中，中间产物与复合体上的2个-SH共价连接。一个是酰基载体蛋白（ACP）中4′-磷酸泛酰的-SH，一个是β酮脂酰ACP合酶（KS）中Cys的-SH。

真核生物的脂肪酸合酶与原核生物的不同，催化脂肪酸合成的7种酶［除图6-31的6种酶外，还多出了一个硫脂酶（thioesterase，TE）］和1分子ACP均在一条单一的多功能多肽链（亚基）上，每个亚基中的肽链折叠3个结构域，中间有可变区连接。由两个完全相同的亚基首尾相连组成的二聚体称脂肪酸合酶（fatty acid synthase）（图6-33）。

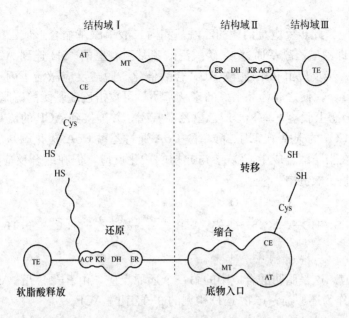

图 6-33 真核生物脂肪酸合酶的组成
(引自王镜岩,2002)

脂肪酸合酶的二聚体若解离为单体,则部分酶活性丧失。每个亚基上 ACP 结构域的丝氨酸残基连接有 4′-磷酸泛酰硫基乙胺,与脂酰基相连,作为脂肪酸合成中的脂酰基载体,在亚基的不同催化部位之间转运底物或中间物,大大提高了脂肪酸合成的效率。棕榈酰 ACP 硫脂酶催化最后的棕榈酰 ACP 水解生成棕榈酸和 ACP。

4. 准备反应阶段

(1) 转乙酰基反应。乙酰 CoA 与 ACP 作用,生成乙酰 ACP。该反应是一个起始反应,由乙酰 CoA - ACP 酰基转移酶(AT)催化,将乙酰基先从 CoA 转运至 ACP,而后迅速移位,转运至 β-酮脂酰 ACP 合酶(KS)中 Cys 的巯基上,成为缩合反应的第一个底物。

$$CH_3-\overset{O}{\underset{}{C}}-S-CoA + HS-ACP \xrightarrow{AT} CH_3-\overset{O}{\underset{}{C}}-S-ACP + HS-CoA$$
乙酰 CoA　　　　　　　　　　　　乙酰 ACP

$$CH_3-\overset{O}{\underset{}{C}}-S-ACP + HS-KS \xrightarrow{AT} CH_3-\overset{O}{\underset{}{C}}-S-KS + HS-ACP$$
乙酰 ACP　　　　　　　　　　　　乙酰 KS

(2) 转丙二酸单酰基反应。丙二酸单酰 CoA - ACP 转移酶催化丙二酸单酰基加载到 ACP 的巯基上,为 β-酮脂酰 ACP 合成酶提供第二个底物。在此反应中,ACP 的自由巯基攻击丙二酸单酰 CoA 的羰基,形成丙二酸单酰 ACP。这样的两步准备反应,为下一步缩合反应分别生成了所需的两种底物。

$$HO-\overset{O}{\underset{}{C}}-CH_2-\overset{O}{\underset{}{C}}-S-CoA \xrightarrow[\text{HS-ACP　　HS-CoA}]{\text{丙二酸单酰 CoA - ACP 转移酶}} HO-\overset{O}{\underset{}{C}}-CH_2-\overset{O}{\underset{}{C}}-S-ACP$$

5. 反应历程

（1）缩合反应。此步反应是活化的乙酰基和丙二酸单酰基缩合形成乙酰乙酰 ACP（acetoacetyl ACP），即乙酰乙酰基通过 $4'$-磷酸泛酸巯基乙胺上的-SH 连到 ACP 上，同时释放一分子 CO_2。这一步反应由 β-酮脂酰 ACP 合酶催化。脱羧反应激活了丙二酸单酰 CoA 的亚甲基（methylene），使之成为一个好的亲核基团，可攻击乙酰基团的硫脂键，使乙酰基从 β-酮脂酰 ACP 合酶上脱落下来，形成乙酰乙酰基团，并连接到 ACP 的巯基上。

此反应产生 CO_2 的碳原子是丙二酸单酰 CoA 通过乙酰 CoA 羧化酶从 HCO_3^- 中转入的碳原子。因此，在脂肪酸合成中 CO_2 参与起初的羧化反应，但在缩合反应中又重新释放出来，并没有掺入脂肪酸链中。

$$CH_3-\overset{O}{\underset{}{C}}-S-KS + HO-\overset{O}{\underset{}{C}}-CH_2-\overset{O}{\underset{}{C}}-S-ACP \xrightarrow[CO_2]{\beta\text{-酮脂酰 ACP 合酶}} H_3C-\overset{O}{\underset{}{C}}-CH_2-\overset{O}{\underset{}{C}}-S-ACP$$

乙酰 KS　　　　丙二酸单酰 ACP　　　　　　　　　　　　　　　乙酰乙酰 ACP

（2）还原反应。这是脂肪酸合成中的第一个还原反应，由 β-酮脂酰 ACP 还原酶催化。反应以 NADPH 作为还原剂，产物是 D 构型的 β-羟丁酰 ACP。

$$H_3C-\overset{O}{\underset{}{C}}-CH_2-\overset{O}{\underset{}{C}}-S-ACP \xrightarrow[NADPH+H^+ \quad NADP^+]{\beta\text{-酮脂酰 ACP 还原酶}} H_3C-\overset{OH}{\underset{H}{C}}-CH_2-\overset{O}{\underset{}{C}}-S-ACP$$

乙酰乙酰 ACP　　　　　　　　　　　　　　　　　　D-β-羟丁酰 ACP

（3）脱水反应。β-羟丁酰 ACP 脱水生成相应的 α,β-反-烯丁酰 ACP（巴豆酰 ACP），反应在 β 羟脂酰 ACP 脱水酶的催化下完成。

$$H_3C-\overset{OH}{\underset{H}{C}}-CH_2-\overset{O}{\underset{}{C}}-S-ACP \xrightarrow[H_2O]{\beta\text{-羟脂酰 ACP 脱水酶}} H_3C-\overset{H}{\underset{}{C}}=\overset{}{\underset{H}{C}}-\overset{O}{\underset{}{C}}-S-ACP$$

D-β-羟丁酰 ACP　　　　　　　　　　　　　　　　　α,β-反-烯丁酰 ACP

（4）再还原反应。这步反应把 α,β-反-烯丁酰 ACP 还原成为丁酰 ACP。反应再一次由 NADPH 作为电子供体，由 β-烯脂酰 ACP 还原酶催化。

$$H_3C-\overset{H}{\underset{}{C}}=\overset{}{\underset{H}{C}}-\overset{O}{\underset{}{C}}-S-ACP \xrightarrow[NADPH+H^+ \quad NADP^+]{\beta\text{-羟脂酰 ACP 还原酶}} H_3C-CH_2-CH_2-\overset{O}{\underset{}{C}}-S-ACP$$

α,β-反-丁烯酰 ACP　　　　　　　　　　　　　　　　　丁酰 ACP

经过上述反应，由乙酰 ACP 作为二碳受体，丙二酸单酰 ACP 作为二碳单位的供体，经过缩合、还原、脱水、再还原 4 个反应步骤，即生成含 4 个碳原子的丁酰 ACP。

接着，丁酰 ACP 在转酰酶的作用下，将丁酰基转移到 β 酮脂酰 ACP 合成酶的巯基上。下一个二碳单位的供体丙二酸单酰基又连接到 ACP 的-SH 上。丁酰基可以继续与丙二酸单酰基经过上述重复的反应步骤，即可得到己酰 ACP。如此不断地进行循环，最终得到棕榈酰 ACP。整个棕榈酰 ACP 从头合成过程可简示为图 6-34。

从乙酰 CoA 和丙二酸单酰 CoA 合成长链脂肪酸，实际上是一个重复加长过程，每次延

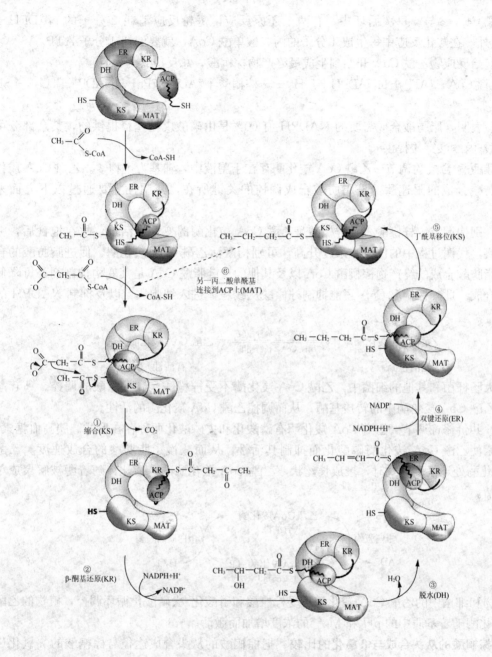

图 6-34　棕榈酰 ACP 的从头合成
(改自 Nelson D. L. 等, 2008)

长 2 个碳原子。第一轮反应生成的是丁酰 ACP，以后每进行一轮循环，增加 2 个碳单位。7 轮反应后，就形成 16 碳的饱和脂肪酸（棕榈酸）。此时的棕榈酰基依然与 ACP 连接。由复合物中的水解酶活性将脂肪酸释放。在动物细胞中，催化棕榈酸 ACP 水解的酶是棕榈酸 ACP 硫脂酶。脂肪酸的合成通常止于 16 碳酸。反应的方程式：

$$\text{棕榈酰 ACP} + H_2O \longrightarrow \text{棕榈酸} + \text{ACP-SH}$$

生成 16 个碳的饱和脂肪酸要进行 7 轮循环反应，需要 1 分子的乙酰 CoA 和 7 分子的丙二酸单酰 CoA 参与。每次循环中，有两个还原反应，每轮反应消耗 2 分子的 NADPH+H^+。另外，在羧化反应中每生成 1 分子的丙二酸单酰 CoA，就要消耗 1 分子 ATP。

从起始反应物乙酰 CoA 开始到生成最终产物棕榈酸，总反应式为：

8乙酰 CoA+7ATP+14NADPH+14H^+ ⟶ 棕榈酸+7ADP+7Pi+14$NADP^+$+8CoA-SH+6H_2O

试验表明，脂肪酸合成需要的 NADPH 有 60% 是由磷酸戊糖途径提供的，其余部分可由柠檬酸-丙酮酸穿梭提供。

6. 脂肪酸合成的调节 乙酰 CoA 羧化酶存在于胞液中，辅基为生物素。乙酰 CoA 羧化酶是脂肪酸合成的限速酶，是脂肪酸合成调控的关键所在，其调控主要通过以下方面来实现：

（1）别构调节。柠檬酸、异柠檬酸是乙酰 CoA 羧化酶的变构激活剂，故在饱食后，糖代谢旺盛，代谢过程中的柠檬酸浓度升高，可别构激活乙酰 CoA 羧化酶，促进脂肪酸的合成。而脂肪酸合成的终产物棕榈酰 CoA 以及其他的长链脂酰 CoA 是其变构抑制剂，可降低脂肪酸合成。此外棕榈酰 CoA 还能抑制柠檬酸从线粒体进入细胞质，以及抑制 NADPH 的产生。

乙酰 CoA 羧化酶单体 ⇌(柠檬酸, 异柠檬酸 / 棕榈酰 CoA, 长链脂酰 CoA) 乙酰 CoA 羧化酶多聚体
（无活性）　　　　　　　　　　　　　　　　　　　　　（有活性）

在大肠杆菌和其他的细菌中，乙酰 CoA 羧化酶不受柠檬酸、异柠檬酸的调控。鸟苷酸可调控乙酰 CoA 羧化酶中的转羧基酶，从而调控乙酰 CoA 羧化酶的活性。

（2）共价修饰调节。乙酰 CoA 羧化酶有磷酸化和去磷酸化两种存在形式。胰高血糖素、肾上腺素使乙酰 CoA 羧化酶磷酸化而抑制其活性，从而减慢了脂肪酸的合成速度。乙酰 CoA 羧化酶处于活性形式时，聚成长丝状，乙酰 CoA 羧化酶的磷酸化伴随着酶被解聚成单体而失活。

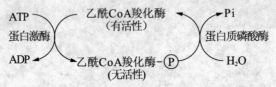

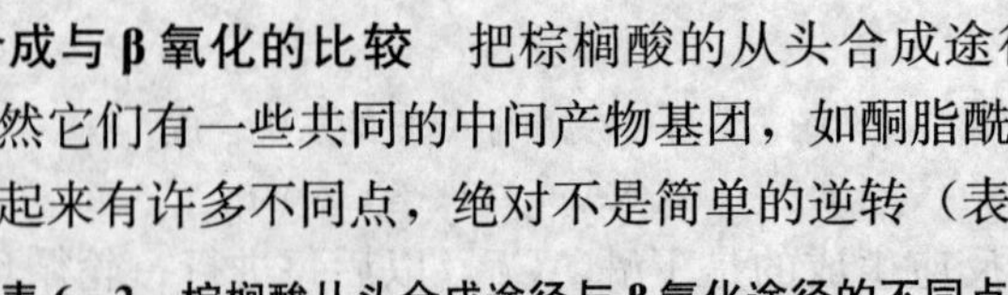

植物和细菌中的乙酰 CoA 羧化酶不受柠檬酸和磷酸化/去磷酸化循环调控，植物的乙酰 CoA 羧化酶随着基质中的 pH 和 Mg^{2+} 的浓度增加而激活。

7. 棕榈酸的从头合成与 β 氧化的比较 把棕榈酸的从头合成途径与棕榈酸的 β 氧化途径相比较可以看出，虽然它们有一些共同的中间产物基团，如酮脂酰基、羟脂酰基、烯脂酰基等，但两个过程概括起来有许多不同点，绝对不是简单的逆转（表 6-2）。

表 6-2 棕榈酸从头合成途径与 β 氧化途径的不同点

区别要点	分 解	合 成
发生部位	线粒体	胞液
酰基载体	CoA-SH	ACP-SH
二碳单位的断裂或参与形式	乙酰基	丙二酸单酰基

区别要点	分解	合成
电子受/供体	NAD^+、FAD	$NADPH+H^+$
酶系	四种酶	脂肪酸合酶复合体
运转系统	肉碱运转系统	柠檬酸穿梭系统
是否需要柠檬酸和 CO_2	不需要	需要
反应过程	脱氢、水化、再脱氢、硫解	缩合、还原、脱水、再还原
β羟脂酰基的构型	L型	D型
能量需求	产生大量能量	耗能

(二) 饱和脂肪酸碳链的延长途径

脂肪酸的从头合成途径是在细胞质部分进行，又称非线粒体合成途径。植物中合成的脂肪酸一般是4、6、8个碳的饱和脂肪酸，动物细胞脂肪酸合酶复合体主要合成16个碳的饱和脂肪酸。这是由β-酮脂酰ACP合酶（KS）的作用专一性决定的，此酶对参与缩合反应的链长有要求，最多只能催化14个碳的脂酰基和丙二酸单酰基缩合，所以由非线粒体系统合成脂肪酸时，碳链的延长只能到生成16个碳的棕榈酸为止。若要继续延长碳链，则需另外的延长系统途径。

在人和动物中棕榈酸碳链的延长在内质网和线粒体中进行。

在内质网上的延长酶系位于内质网膜的细胞质表面。在棕榈酰CoA的基础上，以丙二酸单酰CoA为二碳供体，由NADPH供氢，经过缩合、还原、脱水和再还原等反应，生成多了2个碳原子的硬脂酰CoA。然后重复循环，最多可生成26碳的脂酰CoA（长链脂肪酸中，20碳和22碳的脂肪酸比较多，24碳和26碳的脂肪酸很少）。值得注意的是脂酰基不是与ACP的SH相连，而是连在CoA的SH上。

棕榈酰 CoA + 丙二酸单酰 CoA + $2NADPH+2H^+$ ⟶ 硬脂酰 CoA + $2NADP^+$ + CO_2 + CoA

在线粒体中棕榈酰CoA与乙酰CoA（二碳供体）进行缩合，还原、脱水和再还原，生成硬脂酰CoA。重复循环，可继续加长碳链（延长到24碳至26碳）。

棕榈酰 CoA + 乙酰 CoA + $2NADPH+2H^+$ ⟶ 硬脂酰 CoA + $2NADP^+$ + CoA

在植物中，棕榈酸的碳链延长在细胞质中进行，可利用由延长酶系统催化，形成18碳和20碳的脂肪酸。

$$\text{棕榈酰-ACP + 丙二酸单酰-ACP} \xrightarrow[\text{NADPH}+H^+ \quad NADP^+]{\text{酶系}} \text{硬脂酰-ACP}$$

总之，不同生物的延长系统在细胞内的分布及反应物均不同，如表6-3所示。

表6-3 不同生物的脂肪酸延长系统

生物	在细胞内的部位	反应物	供氢体
植物	细胞质	棕榈酰ACP，丙二酸单酰ACP	$NADPH+H^+$
动物	内质网	棕榈酰CoA，丙二酸单酰CoA	$NADPH+H^+$
动物	线粒体	棕榈酰CoA，乙酰CoA	$NADPH+H^+$

(三) 不饱和脂肪酸的合成

不饱和脂肪酸的合成，就是在脱饱和酶系的作用下，在原有饱和脂肪酸中引入双键的过程。

1. 单烯脂酸的合成　许多生物能把饱和脂肪酸的第九碳和第十碳之间脱氢，形成一个双键而成为不饱和脂肪酸。

(1) 需氧途径（氧化脱氢途径）。真核生物不能在脂肪酸链延长的同时引入双键，只能在合成结束后脱饱和。脱饱和采用依赖 O_2 的途径。

① 脊椎动物组织。脱饱和酶系包括脂酰 CoA 脱饱和酶、Cyt b_5 还原酶和 Cyt b_5。三者组成了类似于电子传递链的电子传递系统，电子的最终受体是 O_2（图 6-35）。

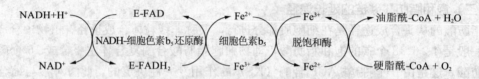

图 6-35　脊椎动物脂肪酸脱饱和酶的电子传递系统

在该途径中，一分子氧接受来自脱饱和酶的两对电子而生成两分子水，其中一对电子是通过电子传递体从 NADPH 获得，另一对则是从脂酰基获得，结果 NADPH 被氧化成 $NADP^+$，饱和脂肪酸被氧化成不饱和脂肪酸，反应式如下：

$$CH_3(CH_2)_7-CH_2-CH_2-CH_2(CH_2)_6C(=O)-OH \xrightarrow[O_2 \quad 2H_2O]{NADH+H^+ \quad NAD^+ \atop 脱饱和酶} CH_3(CH_2)_7-C(H)=C(H)-CH_2(CH_2)_6C(=O)-OH$$

硬脂酸　　　　　　　　　　　　　　　　　　　　　　　　　　　　油酸

② 植物及微生物组织。植物及微生物脱饱和酶系和脊椎动物体内的脱饱和酶系略有不同：后者结合在内质网膜上，以脂酰 CoA 为底物，以 NADPH 作为电子供体；前者结合在叶绿体、细胞质体中，以脂酰 ACP 为底物，以还原铁作为电子供体。此外，它们的电子传递体的组成也略有差别：脊椎动物体内为细胞色素 b_5，植物及微生物体内为铁硫蛋白。

(2) 不需氧途径。不需氧途径是细菌，如大肠杆菌，在缺氧时生成单烯脂酸的一种方式。这一过程发生在脂肪酸从头合成中。当 FAS 系统从头合成到 10 个碳的羟脂酰 ACP（β-羟癸酰 ACP）时，不是由通常的 β 羟癸酰 ACP 脱水酶催化生成反式-α，β-烯癸酰-ACP，而是由专一性的 β 羟癸酰 ACP 脱水酶催化在 β、γ 位之间脱水，生成顺式-β，γ 烯癸酰 ACP。

$$CH_3-(CH_2)_5-CH_2-C(H)=C(H)-C(=O)-S-ACP \qquad CH_3-(CH_2)_5-C(H)=C(H)-CH_2-C(=O)-S-ACP$$

反式-α，β-烯癸酰-ACP（正常产物）　　　　　　　　　　顺式-β，γ-烯癸酰-ACP（特殊产物）

这一产物不是下一步反式-α,β烯癸酰 ACP 还原酶作用的正常底物,因此这一轮合成反应到此为止。继续掺入二碳单位,进行下一轮的从头合成反应,这样,就可产生不同长短的单不饱和脂肪酸。

2. 多烯脂酸的合成 除厌氧细菌外,所有生物都含有两个或两个以上双键的不饱和脂肪酸。人和其他哺乳动物含有 Δ^4、Δ^5、Δ^6、Δ^9 去饱和酶(desaturase),可以通过去饱和及碳链延长交替反应合成棕榈油酸和油酸。但不能在 C-10 至末端甲基之间的碳原子上引入双键,如 C-12、C-15 等,所以人类自身不能合成亚油酸($18:2^{\Delta 9c,12c}$)和 α 亚麻酸($18:3^{\Delta 9c,12c,15c}$),必须从植物中获得。其他不饱和脂肪酸都是由以上 4 种不饱和脂肪酸衍生而来,通过延长和去饱和作用交替进行来完成的。

在 Δ^{12},Δ^{15} 位置上引入双键的植物去饱和酶位于内质网和叶绿体上。内质网酶不能作用于游离脂肪酸但能作用于磷脂(磷脂酰胆碱),它至少含有一个与甘油相连的油酰基。细菌和植物必须合成大量的多不饱和脂肪酸以保证较低温度下膜的流动性。哺乳动物中,从亚油酸合成花生四烯酸是多不饱和脂肪酸合成途径中,延长和脱饱和的典型例子。

三、三酰甘油的生物合成

在胞液中合成的棕榈酸和主要在内质网合成的其他脂肪酸以及摄入体内的脂肪酸,可以进一步用来合成三酰甘油。合成三酰甘油的前体是 3-甘油磷酸和脂酰 CoA。其中,3-甘油磷酸有两个来源,一是由甘油与 ATP 在甘油激酶催化下生成的。值得注意的是脂肪细胞缺乏甘油激酶因而不能利用游离甘油,故此路径不是脂肪细胞的甘油来源;二是直接由糖酵解产生的二羟丙酮磷酸还原生成的。

脂酰 CoA 由脂肪酸在脂酰 CoA 合成酶催化下生成,反应式见脂肪酸 β 氧化中脂肪酸活化一节。

肝脏细胞和脂肪细胞主要通过此途径合成三酰甘油,包括以下步骤:

3-磷酸甘油在磷酸甘油转酰酶催化下分别与 2 分子脂酰 CoA 缩合,形成磷脂酸(L-3-二酰甘油磷酸),见图 6-36。

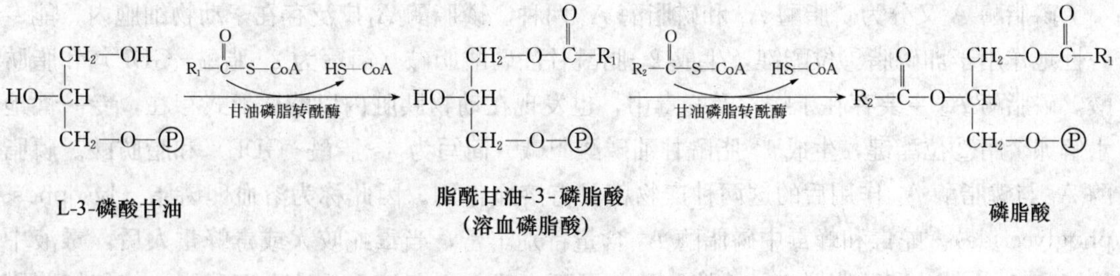

图 6-36 磷脂酸的生物合成

磷脂酸去磷酸化生成二酰甘油。二酰甘油可以直接生成三酰甘油(图 6-37)。

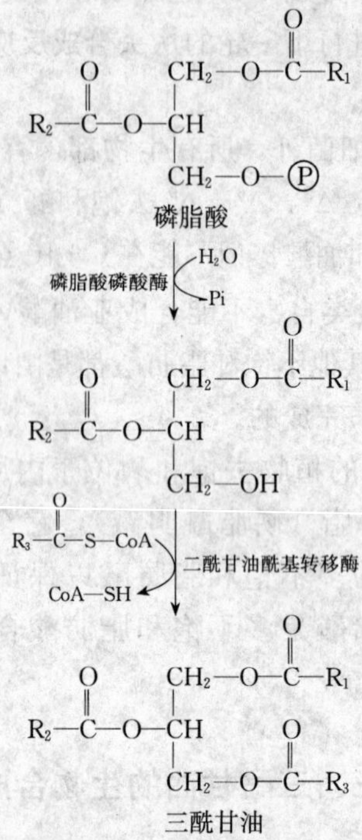

$$\text{磷脂酸}\ \begin{array}{c}O\\\|\\R_2-C-O-CH\\\quad\ CH_2-O-C-R_1\\\quad\ CH_2-O-\text{\textcircled{P}}\end{array}$$

磷脂酸磷酸酶 ↓ H_2O → Pi

$$\begin{array}{c}O\\\|\\R_2-C-O-CH\\\quad\ CH_2-O-C-R_1\\\quad\ CH_2-OH\end{array}$$

$R_3-C-S-CoA$ ↘
CoA—SH 二酰甘油酰基转移酶 ↓

$$\text{三酰甘油}\ \begin{array}{c}O\\\|\\R_2-C-O-CH\\\quad\ CH_2-O-C-R_1\\\quad\ CH_2-O-C-R_3\end{array}$$

图 6-37 三酰甘油的生物合成

第五节 甘油磷脂的代谢

一、甘油磷脂的降解

甘油磷脂的降解是在磷脂酶催化下的水解过程。

参与甘油磷脂分解代谢的酶有磷脂酶 A(phospholipase A)、磷脂酶 B(phospholipase B)、磷脂酶 C(phospholipase C) 和磷脂酶 D(phospholipase D) 等，它们在自然界中分布广泛，存在于动物、植物、细菌、真菌中。

磷脂酶 A 又分为磷脂酶 A_1 和磷脂酶 A_2 两种。磷脂酶 A_1 广泛存在于动物细胞内，能专一性地作用于卵磷脂①位酯键，生成 2-脂酰甘油磷酸胆碱（简写为 2-脂酰-GDP）和脂肪酸。磷脂酶 A_2 主要存在于蛇毒及蜂毒中，也发现在动物胰脏内以酶原形式存在，专一性地水解卵磷脂②位酯键，生成 1-脂酰甘油磷酸胆碱（简写为 1-脂酰-GDP）和脂肪酸。磷脂酶 A_1 与磷脂酶 A_2 作用后的这两种产物都具有溶血作用，因此称为溶血卵磷脂（lysophoglyceride）。蛇毒和蜂毒中磷脂酶 A_2 含量特别丰富，当毒蛇咬人或毒蜂蜇人后，毒液中磷脂酶 A_2，催化卵磷脂脱去一个脂肪酸分子而生成会引起溶血的溶血卵磷脂，使红细胞膜破裂而发生溶血。不过被毒蛇咬伤后致命并不只是由于溶血，主要是由于蛇毒中含有多种神经麻痹的蛇毒蛋白。

磷脂酶 B 又称溶血磷脂酶（lysophospholipase）催化磷脂水解脱去一个脂酰基，它可分

为 L_1 和 L_2 两种，L_1 催化由磷脂酶 A_2 作用后的产物 1-脂酰甘油磷酸胆碱上①位酯键的水解。L_2 催化由磷脂酶 A_1 作用后的产物 2-脂酰甘油磷酸胆碱上②位酯键的水解，产物都是 L-3-甘油磷酸胆碱和相应的脂肪酸。

磷脂酶 C 存在于动物脑、蛇毒以及一些微生物分泌的毒素中，能专一地水解卵磷脂③位磷酸酯键，生成二酰甘油和磷酸胆碱。

磷脂酶 D 主要存在于高等植物中，能专一地水解卵磷脂④位酯键，生成磷脂酸和胆碱。

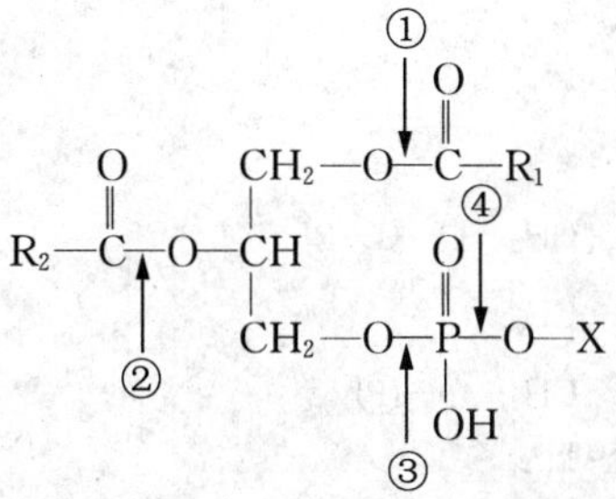

甘油磷脂被几种磷脂酶作用的部位及生成的产物见图 6-38。

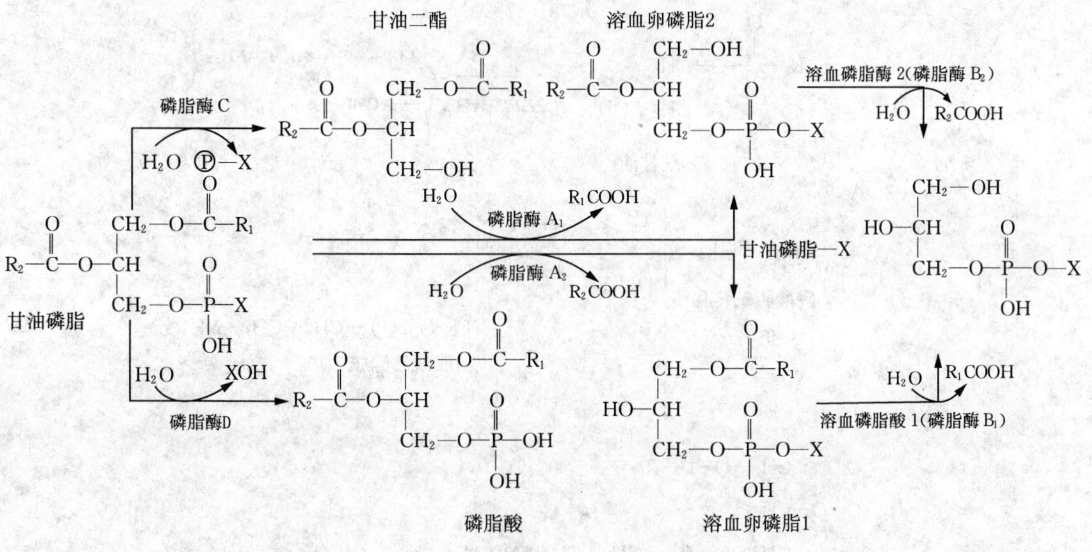

图 6-38 甘油磷脂的降解

二、甘油磷脂的合成

磷脂酸是合成甘油醇磷脂（包括磷脂酰胆碱、磷脂酰乙醇胺、磷脂酰丝氨酸、磷脂酰肌醇和双磷脂酰甘油）的前体，而胞嘧啶衍生物 CTP 和 CDP 则是合成所有磷脂的关键物质。

在生物细胞内的甘油磷脂有多种，其合成途径也不一样。磷脂酰胆碱（PC）、磷脂酰乙醇胺（PE）合成所需的原料及辅因子：脂肪酸、甘油、磷酸盐、胆碱、乙醇胺、肌醇、丝氨酸、ATP、CTP。甘油和脂肪酸主要由糖代谢转变而来，胆碱和乙醇胺可由食物提供，也可由丝氨酸和甲硫氨酸在体内转变而来。

磷脂合成的一般途径：乙醇胺或胆碱在激酶催化下生成磷酸乙醇胺或磷酸胆碱，然后在转胞苷酶的催化下与胞苷三磷酸（CTP）作用生成胞苷二磷酸乙醇胺（CDP-乙醇胺）或胞苷二磷酸胆碱（CDP-胆碱），它们再与甘油二酯作用生成磷脂酰乙醇胺（脑磷脂）或磷脂酰胆碱（卵磷脂）。这种合成脑磷脂或卵磷脂的途径称之为 CDP-乙醇胺途径或 CDP-胆碱途径（图 6-39）。

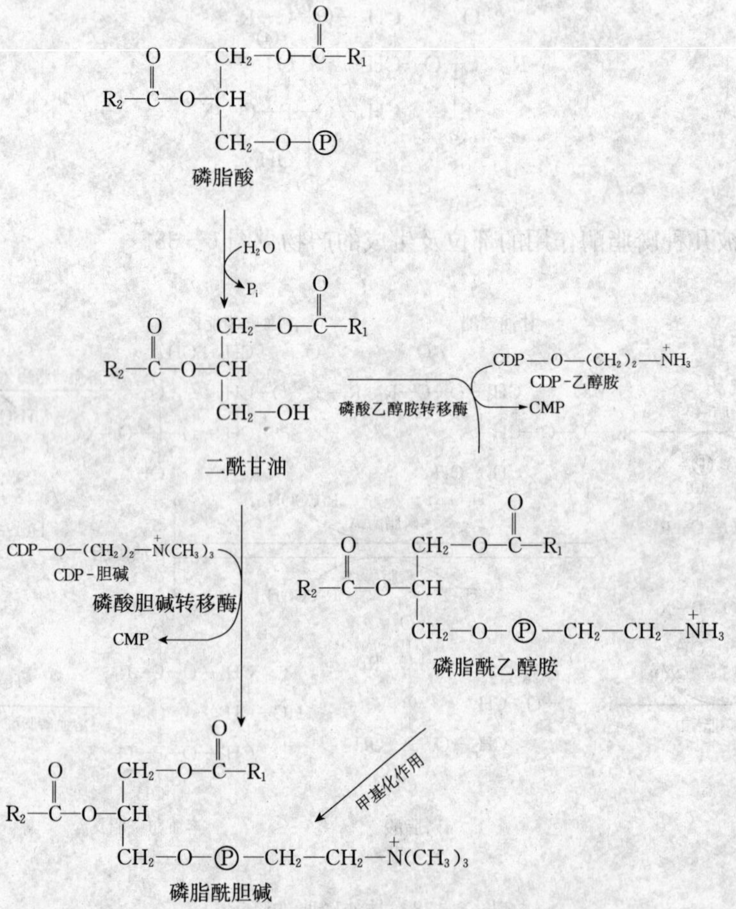

图 6-39　磷脂酰胆碱和磷脂酰乙醇胺的合成

甘油磷脂在全身各组织均能合成，尤以动物肝、肾等组织最为活跃，真核生物合成磷脂的场所是在细胞的内质网膜。

在细菌及一些低等的真核生物中，所有的甘油磷脂均是利用 CDP-二酰甘油途径合成，而在高等的动植物中，部分甘油磷脂可以通过这两条途径来合成。

【本章小结】

脂类是生物体内存在的一大类重要的物质，包括单纯脂类、复合脂类、非皂化脂类。

脂类物质是构成生物膜的主要成分。生物膜由磷脂、糖脂、脂蛋白等组成，其结构具有流动性和不对称性。生物膜在物质跨膜运输、信息的识别与传递、细胞识别、细胞免疫、等生命现象中具有重要的作用。

三酰甘油是生物体提供能量的主要成分，三酰甘油被脂肪酶水解，生成甘油和脂肪酸。

脂肪酸一旦进入细胞，便在线粒体外膜上活化为脂酰CoA。脂酰CoA在肉碱的携带下通过线粒体内膜进入线粒体，进行β氧化作用。

β氧化经过脱氢、水化、再脱氢、硫解4步反应，生成乙酰CoA和少了两个碳原子的脂酰CoA。然后缩短了的脂酰CoA再进入该氧化循环途径。产生的乙酰CoA进入TCA循环氧化为CO_2。

不饱和脂肪酸的氧化需要两种额外的酶：烯脂酰CoA异构酶和2,4-二烯脂酰CoA还原酶。奇数碳原子脂肪酸通过β氧化产生丙酰CoA。丙酰CoA转变为琥珀酰CoA。

植物和微生物具有乙醛酸循环途径。循环从草酰乙酸和乙酰CoA开始，形成柠檬酸后，异构化成异柠檬酸。异柠檬酸被异柠檬酸裂解酶裂解成琥珀酸及乙醛酸。乙醛酸与另一分子乙酰CoA缩合形成苹果酸，此反应由苹果酸合酶催化。在乙醛酸循环体中，β氧化将储存的脂质转化为四碳化合物，作为种子萌发期间所需一系列中间物和产物的前体。

酮体（丙酮、乙酰乙酸、β-羟丁酸）是在肝中形成的，后两种化合物通过血液输送到其他组织中，在那里它们作为能量来源而起作用。

长链脂肪酸由脂肪酸合酶复合体催化合成，此复合体有酰基载体蛋白（ACP）成分。脂肪酸合酶复合体包括两种巯基来源，其一是由ACP的磷酸泛酰巯基乙胺提供，其二是由β-酮脂酰-ACP合酶中半胱氨酸提供。

脂肪酸合成的二碳单位供体是丙二酸单酰辅酶A，是由乙酰CoA与CO_2羧化形成的。脂肪酸合成包括缩合、还原、脱水、再还原4步反应，以NADPH作为电子供体，由烯脂酰-ACP还原酶催化，产生一个连接在ACP上的四碳脂肪酸。

棕榈酸经延长变成硬脂酸。继而在混合功能氧化酶的作用下可以分别去饱和生成棕榈油酸和油酸。哺乳动物不能自身合成亚油酸和亚麻酸，必须从植物中摄取，再转变成花生四烯酸，这3种脂肪酸称为必需脂肪酸。

α-磷酸甘油在磷酸甘油转酰酶催化下分别与2分子脂酰CoA缩合，形成磷脂酸。磷脂酸去磷酸化生成二酰甘油。二酰甘油可以直接生成三酰甘油。

甘油磷脂的降解是在磷脂酶的催化下完成的，包括磷脂酶A、B、C和D。

甘油磷脂合成途径有CDP-二酰甘油和CDP-乙醇胺或CDP-胆碱几条途径。

◆ 思考题

1. 生物膜的主要成分是什么？
2. 生物膜的特点是什么？
3. 流动镶嵌结构模型的要点。

4. 从营养学的角度看,为什么糖摄入量不足的因纽特人,吃含奇数碳原子脂肪酸的脂肪比偶数碳原子脂肪酸的脂肪好?

5. 试述油料作物种子萌发时脂肪转化成糖的机理。

6. 乙酰乙酸产生的能量是如何被用于肌肉的机械运动的?

7. 什么是酮体?怎样产生?具有什么生理功能?

8. 什么是柠檬酸-丙酮酸循环?有什么生理意义?

9. 脂肪酸的合成过程是β氧化过程的逆反应吗?为什么?

第七章 含氮小分子代谢

含氮化合物在自然界分布很广,它与日常生活及生命过程密切相关,在生命科学中有重要地位,在蛋白质中的含氮量达到16%左右。在生物体中,携带遗传信息并指导蛋白质合成的重要物质核酸中的碱基就是一种含有氮元素的特殊基团。此外,含氮的天然化合物有许多,如在动植物体内起着重要生理作用的血红素、叶绿素、中草药的有效成分——生物碱等都是含氮杂环化合物。一部分维生素、抗菌素、植物色素、许多人工合成的药物及合成染料也含有氮。

第一节 生物固氮与氮素循环

自然界的氮元素及其化合物在生物作用下存在一系列相互转化过程。氮元素在自然界有多种存在形式,数量最大的是大气中的氮气,占大气体积的79%,总量约3.9×10^7亿t。除少数原核生物外,动植物都不能直接利用。土壤及海洋中的无机氮中,只有铵盐和硝酸盐可被植物吸收利用,但其量有限,因此,地球表面生物量的增长受到可利用氮的限制。目前,陆地上生物活体中储存的有机氮总量为110亿~140亿t,这部分氮的数量虽不算大,但它迅速再循环,可反复供植物利用。存在土壤中的有机氮估计为3 000亿t,逐年分解为无机氮供植物利用。海洋中有机氮约5 000亿t,海水中还溶有氮约2.2×10^5亿t,被海洋生物循环利用。

一、氮素循环

自然界的氮和碳、氧一样也在不断地循环,这称为氮素循环(nitrogen cycle)。植物和微生物吸收铵盐和硝酸盐,将无机氮同化为有机氮,动物食用植物,将植物有机氮同化为动物有机氮。动物代谢过程中向体外排泄氨、尿酸、尿素以及其他各种有机氮化合物。另外,动物分泌物和动、植物残体被微生物分解也释放氨。氨或铵盐在有氧条件下能被氧化成硝酸盐。硝酸盐溶于水,易被植物吸收利用,但也易从土壤中淋失,流至河湖及海洋。硝酸盐在微氧或无氧条件下,能被多种微生物还原成亚硝酸盐并进一步还原成分子氮,返回大气。这种反硝化作用一是造成土壤耕作层的氮肥损失,二是其部分产物(NO及NO_2)能造成环境污染。另外,NO及NO_2上升至同温层,与臭氧(O_3)结合,使O_3浓度降低,从而减弱O_3对太阳光中紫外线的屏蔽作用,将会造成不良后果。

氮素循环过程中的几个主要环节是:①大气中的分子态氮被固定成氨(固氮作用);②氨被植物吸收合成有机氮并进入食物链(氨化作用);③有机氮被分解释放出氨(氨化作用);④氨被氧化成硝酸(硝化作用);⑤硝酸又被还原成氮,返回大气(脱氧作用)(图7-1)。

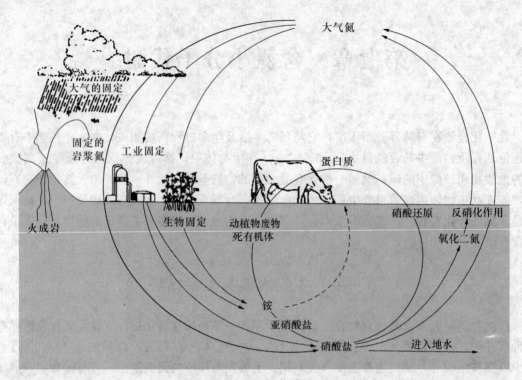

图 7-1 氮素循环
（引自 http：//www.hudong.com）

二、氨化作用

蛋白质、氨基酸、尿素以及其他的有机含氮化合物由微生物分解成氨的过程称为氨化作用（ammonification）。绝大多数有机营养微生物都有不同程度的氨化能力。蛋白质的氨化是不同种微生物相继作用的结果。例如，蜡状芽孢杆菌（*Bacillus cereus*）具有活性极高的蛋白水解酶，能将蛋白质降解为游离氨基酸；而荧光假单胞菌（*Pseudomonas fluorescens*）能将氨基酸分解生成氨，因此，荧光假单胞菌被认为是氨化微生物。尿素由尿素细菌分解后形成氨、氨甲酸及其铵盐。

三、生物固氮作用

氮气的 N≡N 键能为 940.5 kJ/mol^{-1}，是化学上极为稳定的键。"azote"（氮）的原意是没有生命的意思，这正是因为氮是非常不活泼的而得名。能提供能量进行氮固定的途径有：

(1) 生物固氮。自然界存在多种固氮微生物，它们利用化学能或光能将氮还原为氨，这是地球上固定氮的重要途径；

(2) 工业固氮。用高温、高压、化学催化的方法，将氮固定为氨；

(3) 高能固氮。高空放电瞬间产生的高能，使空气中的氮与水中的氢或氧结合，产生氨或硝酸，由雨水带至地表。

植物一般能利用 NH_4^+ 或硝酸化物（NO_2^- 和 NO_3^-）作为所需氮源，但不能利用空气中的氮气。只有少数几种生物能够利用空气中的氮，将其还原为氨，这就是生物固氮作用（Biological nitrogen fixation），生物固氮概括地说是指某些微生物和藻类通过其体内固氮酶系的作用将分子氮转变为氨的作用。因地壳含有极少的可溶性无机氮盐，所有生物几乎都需要依赖固氮生物固定大气中的氮而生存，因此生物固氮对维持自然界的氮循环起着极为重要的作用。对固氮生物的研究和利用能为农业开辟肥源，对维持和提高土壤肥力有很大意义。

四、固氮生物的类型

有固氮能力的生物可分为自养（autotrphic）固氮和共生（symbiotic）固氮两大类。

自养固氮生物是指能独立依靠自身提供能量和碳源进行固氮的生物，这类微生物能利用土壤的有机物，或通过光合作用合成各种有机物，并能将分子氮转变为氨态氮。自养固氮微生物中又包括好气和厌气细菌、光能自养细菌、烃氧化细菌、蓝藻等。蓝藻是一种固氮能力较强的光自养固氮生物，能在无氮肥的环境中直接利用太阳能进行光合作用，同时进行固氮作用。烃氧化细菌能利用多种烃类化合物作为碳源，并固定大气中的氮。以上这些生物固氮的第一个重要产物是氨，被其他生物利用后转变为亚硝酸、硝酸或氨基酸等。

共生固氮生物的特点是当独立生活时，没有固氮能力，当侵入宿主植物（一般为豆科植物根部）后，在根部形成根瘤，从宿主植物摄取碳源和能源借以进行固氮作用，并供给宿主以氮源，同时也满足自身氮源的需要。固氮细菌所需的能量是相当可观的，相当于植物体生成能 5 倍的 ATP。微生物的固氮量每年大约为 2×10^{11} kg。

五、生物固氮机制

生物固氮机理目前还没有完全阐明，因固氮作用是一个极为复杂的酶促过程，生物固氮作用是由一个极为复杂的酶系统催化的，称为固氮酶系统（nitrogenase system）或复合固氮酶（nitrogenase complex）。这个酶系统非常不稳定，和大气氧接触极易失活，所以很难分离纯化，这给生物固氮研究带来极大困难。固氮酶系的作用并不完全清楚，但可以设想固氮酶系统 N_2 还原为氨的过程中确是通过未知的途径克服了极大的活化能障（activation energy barrier）（参看酶一章有关部分）。已知由 $N_2+3H_2 \longrightarrow 2NH_3$ 的过程 $\Delta G'_o=-33.4$ kJ/mol^{-1}。

NADPH 是固氮酶系统的还原辅助因子。从固氮酶系统中分离得到两个蛋白组分，一个称为还原酶（reductase），能提供高还原能电子；另一个称为固氮酶（nitrogenase），能利用得到的电子使 N_2 还原形成 NH_3。两个组分都属于铁-硫蛋白，铁原子连接在半胱氨酸残基的硫原子和无机硫化物上。固氮酶组分还含有 1~2 个钼原子，因此又称铁-钼蛋白，该蛋白的亚基结构形式为 $\alpha_2\beta_2$，它的相对分子质量为 220 000。铁蛋白组分含有两个同等的多肽链，它的相对分子质量为 65 000。在固氮酶系统中铁蛋白以 1~2 个分子与一分子铁-钼蛋白相连。

在固氮过程中，还原型 NADPH 先将还原当量转移到一种铁-硫蛋白上，这种铁-硫蛋白又称为铁氧还蛋白（ferredoxin）。它的相对分子质量为 6 000，含有 7 个铁原子和等物质的量的酸不稳定硫原子。因此，还原型铁氧还蛋白在固氮中起着直接电子供体的作用。由固氮酶系统所催化的全部反应过程可用以下的化学反应式表示：

$$N_2 + 6e^- + 12ATP + 12H_2O \longrightarrow 2NH_4^+ + 12ADP + 12Pi + 4H^+$$

生物固氮的反应序列可能如下所述：(1) 还原型铁氧还蛋白将电子传递给固氮酶系统的还原酶组分。(2) ATP与还原酶结合，改变该酶的构象（conformation），使其氧化-还原电位由-0.29 V改变为-0.40 V，这种还原电位的加强使还原酶有可能将电子传递给固氮酶组分。(3) 在ATP水解时电子进行转移，同时还原酶组分从固氮酶组分上解离下来。(4) N_2结合到固氮酶组分的同时即被还原为氨。当前在生物固氮研究中的重大突破是已经能将固氮基因插入到非豆科植物，如谷物以及大肠杆菌中。可以预料，将固氮酶系统的DNA转移到高等植物中显然会遇到更复杂的问题，但随着基因工程经验的增长，最终将会得到解决。

微生物经固氮作用形成的氨，与体内代谢产生的α-酮戊二酸作用生成谷氨酸。催化这一反应的酶为谷氨酸脱氢酶，形成谷氨酸后即可经脱羧、转氨等作用形成其他氨基酸及其他物质。用^{15}N标记的氨进行实验的结果表明，固氮细菌摄取^{15}N后绝大部分先集中到谷氨酸中，因此可以认为生物固氮形成的氨在机体内首先转变为谷氨酸。

氨和延胡索酸作用形成天冬氨酸，催化这一反应的酶为天冬氨酸酶。该酶广泛存在于微生物中成为一些微生物同化氮的重要途径之一。此外，还有许多其他合成氨基酸的酶催化由氨和酮酸合成相应氨基酸的反应。

第二节 蛋白质的营养作用

生物体内的各种蛋白质经常处于动态更新之中，蛋白质的更新包括蛋白质的分解代谢和蛋白质的合成代谢。蛋白质的分解代谢是指蛋白质分解为氨基酸及氨基酸进一步分解为含氮的代谢终产物、二氧化碳和水并释放出能量的过程。构成蛋白质的氨基酸共有20种，其结构共同点是均含氨基和羧基，不同点是它们的碳链骨架各不相同，因此，脱去氨基后各个氨基酸的碳链骨架的分解途径有所不同，这就是个别氨基酸的代谢，也可称之为氨基酸的特殊代谢。以上这些内容均属蛋白质分解代谢的范畴，并且由于这一过程是以氨基酸代谢为中心，故称为蛋白质分解和氨基酸代谢。为更好地理解蛋白质的分解代谢，首先我们来了解一下蛋白质营养作用的相关问题。

一、蛋白质和氨基酸的主要生理功能

维持组织的生长、更新和修补，此功能为蛋白质所特有，不能由糖或脂类代替。产生一些生理活性物质，包括胺类、神经递质、激素、嘌呤、嘧啶等。某些蛋白质具有特殊的生理功能，如血红蛋白运输氧，血浆中多种凝血因子参加血液凝固，肌肉中的肌动球蛋白与肌肉收缩有关。此外，酶、抗体、受体都是蛋白质。供给能量，每克蛋白质在体内氧化分解产生17.19 kJ的能量，蛋白质的这种生理功能可由糖及脂类代替。一般情况下，蛋白质供给的能量占食物总供热量的10%~15%。

二、氮平衡和蛋白质的需要量

体内蛋白质的代谢情况可以根据氮平衡（nitrogen balance）实验来评价。蛋白质中氮的平均含量为16%，食物中的含氮物质主要是蛋白质。故通过测定食物中氮的含量可以推算出其中的蛋白质含量。蛋白质在体内代谢后产生的含氮物质主要经尿、粪、汗排出。因此，测定机体每天从食物摄入的氮含量和每天排泄物（包括尿、粪、汗等）中的氮含量，可评价蛋白质在体内的代谢情况。测定结果可有以下3种情况：

1. 氮的总平衡 摄入的氮量等于排出的氮量，即摄入氮＝排出氮。说明机体获得蛋白质的量与丢失的量相等，体内蛋白质的含量基本不变。正常成年动物和人应处于这种状态。

2. 氮的正平衡 摄入的氮量多于排出的氮量，即摄入氮＞排出氮。这意味着体内蛋白质的含量基本增加，称为蛋白质（或氮）在体内沉积。正在生长的动物、妊娠及病后恢复期动物属于这种情况。

3. 氮的负平衡 排出的氮量多于摄入的氮量，即摄入氮＜排出氮。这标志着体内蛋白质的消耗量多于补充，蛋白质的供应量不足，常见于蛋白质摄入量不能满足需要时，如长期饥饿、营养不良及消耗性疾病等情况。

我国营养学会推荐的蛋白质营养标准成年人为 $70\text{ g}\cdot\text{d}^{-1}$，按体重相当于每天 $1\sim1.2\text{ g}\cdot\text{kg}^{-1}$。婴幼儿与儿童因生长发育需要，应增至每天 $2\sim4\text{ g}\cdot\text{kg}^{-1}$。

三、必需氨基酸与蛋白质的生理价值

蛋白质生物合成时，20种氨基酸都是不可缺少的，对于动物而言，其中有一部分氨基酸只要有氮的来源就可以在体内利用其他原料合成，这些氨基酸称为非必需氨基酸（non-essential amino acids），即是指体内需要，而机体本身可以合成，不必由食物供给的氨基酸。但有另外一部分氨基酸本身不能合成或合成速度不足以满足需要，必须由食物蛋白质提供，被称为必需氨基酸（essential amino acids），共有8种：赖氨酸、色氨酸、苯丙氨酸、甲硫氨酸、苏氨酸、亮氨酸、异亮氨酸、缬氨酸。此外，组氨酸和精氨酸在体内合成量常不能满足生长发育的需要，也必须由食物提供，可称为半必需氨基酸。另外，对于雏鸡还需要甘氨酸。

摄入细胞内的氨基酸不可能全部用于合成蛋白质，这是因为食物蛋白质中所含的各种氨基酸在其含量的比例方面与机体本身的蛋白质存在着差异。因此，总有一部分氨基酸不被用来合成机体蛋白质，最后在体内分解。这样，不同的食物蛋白质的利用率就存在差别。利用率越高的蛋白质对机体的营养价值越高。衡量某种蛋白质的营养价值的高低，或者说在体内的利用率的高低，最常用的一个指标是"生理价值"。可用正在生长期的幼小动物做实验，测定其体内氮的保留量和吸收量以求得某种食物蛋白质的生理价值，即

$$\text{蛋白质的生理价值}=\frac{\text{氮的保留量}}{\text{氮的吸收量}}\times 100$$

式中，氮的吸收量＝食入氮－粪中氮；氮的保留量＝食入氮－粪中氮－尿中氮。

从食物蛋白质的氨基酸组成来讲，若所含必需氨基酸的种类和数量与机体蛋白质相接

近，则易于被机体利用，也就是说氮的保留量高，因此其生理价值亦高。一般讲，动物蛋白质的生理价值较植物蛋白质高。若将几种生理价值较低的蛋白质混合食用，可使其所含必需氨基酸成分相互补充，于是生理价值得以提高，这是蛋白质的互补作用，对增进食物中蛋白质的营养效果是一个很好的措施。

四、蛋白质的消化、吸收与腐败

蛋白质的消化部位是胃和小肠（主要在小肠），受多种蛋白水解酶的催化而水解成氨基酸和少量小肽，然后再吸收。胃蛋白酶、胰蛋白酶、糜蛋白酶和弹性蛋白酶都是内肽酶，亦即水解肽链内部的肽键；而羧基肽酶 A、B 和氨基肽酶是外肽酶，其作用是从肽链的最外端开始水解，前者从 C 端开始，后者从 N 端开始。胃蛋白酶的最适 pH 为 1.5~2.5，适于胃内环境，其活性中心含天冬氨酸，属天冬氨酸蛋白酶类。胰蛋白酶、糜蛋白酶和弹性蛋白酶的最适 pH 在 7.0 左右，适于小肠环境，其活性中心含丝氨酸，属丝氨酸蛋白酶类。各种蛋白酶对肽键两旁的氨基酸种类均有一定的要求，亦即各有其特异性。高等植物体中也含有蛋白酶类，种子及幼苗内都含有活性蛋白酶，叶和幼芽中也有蛋白酶，某些植物的果实中含有丰富的蛋白酶，如木瓜中的木瓜蛋白酶、菠萝中的菠萝蛋白酶、无花果中的无花果蛋白酶等都可使蛋白质水解。植物组织中的蛋白酶，其水解作用以种子萌芽时为最旺盛。发芽时，胚乳中储存的蛋白质在蛋白酶催化下水解成氨基酸，当这些氨基酸运输到胚，胚则用来重新合成蛋白质，以组成植物自身的细胞。微生物也含有蛋白酶，能将蛋白质水解为氨基酸。

蛋白质消化的终产物为氨基酸和小肽（主要为二肽、三肽），可被小肠黏膜所吸收。但小肽吸收进入小肠黏膜细胞后，即被胞质中的肽酶（二肽酶、三肽酶）水解成游离氨基酸，然后离开细胞进入血液循环，因此门静脉血中几乎找不到小肽。氨基酸的吸收机制主要有以下两种：

1. 通过耗能需 Na^+ 的主动转运吸收 肠黏膜上皮细胞的黏膜面的细胞膜上有若干种特殊的运载蛋白（载体），能与某些氨基酸和 Na^+ 在不同位置上同时结合，结合后可使运载蛋白的构象发生改变，从而把膜外（肠腔内）氨基酸和 Na^+ 都转运入肠黏膜上皮细胞内。Na^+ 则被钠泵泵出至胞外，造成黏膜面内外的 Na^+ 梯度，有利于肠腔中的 Na^+ 继续通过运载蛋白进入细胞内，同时带动氨基酸进入。因此，肠黏膜上氨基酸的吸收是间接消耗 ATP，而直接的推动力是肠腔和肠黏膜细胞内 Na^+ 梯度的电位势。氨基酸的不断进入使得小肠黏膜上皮细胞内的氨基酸浓度高于毛细血管内，于是氨基酸通过浆膜面相应的载体而转运至毛细血管血液内。黏膜面的氨基酸载体是依赖 Na^+ 的，而浆膜面的氨基酸载体则不依赖 Na^+。现已证实 Na^+ 依赖的氨基酸载体至少有 6 种，各对某些氨基酸起转运作用：①中性氨基酸，短侧链或极性侧链（丝氨酸、苏氨酸、丙氨酸）载体；②中性氨基酸，芳香族或疏水侧链（苯丙氨酸、酪氨酸、甲硫氨酸、缬氨酸、亮氨酸、异亮氨酸）载体；③亚氨基酸（脯氨酸、羟脯氨酸）载体；④β氨基酸（β丙氨酸、牛磺酸）载体；⑤碱性氨基酸和胱氨酸（赖氨酸、精氨酸、胱氨酸）载体；⑥酸性氨基酸（天冬氨酸、谷氨酸）载体。肾小管对氨基酸的重吸收也是通过上述机制进行的。

2. 通过 γ 谷氨酰基循环吸收 1969 年 Meister 发现：小肠黏膜和肾小管还可通过 γ 谷氨酰基循环吸收氨基酸。谷胱甘肽在这一循环中起着重要作用。这也是一个主动运送氨基酸通过细胞膜的过程，氨基酸在进入细胞之前先在细胞膜上转肽酶的催化下，与细胞内的谷胱甘肽作用生成γ谷氨酰氨基酸并进入细胞浆内，然后再经其他酶催化将氨基酸释放出来，同时使谷氨酸重新合成谷胱甘肽，进行下一次转运氨基酸的过程，因为氨基酸不能自由通透过细胞质膜。

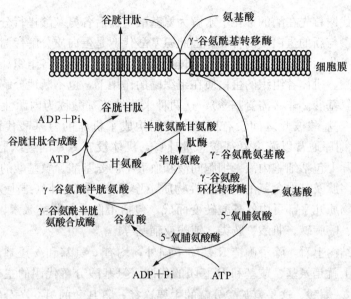

图7-2 γ谷氨酰基循环

肠道细菌对少量未被消化的蛋白质（约占食物蛋白质5%）及未被吸收的氨基酸、小肽等消化产物的分解与转化作用，称为蛋白质的腐败作用。因此，蛋白质的腐败作用是细菌的代谢过程，以无氧分解为主。腐败作用主要的化学反应有脱羧基作用和还原脱氨基作用。腐败作用的大多数产物对机体有害，如氨基酸脱羧反应产生胺类、脱氨基反应产生氨，以及其他物质，如苯酚、吲哚、硫化氢等；腐败作用也可产生少量脂肪酸、维生素等可被机体利用的物质。值得一提的是，酪氨酸脱羧产生的酪胺和苯丙氨酸脱羧产生的苯乙胺若不能在肝分解而进入脑内，可分别经β羟化形成β-羟酪胺和苯乙醇胺，后二者与儿茶酚胺结构类似，称假神经递质，可对大脑产生抑制作用。腐败作用产生的有毒物质大部分随粪便排出，小部分可被肠道吸收，进入肝脏予以处理。

第三节 氨基酸一般分解代谢

氨基酸是构成蛋白质分子的基本单位。蛋白质是生命活动的基础。体内的大多数蛋白质均不断地进行分解与合成代谢，细胞中不停地利用氨基酸合成蛋白质和分解蛋白质成为氨基酸。体内的这种转换过程一方面可清除异常蛋白质，这些异常蛋白质的积聚会损伤细胞。另一方面使酶或调节蛋白的活性由合成和分解得到调节，进而调节细胞代谢。实际上酶的水平取决于其合成，同样，也由酶的分解来决定。所以，对细胞来说，蛋白质的分解与合成同样重要。蛋白质降解产生的氨基酸能通过氧化产生能量供机体需要，例如，食肉动物所需能量的90%来自氨基酸氧化供给；食草动物依赖氨基酸氧化供能所占比例很小；大多数微生物可以利用氨基酸氧化供能；光合植物则很少利用氨基酸供能，却能按照蛋白质、核酸和其他含氮化合物的合成需求来合成氨基酸。

一、氨基酸的代谢概况

蛋白质分解代谢首先在酶的催化下水解为氨基酸，而后各氨基酸进行分解代谢，或转变为其他物质，或参与新的蛋白质的合成。因此氨基酸代谢是蛋白质分解代谢的中心内容。食物蛋白经过消化吸收后，以氨基酸的形式通过血液循环运到全身的各组织。这种来源的氨基酸称为外源性基酸。机体各组织的蛋白质在组织酶的作用下，也不断地分解成为氨基酸；机体还能合成部分氨基酸（非必需氨基酸）；这两种来源的氨基酸称为内源性氨基酸。外源性氨基酸和内源性氨基酸彼此之间没有区别，共同构成了机体的氨基酸代谢库（metabolic pool）。氨基酸代谢库通常以游离氨基酸总量计算，机体没有专一的组织器官储存氨基酸，氨基酸代谢库实际上包括细胞内液、细胞间液和血液中的氨基酸。氨基酸的主要功能是合成蛋白质，也合成多肽及其他含氮的生理活性物质。除了维生素之外（维生素 PP 是个例外）体内的各种含氮物质几乎都可由氨基酸转变而成，包括蛋白质、肽类激素、氨基酸衍生物、黑色素、嘌呤碱、嘧啶碱、肌酸、胺类、辅酶或辅基等。

从氨基酸的结构上看，除了侧链 R 基团不同外，均有 α 氨基和 α 羧基。氨基酸在体内的分解代谢实际上就是氨基、羧基和 R 基团的代谢。氨基酸分解代谢的主要途径是脱氨基生成氨和相应的 α-酮酸，这是氨基酸分解的主要途径；氨基酸的另一条分解途径是脱羧基生成 CO_2 和胺，这是氨基酸分解的次要途径。胺在体内可经胺氧化酶作用，进一步分解生成氨和相应的醛和酸。氨对人体来说是有毒的物质，氨在动物体内主要合成尿素排出体外，还可以合成其他含氮物质（包括非必需氨基酸、谷氨酰胺等），少量的氨可直接经尿排出。R 基团部分生成的酮酸可进一步氧化分解生成 CO_2 和水，并提供能量，也可经一定的代谢反应转变生成糖或脂在体内储存。由于不同的氨基酸结构不同，因此它们的代谢也有各自的特点。动物体内氨基酸的代谢概况如图 7-3 所示。

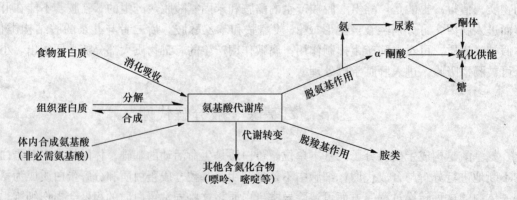

图 7-3　氨基酸代谢概况

动物体各组织器官在氨基酸代谢上的作用有所不同，其中以肝脏最为重要。肝脏蛋白质的更新速度比较快，氨基酸代谢活跃，大部分氨基酸在肝脏进行分解代谢，同时氨的解毒过程主要也在肝脏中进行。分支氨基酸的分解代谢则主要在肌肉组织中进行。

二、氨基酸的脱氨基作用

氨基酸在酶的催化下脱去氨基生成α-酮酸的过程称为脱氨基作用（deamination），这是氨基酸在体内分解的主要方式。参与生物体蛋白质合成的氨基酸共有20种，它们的结构不同，脱氨基的方式也不同，主要有氧化脱氨基作用、转氨基作用、联合脱氨基作用和非氧化脱氨基作用等，大多数氨基酸以联合脱氨基作用脱去氨基。

（一）氧化脱氨基作用

氨基酸在酶的催化下先脱氢形成亚氨基酸，进而与水作用生成α-酮酸和氨的过程，称为氧化脱氨基作用（oxidative deamination）：

$$\underset{\text{氨基酸}}{\underset{|}{\overset{COO^-}{\underset{R}{\overset{|}{CHNH_2}}}}} \xrightarrow{-2H} \underset{\text{亚氨基酸}}{\underset{|}{\overset{COO^-}{\underset{R}{\overset{|}{C=NH}}}}} \xrightarrow{H_2O} \underset{\text{α-酮酸}}{\underset{|}{\overset{COO^-}{\underset{R}{\overset{|}{C=O}}}}} + NH_3$$

已知在动物体内含有 L-氨基酸氧化酶、D-氨基酸氧化酶和 L-谷氨酸脱氢酶等氧化专一性的酶，其中 L-氨基酸氧化酶，以 FMN 为辅基，催化 L-氨基酸的氧化脱氨基作用，但此酶在体内分布不广，活性不强，故其在体内氨基酸代谢中的作用不大；D-氨基酸氧化酶以 FAD 为辅基，此酶在体内分布广，活性也强，但由于机体内的氨基酸大多数是 L 构型，故此类氨基酸氧化酶在体内氨基酸代谢中的作用也不大；L-谷氨酸脱氢酶（L-glutamate dehydrogenase），广泛存在于肝、肾、脑等组织中，是一种不需氧的脱氢酶催化氧化脱氨基作用，其辅酶是 NAD^+ 或 $NADP^+$，有较强的活性；此外，机体中氧化专一性的酶还有甘氨酸氧化酶、D-天冬氨酸脱氢酶等，但作用都不大。

谷氨酸在线粒体中由谷氨酸脱氢酶催化氧化脱氨，氧化反应通过谷氨酸 $C\alpha$ 脱氢转给 $NAD(P)^+$ 形成α-亚氨基戊二酸，再水解生成α-酮戊二酸和氨，过程如下所示。

$$\underset{\text{L-谷氨酸}}{\overset{+NH_3}{\underset{|}{\overset{|}{HC-COO^-}}} \atop \underset{COO^-}{\underset{|}{(CH_2)_2}}} \underset{\text{L-谷氨酸脱氢酶}}{\overset{NAD^+ \quad NADH+H^+}{\rightleftharpoons}} \underset{\text{α-亚氨基戊二酸}}{\overset{+NH_2}{\underset{|}{\overset{|}{C-COO^-}}} \atop \underset{COO^-}{\underset{|}{(CH_2)_2}}} \overset{H_2O}{\rightleftharpoons} \underset{\text{α-酮戊二酸}}{\overset{O}{\underset{|}{\overset{\|}{C-COO^-}}} \atop \underset{COO^-}{\underset{|}{(CH_2)_2}}} + NH_3$$

以上反应是可逆的，一般情况下反应倾向于谷氨酸的生成，因为高浓度氨对机体有害，此反应平衡点有助于保持较低的氨浓度。但当谷氨酸浓度高而 NH_3 浓度低时，则有利于脱氨和α-酮戊二酸的生成。谷氨酸脱氢酶为变构酶，GDP 和 ADP 为变构激活剂，ATP 和 GTP 为变构抑制剂。

（二）转氨基作用

在转氨酶（aminotransferase）或称氨基转移酶（transaminase）催化下，将某一α氨基酸的氨基转给另一个α-酮酸，生成相应的α-酮酸和一种新的α-氨基酸的过程称为转氨基作用（transamination）。

$$\begin{array}{c}COO^-\\|\\CHNH_2\\|\\R_1\end{array} + \begin{array}{c}COO^-\\|\\C=O\\|\\R_2\end{array} \underset{}{\overset{\text{转氨酶}}{\rightleftharpoons}} \begin{array}{c}COO^-\\|\\C=O\\|\\R_1\end{array} + \begin{array}{c}COO^-\\|\\CHNH_2\\|\\R_2\end{array}$$

转氨基作用最重要的氨基受体是 α-酮戊二酸，产生谷氨酸作为新生成氨基酸。

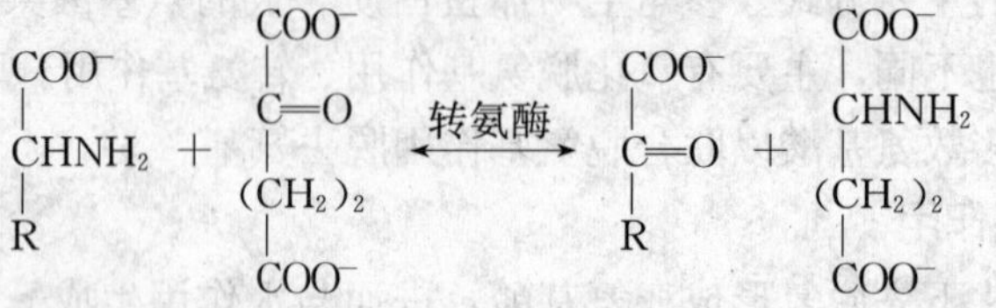

$$\begin{array}{c}COO^-\\|\\CHNH_2\\|\\R\end{array} + \begin{array}{c}COO^-\\|\\C=O\\|\\(CH_2)_2\\|\\COO^-\end{array} \underset{}{\overset{\text{转氨酶}}{\rightleftharpoons}} \begin{array}{c}COO^-\\|\\C=O\\|\\R\end{array} + \begin{array}{c}COO^-\\|\\CHNH_2\\|\\(CH_2)_2\\|\\COO^-\end{array}$$

L-氨基酸　　α-酮戊二酸　　α-酮酸　　L-谷氨酸

体内绝大多数氨基酸通过转氨基作用脱氨。参与蛋白质合成的 20 种 α-氨基酸中，除甘氨酸、赖氨酸、苏氨酸和脯氨酸不参加转氨基作用，其余均可由特异的转氨酶催化参加转氨基作用。其中将谷氨酸中的氨基转给草酰乙酸，生成 α-酮戊二酸和天冬氨酸，或转给丙酮酸，生成 α-酮戊二酸和丙氨酸。这两个转氨反应，均可再生出 α-酮戊二酸，为转氨基反应最重要的反应。因而体内有较强的谷丙转氨酸（glutamic pyruvic transaminase，GPT）或丙氨酸转氨酶（ALT）和谷草转氨酸（glutamic oxaloacetic trans aminase，GOT）或天冬氨酸转氨酶（AST）活性。GPT(ALT) 在肝中活性最高，在肝组织损伤造成肝细胞被破坏或肝细胞膜通透性增加时，血清中 GPT(ALT) 活性增高。GOT(AST) 在心肌中活性最高，在心肌损伤时血清中 GOP(AST) 活性增高。

$$\text{丙氨酸}+\alpha\text{-酮戊二酸} \underset{37\ ℃}{\overset{\text{GPT}}{\rightleftharpoons}} \text{谷氨酸}+\text{丙酮酸}$$

$$\text{天冬氨酸}+\alpha\text{-酮戊二酸} \underset{37\ ℃}{\overset{\text{GOT}}{\rightleftharpoons}} \text{草酰乙酸}+\text{谷氨酸}$$

转氨酶的辅酶只有一种，即磷酸吡哆醛，是维生素 B_6 的磷酸酯。在转氨过程中，磷酸吡哆醛及磷酸吡哆胺之间相互转变，起着传递氨基的作用，类似于打乒乓球，所以称为乒乓反应机制（见延伸阅读：磷酸吡哆醛转氨基作用）。

转氨基作用在机体中起着十分重要的作用，通过转氨作用可以调节体内非必需氨基酸的种类和数量，以满足体内蛋白质合成时对非必需氨基酸的需求，从而加速了体内氨的转变和运输，勾通了机体的糖代谢、脂代谢和氨基酸代谢的互相联系。

（三）联合脱氨基作用

转氨基作用虽然在体内普遍进行，但仅仅使氨基发生转移，并未彻底脱去氨基。氧化脱氨基作用虽然能把氨基酸的氨基真正移去，但机体内又只有谷氨酸脱氢酶活跃，只能使谷氨酸氧化脱氨。因此，体内大多数氨基酸脱去氨基，是通过转氨基作用和氧化脱氨基作用两种方式联合起来进行的，这种联合的作用方式称为联合脱氨基作用（transdeamination）。联合脱氨基作用是体内主要的脱氨方式，主要有两种反应途径：

1. 由 L-谷氨酸脱氢酶和转氨酶联合催化的联合脱氨基作用　先在转氨酶催化下，将某种氨基酸的 α 氨基转移到 α-酮戊二酸上生成谷氨酸，然后，在 L-谷氨酸脱氢酶作用下将谷氨酸氧化脱氨生成 α-酮戊二酸，而 α-酮戊二酸再继续参加转氨基作用（图 7-4）。

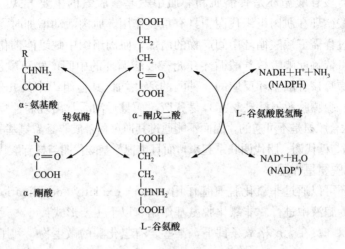

图 7-4 联合脱氨基作用

L-谷氨酸脱氢酶主要分布于肝、肾、脑等组织中，而 α-酮戊二酸参加的转氨基作用普遍存在于各组织中，所以此种联合脱氨主要在肝、肾、脑等组织中进行。联合脱氨反应是可逆的，因此也可称为联合加氨。

2. 嘌呤核苷酸循环（purine nucleotide cycle） 骨骼肌和心肌组织中 L-谷氨酸脱氢酶的活性很低，因而不能通过上述形式的联合脱氨反应脱氨。但骨骼肌和心肌中含丰富的腺苷酸脱氨酶（adenylate deaminase），能催化腺苷酸加水、脱氨生成次黄嘌呤核苷酸（IMP）。一种氨基酸经过两次转氨作用可将 α 氨基转移至草酰乙酸生成天冬氨酸。天冬氨酸又可将此氨基转移到次黄嘌呤核苷酸上生成腺嘌呤核苷酸（通过中间化合物腺苷酸代琥珀酸），其脱氨过程可用图 7-5 表示。

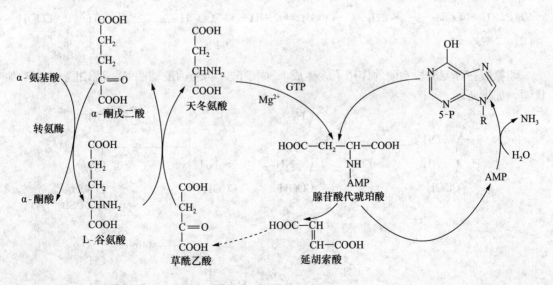

图 7-5 嘌呤核苷酸循环

（引自邹思湘，2005）

目前认为嘌呤核苷酸循环是骨骼肌和心肌中氨基酸脱氨的主要方式。John lowenstein 证实此嘌呤核苷酸循环在肌肉组织代谢中具有重要作用。肌肉活动增加时需要三羧酸循环增强以供能，而此过程需三羧酸循环中间产物的增加，肌肉组织中缺乏能催化这种补偿反应的酶；肌肉组织则可依赖此嘌呤核苷酸循环补充三羧酸循环的中间产物草酰乙酸。研究表明：肌肉组织中催化嘌呤核苷酸循环反应的 3 种酶的活性均比其他组织中高几倍。AMP 脱氨酶遗传缺陷患者（肌腺嘌呤脱氨酶缺乏症）易疲劳，而且运动后常出现痛性痉挛。

这种形式的联合脱氨是不可逆的，因而不能通过其逆过程合成非必需氨基酸。这一代谢途径不仅把氨基酸代谢与糖代谢、脂代谢联系起来，而且也把氨基酸代谢与核苷酸代谢联系起来。

（四）非氧化脱氨基作用

某些氨基酸还可以通过非氧化脱氨基作用（non-oxidative deamination）将氨基脱掉，大多数在微生物的胞液中进行。非氧化脱氨基作用有以下主要形式：

（1）还原脱氨基。在无严格氧条件下，某些含有氢化酶的微生物，利用还原脱氨基的方式脱去氨基。

（2）水解脱氨基。水解酶催化这类反应，产物是羧酸和氨。

（3）脱水脱氨基。L-丝氨酸和L-苏氨酸在脱水酶的作用下脱氨、辅酶是磷酸吡哆醛。

（4）脱硫化氢脱氨基。L-半胱氨酸作用是由脱硫化氢酶催化的。

（5）氧化-还原脱氨基。两个氨基酸互相发生氧化还原反应，生成有机酸、酮酸、氨。

（6）解氨酶催化的脱氨基作用。苯丙氨酸解氨酶（phenylalanine ammonia lyase，PAL）催化苯丙氨酸和酪氨酸脱氨。

（7）脱酰胺基作用。谷胺酰胺酶、天冬酰胺酶广泛存在于动植物和微生物中，分别催化酰胺水解释氨。谷胺酰胺酶：谷胺酰胺 + H_2O ⟶ 谷氨酸 + NH_3；天冬酰胺酶：天冬酰胺 + H_2O ⟶ 天冬氨酸 + NH_3。

1. 脱水脱氨基 如丝氨酸可在丝氨酸脱水酶的催化下生成氨和丙酮酸。

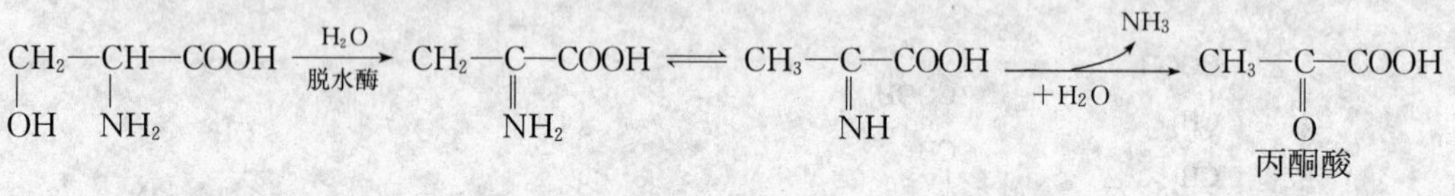

苏氨酸在苏氨酸脱水酶的作用下，生成 α-酮丁酸，再经丙酰辅酶 A，琥珀酰 CoA 参加代谢，如下所示。

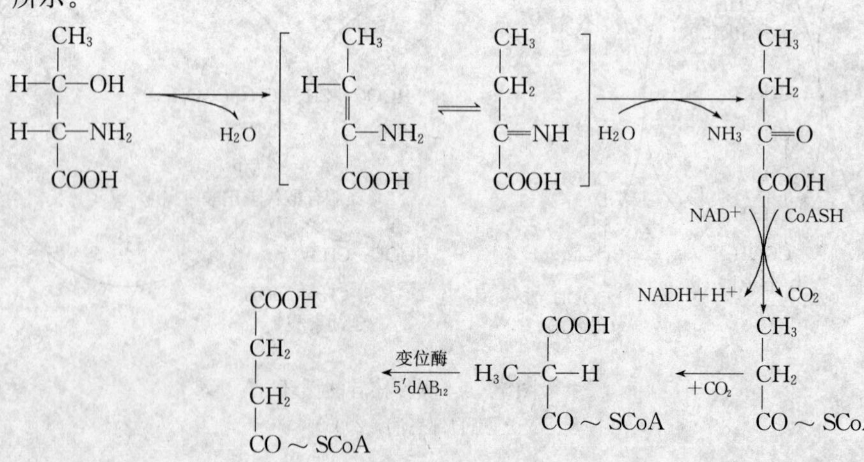

这是苏氨酸在体内分解的途径之一。

2. 脱硫化氢脱氨基 半胱氨酸可在脱硫化氢酶的催化下生成丙酮酸和氨。

$$\underset{\text{半胱氨酸}}{\underset{|}{\overset{|}{CH_2}}-\underset{|}{\overset{|}{CH}}-COOH} \xrightarrow[\text{脱硫化氢酶}]{-H_2S} CH_3-\underset{|}{\overset{|}{CH}}-COOH \rightleftharpoons CH_3-\underset{|}{\overset{|}{CH}}-COOH \xrightarrow[-NH_3]{+H_2O} \underset{\text{丙酮酸}}{CH_3-\underset{\|}{\overset{O}{C}}-COOH}$$

3. 直接脱氨基 天冬氨酸可在天冬氨酸酶作用下直接脱氨生成延胡索酸和氨。

$$\underset{\text{天冬氨酸}}{\begin{matrix}HOOC-CH_2\\|\\HOOC-CH-NH_2\end{matrix}} \xrightarrow{\text{天冬氨酸酶}} \underset{\text{延胡索酸}}{\begin{matrix}HOOC-CH\\\|\\HC-COOH\end{matrix}} +NH_3$$

三、氨基酸的脱羧基作用

部分氨基酸可在氨基酸脱羧酶（decarboxylose）催化下进行脱羧基作用（decarboxylation），生成相应的胺，动物、植物、微生物体内都含有氨基酸脱羧酶，它的辅酶是磷酸吡哆醛。从量上讲，脱羧基作用不是体内氨基酸分解主要方式，但氨基酸脱羧后产物很多是生理活性物质，可生成有重要生理功能的胺，下面列举几种氨基酸脱羧产生的重要胺类物质。

1. γ-氨基丁酸（γ-aminobutyric acid，GABA） GABA由谷氨酸脱羧基生成，催化此反应的酶是谷氨酸脱羧酶（如下）。此酶在脑、肾组织中活性很高，所以脑中GABA含量较高。GABA是一种仅见于中枢神经系统的抑制性神经递质，对中枢神经元有普遍性抑制作用。在脊髓，作用于突触前神经末梢，减少兴奋性递质的释放，从而引起突触前抑制，在脑则引起突触后抑制。γ-氨基丁酸在动物体内是重要的神经递质，在植物组织里也广泛分布，种子发芽、植物缺水及厌氧条件下叶片γ-氨基丁酸含量显著增加。现在有证据证明γ-氨基丁酸能提高植物的抗性，γ-氨基丁酸也可进一步转氨，生成琥珀酸半醛，然后氧化成琥珀酸进入三羧酸循环。

$$\underset{\text{L-谷氨酸}}{\begin{matrix}COO^-\\|\\CHNH_2\\|\\(CH_2)_2\\|\\COO^-\end{matrix}} \xrightarrow[CO_2]{\text{L-谷氨酸脱羧酶}} \underset{\text{γ-氨基丁酸}}{\begin{matrix}COO^-\\|\\CH_2\\|\\CH_2\\|\\CH_2NH_2\end{matrix}}$$

2. 组胺（histamine） 由组氨酸脱羧生成（如下）。组胺主要由肥大细胞产生并储存，在乳腺、肺、肝、肌肉及胃黏膜中含量较高。组胺是一种强烈的血管舒张剂，并能增加毛细血管的通透性，可引起血压下降和局部水肿。组胺的释放与过敏反应症状密切相关。组胺可刺激胃蛋白酶和胃酸的分泌，所以常用它做胃分泌功能的研究。

3. 5-羟色胺（5-hydroxytryptamine, 5-HT） 色氨酸在脑中首先由色氨酸羟化酶（tryoptophan hydroxylase）催化生成5-羟色氨酸（5-hydroxy tryptophan），再经脱羧酶作用生成5-羟色胺。5-羟色胺在神经组织中有重要的功能，目前已肯定中枢神经系统有5-羟色胺能神经元。5-羟色胺可使大部分交感神经节前神经元兴奋，而使副交感节前神经元抑制。其他组织如小肠、血小板、乳腺细胞中也有5-羟色胺，具有强烈的血管收缩作用。

色氨酸 → (色氨酸羟化酶) → 5-羟色氨酸 → (5-羟色氨酸脱羧酶, $-CO_2$) → 5-羟色胺

4. 牛磺酸（aurine） 体内牛磺酸主要由半胱氨酸脱羧生成。半胱氨酸先氧化生成磺酸丙氨酸，再由磺酸丙氨酸脱羧酶催化脱去羧基，生成牛磺酸。牛磺酸是结合胆汁酸的重要组成成分。

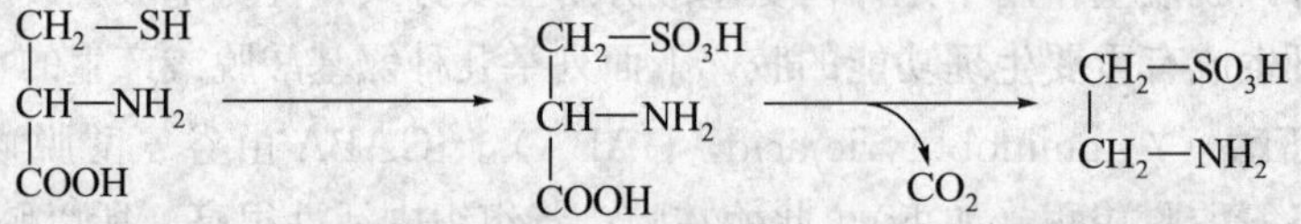

5. 多胺（palyamine） 鸟氨酸在鸟氨酸脱羧酶催化下可生成腐胺（putrescine），S-腺苷甲硫氨酸（S-adenosyl methionine SAM）在 SAM 脱羧酶催化脱羧生成 S-腺苷-3-甲硫基丙胺。在精脒合成酶（spormidine synthetase）催化下将 S-腺苷-3-甲硫基丙胺的丙基移到腐胺分子上合成精脒（cpermidine），再在精胺合成酶（spermine symthetase）催化下，再将另一分子 S-腺苷-3-甲硫基丙胺的丙胺基转移到精脒分子上，最终合成了精胺（sperrmine）。腐胺、精脒和精胺总称为多胺或聚胺（polyamine）。多胺存在于精液及细胞核糖体中，是调节细胞生长的重要物质，多胺分子带有较多正电荷，能与带负电荷的 DNA 及 RNA 结合，稳定其结构，促进核酸及蛋白质合成的某些环节。在生长旺盛的组织如胚胎、再生肝及癌组织中，多胺含量升高，所以可将利用血或尿中多胺含量作为肿瘤诊断的辅助指标。

表7-1 动物机体中一些胺类的来源及功能

来源	胺类	功能
谷氨酸	γ-氨基丁酸（GABA）	抑制性神经递质
组氨酸	组胺	血管舒张剂，促胃液分泌
色氨酸	5-羟色胺	抑制性神经递质，缩血管
半胱氨酸	牛磺酸	形成牛磺胆汁酸，促进脂类消化
鸟氨酸、精氨酸	腐胺，精胺等	促进细胞增殖等

此外，色氨酸脱羧后生成吲哚乙酸（IAA），吲哚乙酸是植物激素，是第一个作为生长素为人们所认识的物质，在高等植物中普遍存在。吲哚乙酸促进细胞扩展，有利于根形成的

形态发生过程。它是在自然界中发现的唯一生长素，但是它容易被氧化，而且在光中也不稳定，因而，出现在这些细胞中的实际浓度非常低。如果植物组织或外植体本身能产生足够的 IAA，在培养基中再加入 IAA，就可能无效，甚至会起抑制作用。在植物组织培养快速繁殖中，通常使用人工合成的生长素，如萘乙酸（NAA）、吲哚丁酸（IBA）等。英国科学家最新发现，吲哚乙酸具有抗癌功能，有望用于研制抗癌新药。丝氨酸脱羧生成乙醇胺，乙醇胺甲基化后生成胆碱，乙醇胺和胆碱分别是合成脑磷酸和卵磷脂的成分。天冬氨酸脱羧生成 β-丙氨酸，半胱氨酸脱羧生成 β-巯基乙胺，它们都是合成 ACP 和 CoA 的组成成分。赖氨酸脱羧生成尸胺与鸟氨酸脱羧生成腐胺有恶臭的气味，动物尸体腐烂时发生的气味有一部分是尸胺和腐胺的气味，腐胺能够促进动物和细菌的生长，植物缺钾时有鲱精胺和腐胺的积累，这些胺类可能在植物的抗逆性中起作用。酪氨酸脱羧首先是在酪氨酸酶的催化下发生羟基化作用，生成 3,4-二羟基苯丙氨酸，简称多巴，多巴脱羧生成 3,4-二羟基苯乙胺，简称多巴胺。酪氨酸酶是一种含铜的酶，多巴胺进一步氧化形成聚合物黑色素。人体表皮基底层及毛囊有成色素细胞，酪氨酸在其中可转变为黑色素，使皮肤及毛发呈黑色。在动物体内，多巴、多巴胺可生成肾上腺素和去甲肾上腺素，它们是重要的动物激素；在植物体内，多巴、多巴胺可进一步开成生物碱。

四、氨基酸分解产物的代谢

氨基酸经脱氨作用生成氨及 α-酮酸，氨基酸经脱羧作用产生二氧化碳及胺类化合物。二氧化碳可以由肺呼出，氨可随尿直接排出，绝大多数胺类对动物是有毒的，也可在胺氧化酶（amine oxidase）的催化下，转变为相应的醛类，在进一步氧化成其他物质。而氨和 α-酮酸等则必须进一步参加其他代谢过程，才能转变为可被排出的物质或合成体内有用的物质。

（一）氨的代谢

氨在 pH 为 7.4 时主要以 NH_4^+ 的形式存在，氨是有毒物质，在兔体内，当血液中氨的含量达到 $5\ mg \cdot 100\ mL^{-1}$ 时，兔即死亡。高等动物的脑组织对氨相当敏感，血液中含 1‰ 氨便能引起中枢神经系统中毒。人类氨中毒后引起语言紊乱、视力模糊，出现一种特殊的震颤，甚至昏迷或死亡。氨中毒的机理一般认为高浓度的氨与三羧酸循环中间物——α-酮戊二酸结合成 L-谷氨酸，使大脑中的 α-酮戊二酸大量减少，导致三羧酸循环无法正常运转，ATP 生成受到严重阻碍，从而引起脑功能受损。由此可见，动物体内氨基酸氧化脱氨基作用产生的氨不能大量积累，必须向体外排泄，但各种动物排泄氨的方式则各不相同。在进化过程中，由于外界生活环境的改变，各种动物在解除氨毒的机制上就有所不同。水生动物体内及体外水的供应都极充足，其脱氨作用所产生的氨可随水直接排出体外，因为氨可以由大量的水稀释而不致发生不良影响，所以水生动物主要是排氨的，也有使部分氨转变成氧化三甲胺再排泄的。鸟类及生活在比较干燥环境中的爬虫类，由于水的供应困难，所产生的氨不能直接排出，而是转变成溶解度较小的尿酸，再被排出体外，所以鸟类及某些爬虫类动物都是主要排尿酸的。两栖类是排尿素的，人和哺乳类动物虽然在陆地上生活，但其体内水的供应不太欠缺，故所产生的氨主要是变为溶解度较大的尿素，再被排出，所以哺乳动物几乎都是排尿素的。这些事实都证明环境条件可以影响生物的物质代谢,自然界还有许多排氨方式,蜘蛛以鸟嘌呤作为氨基氮的排泄方式,高等植物则以谷氨酰胺和天冬酰胺的形式把氨基氮储存于体内。植物体内合成天冬酰胺的反应如下所示。

(a) NH_4^+ + Asp + ATP $\xrightarrow[\text{天冬酰胺合成酶}]{Mg^{2+}}$ AMP + PP_i + Asn

(b) Asp + ATP $\xrightarrow[PP_i]{(a)}$ β-天冬氨酰AMP $\xrightarrow[AMP]{NH_4^+ \ (b)}$ Asn

1. 氨的来源 动物体内氨的来源主要有 3 个方面:一方面是来源于组织,组织中的氨基酸经过联合脱氨作用脱氨或经其他方式脱氨,这是组织中氨的主要来源;组织中氨基酸经脱羧基反应生成胺,再经单胺氧化酶或二胺氧化酶作用生成游离氨和相应的醛,这是组织中氨的次要来源。另一方面来源于肾脏,血液中的谷氨酰胺流经肾脏时,可被肾小管上皮细胞中的谷氨酰胺酶(glutaminase)分解生成谷氨酸和 NH_3,这一部分 NH_3 约占肾脏产氨量的 60%,其他各种氨基酸在肾小管上皮细胞中分解也产生氨,约占肾脏产氨量的 40%。肾小管上皮细胞中的氨有两条去路:排入原尿中,随尿液排出体外,或者被重吸收入血成为血氨。氨容易透过生物膜,而 NH_4^+ 不易透过生物膜;所以肾脏产氨的去路决定于血液与原尿的相对 pH,血液的 pH 是恒定的,因此实际上决定于原尿的 pH,原尿 pH 偏小时,排入原尿中的 NH_3 与 H^+ 结合成为 NH_4^+,随尿排出体外;若原尿的 pH 较大,则 NH_3 易被重吸收入血。还有一个来源是肠道中的氨,这是血氨的主要来源,正常情况下肝脏合成的尿素有 15%~40%经肠黏膜分泌入肠腔,肠道细菌有尿素酶,可将尿素水解成为 CO_2 和 NH_3,这一部分氨约占肠道产氨总量的 90%(成人每日约为 4 g)。肠道中的氨可被吸收入血,其中 3/4 的吸收部位在结肠,其余部分在空肠和回肠。氨入血后可经门脉入肝,重新合成尿素,这个过程称为尿素的肠肝循环;肠道中还有的一小部分氨来自腐败作用(putrescence),这是指未被消化吸收的食物蛋白质或其水解产物氨基酸在肠道细菌作用下分解的过程,肠道中 NH_3 重吸收入血的程度决定于肠道内容物的 pH,肠道内 pH 低于 6 时,肠道内氨生成 NH_4^+,随粪便排出体外;肠道内 pH 高于 6 时,肠道内氨吸收入血。

2. 氨的去路 过量的氨对机体是有毒的,必须及时将氨转变成无毒或毒性小的物质,然后排出体外。氨解毒的部位主要是在肝脏,以合成尿素为主,经血液循环随尿排出。一部分氨可以合成谷氨酰胺和天冬酰胺,也可合成其他非必需氨基酸,少量的氨可直接经尿排出体外，尿中排氨有利于排酸。

3. 氨的转运 机体内在各种组织中产生的氨需要被运送到肝脏进行解毒，其转运方式主要有以下两种。

（1）葡萄糖-丙氨酸循环。肌肉组织中以丙酮酸作为转移的氨基受体，生成丙酮酸经血液运输到肝脏。在肝脏中，经转氨基作用生成丙酮酸，可经糖异生作用生成葡萄糖，葡萄糖由血液运输到肌肉组织中，分解代谢再产生丙酮酸，后者再接受氨基生成丙氨酸。这一循环途径称为葡萄糖-丙氨酸循环（alanine - glucose cycle）。通过此途径，肌肉氨基酸的 NH_2 基，运输到脏脏以 NH_3 或天冬氨酸合成尿素。

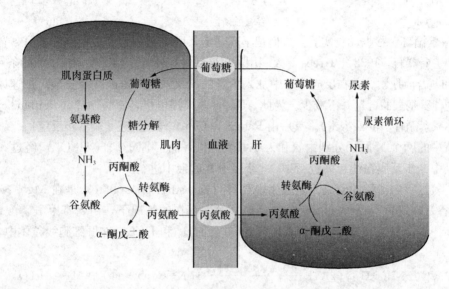

图7-6 葡萄糖-丙氨酸循环
(引自邹思湘，2005)

饥饿时通过此循环将肌肉组织中氨基酸分解，生成氨及葡萄糖的不完全分解产物丙酮酸，以无毒性的丙氨酸形式转运到肝脏作为糖异生的原料。肝脏糖异生生成的葡萄糖可被肌肉或其他外周组织利用。

（2）谷氨酰胺（glutamine）生成。氨与谷氨酸在谷氨酰胺合成酶（glutamine synthetase）的催化下生成谷氨酰胺（glutamine），并由血液运输至肝或肾，再经谷氨酰酶（glutaminaes）水解成谷氨酸和氨。谷氨酰胺主要从脑、肌肉等组织向肝或肾运氨。谷氨酰胺的合成与分解如下所示。

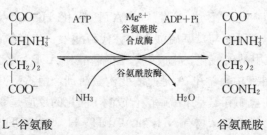

据目前研究，在动物体中还存在以下合成谷氨酰胺的反应：

$$\underset{\text{Glu}}{\begin{array}{c}\text{COO}^-\\|\\ \text{CH}_2\\|\\ \text{CH}_2\\|\\ \text{HC—NH}_3^+\\|\\ \text{COO}^-\end{array}} \xrightarrow[\text{ADP}]{+\text{ATP}\quad(a)} \underset{\gamma\text{-谷氨酰磷酸}}{\begin{array}{c}\text{O}\quad\text{O}\\\|\quad\|\\ \text{C}\sim\text{O—P—O}^-\\|\quad\;\;|\\ \text{CH}_2\quad\text{O}^-\\|\\ \text{CH}_2\\|\\ \text{HC—NH}_3^+\\|\\ \text{COO}^-\end{array}} \xrightarrow{\text{NH}_4^+\;(b)} \underset{\text{Gln}}{\begin{array}{c}\text{O}\\\|\\ \text{C—NH}_2\\|\\ \text{CH}_2\\|\\ \text{CH}_2\\|\\ \text{HC—NH}_3^+\\|\\ \text{COO}^-\end{array}}$$

4. 尿素循环 根据动物实验,人们很早就确定了肝脏是尿素合成的主要器官,肾脏是尿素排泄的主要器官。1932年Krebs等人利用大鼠肝切片作体外实验,发现在供能的条件下,可由CO_2和氨合成尿素。若在反应体系中加入少量的精氨酸、鸟氨酸或瓜氨酸可加速尿素的合成,而这种氨基酸的含量并不减少。为此,Krebs等人提出了鸟氨酸循环(ornithine cycle)学说,又称尿素循环(urea cycle)。其后由Ratner和Cohen详细论述了其各步反应。

尿素中的两个N原子分别由氨和天冬氨酸提供,而C原子来自HCO_3^-,经过5步酶促反应,其中2步反应在线粒体进行中,3步反应在胞液中进行。

(1) 氨基甲酰磷酸的合成。氨基甲酰磷酸(carbamyl phosphate)是在Mg^{2+}、ATP及N-乙酰谷氨酸(N-acetyl glutamic acid,AGA)存在的情况下,由氨基甲酰磷酸合成酶Ⅰ(carbamyl phosphate synthetase Ⅰ,CPS-Ⅰ)催化NH_3和HCO_3^-在肝细胞线粒体中合成。

$$\underset{\text{氨}}{CO_2+NH_3+H_2O+2ATP} \xrightarrow[\text{Mg}^{2+}\text{, N-乙酰谷氨酸}]{\text{氨甲酰磷酸合成酶Ⅰ}} \underset{\text{氨甲酰磷酸}}{H_2N-\overset{\overset{O}{\|}}{C}-O\sim\text{(P)}}+2ADP+H_3PO_4$$

真核细胞中有两种CPS:一种是氨基甲酰磷酸合成酶Ⅰ,存在于肝线粒体中,线粒体CPS-Ⅰ利用游离NH_3为氮源合成氨基甲酰磷酸,参与尿素合成;另一种是氨基甲酰磷酸合成酶Ⅱ,存在于各种细胞的胞液中,胞液CPS-Ⅱ,利用谷氨酰胺作N源,参与嘧啶的从头合成,两种酶的比较见表2。

表7-2 两种氨基甲酰磷酸合成酶的比较

氨基甲酰磷酸合成酶	分布	氨源	变构激活剂	反馈抑制剂	功能
CPS-Ⅰ	线粒体(肝)	氨	N-乙酰谷氨酸	无	合成尿素
CPS-Ⅱ	胞液	谷氨酰胺	无	UMP(哺乳动物)	合成嘧啶

CPS-Ⅰ催化的反应包括下述3步:① ATP活化HCO_3^-生成ADP和羰基磷酸(carbonyl phosphate);②NH_3与羰基硫酸作用替代硫酸根,生成氨基甲酸(carbamate)和Pi;③第2个ATP对氨甲酸磷酸化,生成氨基甲酰磷酸和ADP。此反应是不可逆的,消耗2分子ATP。CPS-Ⅰ是一种变构酶,AGA是此酶变构激活剂,由乙酰CoA和谷氨酸缩合而成。肝细胞线粒体中谷氨酸脱氢酶和氨基甲酰磷酸合成酶Ⅰ催化的反应是紧密偶联的。谷氨酸脱氢酶催化谷氨酸氧化脱氨,生成的产物有NH_3和$NADH+H^+$。NADH经NADH氧化呼吸链氧化生成H_2O,释放出来的能量用于ADP磷酸化生成ATP。因此谷氨酸脱氢酶催化反应不仅为

氨基甲酰磷酸的合成提供了底物 NH_3，同时也提供了该反应所需要的能量 ATP。氨基甲酰磷酸合成酶 I 将有毒的氨转变成氨基甲酰磷酸，反应中生成的 ADP 又是谷氨酸脱氢酶的变构激活剂，促进谷氨酸进一步氧化脱氨。这种紧密偶联有利于迅速将氨固定在肝细胞线粒体内，防止氨逸出线粒体进入细胞浆，进而透过细胞膜进入血液，引起血氨升高。

(2) 瓜氨酸（citrulline）的生成。鸟氨酸氨基甲酰转移酶（ornithine transcarbamoylase）存在于线粒体中，通常与 CPS-I 形成酶的复合物催化氨基甲酰磷酸转甲酰基给鸟氨酸生成瓜氨酸。此反应在线粒体内进行，而鸟氨酸在胞液中生成，所以必须通过一特异的穿梭系统进入线粒体内。

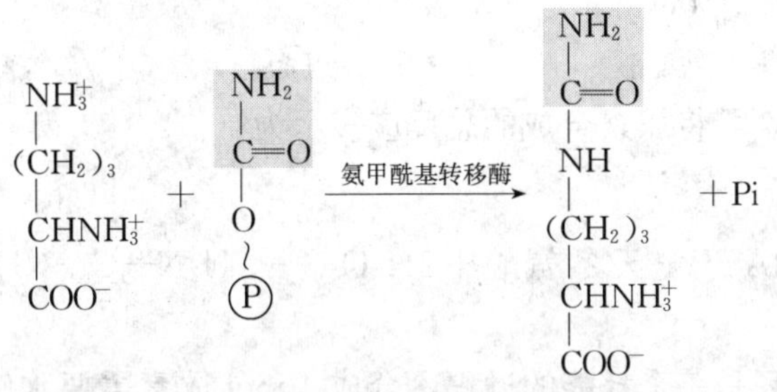

鸟氨酸　　氨甲酰磷酸　　　　　　　　　瓜氨酸

(3) 精氨酸代琥珀酸（argininosuccinate）的合成。瓜氨酸穿过线粒体膜进入胞浆中，在胞浆中由精氨酸代琥珀酸合成酶（argininosuccinate synthetase）催化瓜氨酸的脲基与天冬氨酸的氨基缩合生成精氨酸代琥珀酸，获得尿素分子中的第二个氮原子，此反应由 ATP 供能，反应如下：

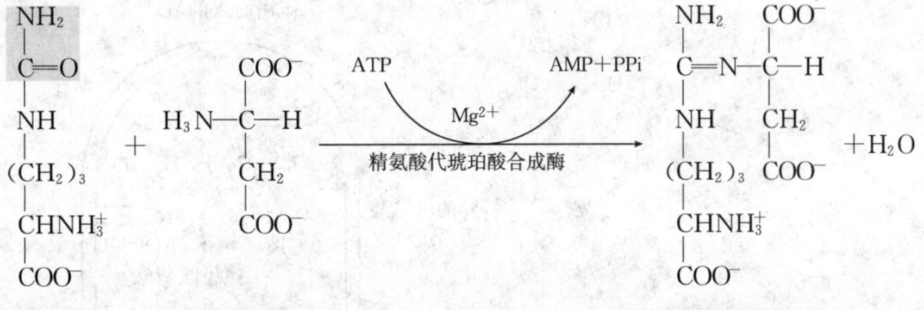

瓜氨酸　　　　天冬氨酸　　　　　　　　　精氨酸代琥珀酸

(4) 精氨酸（arginine）的生成。精氨酸代琥珀酸裂解酶（argininosuccinase）催化精氨酸代琥珀酸裂解成精氨酸和延胡索酸，该反应中生成的延胡索酸可经三羧酸循环的中间步骤生成草酰乙酸，再经谷草转氨酶催化转氨作用重新生成天冬氨酸。由此，通过延胡索酸和天冬氨酸，使三羧酸循环与尿素循环联系起来。

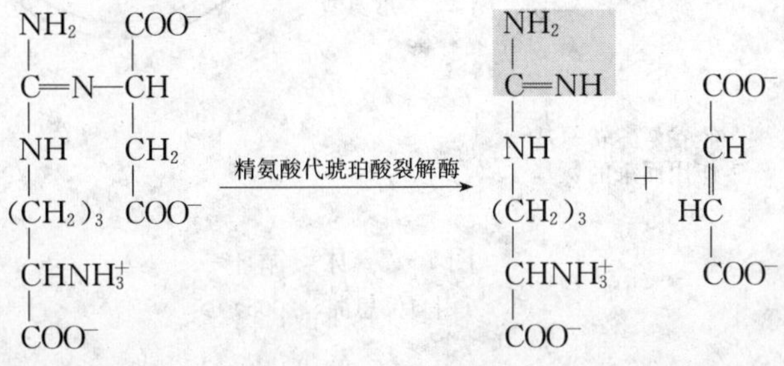

精氨酸代琥珀酸　　　　　　　　精氨酸　　延胡索酸

(5) 尿素的生成。尿素循环的最后一步反应是由精氨酸酶（arginase）催化精氨酸水解生成尿素并再生鸟氨酸，鸟氨酸再进入线粒体参与尿素合成的循环。

精氨酸 + H_2O —精氨酸酶→ 尿素 + 鸟氨酸

综合上述过程，可将尿素合成的总反应表示为：

CO_2 + NH_3 + 3ATP + 天冬氨酸 + 2H_2O ⟶ $H_2N-\overset{O}{\underset{}{C}}-NH_2$ + 延胡索酸 + 2ADP + AMP + PPi + 2Pi

尿素合成的循环是一个耗能的过程，合成 1 mol 尿素需要水解 3 mol ATP，消耗 4 mol 高能磷酸键。实际上可以清除 2 mol 氨和 1 mol 二氧化碳，这样既可以有效降低氨对动物体的毒性，也可以降低体内二氧化碳溶于水所产生的酸性。因此，尿素循环对哺乳动物有十分重要的作用，尿素循环总途径如图 7-7 所示。

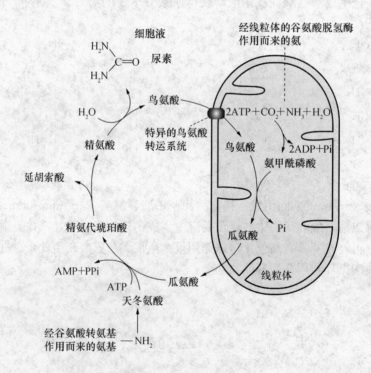

图 7-7 尿素循环
（引自邹思湘，2005）

CPS-Ⅰ是线粒体内变构酶，其变构激活剂 AGA 由 N-乙酰谷氨酸合成酶催化生成，并由特异水解酶水解。肝脏生成尿素的速度与 AGA 浓度相关，当氨基酸分解旺盛时，由转氨作用引起谷氨酸浓度升高，增加 AGA 的合成，从而激活 CPS-I，加速氨基甲酰磷酸合成，推动尿素循环。精氨酸是 AGA 合成酶的激活剂，因此，临床利用精氨酸治疗高氨血症。

植物体内也发现有尿素循环的酶，但是这个循环在植物体内很少运转，植物体内的尿素可在脲酶催化下水解，生成的氨可重新用于合成氨基酸。

(二) α-酮酸的代谢

氨基酸经联合脱氨或其他方式脱氨所生成的 α-酮酸，在具体的代谢过程中存在不同，但都有下述 3 种去路。

1. 氨基化生成非必需氨基酸 由于转氨基作用和联合脱氨基作用都是可逆过程，因此 α-酮酸经脱氨基作用的逆反应而氨基化，可生成相应的氨基酸。如人体必需的 8 种氨基酸中，除赖氨酸和苏氨酸外其余 6 种均可由相应的 α-酮酸加氨生成，但和必需氨基酸相对应的 α-酮酸不能在体内合成，所以必需氨基酸依赖于食物供应。

2. 氧化供能生成 CO_2 和水 这是 α-酮酸的重要去路之一，α-酮酸通过一定的反应途径先转变成丙酮酸、乙酰 CoA 或三羧酸循环的中间产物，再经过三羧酸循环彻底氧化分解。三羧酸循环将氨基酸代谢与糖代谢、脂肪代谢紧密联系起来。从图 7-8 可见，氨基酸脱去氨基后碳骨架如何与糖代谢联系在一起及其代谢去向。

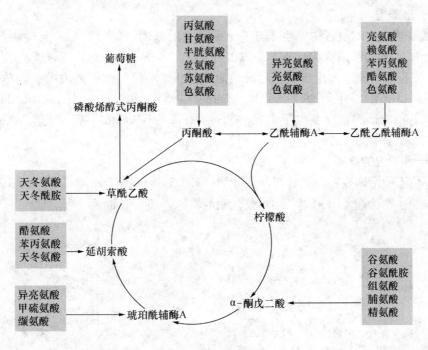

图 7-8 氨基酸代谢中碳骨架的去向

3. 转变生成糖和酮体 使用四氧嘧啶（alloxan）破坏犬的胰岛 β 细胞，建立人工糖尿病犬的模型。待其体内糖原和脂肪耗尽后，用某种氨基酸饲养，并检查犬尿中糖与酮体的含量。若饲某种氨基酸后尿中排出葡萄糖增多，称此氨基酸为称生糖氨基酸（glucogenic amino acid）；若尿中酮体含量增多，则称为生酮氨基酸（ketogenic amino acid）。尿中二者都增多者称为生糖兼生酮氨基酸（glucogenic and ketogenic amino acid）。凡能生成丙酮酸或三羧酸循环的中间产物的氨基酸均为生糖氨基酸，生糖氨基酸有 14 种，Ser、Gly、Thr、Ala、Cys 代谢转变为丙酮酸，Asp、Asn 代谢转变为草酰乙酸，Met、Val 代谢转变为琥珀酸，Glu、Gln、His、Pro、Arg 代谢转变为 α-酮戊二酸。凡能生成乙酰 CoA 或乙酰乙酸的氨基酸均为生酮氨基酸，生酮氨基酸 2 种，Lys 代谢转变为乙酰乙酸，Leu 代谢转变为乙酰乙酸和乙酰 CoA。凡能生成丙酮酸或三羧酸循环中间产物同时能生成乙酰 CoA 或乙酰乙酸者为生糖兼生酮氨基酸，生糖生酮兼生氨基酸 4 种，Ile 代谢转变为乙酰乙酸和丙酰 CoA，Phe 代谢转变为乙酰乙酸和延胡索酸，Tyr 和 Trp 代谢转变为乙酰乙酸和丙酮酸。

第四节 个别氨基酸代谢

前面主要介绍了氨基酸在体内的一般代谢途径，实际上许多氨基酸还有其特殊的代谢途径，并且在代谢途径之间以及其他代谢物之间存在密切联系，现将一些在体内存在重要生理意义的氨基酸代谢做以介绍。

一、一碳单位代谢与氨基酸

（一）一碳单位

某些氨基酸在代谢过程中能生成含一个碳原子的基团，经过转移参与生物合成过程。这些含一个碳原子的基团称为一碳单位（C1 unit 或 one carbon unit）或一碳基团（one carbon group），有关一碳单位生成和转移的代谢称为一碳单位代谢。体内的一碳单位有：甲基（—CH_3, methyl）、甲烯基（—CH_2, methylene）、甲炔基（—CH=, methenyl）、甲酰基（—CHO, formyl）及亚氨甲基（—CH=NH, formimino）等。但是，二氧化碳不属于这种类型的一碳单位。

（二）一碳单位的载体

一碳单位不能游离存在，通常与四氢叶酸（5,6,7,8 - tetrahydrofolic acid，FH_4）结合而转运或参加生物代谢，FH_4 是一碳单位代谢的辅酶。其结构如下：

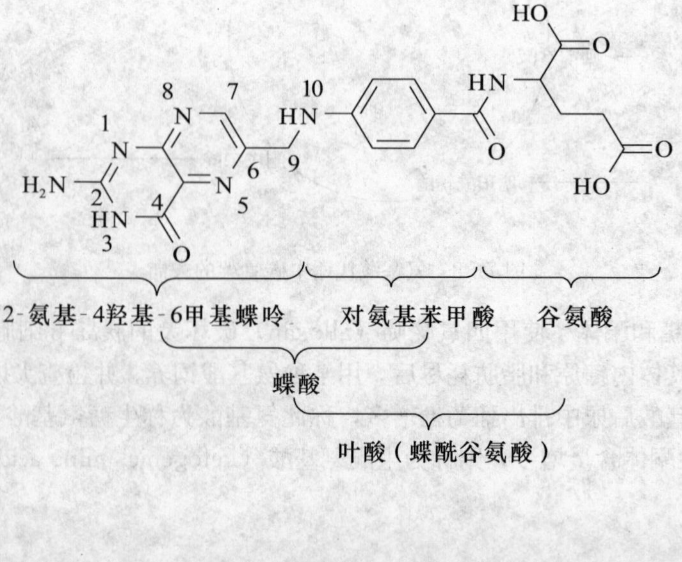

一碳单位共价连接于 FH_4 分子的 N^5、N^{10} 位或 N^5 和 N^{10} 位上，见图 7-9。

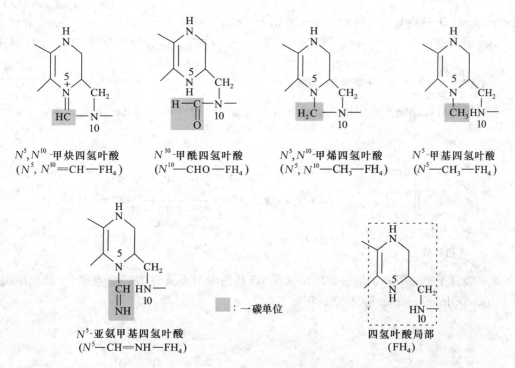

图 7-9 一碳单位与四氢叶酸的结合

（三）一碳单位的来源及转换

一碳单位主要来源于甘氨酸、苏氨酸、丝氨酸、组氨酸、色氨酸和甲硫氨酸代谢，甘氨酸在甘氨酸合成酶（glycine synthase，亦称为甘氨酸裂解酶）催化下可分解为 CO_2、NH_4^+ 和 $N^5,N^{10}—CH_2—FH_4$。

$$H_2C-NH_3^+ \atop |\atop COO^-} + FH_4 \xrightarrow[NAD^+ \quad NADH+H^+]{\text{甘氨酸裂解酶}} CO_2 + NH_3 + N^5, N^{10}—CH_2—FH_4$$

甘氨酸

苏氨酸和丝氨酸都可经相应酶催化转变为丝氨酸，在丝氨酸羟甲基转移酶催化生成甘氨酸过程中，亦可产生 $N^5,N^{10}—CH_2—FH_4$。

丝氨酸 + FH_4 $\xrightarrow{\text{丝氨酸羟甲基转移酶}}$ $N^5,N^{10}—CH_2—FH_4$ + 甘氨酸

在组氨酸转变为谷氨酸过程中由亚胺甲基谷氨酸提供了 $N^5—CH=NH—FH_4$。

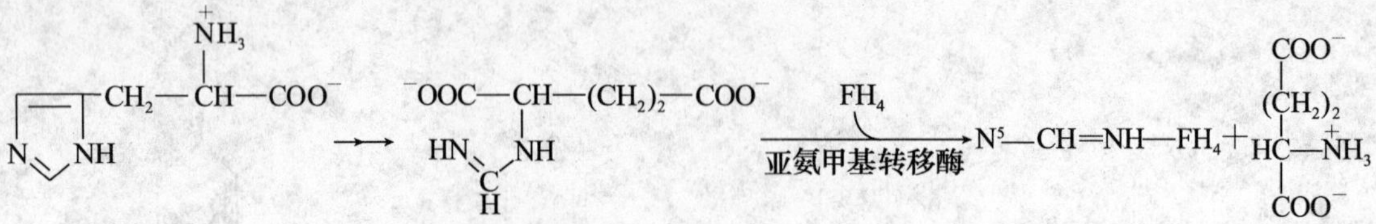

组氨酸 → 亚氨甲基谷氨酸 $\xrightarrow[\text{亚氨甲基转移酶}]{FH_4}$ N^5—CH=NH—FH_4 + 谷氨酸

色氨酸分解代谢能产生甲酸，甲酸可与 FH_4 结合产生 N^{10}—CHO—FH_4。

色氨酸 → 犬尿氨酸 + HCOO⁻ $\xrightarrow[N^{10}\text{—CHO—}FH_4 \text{合成酶}]{FH_4 \quad ATP \quad ADP+Pi}$ N^{10}—CHO—FH_4

蛋氨酸分子中的甲基也是一碳单位。在 ATP 的参与下蛋氨酸转变生成 S-腺苷甲硫氨酸（sadenosylmethionine，又称活性甲硫氨酸）。

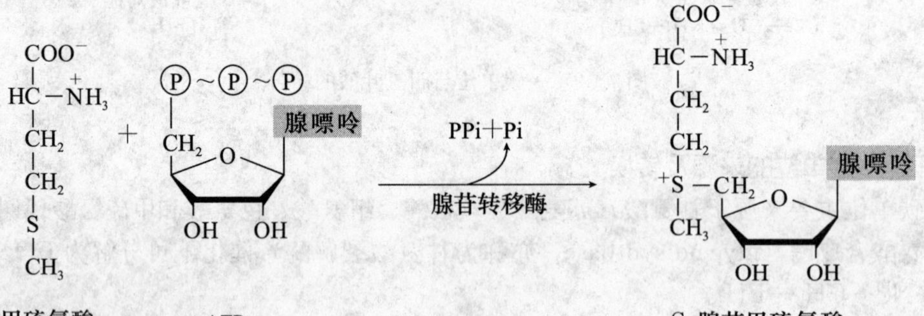

甲硫氨酸 + ATP $\xrightarrow[\text{腺苷转移酶}]{PPi+Pi}$ S-腺苷甲硫氨酸

S-腺苷甲硫氨酸是活泼的甲基供体，其提供甲基过程如下所示，因此，四氢叶酸并不是一碳单位的唯一载体。

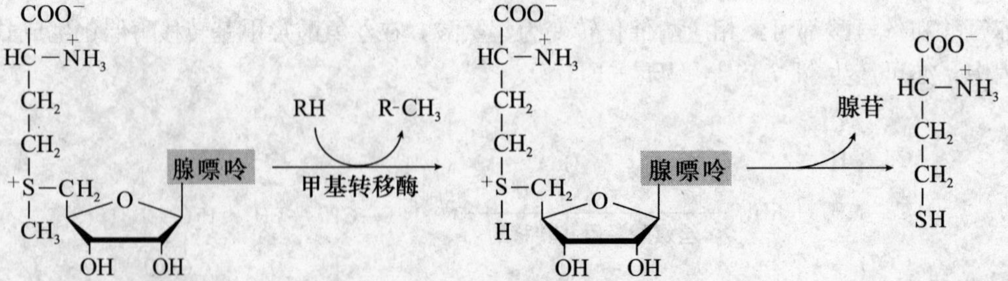

S-腺苷甲硫氨酸 $\xrightarrow[\text{甲基转移酶}]{RH \quad R-CH_3}$ S-腺苷同型半胱氨酸 $\xrightarrow{\text{腺苷}}$ 同型半胱氨酸

体内一碳单位分别处于甲醇、甲醛不同的氧化水平，在相应的酶促氧化还原反应下可相互转换如图 7-10 所示：

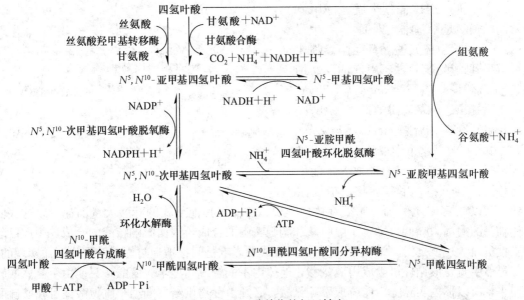

图7-10 一碳单位的相互转变

(四) 一碳单位的功能

一碳单位在核酸生物合成中有重要作用,是合成嘌呤和嘧啶的原料,如 N^5,N^{10}—CH= FH_4 直接提供甲基用于脱氧核苷酸 dUMP 向 dTMP 的转化,N^{10}—CHO—FH_4 和 N^5,N^{10}—CH=FH_4 分别参与嘌呤碱中 C-2,C-3 原子的生成。SAM 提供甲基可参与体内多种物质合成,例如,合成肾上腺素、胆碱、胆酸等。一碳单位代谢将氨基酸代谢与核苷酸及一些重要物质的生物合成联系起来。一碳单位代谢的障碍可造成某些病理情况,如巨幼红细胞贫血等。磺胺药及某抗癌药(氨甲喋呤等)正是分别通过干扰细菌及瘤细胞的叶酸、四氢叶酸合成,进而影响核酸合成而发挥药理作用的。

二、含硫氨基酸的代谢

含硫氨基酸共有蛋氨酸、半胱氨酸和胱氨酸3种,甲硫氨酸可转变为半胱氨酸和胱氨酸,后两者也可以互变,但后者不能变成甲硫氨酸,所以甲硫氨酸是必需氨基酸。

(一) 甲硫氨酸代谢

1. 转甲基作用与甲硫氨酸循环 甲硫氨酸中含有 S 甲基,可参与多种转甲基的反应生成多种含甲基的生理活性物质。在腺苷转移酶催化下与 ATP 反应生成 S-腺苷甲硫氨酸 (S-adenosgl methiomine,SAM)。SAM 中的甲基是高度活化的,称活性甲基,SAM 称为活性甲硫氨酸。SAM 可在不同甲基转移酶 (methyl transferase) 的催化下,将甲基转移给各种甲基接受体而形成许多甲基化合物,如肾上腺素、胆碱、甜菜碱、肉毒碱、肌酸等都是从 SAM 中获得甲基的。SAM 是体内最主要的甲基供体。

SAM 转出甲基后形成 S-腺苷同型半胱氨酸 (S-adenosyl homocystine,SAH),SAH 水解释出腺苷变为同型半胱氨酸 (homocystine,hCys)。同型半胱氨酸可以接受 N^5—CH_3—FH_4 提供的甲基再生成甲硫氨酸,形成一个循环过程,称为甲硫氨酸循环 (methionine cycle) (图7-11)。此循环的生理意义在于甲硫氨酸分子中甲基可间接通过 N^5—CH_3—FH_4 由其他非必需氨基酸提供,以防甲硫氨酸的大量消耗。

N^5—CH_3—FH_4 同型半胱氨酸甲基转移酶的辅酶是甲基维生素 B_{12}。维生素 B_{12} 缺乏会引起甲硫氨酸循环受阻。临床上可以见到维生素 B_{12} 缺乏引起的巨幼细胞性贫血。1962 年 Noronha 与 Silverman 首先提出了甲基陷阱学说（methyl-trap hypothesis），后来 Herbert 与 Zaulsky 又作了修改。这个学说认为：由于维生素 B_{12} 缺乏，引起甲基 B_{12} 缺乏，使甲基转移酶活性低下，甲基转移反应受阻

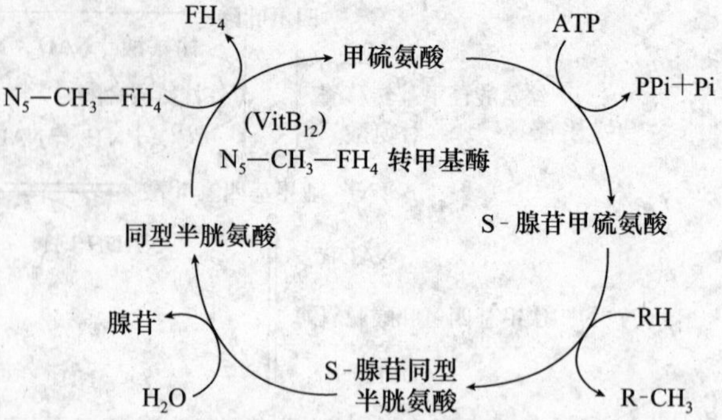

图 7-11 甲硫氨酸循环

导致叶酸以 N^5—CH_3—FH_4 形式在体内堆积。这样，其他形式的叶酸大量消耗，以这些叶酸作辅酶的酶活力降低，影响了嘌呤碱和胸腺嘧啶的合成，因而影响核酸的合成，引起巨幼细胞性贫血。也就是说，维生素 B_{12} 对核酸合成的影响是间接地通过影响叶酸代谢而实现的。

虽然甲硫氨酸循环可生成甲硫氨酸，但体内不能合成同型半胱氨酸，只能由甲硫氨酸转变而来，所以体内实际上不能合成甲硫氨酸，必须由食物供给。同型半胱氨酸还可在胱硫醚合成酶（cystathiorine synthase）催化下与丝氨酸缩合生成胱硫醚（cystathionine），再经胱硫醚酶催化水解生成半胱氨酸，α-酮丁酸和氨。α-酮丁酸转变为琥珀酸单酰 CoA，通过三羧酸循环，可以生成葡萄糖，所以蛋氨酸为生糖氨基酸。

2. 肌酸的合成 肌酸（creatine）和磷酸肌酸（creatine phosphate）在能量储存及利用中起重要作用。二者互变使体内 ATP 供应具有后备潜力。肌酸在肝和肾中合成，广泛分布于骨骼肌、心肌、大脑等组织中。肌酸以甘氨酸为骨架，精氨酸提供脒基、SAM 供给甲基、在脒基转移酶和甲基转移酶的催化下合成。在肌酸激酶（creatine phosphohinase，CPK）催化下将 ATP 中 Pi 转移到肌酸分子中形成磷酸肌酸（CP）储备起来（图 7-12）。肌酸和磷酸肌酸代谢的终产物是肌酸酐（creatinine）简称肌酐。

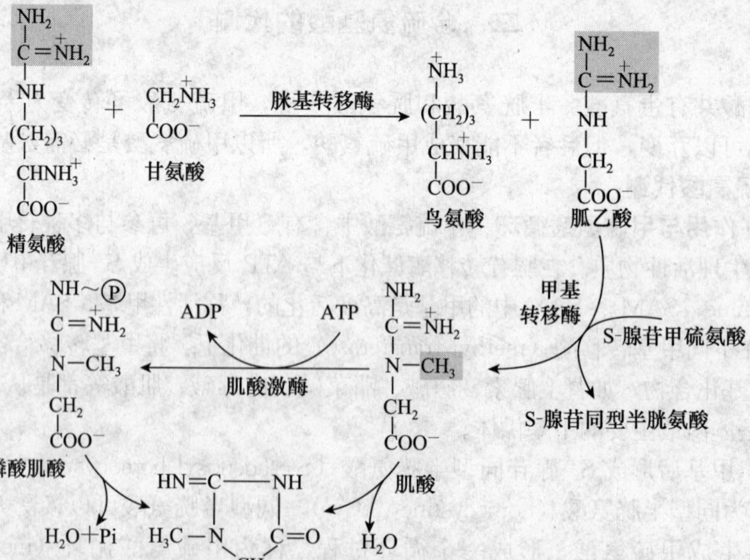

图 7-12 肌酸的合成与转化

肌酸激酶由两种亚基组成，即 M 亚基（肌型）与 B 亚基（脑型），有 3 种同工酶：MM 型、MB 型及 BB 型。它们在体内各组织中的分布不同，MM 型主要在骨骼肌，MB 型主要在心肌，BB 型主要在脑。心肌梗死时，血中 MB 型肌酸激酶活性增高，可作为辅助诊断的指标之一。

（二）半胱氨酸和胱氨酸的代谢

1. 半胱氨酸和胱氨酸的互变 半胱氨酸含巯基（-SH），胱氨酸含有二硫键（-S-S-），二者可通过氧化还原而互变。胱氨酸不参与蛋白质的合成，蛋白质中的胱氨酸由半胱氨酸残基氧化脱氢而来。在蛋白质分子中两个半胱氨酸残基间所形成的二硫键，对维持蛋白质分子构象起重要作用。而蛋白分子中半胱氨酸的巯基是许多蛋白质或酶的活性基团。

2. 半胱氨酸分解代谢 机体中半胱氨酸主要通过两条途径降解为丙酮酸。一是加双氧酶催化的直接氧化途径，或称半胱亚磺酸途径，另一是通过转氨的 3-巯基丙酮酸途径。

3. 活性硫酸根代谢 含硫氨基酸经分解代谢可生成 H_2S，H_2S 氧化成为硫酸。半胱氨酸巯基亦可先氧化生成亚磺基，然后再生成硫酸。其中一部分以无机盐形式从尿中排出，一部分经活化生成 3'-磷酸腺苷-5'-磷酸硫酸（3'-phosphoadenosine-5'-phosphosulfate，PAPS），即活性硫酸根。

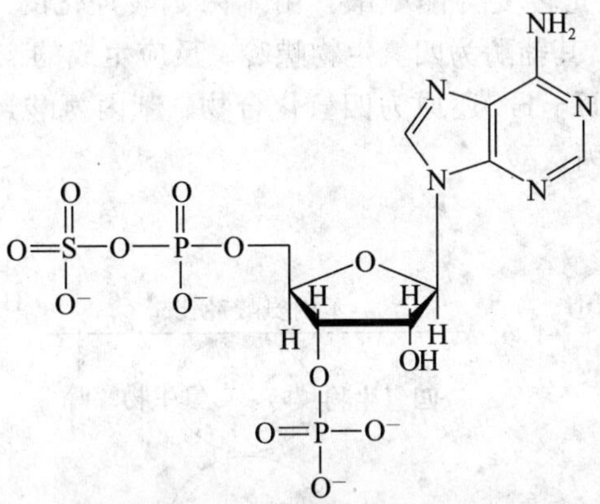

PAPS 的性质活泼，在肝脏的生物转化中有重要作用。例如，类固醇激素可与 PAPS 结合成硫酸酯而被灭活，一些外源性酚类亦可形成硫酸酯而增加其溶解性以利于从尿于排出。此外，PAPS 也可参与硫酸角质素及硫酸软骨素等分子中硫酸化氨基多糖的合成。

4. 谷胱甘肽的合成 谷胱甘肽（glutathiose-γ-glutamyl cysteinglglycine，GSH）是一种含 γ-酰胺键的三肽，由谷氨酸、半胱氨酸及甘氨酸组成。GSH 的合成通过 γ-谷氨酰基循环（γ-glutamyl cycle），由 Meister 提出，又称为 Meister 循环（图 7-2）。γ-谷氨酰基循环有双重作用，一是 GSH 的再合成，二是通过 GSH 的合成与分解将外源氨基酸主动转运到细胞内。

GSH 的合成由 γ-谷氨酰半胱氨酸合成酶（γ-glutamylcystein synthetase）和 GSH 合成酶（GSH synthetase）所催化，由 ATP 水解供能。GSH 的分解由 γ-谷氨酰转肽酶（γ-glutamyl transpeptidase)、γ-谷氨酰环转移酶（γ- gltamyl cyclotransforase）和 5 -氧脯氨酸酶（5 - oxoprolinase）及一个细胞内肽酶（protease）所催化。GSH 在人体解毒、氨基酸转运及代谢中均有重要作用。GSH 的活性基团是其半胱氨酸残基上的巯基，GSH 有氧化型和还原型两种形式，可以互变。

$$2GSH + NADP^+ \xrightleftharpoons[]{\text{谷胱甘肽还原酶}} GSSG + NADP^+ + H^+$$

还原型谷胱甘肽　　　　　　　　氧化型谷胱甘肽

谷胱甘肽还原酶催化上面反应，辅酶为 NADPH，细胞中 GSH 与 GSSG 的比例为 100：1。GSH 可保护某些蛋白质及酶分子的巯基不被氧化，从而维持其生物活性。如红细胞中含有较多 GSH，对保护红细胞膜完整性及促使高铁血红蛋白还原为血红蛋白均有重要作用。此外，体内产生的过氧化物及自由基，亦可通过含硒的 GSH 过氧化酶而被清除。

三、芳香族氨基酸的代谢

芳香族氨基酸包括苯丙氨酸，酪氨酸和色氨酸，苯丙氨酸和酪氨酸结构相似，在体内苯丙氨酸可转变成酪氨酶，所以合并在一起讨论。

（一）苯丙氨酸和酪氨酸代谢

苯丙氨酸在体内一般先转变为酪氨酸，由苯丙氨酸羟化酶（phenylalamine hyolroxylase）催化引入羟基完成，其辅酶为四氢生物喋呤。反应生成的二氢生物喋呤，由二氢叶酸还原酶催化，借助 NADPH + H$^+$ 还原为四氢化合物。苯丙氨酸羟化酶所催化反应不可逆，体内酪氨酸不能转变为苯丙氨酸。

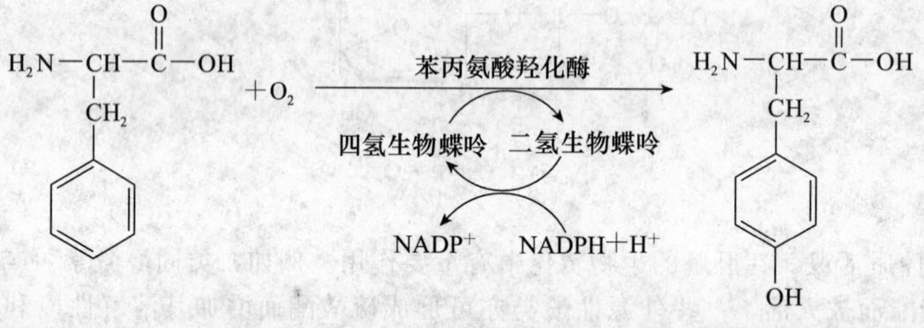

酪氨酸的进一步代谢与合成某些神经递质、激素及黑色素有关。酪氨酸经酪氨酸羟化酶作用，生成 3,4 二羟苯丙氨酸（3,4 - dihydroxyphenylalanine, dopa 多巴）。与苯丙氨酸羟化酶相似，此酶也是以四氢生物喋呤为辅酶的加单氧酶。通过多巴脱羧酶的作用，多巴转变成多巴胺（dopamine）。多巴胺是脑中的一种神经递质，帕金森病（Parkinson disease），是由于多巴胺生成减少造成的。在肾上腺髓质中，多巴胺侧链的 β 碳原子可再被羟化，生成去甲肾上腺素（norepinephrine）；后者经 N-甲基转移酶催化，由活性甲硫氨酸提供甲基，转变成肾上腺素（epinephrine）。多巴胺、去甲肾上腺素、肾上腺素统称为儿茶酚胺（catecholamine），即含邻苯二酚的胺类。酪氨酸羟化酶是儿茶酚胺合成的限速酶，受终产物的反馈调节。

酪氨酸　多巴　多巴胺（DA）　去甲肾上腺素　肾上腺素

儿茶酚胺

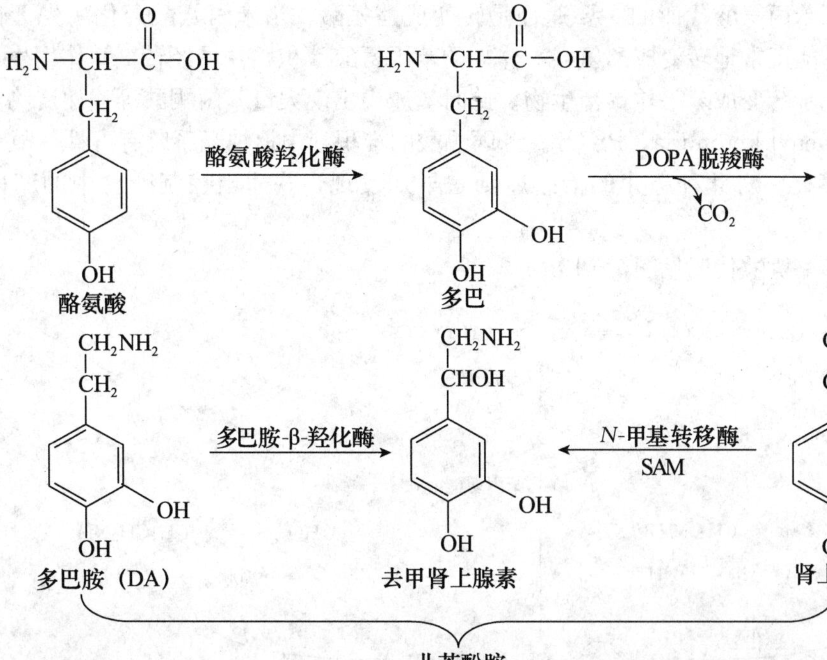

酪氨酸代谢的另一条途径是合成黑色素（melanin）。在黑色素细胞中酪氨酸酶（tyrosinase）的催化下，酪氨酸羟化生成多巴，后者经氧化、脱羧等反应转变成吲哚-5,6-醌，黑色素即是吲哚醌的聚合物。人体缺乏酪氨酸酶，黑色素合成障碍，皮肤、毛发等发白，称为白化病（albinism）。

酪氨酸　多巴　多巴醌　吲哚-5，6-醌

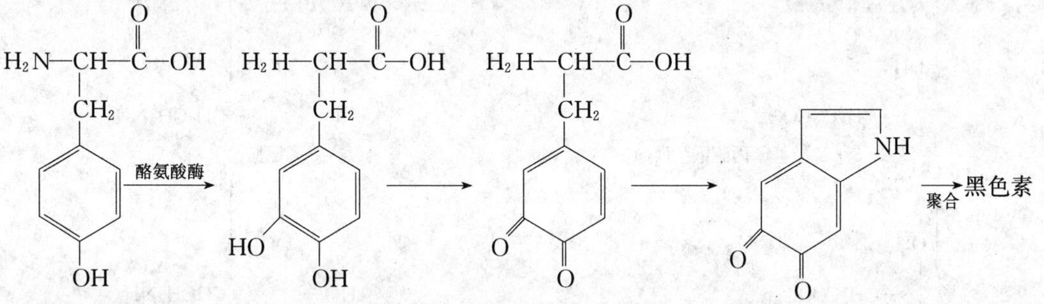

酪氨酸的分解代谢除上述代谢途径外，还可在酪氨酸转氨酶的催化下，生成对羟苯丙酮酸，后者经尿黑酸等中间产物进一步转变成延胡索酸和乙酰乙酸，二者分别参与糖和脂肪酸代谢。因此，苯丙氨酸和酪氨酸是生糖兼生酮氨基酸。

酪氨酸　对-羟苯丙酮酸　尿黑酸　延胡索酸　乙酰乙酸

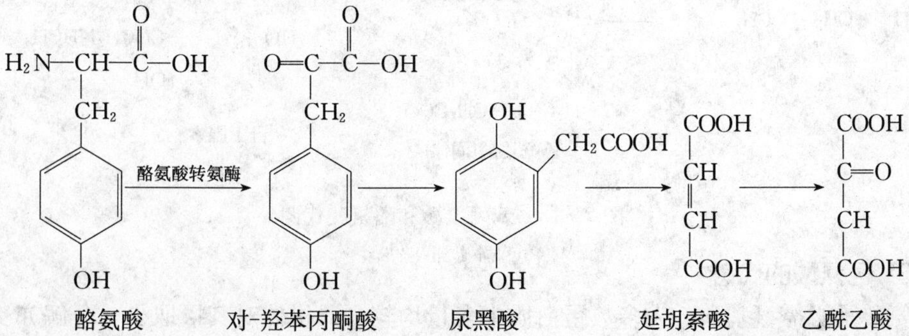

正常情况下苯丙氨酸代谢的主要途径是转变成酪氨酸,当苯丙氨酸羟化酶先天性缺乏时,苯丙氨酸不能正常地转变成酪氨酸,体内的苯丙氨酸蓄积,并可经转氨基作用生成苯丙酮酸,后者进一步转变成苯乙酸等衍生物。此时,尿中出现大量苯丙酮酸等代谢产物,称为苯酮酸尿症(phenyl ketonuria,PKU)。苯丙酮酸的堆积到中枢神经系统有毒性,故患儿的智力发育产生障碍。对此种患儿的治疗原则是早期发现,并适当控制膳食中的苯丙氨酸含量。

苯丙氨酸和酪氨酸代谢见图7-13。

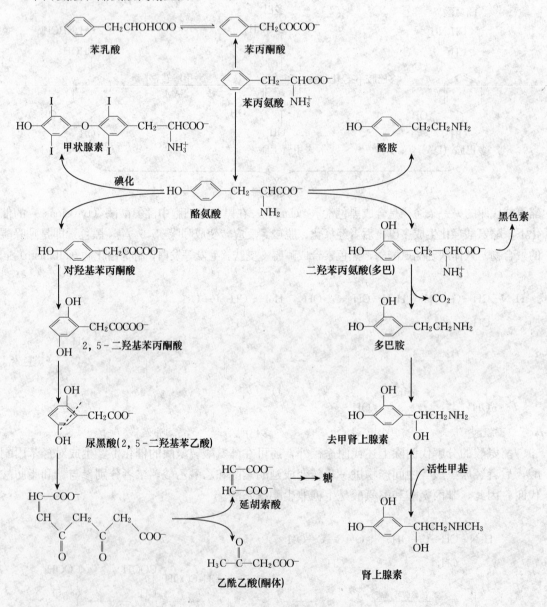

图7-13 苯丙氨酸和酪氨酸代谢
(引自邹思湘,2005)

(二) 色氨酸的代谢

色氨酸是必需氨基酸。大多数蛋白质中含量均较少,机体对其摄取少,分解亦少。除参加蛋白质合成外，还可经氧化脱羧生成 5 - 羟色胺。并可降解产生生糖，生酮成分，此过程中产生一碳单位及尼克酸等。

色氨酸分解首先在色氨酸- 2,3 - 加双氧酶（tryptophan - 2,3 - dioxygenase）作用下将吡咯环打开，生成 N - 甲酰犬尿氨酸（N - Formylkynurenine）。此酶辅基为铁卟啉，维生素 C 有保护辅基中 Fe^{2+} 不被氧化的作用，亦可说维生素 C 是此酶的激活剂。在甲酰化酶（formamidase）的作用下，甲酰犬尿氨酸脱甲酰基生成甲酸和犬尿氨酸，甲酸可参加一碳单位代谢。而犬尿氨酸则有 3 个不同代谢方向：①犬尿氨酸主要由犬尿氨酸羟化酶（rynurenine - 3 - monoxygenase）催化生成 3 - 羟犬尿氨酸（3 - hydroxykynurenine），而后由犬尿氨酸酶（kynureninase）（以 PLP 为辅酶）催化裂解出丙氨酸，并生成 3 - 羟邻氨苯甲酸（3 - hydroxyanthranilate），丙氨酸可经转氨生成丙酮酸，而 3 - 羟邻苯甲酸经氧化裂环，脱羧等反应生成 α - 酮乙酸，进而生成乙酰乙酸，因此，色氨酸为生糖兼生酮氨基酸。②少量犬尿氨酸经转氨作用并缩合生成犬尿酸。③少量裂解出丙氨酸后生成邻氨苯甲酸。

色氨酸分解代谢中的 3 - 羟邻氨苯甲酸经 3 - 羟邻氨苯丙酸 - 3,4 - 加双氧酶（3 - hydroxyanthranilate - 3,4 - dioxygenase）催化裂环，可生成尼克酸，这是构成 $NAD(P)^+$ 的关键成分，是体内合成维生素的一个特例。色氨酸代谢见图 7 - 14。

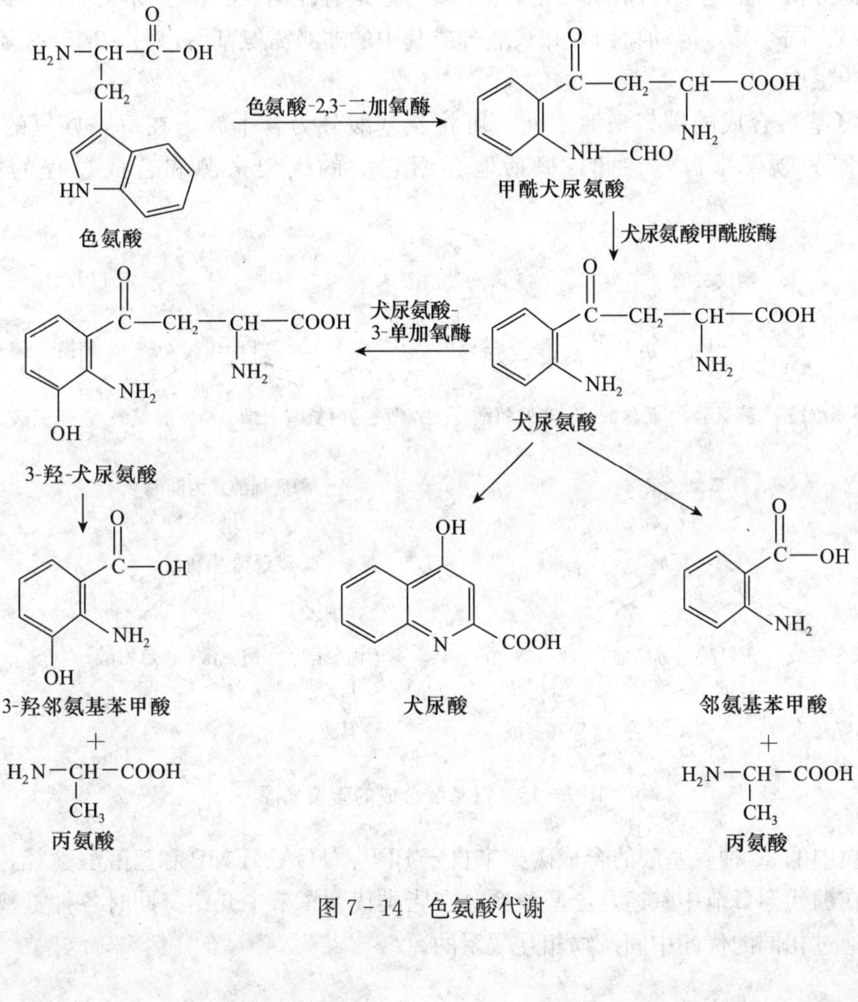

图 7 - 14 色氨酸代谢

四、支链氨基酸的代谢

支链氨基酸（branched amino acid，BCAA）包括亮氨酸、异亮氨酸和缬氨酸。三者均为必需氨基酸，分解代谢主要在肌肉组织中进行。它们分属于3类，亮氨酸为生酮氨基酸，缬氨酸为生糖氨基酸，异亮氨酸为生糖兼生酮氨基酸。3种支链氨基酸分解代谢过程均较复杂，一般可分为两阶段：第一阶段，3种氨基酸前3步反应性质相同，产物类似，均为 CoA 的衍生物，可称为共同反应阶段；第二阶段则反应各异，经若干步反应，亮氨酸产生乙酰 CoA 及乙酰乙酰 CoA，缬氨酸产生琥珀酸单酰 CoA，异亮氨酸产生乙酰 CoA 及琥珀酸单酰 CoA，分别纳入生糖或生酮的代谢。

第五节 氨基酸的生物合成

前面简要介绍过了从 $N_2 \rightarrow NH_3$，从 $NH_3 \rightarrow Glu$ 和 Gln 的过程，现在将进一步介绍合成蛋白质的每一种氨基酸的生物合成。如大肠杆菌，可以合成参与蛋白质合成的全套20种氨基酸，对高等植物氨基酸代谢的研究虽然不多，但是有证据表明，植物与细菌的氨基酸代谢途径可能是大同小异，但动物和人却只能合成其中的非必需氨基酸，另一部分必须氨基酸必须从食物中摄取。

根据氨基酸合成的碳架来源不同，可将氨基酸分为若干族，在每一族里的几种氨基酸都有共同的碳架来源，在此，概括地介绍它们的碳架来源和合成过程的相互关系（图7-15）。

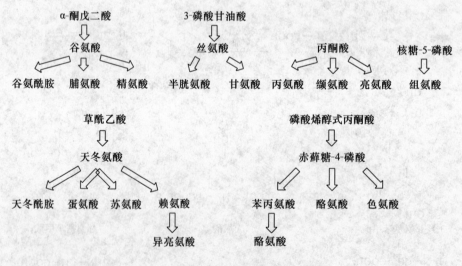

图7-15 氨基酸合成的碳架来源

蛋白质中的20种氨基酸的合成碳架来自于 PPP、TCA、EMP 和乙醛酸途径，前3个途径已分别在糖代谢章节中叙述，乙醛酸途径在脂类代谢章节中介绍。同时各种氨基酸的合成途径又是通过相同的代谢中间产物相互联系的。

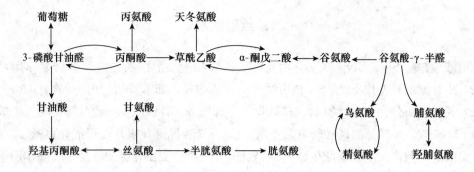

图 7-16 氨基酸合成间的联系

一、丙氨酸族

丙氨酸族包括 Ala、Val、Leu，其碳架来源于糖酵解途径的丙酮酸，由两个分子丙酮酸缩合并放出 1 分子 CO_2，再经几步反应生成 Val 的前体 α-酮异戊酸，再经转氨反应生成 Val。

二、丝氨酸族

丝氨酸族包括 Ser、Gly 和 Cys，由光呼吸乙醛酸途径形成的乙醛酸经转氨作用可生成甘氨酸，由甘氨酸转变成 Ser。Ser 也可经另一合成途径，如 EMP 的中间产物甘油酸-3-磷酸起始，经酶促可分别合成丝氨酸、甘氨酸和半胱氨酸。甘油酸-3-磷酸酶促脱氢生成羟基丙酮酸-3-磷酸，经丝氨酸磷酸转氨酶作用，L-谷氨酸提供 α 氨基而形成丝氨酸-3-磷酸。它在丝氨酸酶磷酸作用下去磷酸生成 L-丝氨酸。L-丝氨酸在丝氨酸转羟甲基酶作用下，脱去羟甲基后生成甘氨酸。大多数植物和微生物可以把乙酰 CoA 的乙酰基转给丝氨酸而生成 O-乙酰丝氨酸，反应由丝氨酸转乙酰基酶催化。O-乙酰丝氨酸经硫氢基化而生成 L-半胱氨酸和乙酸。

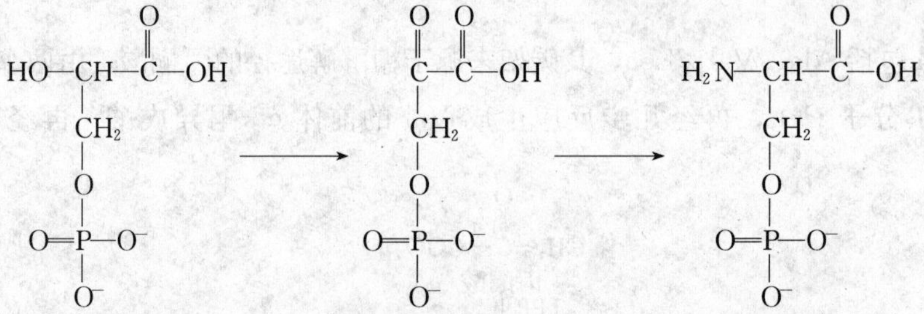

3-磷酸甘油酸 → 3-磷酸羟基丙酮酸 → 3-磷酸丝氨酸

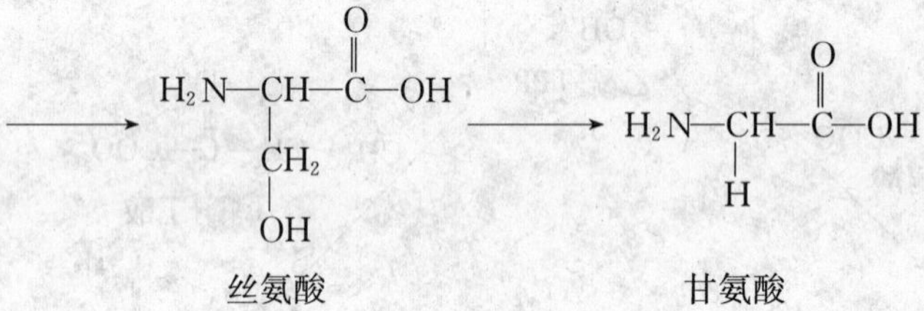

→ 丝氨酸 → 甘氨酸

三、天冬氨酸族

天冬氨酸族包括 Asp、Asn、Lys、Thr、Met 和 Ile，它们的碳架是来自三羧酸循环的草酰乙酸，在谷-草转氨酶催化下，草酰乙酸与谷氨酸反应生成 L-天冬氨酸；天冬氨酸经天冬酰胺合成酶催化，在有谷氨酰胺和 ATP 参与下，从谷氨酰胺上获取酰胺基而形成 L-天冬酰胺；细菌和植物还可以由 L-天冬氨酸为起始物合成赖氨酸或转变成甲硫氨酸，另外，L-天冬氨酸为起始物可合成 L-高丝氨酸，再转变成苏氨酸（苏氨酸合成酶催化）。L-天冬氨酸与丙酮酸作用进而合成异亮氨酸。由此可见，草酰乙酸衍生型可合成 L-天冬氨酸、天冬酰胺、赖氨酸、甲硫氨酸、苏氨酸。

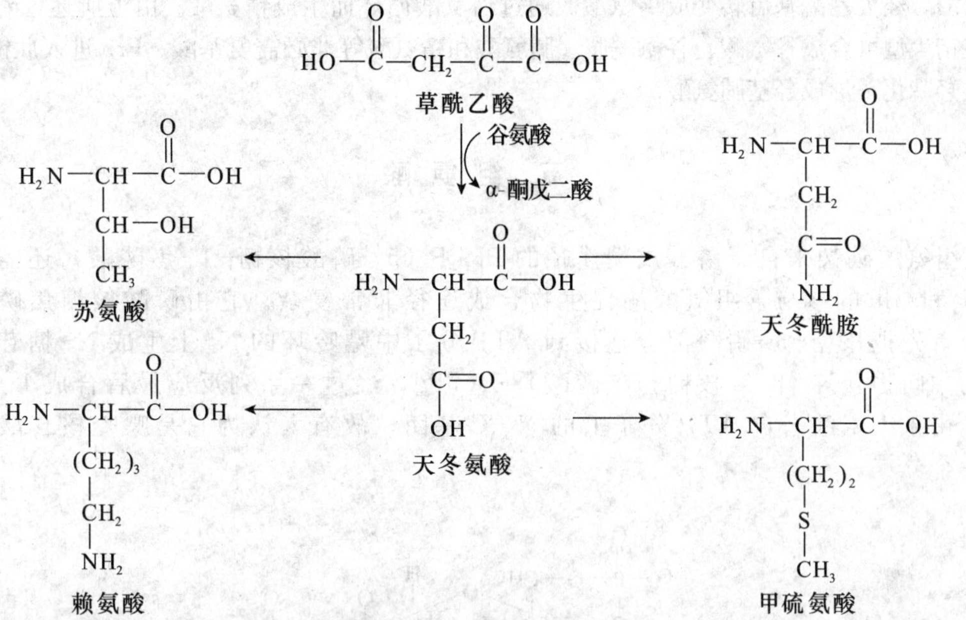

[图：由草酰乙酸经谷氨酸转氨（生成α-酮戊二酸）生成天冬氨酸，天冬氨酸分别转变为苏氨酸、赖氨酸、天冬酰胺、甲硫氨酸]

四、谷氨酸族

谷氨酸族包括 Glu、Gln、Pro、hypro 和 Arg，它们的共同碳架来源于三羧酸循环的中间产物 α-酮戊二酸，α-酮戊二酸与 NH_3 在 L-谷氨酸脱氢酶（辅酶为 NADPH）催化下，还原氨基化生成 L-谷氨酸；L-谷氨酸与 NH_3 在谷氨酰胺合成酶催化下，消耗 ATP 而形成谷氨酰胺，由上述过程合成 Glu 和 Gln 以后，再由 Glu 转变为 Pro（包括还原、环化、再还原步骤）；L-谷氨酸-γ-羧基还原成谷氨酸半醛，然后环化成二氢吡咯-5-羧酸，再由二氢吡咯还原酶作用还原成 L-脯氨酸。L-谷氨酸也可在转乙酰基酶催化下生成 N-乙酰谷氨酸，再在激酶作用下，消耗 ATP 后转变成 N-乙酰-γ-谷氨酰磷酸，然后在还原酶催化下由 NADPH 提供氢而还原成 N-乙酰谷氨酸 γ-半醛。最后经转氨酶作用，谷氨酸提供 α 氨基而生成 N-乙酰

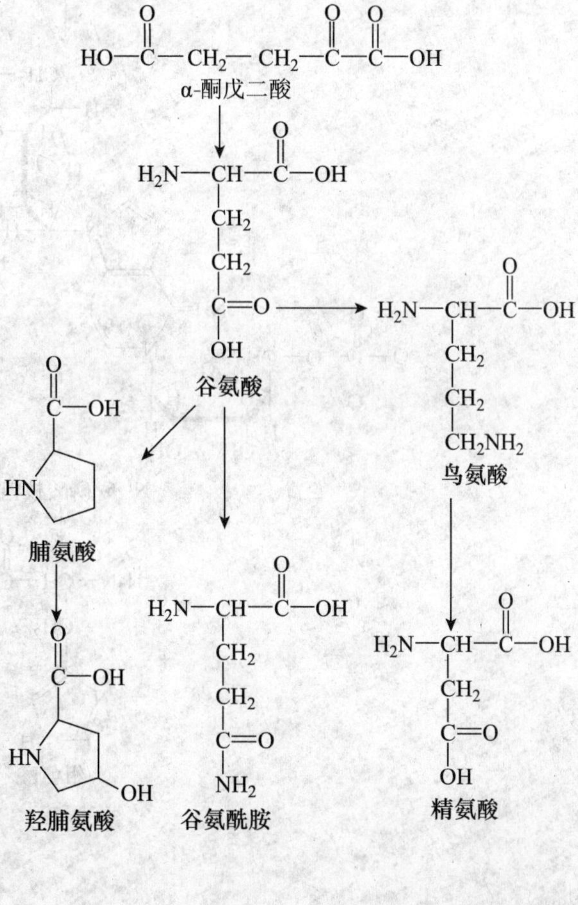

[图：由 α-酮戊二酸生成谷氨酸，谷氨酸分别转变为脯氨酸、羟脯氨酸、谷氨酰胺、鸟氨酸、精氨酸]

鸟氨酸，经去乙酰基后转变成鸟氨酸。通过鸟氨酸循环而生成精氨酸。由上所述，α-酮戊二酸衍生型可合成谷氨酸、谷氨酰胺、脯氨酸和精氨酸等非必需氨基酸。Pro进入肽链之后才被羟基化，形成羟基脯氨酸。

五、组 氨 酸

组氨酸碳架来自于磷酸戊糖途径的PRPP（5′-磷酸核糖-1-焦磷酸）还需要有ATP和Glu的参与，组氨酸酶促生物合成途径非常复杂。它由磷酸核糖焦磷酸开始，首先把核糖-5-磷酸部分连接到ATP分子中嘌呤环的N^1上生成N-糖苷键相连的中间物［N-1-（核糖-5′-磷酸）-ATP］，经过一系列反应最后合成L-组氨酸。由于组氨酸来自ATP分子上的N-C基团，故有人认为它是嘌呤核苷酸代谢的一个分支。

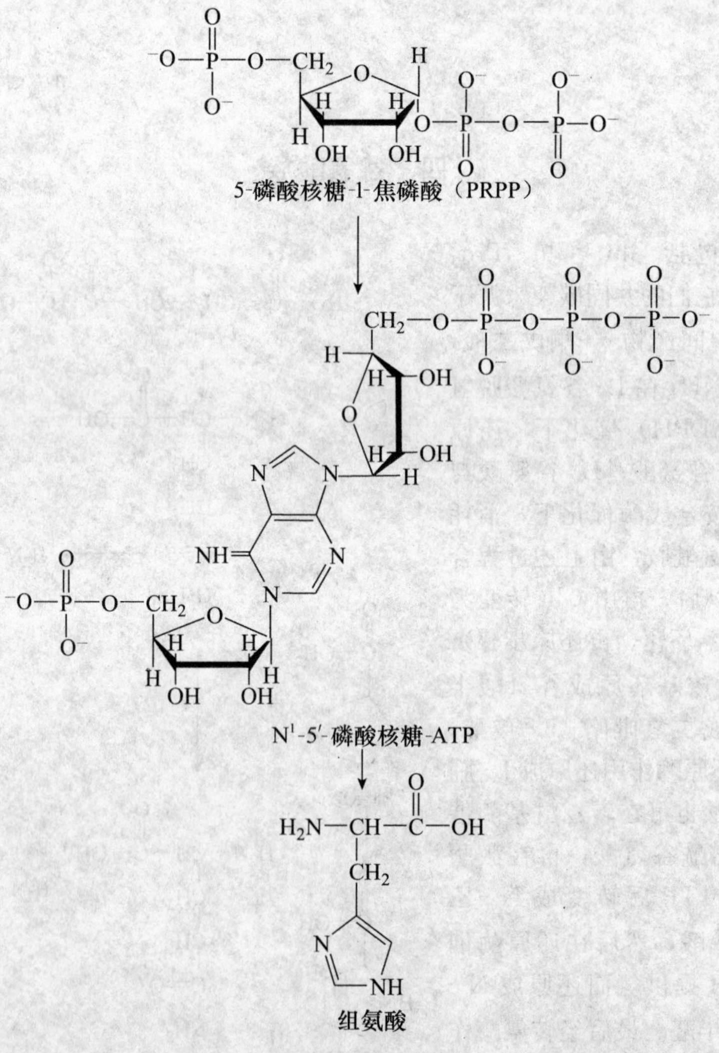

5-磷酸核糖-1-焦磷酸（PRPP）

↓

N^1-5′-磷酸核糖-ATP

↓

组氨酸

六、芳香族氨基酸族

芳香族氨基酸包括 Trp、Tyr 和 Phe，它们的碳架来自戊糖循环的中间产物 4-磷酸赤藓糖和糖酵解的中间产物磷酸烯醇式丙酮酸（PEP）。芳香族氨基酸中苯丙氨酸、酪氨酸和色氨酸可由赤藓糖-4-磷酸为起始物在有烯醇丙酮酸磷酸条件下酶促合成分支酸，再经氨基苯甲酸合成酶作用可转变成邻氨基苯甲酸，最后生成色氨酸；分支酸还可以转变成预苯酸，在预苯酸脱氢酶作用下生成对羟基苯丙酮酸，最后生成酪氨酸；在预苯酸脱水酶作用下预苯酸转变成苯丙酮酸，最后形成苯丙氨酸。由莽草酸可生成芳香族氨基酸和其他多种芳香族化合物，称为莽草酸途径（shikimic acid pathmay）。

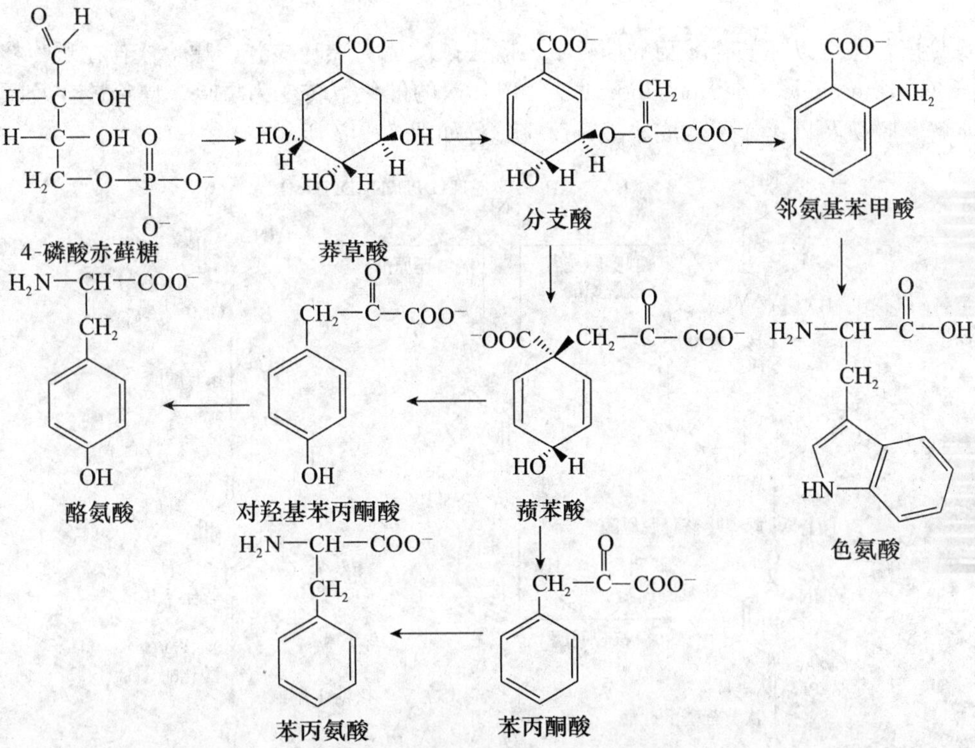

第六节 核苷酸的分解代谢

核苷酸在机体内广泛分布，具有多种生物学功能：
（1）核苷酸是构成核酸的基本单位。这是其最主要功能。
（2）储存能量。三磷酸核苷酸，尤其是 ATP，它是细胞的主要能量形式。另外，一些活化的中间产物，如 UDP-葡萄糖，亦含有核苷酸成分。
（3）参与代谢和生理调节。许多代谢过程受到体内 ATP、ADP 或 AMP 水平的调节，cAMP（或 cGMP）是多种细胞膜激素受体的调节作用的第二信使。
（4）组成辅酶。如腺苷酸可作为 NAD^+、$NADP^+$、FMN、FAD 及 CoA 等的组成成分。
食物中的核酸多与蛋白质结合为核蛋白，在胃中受胃酸的作用，或在小肠中受蛋白酶作用，分解为核酸和蛋白质。核酸主要在十二指肠由胰核酸酶（pancreatic nucleases）和小肠磷酸二酯酶（phosphodiesterases）降解为单核苷酸。核苷酸由不同的碱基特异性核苷酸酶（nucleotidases）和非特异性磷酸酶（phosphatases）催化，水解为核苷和磷酸。核苷可直接被小肠黏膜吸收，或在核苷酶（nucleosidases）和核苷磷酸化酶（nucleoside phosphorylases）作用下，水解为碱基，戊糖或1-磷酸戊糖。

体内核苷酸的分解代谢与食物中核苷酸的消化过程类似，可降解生成相应的碱基，戊糖或1-磷酸核糖。1-磷酸核糖在磷酸核糖变位酶催化下转变为5-磷酸核糖，成为合成PRPP的原料。碱基可参加补救合成途径，亦可进一步分解。

一、嘌呤核苷酸的分解代谢

嘌呤核苷酸可以在核苷酸酶的催化下，脱去磷酸成为嘌呤核苷，嘌呤核苷在嘌呤核苷磷酸化酶（purine nucleoside phosphorylase，PNP）的催化下转变为嘌呤，嘌呤核苷及嘌呤又可经水解、脱氨及氧化作用生成尿酸，反应过程如图7-17所示。

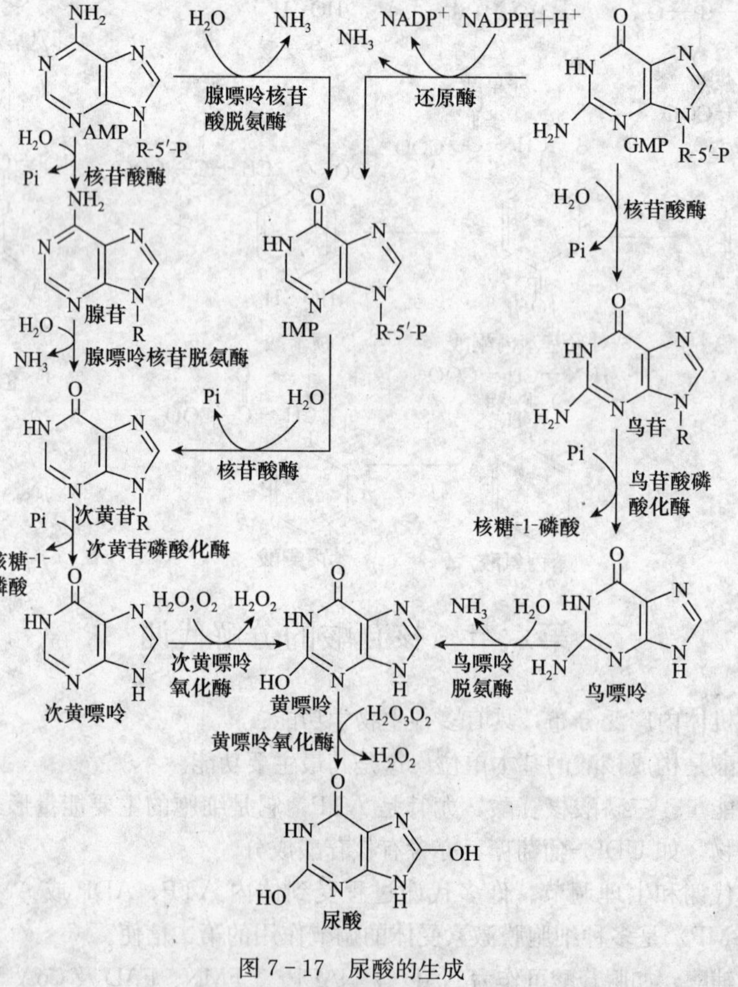

图7-17 尿酸的生成

（引自邹思湘，2005）

哺乳动物中，腺苷和脱氧腺苷不能由 PNP 分解，而是在核苷和核苷酸水平上分别由腺苷脱氨酶（adenosine deaminase，ADA）和腺苷酸脱氨酶（AMP deaminase）催化脱氨生成次黄嘌呤核苷或次黄嘌呤核苷酸。它们再水解成次黄嘌呤，并在黄嘌呤氧化酶（xanthine oxidase）的催化下逐步氧化为黄嘌呤和尿酸（uric acid）。

人缺少尿酸酶，不能氧化尿酸，人类和灵长类动物对嘌呤的分解止于尿酸；灵长类以外的哺乳动物对尿酸的分解止于尿囊素；大多数鱼类能氧化尿酸为尿囊酸，并进而分解为尿素；一些海洋无脊椎动物能够将嘌呤彻底分解为氨。

不同生物对尿酸的进一步分解如下所示。

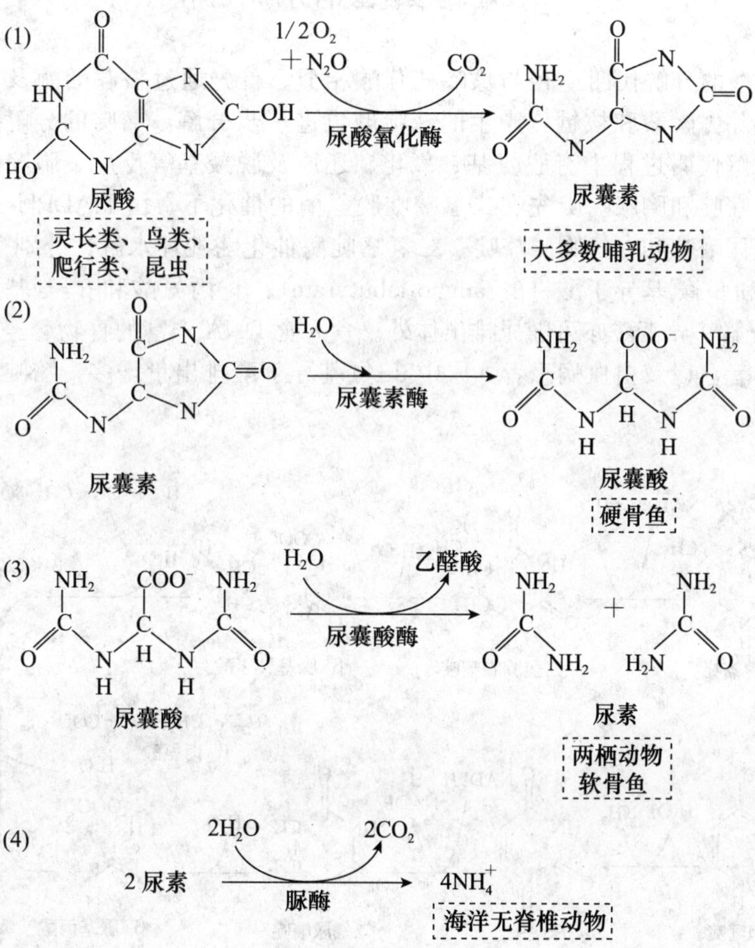

(1) 尿酸 $\xrightarrow[\text{尿酸氧化酶}]{1/2 O_2 + N_2O,\ CO_2}$ 尿囊素

灵长类、鸟类、爬行类、昆虫 　　　大多数哺乳动物

(2) 尿囊素 $\xrightarrow[\text{尿囊素酶}]{H_2O}$ 尿囊酸

硬骨鱼

(3) 尿囊酸 $\xrightarrow[\text{尿囊酸酶}]{H_2O,\ 乙醛酸}$ 尿素 + 尿素

两栖动物 软骨鱼

(4) 2 尿素 $\xrightarrow[\text{脲酶}]{2H_2O,\ 2CO_2}$ $4NH_4^+$

海洋无脊椎动物

植物嘌呤的分解主要是在衰老叶子及储藏性的胚乳组织内，在胚和幼苗内不发生嘌呤的分解。当叶子进入衰老期时，核苷酸发生分解，生成的嘌呤碱进一步分解为尿囊酸，然后从叶子内运输出并储藏起来，供来年生长用。这表明植物与动物不同，植物有保存并利用同化氮的能力。

人体内嘌呤核苷酸的分解代谢主要在肝脏、小肠及肾脏中进行。正常生理情况下，嘌呤合成与分解处于相对平衡状态，所以尿酸的生成与排泄也较恒定。当人体内核酸大量分解（白血病、恶性肿瘤等）或食入高嘌呤食物时，血中尿酸水平升高，当超过 $0.48\ \text{mmol} \cdot \text{L}^{-1}$

($8\ mg \cdot dL^{-1}$)时,尿酸盐将过饱合而形成结晶,沉积于关节、软组织、软骨及肾等处,而导致关节炎、尿路结石及肾疾患,称为痛风症。痛风症多见于成年男性,其发病机理尚未阐明。临床上常用别嘌呤醇(allopurinol)治疗痛风症。别嘌呤醇与次黄嘌呤结构类似,只是分子中 N-8,与 C-2 互换了位置,故可抑制黄嘌呤氧化酶,从而抑制尿酸的生成。同时,别嘌呤在体内经代谢转变,与 PRPP 生成别嘌呤核苷酸,不仅消耗了 PRPP,使其含量下降,而且还能反馈抑制 PRPP 酰胺转移酶,阻断嘌呤核苷酸从头合成。

二、嘧啶核苷酸的分解代谢

嘧啶核苷酸的分解代谢途径与嘌呤核苷酸相似。首先通过核苷酸酶及核苷磷酸化酶的作用,分别除去磷酸和核糖,产生的嘧啶碱再进一步分解。嘧啶的分解代谢主要在肝脏中进行。分解代谢过程中有脱氨基、氧化、还原及脱羧基等反应。胞嘧啶脱氨基转变为尿嘧啶。尿嘧啶和胸腺嘧啶先在二氢嘧啶脱氢酶的催化下,由 $NADPH+H^+$ 供氢,分别还原为二氢尿嘧啶和二氢胸腺嘧啶。二氢嘧啶酶催化嘧啶环水解,分别生成 β-丙氨酸(β-alanine)和 β-氨基异丁酸(β-aminosiobutyrate)。β-丙氨酸和 β-氨基异丁酸可继续分解代谢。β-氨基异丁酸亦可随尿排出体外。食入含 DNA 丰富的食物、经放射线治疗或化学治疗的患者,以及白血病患者,尿中 β-氨基异丁酸排出量增多,嘧啶碱基的分解代谢见图 7-18。

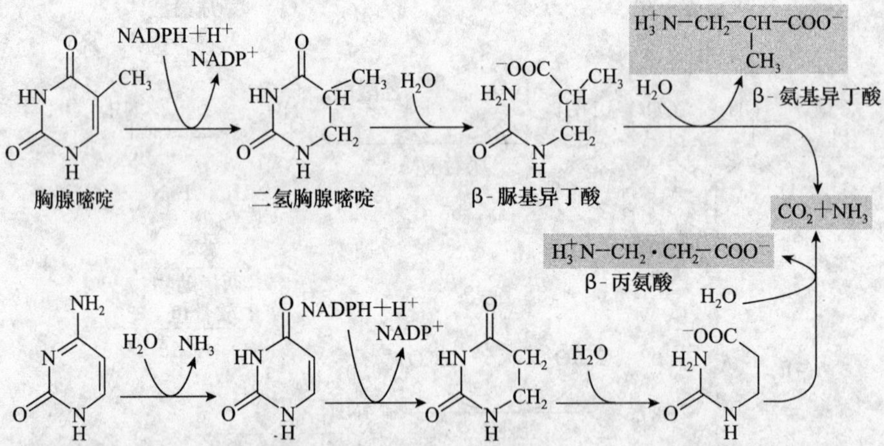

图 7-18 嘧啶碱基的分解
(引自邹思湘,2005)

第七节 核苷酸的合成代谢

无论动物、植物或微生物通常都能合成各种嘌呤和嘧啶核苷酸。

一、嘌呤核苷酸的合成

体内嘌呤核苷酸的合成有两条途径：①利用磷酸核糖、氨基酸、一碳单位及 CO_2 等简单物质为原料合成嘌呤核苷酸的过程，称为从头合成途径（denovo synthesis），是体内的主要合成途径；②利用体内游离嘌呤或嘌呤核苷，经简单反应过程生成嘌呤核苷酸的过程称为重新利用（或补救合成）途径（saluage pathway），在部分组织如脑、骨髓中只能通过此途径合成核苷酸。

（一）嘌呤核苷酸的从头合成

早在 1948 年，Buchanan 等采用同位素示踪技术，用同位素标记不同化合物喂养鸽子，并测定排出的尿酸中标记原子的位置，证实合成嘌呤的前身物为：氨基酸（甘氨酸、天冬氨酸、和谷氨酰胺）、CO_2 和一碳单位（N^{10}-甲酰 FH_4、N^5，N^{10}-甲炔 FH_4）。嘌呤环上各个原子合成的原料来源如图 7-19 所示。

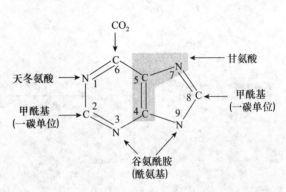

图 7-19 嘌呤环上各原子的来源

随后，由 Buchanan 和 Greenberg 等进一步搞清了嘌呤核苷酸的合成过程，出人意料的是，体内嘌呤核苷酸的合成并非先合成嘌呤碱基，然后再与核糖及磷酸结合，而是在磷酸核糖的基础上逐步合成嘌呤核苷酸。嘌呤核苷酸的合成初始主要在胞液中进行，可分为两个阶段：首先合成次黄嘌呤核苷酸（inosine monophosphate IMP），然后通过不同途径分别生成 AMP 和 GMP，下面分步介绍嘌呤核苷酸的合成过程。

1. 次黄嘌呤核苷酸的合成 次黄嘌呤核苷酸的合成包括 11 步反应（图 7-20）。

首先是 5-磷酸核糖的活化：嘌呤核苷酸合成的起始物为 α-D-核糖-5-磷酸，是磷酸戊糖途径代谢产物。嘌呤核苷酸生物合成的第一步是由磷酸戊糖焦磷酸激酶（ribose phosphate pyrophohinase）催化，与 ATP 反应生成 5-磷酸核糖-α-焦磷酸（5-phosphorlbosyl α-pyrophosphate，PRPP）。此反应中 ATP 的焦磷酸根直接转移到 5-磷酸核糖 C-1 位上。PRPP 同时也是嘧啶核苷酸及组氨酸、色氨酸合成的前体。因此，磷酸戊糖焦磷酸激酶是多种生物合成过程的重要酶，此酶为一变构酶，受多种代谢产物的变构调节。如 PPi 和 2,3-DPG 为其变构激活剂，ADP 和 GDP 为变构抑制剂。

（1）获得嘌呤的 N-9 原子。由磷酸核糖酰胺转移酶（amidophosphoribosyl transferase）催化，谷氨酰胺提供酰胺基取代 PRPP 的焦磷酸基团，形成 β-5-磷酸核糖胺（β-5-phosphoribasylamine，PRA）。此步反应由焦磷酸的水解供能，是嘌呤合成的限速步骤。酰胺转移酶为限速酶，受嘌呤核苷酸的反馈抑制。

（2）获得嘌呤 C-4、C-5 和 N-7 原子。由甘氨酰胺核苷酸合成酶（glycinamide ribotide synthetase）催化甘氨酸与 PRA 缩合，生成甘氨酰胺核苷酸（glycinamide ribotide，GAR），由 ATP 水解供能。此步反应为可逆反应，是合成过程中唯一可同时获得多个原子的反应。

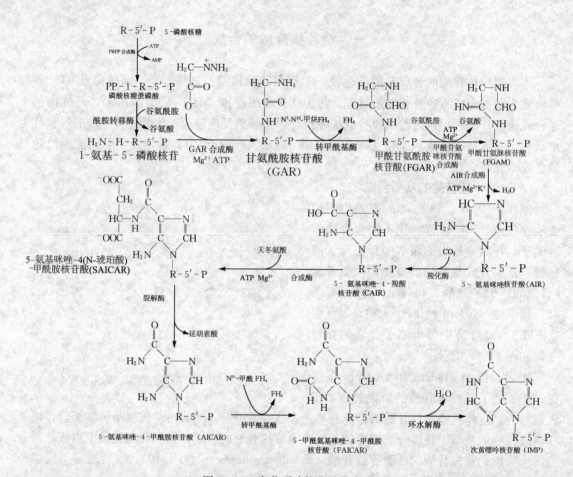

图 7-20 次黄嘌呤核苷酸的合成

(3) 获得嘌呤 C-8 原子。GAR 的自由 α-氨基甲酰化生成甲酰甘氨酰胺核苷酸（formylgly cinamide ribotide，FGAR）。由 N^{10}-甲酰-FH_4 提供甲酰基。催化此反应的酶为 GAR 甲酰转移酶（GAR transtormylase）。

(4) 获得嘌呤的 N-3 原子。第二个谷氨酰胺的酰胺基转移到正在生成的嘌呤环上，生成甲酰甘氨脒核苷酸（formylglycinamidine ribotide，FGAM）。此反应为耗能反应，由 ATP 水解生成 ADP+Pi 供能。

(5) 嘌呤咪唑环的形成。FGAM 经过耗能的分子内重排，环化生成 5-氨基咪唑核苷酸（5-aminoimidazole ribotide，AIR）。

(6) 获得嘌呤 C-6 原子。C-6 原子由 CO_2 提供，由 AIR 羧化酶（AIR carboxylase）催化生成羧基氨基咪唑核苷酸（carboxyamino imidazole ribotide，CAIR）。

(7)、(8) 获得 N-1 原子。由天门冬氨酸与 AIR 缩合反应，生成 5-氨基咪唑-4-（N-琥珀酰胺）核苷酸（4-aminoimidazole-4-（N-succinylocarboxamide）ribotide，SACAIR）。此反应与（3）步相似，由 ATP 水解供能。

(9) 去除延胡索酸。SACAIR 在 SACAIR 甲酰转移酶催化下脱去延胡索酸生成 5-氨基咪唑-4-甲酰胺核苷酸（5-aminoimidazole-4-carboxamide ribotide，AICAR）。(8)、(9) 两步反应与尿素循环中精氨酸生成鸟氨酸的反应相似。

(10) 获得 C-2。嘌呤环的最后一个 C 原子由 N^{10}-甲酰-FH_4 提供，由 AICAR 甲酰转移酶催化 AICAR 甲酰化生成 5-甲酰胺基咪唑-4-甲酰胺核苷酸（5-formaminoimidazole-4carboxyamideribotide，FAICAR）。

(11) 环化生成 IMP。FAICAR 脱水环化生成 IMP。与反应（6）相反，此环化反应无需 ATP 供能。

2. 由 IMP 生成 AMP 和 GMP 上述反应生成的 IMP 并不堆积在细胞内，而是迅速转变为 AMP 和 GMP。AMP 与 IMP 的差别仅是 6 位酮基被氨基取代。

AMP 的生成反应由两步反应完成：①天冬氨酸的氨基与 IMP 相连生成腺苷酸代琥珀酸（adenylosuccinate），由腺苷酸代琥珀酸合成酶催化，GTP 水解供能；②在腺苷酸代琥珀酸裂解酶作用下脱去延胡索酸生成 AMP。

GMP 的生成也由二步反应完成：①IMP 由 IMP 脱氢酶催化，以 NAD^+ 为受氢体，氧化生成黄嘌呤核苷酸（xanthosine monophosphate，XMP）。②谷氨酰胺提供酰胺基取代 XMP 中 C-2 上的氧生成 GMP，此反应由 GMP 合成酶催化，由 ATP 水解供能。

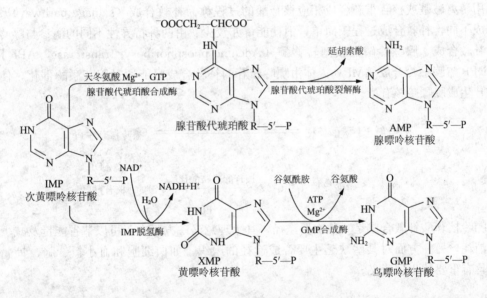

图 7-21 由 IMP 转变生成 AMP 和 GMP

3. 一磷酸核苷磷酸化生成二磷酸核苷和三磷酸核苷 要参与核酸的合成，一磷酸核苷必须先转变为二磷酸核苷再进一步转变为三磷酸核苷。二磷酸核苷由碱基特异的核苷一磷酸激酶（nucleoside monophosphate kinase）催化，由相应一磷酸核苷生成，如腺苷激酶催化 AMP 磷酸化生成 ADP。二磷酸核苷激酶对底物的碱基及戊糖（核糖或脱氧核糖）均无特异性。此酶催化反应系通过"乒乓机制"，即底物 NTP 使酶分子的组氨酶残基磷酸化，进而催化底物 NDP 的磷酸化。

4. 嘌呤核苷酸从头合成的调节 从头合成是体内合成嘌呤核苷酸的主要途径。但此过程要消耗氨基酸及 ATP。机体对合成速度有着精细的调节，在大多数细胞中，分别调节 IMP，ATP 和 GTP 的合成，不仅调节嘌呤核苷酸的总量，而且使 ATP 和 GTP 的水平保持相对平衡。IMP 途径的调节主要在合成的前两步反应，即催化 PRPP 和 PRA 的生成。核糖磷酸焦磷酸激酶受

ADP 和 GDP 的反馈抑制。磷酸核糖酰胺转移酶受到 ATP、ADP、AMP 及 GTP、GDP、GMP 的反馈抑制。ATP、ADP 和 AMP 结合酶的一个抑制位点,而 GTP、GDP 和 GMP 结合另一抑制位点。因此,IMP 的生成速率受腺嘌呤和鸟嘌呤核苷酸的独立和协同调节。此外,PRPP 可变构激活磷酸核糖酰胺转移酶。第二水平的调节作用于 IMP 向 AMP 和 GMP 转变过程。GMP 反馈抑制 IMP 向 XMP 转变,AMP 则反馈抑制 IMP 转变为腺苷酸代琥珀酸,从而防止生成过多 AMP 和 GMP。此外,腺嘌呤和鸟嘌呤的合成是平衡的。GTP 加速 IMP 向 AMP 转变,而 ATP 则可促进 GMP 的生成,这样使腺嘌呤和鸟嘌呤核苷酸的水平保持相对平衡,以满足核酸合成的需要。

(二) 补救合成途径

大多数细胞更新其核酸(尤其是 RNA)过程中,要分解核酸产生核苷和游离碱基。细胞利用游离碱基或核苷重新合成相应核苷酸的过程称为补救合成(saluage pathway)。与从头合成不同,补救合成过程较简单,消耗能量亦较少。由两种特异性不同的酶参与嘌呤核苷酸的补救合成。腺嘌呤磷酸核糖转移酶(Adenine phosphoribosyl transerase,APRT)催化 PRPP 与腺嘌呤合成 AMP;人体由嘌呤核苷的补救合成只能通过腺苷激酶催化,使腺嘌呤核苷生成腺嘌呤核苷酸。

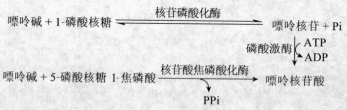

嘌呤核苷酸补救合成是一种次要途径,其生理意义一方面在于可以节省能量及减少氨基酸的消耗,另一方面对某些缺乏主要合成途径的组织,如白细胞和血小板、脑、骨髓、脾等,具有重要的生理意义。

二、嘧啶核苷酸的合成代谢

嘧啶核苷酸合成也有两条途径:从头合成和补救合成。与嘌呤合成相比,嘧啶核苷酸的从头合成较简单,同位素示踪证明,构成嘧啶环的 N-1、C-4、C-5 及 C-6 均由天冬氨酸提供,C-3 来源于 CO_2,N-3 来源于谷氨酰胺(图 7-22)。

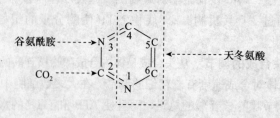

图 7-22 嘧啶环上各原子的来源

嘧啶核苷酸的合成是先合成嘧啶环，然后再与磷酸核糖相连而成。

1. 尿嘧啶核苷酸（UMP）的合成 尿嘧啶核苷酸（UMP）的合成，由6步反应完成，如图7-23所示。

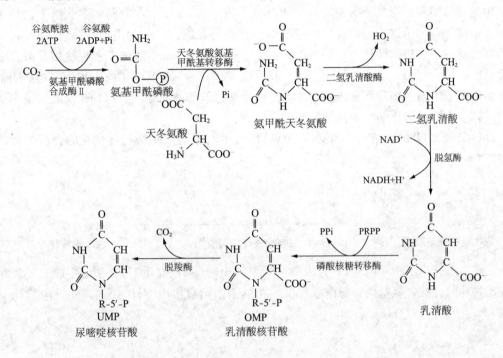

图7-23 尿嘧啶核苷酸的合成

（1）合成氨基甲酰磷酸（carbamoyl phosphate）。嘧啶合成的第一步是生成氨基甲酰磷酸，由氨基甲酰磷酸合成酶 II（carbamoyl phosphate synthetase II，CPS-II）催化 CO_2 与谷氨酰胺的缩合生成。正如氨基酸代谢中所讨论的，氨基甲酰磷酸也是尿素合成的起始原料。但尿素合成中所需氨基甲酰磷酸是在肝线粒体中由CPS-I催化合成，以 NH_3 为氮源，而嘧啶合成中的氨基甲酰磷酸在胞液中由 CPS-II 催化生成，利用谷氨酰胺提供氮源。

（2）合成氨基甲酰天冬氨酸（carbamoyl aspartate）。由天冬氨酸氨基甲酰转移酶（aspartate transcarbamoylase，ATCase）催化天冬氨酸与氨基甲酰磷酸缩合，生成氨基甲酰天冬氨酸（carbamoyl aspartate），此反应为嘧啶合成的限速步骤。ATCase是限速酶，受产物的反馈抑制，不消耗ATP，由氨基甲酰磷酸水解供能。

（3）闭环生成二氢乳清酸（dihydroorate）。由二氢乳清酸酶（dihyolroorotase）催化氨基甲酰天冬氨酸脱水、分子内重排形成具有嘧啶环的二氢乳清酸。

（4）二氢乳清酸的氧化。由二氢乳清酸还原酶（dihydroorotate dehyolrogenase）催化，二氢乳清酸氧化生成乳清酸（orotate）。此酶需FMN和非血红素 Fe^{2+}，位于线粒体内膜的外侧面，由醌类（quinones）提供氧化能力，嘧啶合成中的其余5种酶均存在于胞液中。

（5）获得磷酸核糖。由乳清酸磷酸核糖转移酶催化乳清酸与PRPP反应，生成乳清酸核苷酸（orotidine-5'-monophosphate，OMP），由PRPP水解供能。

（6）脱羧生成 UMP。由 OMP 脱羧酶（omp decarboxylase）催化 OMP 脱羧生成 UMP。

Jones 等研究表明，在动物体内催化上述嘧啶合成的前三个酶，即 CPS-Ⅱ、天冬氨酸氨基甲酰转移酶和二氢乳清酸酶，位于相对分子质量约 210×10^3 的同一多肽链上，是多功能酶，因此更有利于以均匀的速度参与嘧啶核苷酸的合成。与此相类似，反应（5）和（6）的酶（乳清酸磷酸核糖转移酶和 OMP 脱羧酶）也位于同一条多肽链上。嘌呤核苷酸合成的反应（3）、（4）、（6），反应（7）和（8）及反应（10）和（11）中的酶也均为多功能酶。这些多功能酶的中间产物并不释放到介质中，而是在连续的酶间移动，这种机制能加速多步反应的总速度，同时防止细胞中其他酶的破坏。

2. UTP 和 CTP 的合成　三磷酸尿苷（UTP）的合成与三磷酸嘌呤核苷的合成相似，反应如下：

$$\text{UMP} \xrightarrow[\text{激酶}]{\text{ATP} \quad \text{ADP}} \text{UDP} \xrightarrow[\text{激酶}]{\text{ATP} \quad \text{ADP}} \text{UTP}$$

尿嘧啶核苷一磷酸　　　　　尿嘧啶核苷二磷酸　　　　　尿嘧啶核苷三磷酸

三磷酸胞苷（CTP）由 CTP 合成酶（CTP synthetase）催化 UTP 加氨生成。三磷酸胞苷在动物体内合成，氨基由谷氨酰胺提供，在细菌中则直接由 NH_3 提供，此反应消耗 1 分子 ATP。

尿嘧啶核苷三磷酸 $\xrightarrow[\text{CTP合成酶}]{\text{谷氨酰胺}\ \text{谷氨酸}\atop \text{ATP}\ \text{Mg}^{2+}}$ 胞嘧啶核苷三磷酸

3. 嘧啶核苷酸从头合成的调节　在细菌中，天冬氨酸氨基甲酰转移酶（ATCase）是嘧啶核苷酸从头合成的主要调节酶。在大肠杆菌中，ATCase 受 ATP 的变构激活，而 CTP 为其变构抑制剂。而在许多细菌中，UTP 是 ATCase 的主要变构抑制剂。在动物细胞中，ATCase 不是调节酶。嘧啶核苷酸合成主要由 CPS-Ⅱ 调控。UDP 和 UTP 抑制其活性，而 ATP 和 PRPP 为其激活剂。第二水平的调节是 OMP 脱羧酶，UMP 和 CMP 为其竞争抑制剂。此外，OMP 的生成受 PRPP 的影响。

4. 嘧啶核苷酸的补救合成　除了上面的从头合成途径外，还有利用体内已有的嘧啶或嘧啶核苷来合成嘧啶核苷酸的补救途径。在嘧啶核苷激酶（pyrimidine nucleoside kinase）作用下，外源性的或核苷酸代谢产生的嘧啶碱和核苷可以通过下列途径合成嘧啶核苷酸。例如，尿嘧啶可通过如下转变生成尿苷酸。

$$\text{尿嘧啶}+5\text{-磷酸核糖}-1\text{-焦磷酸} \xrightleftharpoons{\text{UMP磷酸核糖转移酶}} \text{UMP}+\text{PPi}$$

$$\text{尿嘧啶}+1\text{-磷酸核糖} \xrightarrow{\text{尿苷磷酸化酶}} \text{尿苷}+\text{Pi}$$

$$\text{尿苷} \xrightarrow[\text{Mg}^{2+}]{\text{尿苷激酶}} \text{UMP}+\text{ADP}$$

三、脱氧核糖核苷酸的生成

DNA 与 RNA 有两方面不同：①其核苷酸中戊糖为 2-脱氧核糖而非核糖；②含有胸腺嘧啶碱基，不含尿嘧啶碱基，因此，脱氧核糖核苷酸的生物合成具有独特的过程。

1. 脱氧核糖的生成 脱氧核糖核苷酸是通过相应核糖核苷酸还原，以 H 取代其核糖分子中 C-2 上的羟基而生成，而非以脱氧核糖从头合成。此还原作用是在二磷酸核苷酸（NDP）水平上进行的（图 7-24）（此处 N 代表 A、G、U、C 等碱基）。

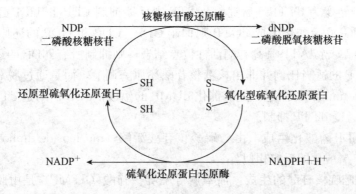

图 7-24 脱氧核苷酸的合成

催化脱氧核糖核苷酸生成的酶是核糖核苷酸还原酶（ribonucleotide reductase）。已发现有 3 种不同的核糖核苷酸还原酶，此反应过程较复杂。核糖核苷酸还原酶催化循环反应的最后一步是酶分子中的二硫键还原为具还原活性的巯基的酶再生过程。硫氧化还原蛋白（thioredoxin）是此酶的一种生理还原剂，由 108 个氨基酸组成，相对分子质量约 12 000。含有一对邻近的半胱氨酸残基，所含巯基在核糖核苷酸还原酶作用下氧化为二硫键，后者再在硫氧化还原蛋白还原酶（thioredoxin reductase）催化下，由 NADPH 供氢重新还原为还原型的硫氧化还原蛋白。因此，NADPH 是 NDP 还原为 dNDP 的最终还原剂。核糖核苷酸还原酶是一种变构酶，包括 R1、R2 两个亚基，只有 R1 与 R2 结合时，才具有酶活性，反应过程见图 7-25。在 DNA 合成旺盛、分裂速度快的细胞中，核糖核苷酸还原酶系活性较强。

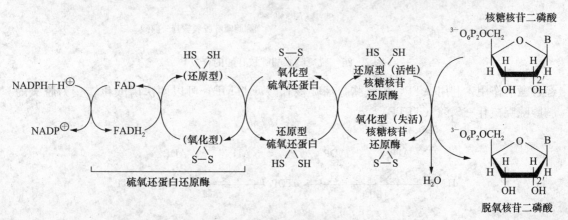

图 7-25 脱氧核苷酸的合成过程

2. 脱氧核糖核苷酸合成的调节　4种dNTP的合成水平受到反馈调节,同时保持dNTP的适当比例也是细胞正常生长所必需的。实际上,缺少任何一种dNTP都是致命的,而一种dNTP过多也可致突变,因为过多的dNTP可错误掺入DNA链中。核糖核苷酸还原酶的活性对脱氧核糖核苷酸的水平起着决定作用。各种dNTP通过变构效应调节不同脱氧核糖核苷酸生成。因为某一种特定NDP经还原酶作用生成dNDP时,需要特定NTP的促进,同时受到另一些NTP的抑制,通过调节使4种dNTP保持适当的比例。

例如,当存在混合的NDP底物时,由ATP促使CDP和UDP还原生成dUDP和dCDP。经dUDP转变为dTTP(后述),dTTP则反馈抑制CDP和UDP还原,同时促进dGDP的生成,dGDP磷酸化生成dGTP则抑制GDP、CDP和UDP的还原,而促进ADP的还原生成dADP。当dATP升高与酶活性位点结合,则抑制所有NDP的还原反应。细胞内dCTP和dTTP的适当比例并非由核糖核苷酸还原酶调节,而是通过脱氧胞嘧啶脱氨酶(deoxycytidine deaminase)决定。此酶催化dUMP的生成,dUMP则是dTTP的前体。此酶受dCTP激活,受dTTP抑制。

dNTP由dNDP磷酸化生成,由二磷酸核苷酸激酶(nucleoside diphosphafe kinase),催化与催化NDP磷酸化的反应相似。

3. 脱氧胸腺嘧啶核苷酸的生成　脱氧胸腺嘧啶核苷酸(dTMP)是由脱氧尿嘧啶核苷酸(dUMP)甲基化生成(图7-26)。而dUMP由dUDP水解生成,体内进行此种"浪费"能量的反应过程的意义在于:细胞必须减少细胞内dUTP浓度,以防止脱氧尿嘧啶掺入DNA中,因为合成DNA的酶系不能有效识别dUTP和dTTP。

dUMP甲基化生成dTMP由胸腺嘧啶合成酶(thymidylate synthetase,TS)催化,N^5,N^{10}-甲烯FH_4提供甲基。N^5,N^{10}-甲烯-FH_4提供甲基后生成的FH_2又可以再经二氢叶酸还原酶的作,重新生成四氢叶酸。

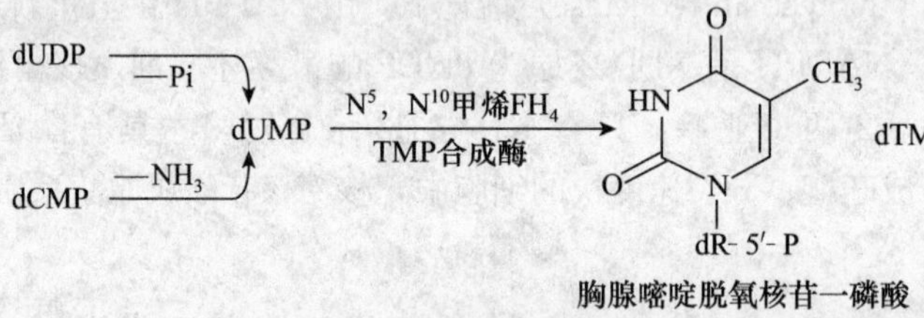

图7-26　脱氧胸腺嘧啶核苷酸的合成

经过激酶作用,利用ATP,脱氧胸腺嘧啶核苷酸(dTMP)可以两次磷酸化转变为脱氧的胸腺嘧啶核苷三磷酸(dTTP)。

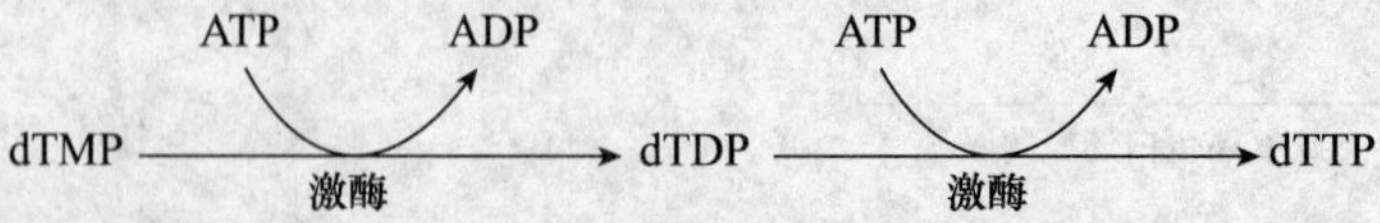

延 伸 阅 读

磷酸吡哆醛转氨基作用 磷酸吡哆醛转氨基作用过程可分为两个阶段：①一个氨基酸的氨基转到酶分子上，产生相应的酮酸和氨基化酶；②NH_2 转给另一种酮酸（如 α-酮戊二酸），生成氨基酸，并释放出酶分子。Esmond Snell，Alexande Branstein 和 David Metgler 等揭示转氨作用是一种乒乓机制，二阶段各分三步进行，如下图所示。

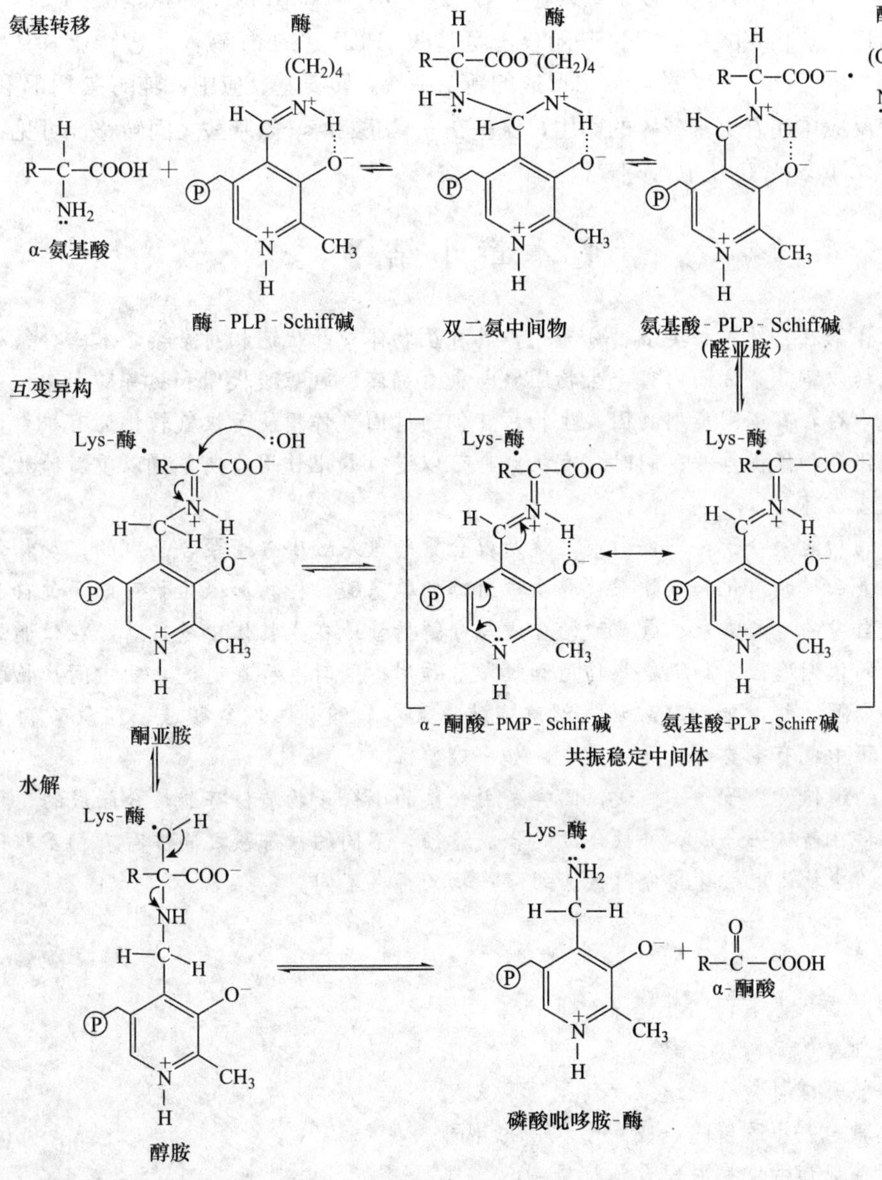

图 7-27 磷酸吡哆醛的作用机制
（引自王镜岩，2008）

第一阶段氨基酸转变为酮酸：①氨基酸的亲核性 NH_2 基团作用于酶-PLP-Schiff 碱 C 原子，通过转亚氨基反应（transimination or trans Schiffigation）形成一种氨基酸-PLP-Schiff 碱，同时使酶分子中赖氨酸的 NH_2 基团复原；②通过酶活性位点赖氨酸催化去除氨基酸 α 氢，并通过一共振稳定的中间产物在 PLP 第 4 位 C 原子上加质子，将氨基酸-PLP-Schiff 碱分子重排为一个 α-酮酸-PMP-schiff 碱；③水解生成 PMP 和 α-酮酸。

第二阶段 α-酮酸转变为氨基酸：为完成转氨反应循环，辅酶必须由 PMP 形式转变为 E-PLP-Schiff 形式，此过程亦包括 3 步，为上述反应的逆过程，①PMP 与一个 α-酮酸作用形成 α-酮酸-Schiff 碱；②分子重排，α-酮酸-PMP-Schiff 碱变为氨基酸-PLP-Schiff 碱；③酶活性位点赖氨酸 ω-NH_2 基团攻击氨基酸-PLP-Schiff 碱，通过转亚氨基生成有活性的酶-PLP-Schiff 碱，并释放出形成的新氨基酸。转氨基反应中，辅酶在 PLP 和 PMP 间转换，在反应中起着氨基载体的作用，氨基在 α-酮酸和 α-氨基酸之间转移。可见在转氨基反应中并无净 NH_3 的生成。

【 本章小结 】

含氮化合物在自然界种类多、分布广，其在生物体中的代谢相对繁杂，本章含氮小分子代谢主要包括以下 3 个方面内容：生物固氮与氮素循环、氨基酸代谢和核苷酸代谢。

自然界中存在有不同类型的固氮生物，它们通过固氮作用使无机氮转化为有机氮，为生物合成含氮化合物提供氮源；同时，有机氮也可以进行氨化作用，使氮得以重新释放到自然界中实现氮素循环。

生物体的功能大分子——蛋白质，就是以含氮的氨基酸小分子聚合而成的，动物体可以通过对外源蛋白质的消化和吸收来获取生命所需的氨基酸，植物和微生物可以通过自身合成氨基酸满足自身的生长需求。氨基酸的合成与分解持续地在生物体中进行着，在代谢的过程中存在共性的代谢途径，如脱氨基作用和脱羧基作用；同时也存在通过共同中间产物联系到一起合成与分解过程，如丙氨酸族、丝氨酸族、天冬氨酸族、谷氨酸族、组氨酸的生物合成；代谢过程中也有重要的物质的产生，如一碳单位。

生物体的遗传大分子——核酸，同样是由含氮的小分子物质核苷酸聚合而成的，核苷酸在生物体中存在着从头合成和补救合成的合成途径，不同的核苷酸之间亦存有相互转化的途径，在不同的生物体中核苷酸分解代谢的终产物又存在不同。

◆ 思考题

1. 一碳单位代谢有何生理意义？
2. 简述血氨的来源和去路。
3. 嘌呤核苷酸补救合成途径有何生理意义？
4. 试比较氨基甲酰磷酸合成酶Ⅰ和Ⅱ的异同。
5. 试述痛风症的发病原理及治疗机制。

第八章 核酸的生物合成

核酸是储存和传递遗传信息（genetic information）的生物大分子。除 RNA 病毒外，几乎所有的生物均以 DNA 为遗传信息载体，遗传信息的本质就是 DNA 分子中核苷酸的排列顺序。细胞在分裂前通过 DNA 的复制（replication）将遗传信息传递给子代 DNA，在子代的生长发育过程中，DNA 通过转录（transcription）将遗传信息传递给 RNA，然后通过翻译（translation）合成特异的蛋白质，表现出与亲代相似的遗传性状。在一些 RNA 病毒中，RNA 具有自我复制的能力。在逆转录 RNA 病毒（retrovirous）中，RNA 以逆转录（reverse transcription）的方式将遗传信息传递给 DNA 分子。上述遗传信息的传递方式称为中心法则（central dogma）。

中心法则可简洁的用图 8-1 表示。

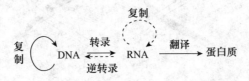

图 8-1 中心法则示意图

图中复制就是指以原来分子为模板，合成出相同分子的过程；转录就是以 DNA 为模板合成出与其核苷酸顺序相对应的 RNA 的过程；逆转录就是以 RNA 为模板合成出与其核苷酸顺序相对应的 DNA 的过程；翻译就是在以 rRNA 和蛋白质组成的核糖核蛋白体（简称核糖体）上，以 mRNA 为模板，根据每三个相邻核苷酸决定一种氨基酸的三联体密码规则，由 tRNA 运送氨基酸，合成出具有特定氨基酸顺序的蛋白质肽链的过程。

第一节 DNA 的合成

一、半保留复制

Watson 和 Crick 根据 DNA 双螺旋模型提出 DNA 分子的复制方式是半保留复制（semi-conservative replication），在 DNA 复制时，亲代 DNA 的双螺旋先行解旋和分开，然后以每条链为模板，按照碱基配对原则，在这两条链上各形成一条互补链。这样，由亲代 DNA 的分子可以精确地复制出 2 个子代 DNA 分子。每个子代 DNA 分子中有一条链是从亲代 DNA 来的，另一条则是新形成的（图 8-2）。

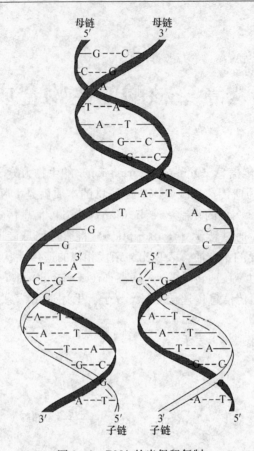

图 8-2 DNA 的半保留复制

1958 年，Meselson 和 Stahl 用实验证明了大肠杆菌（*E. coli*）的 DNA 是按半保留方式进行复制的。他们使大肠杆菌在以 ^{15}N（$^{15}NH_4Cl$）为唯一氮源的培养基中培养数代，使细菌的 DNA 中含有 ^{15}N，具有较高的密度。然后将生长在 $^{15}NH_4Cl$ 培养基的大肠杆菌转移到以 ^{14}N（$^{14}NH_4Cl$）为唯一氮源的培养基中培养，使得新合成的 DNA 含有轻的同位素 ^{14}N，密度较低。

如果 DNA 是半保留复制，那么大肠杆菌在含有 ^{14}N 氮源介质中复制一轮后分离出的 DNA 分子应当是 ^{14}N 和 ^{15}N 各占 50% 的杂化分子（一条 ^{15}N-DNA 链和一条 ^{14}N-DNA 链），分子的密度处于 ^{14}N 和 ^{15}N 之间。进行半保留复制第二轮产生的 DNA 分子中，有一半不含有 ^{15}N，表现出低密度；另一半是 ^{14}N 和 ^{15}N 各占 50% 的杂化 DNA 分子，表现出中等密度。通过平衡密度梯度离心，不同密度的 DNA 分子可以按照它们在铯盐中的浮力彼此分开，密度高的 DNA 分子出现在离心管的底部，密度最低的出现在离心管的上部，中等密度的位于中部。

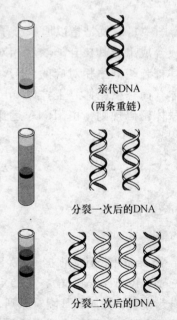

图 8-3 DNA 半保留复制的实验证明
（改自 Nelson D. L. 等, 2008）

图 8-3 给出的是两轮复制过后的实验结果。

后来用其他细菌、动物、植物、噬菌体、动物病毒等为材料，也证明了 DNA 的半保留复制。DNA 的半保留复制可以使遗传信息的传递保持相对稳定，这和它的遗传功能是相吻合的，但是这种稳定性是相对的。在一定条件下，DNA 会发生损伤，需要修复；在复制中 DNA 会有损耗，需要更新；在发育和分化过程中，DNA 特定序列可能发生修饰、删除、扩增和重排。

二、DNA 复制所需的酶和蛋白质

DNA 的复制是以 DNA 为模板，脱氧核苷三磷酸（dATP，dCTP，dGTP，dTTP，总称 dNTP）为底物，寡聚核苷酸为引物，在众多的酶和蛋白质的参与下完成的。

$$n_1 dATP + n_2 dGTP + n_3 dGTP + n_4 dTTP \xrightarrow[\text{DNA, } Mg^{2+}]{\text{DNA 聚合酶}} DNA + (n_1 + n_2 + n_3 + n_4) PPi$$

除 DNA 聚合酶外，还有引物酶（引发酶）、DNA 连接酶、拓扑异构酶、解螺旋酶及多种蛋白质因子参与。下面将介绍其中重要的酶和蛋白质。

（一）DNA 聚合酶

当有底物和模板存在时，DNA 聚合酶可将脱氧核糖核苷酸逐个地加到具有 3′-OH 末端的多核苷酸（RNA 引物或 DNA）链上形成 3′, 5′-磷酸二酯键。反应机理是延伸链的 3′-OH 对新添加的核苷三磷酸的 α 磷酸进行亲核攻击，导致磷酯键断裂，形成焦磷酸，焦磷酸在焦磷酸酶作用下水解生成磷酸，有利于聚合反应的进行，结果在 3′ 末端添加了一个新的核苷酸。至今已发现的 DNA 聚合酶都不能从无到有开始合成 DNA 链，只能在已有多核苷酸链的 3′ 端游离羟基上延伸 DNA，延伸方向为 5′→3′（图 8-4）。

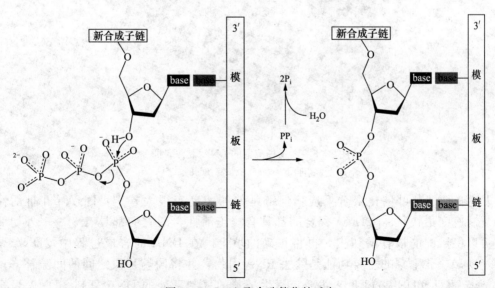

图 8-4 DNA 聚合酶催化的反应

在大肠杆菌中至少有 5 种 DNA 聚合酶。1955 年，Arthur Kornberg 等人在大肠杆菌的提取液中发现了 DNA 聚合酶 I，相对分子质量为 109 000，具有 $5'\to3'$ 聚合酶活性、$3'\to5'$ 外切酶活性和 $5'\to3'$ 外切酶活性。但是，人们很快发现 DNA 聚合酶 I 的合成速度和合成 DNA 的持续能力都不适合大肠杆菌染色体的复制。在 20 世纪 70 年代，人们又陆续发现了 DNA 聚合酶 II 和 DNA 聚合酶 III。

DNA 聚合酶 II 具有 $5'\to3'$ DNA 聚合酶活力和 $3'\to5'$ 核酸外切酶活力，但没有 $5'\to3'$ 的核酸外切酶活力。其 $5'\to3'$ 的聚合酶活力需要带有缺口的双链 DNA 作模板和引物，但缺口不能太大，否则聚合活力将会降低，所以 DNA 聚合酶 II 可能在 DNA 损伤的修复中起一定的作用。

DNA 聚合酶 III 与 DNA 聚合酶 I 一样兼有 $5'\to3'$ 聚合酶活性、$3'\to5'$ 外切酶活性和 $5'\to3'$ 外切酶活性。实验证明，诱变消除 DNA 聚合酶 I 和 II 的聚合反应活力后，大肠杆菌仍能进行 DNA 的复制和正常生长。所以，现在认为 DNA 聚合酶 III 是大肠杆菌细胞内真正负责重新合成 DNA 的复制酶。

DNA 聚合酶 III 极为复杂，目前已知它的全酶含有 10 种亚基（α、ε、θ、τ、γ、δ、δ′、χ、ψ、β）。其中 α 亚基的相对分子质量为 132 000，具有 $5'\to3'$ DNA 聚合酶活性；ε 亚基具有 $3'\to5'$ 外切酶的校对功能；α、ε 和 θ 3 种亚基组成全酶的核心酶；β 亚基起固着模板 DNA 链并使酶沿模板链滑动的作用。DNA 聚合酶 III（图 8-5）是原核生物 DNA 复制的主要聚合酶。

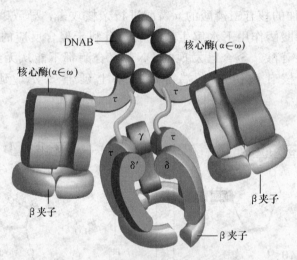

图 8-5　大肠杆菌中的 DNA 聚合酶 III
(引自 Nelson D. L. 等，2008)

上述 3 种酶都可催化聚合反应，但链延伸的速度有很大差别，DNA pol III 活性最高，复制速度最快。3 种 DNA 聚合酶都具有校正活性，即它们都具有 $3'\to5'$ 外切酶活性，可以将错配的核苷酸切去，再将正确的填上。在 DNA 的合成过程中，DNA 聚合酶 I（DNA pol I）的主要功能是除去 RNA 引物，并将冈崎片段之间的间隙补齐；而 DNA 聚合酶 III（DNA pol III）主要负责生长着的复制叉处的 DNA 复制；DNA 聚合酶 II（DNA pol II）主要参与 DNA 的修复。表 8-1 归纳了上述 3 种 DNA 聚合酶的基本特征。

表 8-1 大肠杆菌的 3 种 DNA 聚合酶
(改自郑集等，2007)

	pol I	pol II	pol III
5′→3′聚合酶活性	+	+	+
3′→5′外切酶活性	+	+	+
5′→3′外切酶活性	+	-	+
亚基数	1	≥7	≥10
分子数/细胞	400	40	20
聚合速度（核苷酸/分）	1 000~1 200	2 400	15 000~60 000
持续合成能力	3~200	1 500	≥500 000
功能	DNA修复、RNA引物切除、填补空隙	DNA损伤的修复	染色体DNA复制

DNA 聚合酶 IV 和 V 是 1999 年才被发现的，它们与 DNA 的错误倾向性修复有关。

在真核细胞内已发现 4 种 DNA 聚合酶，分别用 α、β、γ 和 δ 表示，这 4 种聚合酶的特性见表 8-2。现在一般认为 DNA 聚合酶 α 和 δ 的作用是复制染色体 DNA，主要的根据是它们在细胞内活力水平的变化与 DNA 复制有明显的平行关系，在分裂细胞的 S 期达到高峰。聚合酶 α 催化随后链的合成，而聚合酶 δ 催化领头链的合成，它还具有 3′→5′外切酶的活力。DNA 聚合酶 β 的功能主要是修复作用。DNA 聚合酶 γ 是从线粒体中分离得到的，推测它与线粒体 DNA 的复制有关。

表 8-2 真核生物的 DNA 聚合酶
(引自王镜岩等，2002)

	DNA 聚合酶 α	DNA 聚合酶 β	DNA 聚合酶 γ	DNA 聚合酶 δ
相对分子质量	110 000~220 000	45 000	60 000	122 000
亚基数	4~8个	1个	1个	1个
细胞内分布	细胞核	细胞核	线粒体	细胞核
酶活力占总量的百分比	约80%	10%~15%	2%~15%	10%~25%
核酸外切酶活力	无	无	无	3′→5′

(二) 解螺旋酶

解螺旋酶（helicase）催化双螺旋 DNA 的两条链打开，形成单链 DNA，便于 DNA pol III 和引发酶作用。解旋过程需要消耗 ATP。E. coli 中最重要的解旋酶是 DnaB。Dna B 是一种六聚体蛋白，在双链 DNA 解旋解链的过程中，DNA B 在 DNA C 的帮助下结合于解链区。DNA B 借助水解 ATP 产生的能量，沿 DNA 链 5′→3′方向移动，解开 DNA 的双链。Rep 蛋白是 DNA 复制中所需要的另外一种解螺旋酶，与 DNA 的另外一条链结合，沿 DNA 链 3′→5′方向移动，解开 DNA 的双链。

(三) 单链结合蛋白

单链结合蛋白（single-strand binding protein，SSB 蛋白）对单链 DNA 有非常高的亲

和性,其作用主要是稳定单链DNA,防止解开的螺旋恢复原来状态和保护单链不被核酸酶降解。在大肠杆菌中SSB蛋白是四聚体可以和单链DNA的32个核苷酸结合,一个SS蛋白B四聚体结合于单链DNA上可以促进其他SSB蛋白分子与相邻的单链DNA结合,这个过程称为协同结合(cooperative binding)(图8-6)。

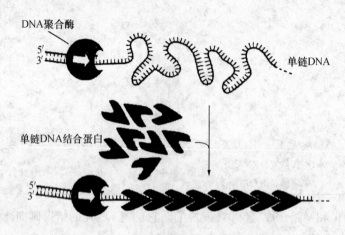

图8-6 SSB与单链DNA的结合
(引自 Alberts B. 2008)

(四)拓扑异构酶

生物体内DNA分子通常处于超螺旋状态,而DNA的许多生物功能需要将超螺旋状态改变为松弛状态才能进行。拓扑异构酶(topoisomerase)就是催化DNA超螺旋状态改变的一类酶,它通过催化DNA链断裂、旋转和重新连接使DNA分子的拓扑连环数发生改变。拓扑异构酶可分为拓扑异构酶Ⅰ和拓扑异构酶Ⅱ。Ⅰ型酶可使双链DNA分子中的一条链发生断裂和再连接,反应不需要ATP提供能量。Ⅱ型酶能使DNA的两条链同时发生断裂和再连接,需要由ATP提供能量。它们协同作用控制着DNA的拓扑结构。拓扑异构酶在重组、修复和DNA的其他转变方面起着重要的作用。大肠杆菌中的拓扑异构酶Ⅰ只能作用于负超螺旋。大肠杆菌中的旋转酶(gyrase)是最早发现的拓扑异构酶Ⅱ,可以引入负超螺旋和松弛正超螺旋。真核生物中的拓扑异构酶Ⅰ和Ⅱ既可以松弛正超螺旋也可以松弛负超螺旋,拓扑异构酶Ⅱ不能形成负超螺旋。

(五)引物酶

DNA聚合酶不能从无到有开始合成DNA链,只能在已有多核苷酸链的3'端游离羟基上延伸DNA。引物酶(primerase)以DNA为模板合成一段含有大约10个核苷酸的RNA,这段RNA作为合成DNA的引物(primer)。引物酶与转录过程的RNA聚合酶不同,对利福平(rifampicin)不敏感,而且在一定程度上可用脱氧核糖核苷酸代替核糖核苷酸作为底物。大肠杆菌的引物酶为一条单链多肽,相对分子质量为60 000。引物酶不能单独起作用,它与引发前体(preprimosome)结合,组装成引发体(primosome)。引发前体是由6种蛋白质即Dna B、Dna C、n、n'、n''和i组成。引发体结合到模板上,具有识别合成起始位点的功能,可以沿模板链5'→3'方向移动,移动到一定位置上即可以引发RNA引物的合成。

（六）DNA 连接酶

DNA 聚合酶只能催化多核苷酸链的延长，但不能催化 DNA 链的连接反应。1967 年，不同的实验室同时发现了 DNA 连接酶，这个酶能催化双链 DNA 切口处的 $5'$-磷酸基和 $3'$-OH 生成磷酸二酯键，连接反应需要能量。细菌中的 DNA 连接酶以 NAD^+ 作为能量来源，动物细胞和噬菌体中的连接酶则以 ATP 作为能量来源。DNA 连接酶催化的反应如图 8-7 所示。

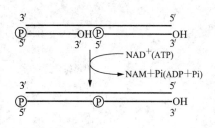

图 8-7　DNA 连接酶催化的反应

三、DNA 复制的过程

DNA 的复制按一定的程序进行，双螺旋的 DNA 是边解旋边合成新链的。复制从特定位点开始，可以单向或双向进行，但是以双向复制为主。由于 DNA 双链的合成延伸均为 $5'\rightarrow 3'$ 的方向，因此复制是以半不连续（semidiscontinuous）的方式进行的，即其中一条链连续地合成，称之为领头链（leading strand），另一条链的合成则是不连续的，称为随后链（lagging strand）。下面以大肠杆菌为例说明 DNA 的复制过程。DNA 的复制分为起始、延伸和终止 3 个阶段。

（一）复制的起始

复制是从复制起点（origin of replication）开始的，常用 ori 表示。大肠杆菌的复制起点由 245 个碱基组装和 RNA 引物的合成等过程。这一区段产生的瞬时单链与单链结合蛋白结合，对复制的起始十分重要。原核生物基因组一般只有一个复制原点。DNA 复制速率的调节主要在于起始频率，而 DNA 延长的速度则大体上是恒定的。在迅速生长的细菌中，当第一次复制起始后，在复制未完成之前，复制原点可以起始第二次复制，这可以加快复制的速度。

在 DNA 的复制原点，双股螺旋解开，成单链状态，分别作为模板，各自合成其互补链。在起点处形成一个"眼"状结构（图 8-8）。在"眼"的两端，则出现两个叉子状的生长点，称为复制叉（replication fork）。在复制叉上结合着各种各样与复制有关的酶和辅助因子，如 DNA 解旋酶、引发体和 DNA 聚合酶，它们在 DNA 链上构成与核糖体相似大小的复合体称为复制体（replisome）。彼此配合，进行高度精确的复制（图 8-9）。

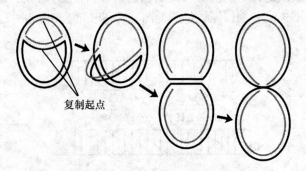

图 8-8　大肠杆菌复制过程示意图
（黑色为亲代 DNA，灰色为新合成的 DNA）

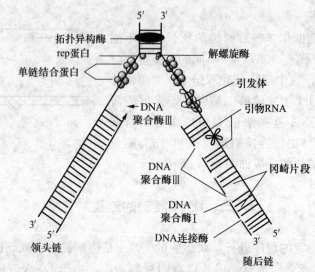

图 8-9 大肠杆菌复制叉的结构
(引自吴显荣,1999)

DNA 聚合酶不能从头开始进行聚合反应,它只能将核苷酸加到已有的多核苷酸链上,所以 DNA 的复制需要 RNA 引物。引物长度为几个至 10 个核苷酸。引物的合成需要引物酶与引发前体结合形成引发体。引发体在复制叉上移动,识别合成的起始点,合成 RNA 引物,这个过程需要由 ATP 提供能量。

(二) DNA 链的延伸

RNA 引物合成之后,在 DNA 聚合酶Ⅲ的催化下,以 4 种脱氧核糖核苷三磷酸为底物,在 RNA 引物的 3′端以磷酸二酯键连接上脱氧核糖核苷酸并释放出 PPi。DNA 链的合成是以两条亲代 DNA 链为模板,按碱基配对原则进行复制的。亲代 DNA 的双股链呈反向平行,一条链是 5′→3′方向,另一条链是 3′→5′方向。在一个复制叉内两条链的复制方向不同(图 8-10),所以新合成的两条子链方向也正好相反。子链中有一条链沿着亲代 DNA 单链的 3′→5′方向(亦即新合成的 DNA 沿 5′→3′方向)不断延长,这条新链称为前导链(或领头链)。而另一条链的合成方向与复制叉的前进方向相反,只能断续地合成 5′→3′的多个短片段。1968 年冈崎发现了这些片段,这些片段被称为冈崎片段(Okazaki fragment)。它们随后连接成大片段,这条新链称为后随链(或随从链)。这种前导链是连续合成的,后随链断续合成的方式称为半不连续复制。原核细胞的冈崎片段长度为 1 000~2 000 个核苷酸。

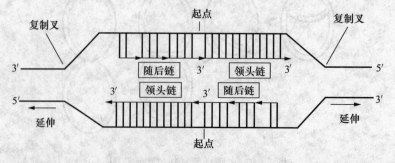

图 8-10 DNA 的双向复制
(引自吴显荣,1999)

尽管领头链的合成总是领先一段，但是从未发现领头链跑得太远，它总是与随后链保持相对稳定的一段距离。1988年Kornberg等人发现同一个pol Ⅲ全酶可能同时负责领头链和随后链的复制。其复制机理可以用下面的模型（图8-11）解释，随后链的模板在DNA聚合酶Ⅲ全酶上绕转180°形成一个小环，使冈崎片段的合成方向能够与领头链的合成方向以及复制体的移动方向保持一致。随着冈崎片段的延长，小环变成大环，随后这个大环从DNA聚合酶Ⅲ上释放。在此之前，领头链的合成已将另一部分随后链的模板置换出来，并在适于引发的位点上由引发体合成新的引物，然后再形成一个小环进行新的冈崎片段的合成。

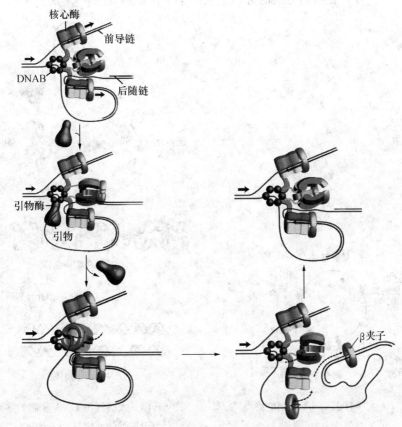

图8-11　大肠杆菌DNA复制的模型
（引自Nelson D. L. 等，2008）

冈崎片段之间留下的缺口由DNA聚合酶Ⅰ来填补，当新形成的冈崎片段延长至一定长度，其3′-OH端与前面一条片段的5′端接近时，DNA聚合酶Ⅰ利用5′→3′外切酶的活性切除前一条片段的引物同时延长DNA链填补RNA引物后留下的空隙。最后在DNA连接酶的作用下，连接相邻的DNA链。

（三）复制的终止

大肠杆菌的DNA复制终止于复制起点对面的终止区（terminus, ter）内（图8-12）。在这个600kb的ter区内存在7个终止序列（terA到terG）。ter序列排列在染色体上制造了一个"陷阱"区，复制叉可以进入但不能出来。陷阱分为顺时针复制叉陷阱（clockwise fork trap)和反时针复制叉陷阱(counter-clockwise fork trap)。ter 序列排列在染色体上形成"陷阱"区,陷阱区可以与称为终止子利用物质(terminator utilization substance, Tus)的蛋白结合,形成 Tus-ter 复合物,通过阻止解旋酶的解旋阻断复制。由于 Tus 的结合部位是不对称的,所以 Tus-ter 复合物只阻断一个方向(顺时针或反时针)的复制叉,而对来自另一个方向(反时针或顺时针)的复制叉不起作用。终止区这样的安排可确保两个从相反方向进入 ter 区的复制叉总能相遇,当一个复制叉遇到另一个复制叉时,DNA 复制就完成了。在整个染色体被复制后,两个环状的双螺旋 DNA 分子从拓扑学上看像一个连环那样链接(catenane)在一起,然后链接的两个染色体在 DNA 拓扑异构酶 IV(属 II 型拓扑异构酶)催化下分开,在细胞分裂时分别进入两个子代细胞(图 8-13)。

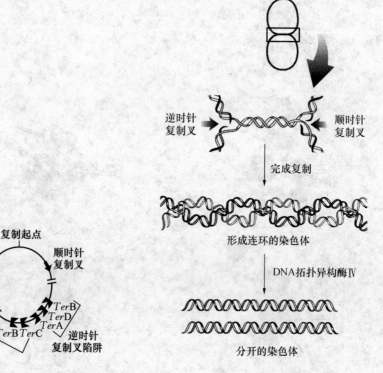

图 8-12 大肠杆菌 DNA 复制的终点

图 8-13 大肠杆菌 DNA 复制的终止
(引自 Nelson D.L. 等,2008)

(四)DNA 复制的高保真性

DNA 复制是一个高度精确的过程。每一传代中,核苷酸错误复制的几率只有 $10^{-9} \sim 10^{-10}$。复制的高度正确性与 DNA 聚合酶对正确配对的核苷酸有高度的选择性和 DNA 聚合酶的 $3' \rightarrow 5'$ 外切酶活力有关。下面以大肠杆菌 DNA 聚合酶 I 为例进行说明。大肠杆菌的 DNA 聚合酶 I 的 Klenow 片段有两个结构域(将 DNA 聚合酶 I 用枯草杆菌蛋白酶或胰蛋白酶水解,可裂解成两个片段,N 端片段较小,C 端片段较大,把较大的 C 端片段叫做 Klenow 片段),大结构域含有一个荷正电的、直径为 2.0 nm 的裂缝,DNA 即结合于此。DNA 一旦结合,裂缝即被关闭,这时 DNA 只能在裂缝隙中前后滑动。而小结构域含核苷酸结合位点,两个结构域在空间相距 3.0 nm。当新合成的 DNA 链中含有错误配对的核苷酸时,双螺旋发生变形,因而不能在裂缝中向前滑动,只能后移,这时 $3' \rightarrow 5'$ 外切酶活力就切除错配的核苷酸。错配的核苷酸切除后，聚合反应继续进行。

提高复制 DNA 复制准确性的另一个机制是错配修复。错配修复系统能检查新复制的 DNA，切除错配的核苷酸，插入正确的核苷酸。

四、DNA 的修饰

在细胞内 DNA 复制完成后会发生一些修饰作用，其中最重要的是甲基化修饰。DNA 甲基化是最早发现的修饰途径之一，大量研究表明，DNA 甲基化能引起染色质结构、DNA 构象、DNA 稳定性及 DNA 与蛋白质相互作用方式的改变，从而控制基因表达。DNA 甲基化主要形成 5-甲基胞嘧啶（m^5C）和少量的 N6-甲基嘌呤（m^6A）及 7-甲基鸟嘌呤（m^7G）。原核生物中甲基化的碱基常常在一些限制性内切酶的作用位点，很多限制性内切酶对甲基化的 DNA 不起作用，这样可以防止原核生物细胞内的限制性内切酶作用于自身的 DNA。

五、真核生物 DNA 的复制

DNA 复制的研究最初是在原核生物中进行的，原核生物的 DNA 复制已经比较清楚。真核生物比原核生物复杂得多，但 DNA 复制的基本过程还是相似的。在这里我们主要讨论一些重要的区别。

1. 真核生物 DNA 在全部 DNA 复制完成之前，不再开始新的复制 与原核生物 DNA 能够能连续复制（在 DNA 复制完成前开始新的复制）不同，真核生物 DNA 的复制与细胞分裂的周期相一致，在一个细胞周期只发生一次染色体的复制，真核生物的细胞周期可分为 DNA 合成前期（G1 期）、DNA 合成期（S 期）、DNA 合成后期（G2 期）和有丝分裂期（M 期），间期（G1、G2 和 S 期）为分裂期作准备，进行生物大分子和细胞器的倍增。DNA 合成前期合成 DNA 复制必需的蛋白质和 RNA，复制期先复制常染色质 DNA，再复制异染色质。然后进入有丝分裂的准备期。DNA 的复制只发生在 S 期。

2. 真核生物染色体有核小体结构，复制速度慢，有多个复制起始点 原核生物只有 1 个复制起点，复制速度快（>1 000/S）、冈崎片段长（1 000~2 000 核苷酸残基）；真核生物每条染色体有多个复制起点，复制速度慢（约 50/s）、冈崎片段短（100~200 核苷酸残基）。例如，酵母（S. cerevisiae）的 17 号染色体约有 400 个起始点。因此，虽然真核生物 DNA 复制的速度比原核生物 DNA 复制的速度慢得多，但复制完全部基因组 DNA 也只要几分钟的时间。

3. 端粒酶在保证染色体复制的完整性上有重要意义 真核生物染色体是线性 DNA，它的两端有称为端粒（telomeres）的结构，端粒是由重复的寡核苷酸序列构成的。因为所有生物 DNA 聚合酶都只能催化 DNA 从 $5'\rightarrow 3'$ 的方向合成，因此当复制叉到达线性染色体末端时，前导链可以连续合成到头，随从链末端冈崎片段的 RNA 引物切除后将留下缺口，不能完成线性染色体末端的复制，这样复制完成后，真核生物在细胞分裂时 DNA 复制将产生 5'末端缩短（图 8-14）。

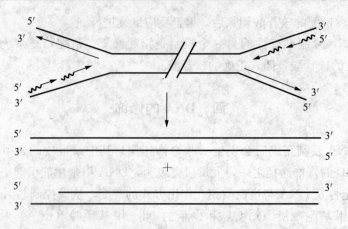

图 8-14 线粒体末端 DNA 的复制

近年的研究表明，真核生物体内存在一种特殊的逆转录酶称为端粒酶（telomerase），它是由蛋白质和 RNA 两部分组成的，它以自身的 RNA 为模板，在 DNA 的 $3'-OH$ 末端延长 DNA，再以这种延长的 DNA 为模板，继续合成随从链（图 8-15）。

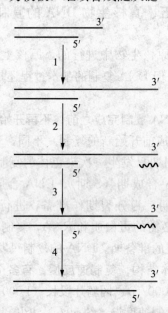

图 8-15 端粒的复制示意图

1. 以端粒酶的 RNA 为模板在 DNA 的 $3'$ 端延长 DNA 链　2. 以延长链为模板合成 RNA 引物
3. DNA 聚合酶在 RNA 引物上合成 DNA　4. 切除引物，连接缺口

六、逆 转 录

逆转录（reverse transcription）是以 RNA 为模板，按照 RNA 中的核苷酸顺序合成 DNA 的过程。20 世纪 60 年代，Temin 提出了 RNA 肿瘤病毒逆转录为 DNA 前病毒，然后 DNA 前病毒再转录为 RNA 肿瘤病毒的设想。1970 年，Temin 和 Baltimore 各自在鸟类劳

氏肉瘤病毒和小鼠白血病病毒等 RNA 肿瘤病毒中找到了逆转录酶，证明了逆转录过程的存在。现在已发现各种高等真核生物的 RNA 肿瘤病毒都有逆转录酶。

逆转录酶是一种多功能酶，它除了具有以 RNA 为模板的 DNA 聚合酶和以 DNA 为模板的 DNA 聚合酶活性外还兼有 RNaseH、DNA 内切酶、DNA 拓扑异构酶、DNA 解链酶和 tRNA 结合的活性。逆转录酶先合成 DNA-RNA 杂合分子，再水解 RNA（RNA 酶 H 活力），然后复制其互补链，形成双链 DNA（图 8-16）。

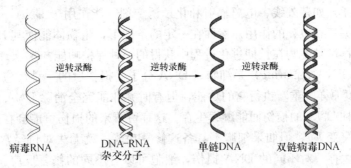

图 8-16 逆转录过程

逆转录酶的发现，表明遗传信息也可以从 RNA 传递到 DNA，丰富了分子遗传学中心法则的内容。真核生物的染色体基因组中存在很多逆假基因，它们无启动子和内含子，但有多聚腺苷酸的残迹，推测可能是由 mRNA 经逆转录并整合到基因组中去的。目前已有报导，从正常的细胞和胚胎细胞中分离到了逆转酶。几乎所有的真核生物的 mRNA 分子的 3′端都有一段多聚腺苷酸。当加入寡聚 dT 作引物时，mRNA 就可以成为逆转录酶的模板，在体外合成与其互补的 DNA，称为 cDNA。这种方法已成为生物技术和分子生物学研究中最常见的方法之一，也使逆转录酶得到广泛应用。

七、基因突变与 DNA 的损伤修复

（一）基因突变

虽然 DNA 在代谢上十分稳定，在细胞分裂时能精确地复制自己，但这种稳定性是相对的。在一定的条件下，DNA 的碱基序列也会发生改变，使 DNA 的转录和翻译也随之变化，因而表现出异常的遗传特征，这就是基因突变（gene mutation）。DNA 的突变常见的几种形式有：

(1) 置换（replacement）。一个或几个碱基对被另外的碱基对代替。

(2) 插入（insertion）。一个或几个碱基对插入到原来的序列中。

(3) 缺失（deletion）。一个或多个碱基对丢失。

最常见的突变形式是碱基对的置换，嘌呤碱之间或嘧啶碱之间的置换称为转换（transition），嘌呤碱和嘧啶碱之间的置换称为颠换（transversion）。突变有自发突变和诱发突变。自发突变的几率很低。据估计在 DNA 的合成中，大约每 10^9 个碱基对发生一次突变。逆转录酶合成的 DNA 保真度相对较差，错配碱基的出现率要比真核生物或大肠杆菌的高 1~3 个数量级，所以各种 RNA 肿瘤病毒具有很高的自发突变频率。诱发突变可以由物理因素（如电离辐射和紫外光照射等）或化学因素引起，在农业技术上常利用辐射诱变进行

育种。化学因素如脱氨剂和烷化试剂均可诱发突变。亚硝酸为强脱氨剂,可使腺嘌呤转变为次黄嘌呤,鸟嘌呤转变为黄嘌呤,胞嘧啶转变为尿嘧啶,而导致碱基配对错误。烷化剂如硫酸二甲酯(DMS)可使鸟嘌呤的N-7位氮原子甲基化,使之成为带一个正电荷的季铵基团,减弱N-9位上的N-糖苷键,致使脱氧核糖苷键不稳定,发生水解而丢失嘌呤碱,以后可被其他碱基取代或引起DNA链断裂。

(二) DNA的损伤修复

某些理化因子,如紫外线、电离辐射和化学诱变剂,能作用于DNA,造成其结构和功能的破坏,引起突变和致死的作用。然而在一定的条件下,生物体能使其DNA的损伤得到修复,这些修复作用是生物在长期进化过程中获得的一种保护功能。

DNA修复(DNA repairing)是细胞对DNA分子受损伤后的一种反应,这种反应可能使DNA结构恢复原样,重新执行它的功能,但有时并非能完全消除DNA的损伤,只是使细胞能够耐受这种DNA的损伤而能继续生存。这存留下来的损伤可能会在适合的条件下显示出来(如基因突变等),但如果细胞不具备这修复功能,就无法对付经常发生的DNA损伤事件,就不能生存。对不同的DNA损伤,细胞可以有不同的修复反应。DNA的修复方式有光复活修复(photoreactivation repair)、切除修复(excision repair)、重组修复(recombinational repair)、SOS修复和错配修复(mismatch repair)等。

1. 光复活修复 光修复是最早发现的DNA修复方式。这种修复方式最初在细菌中发现,细菌的DNA光复活酶(photoreactivating enzyme)能特异性识别紫外线造成的核酸链上相邻嘧啶共价结合的二聚体,并与其结合,这步反应不需要光;光复活酶与嘧啶二聚体结合后,如受300~600 nm波长的光照射就被激活,将二聚体分解为两个正常的嘧啶单体,然后酶从DNA链上释放,DNA恢复正常结构(图8-17)。后来发现类似的修复酶在生物界广泛存在,从低等的单细胞生物到鸟类都有,但在哺乳动物中却不存在。

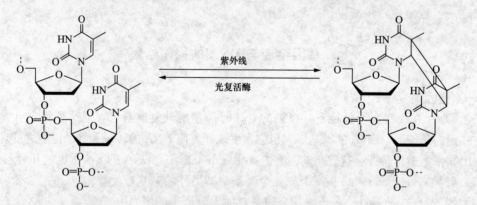

图8-17 嘧啶二聚体的形成与修复

2. 切除修复 切除修复是DNA损伤最普遍的修复方式,对多种DNA损伤包括碱基脱落形成的无碱基位点、嘧啶二聚体、碱基烷基化、单链断裂等都能起修复作用。这种修复方式普遍存在于各种生物细胞中,也是人体细胞主要的DNA修复机制。修复过程需要多种酶的一系列作用,基本步骤如图8-18所示,①首先由核酸酶识别DNA的损伤位点,在损伤部位的5′侧切开磷酸二酯键,不同的DNA损伤需要不同的特殊核酸内切酶来识别和切割;②由5′→3′核酸外切酶将有损伤的DNA片段切除;③在DNA聚合酶的催化下,以完整的互补链为模板,按 $5'\rightarrow 3'$ 方向合成 DNA 链,填补已切除的空隙;④由 DNA 连接酶将新合成的 DNA 片段与原来的 DNA 断链连接起来。这样完成的修复能使 DNA 恢复原来的结构。

3. 重组修复 前面的光复活修复和切除修复是先修复后复制,成为复制前修复,而重组修复是复制后修复,它使用 DNA 重组的方法修复 DNA 的损伤。重组修复分 3 个步骤:①受损伤的 DNA 链复制时,产生的子代 DNA 在损伤的对应部位出现缺口;②另一条母链 DNA 与有缺口的子链 DNA 进行重组交换,将母链 DNA 上相应的片段填补子链缺口处,而母链 DNA 出现缺口;③以另一条子链 DNA 为模板,经 DNA 聚合酶催化合成一新 DNA 片段填补母链 DNA 的缺口,最后由 DNA 连接酶连接,完成修补(图 8-19)。

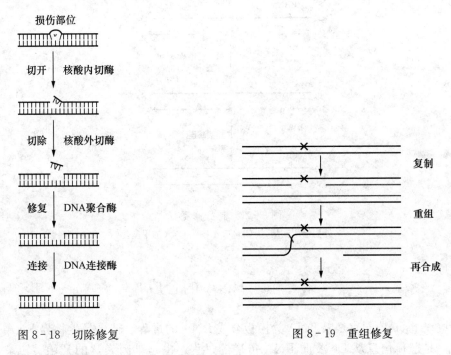

图 8-18 切除修复　　　　　图 8-19 重组修复

重组修复不能完全去除损伤,损伤的 DNA 段落仍然保留在亲代 DNA 链上,只是重组修复后合成的 DNA 分子是不带有损伤的,但经多次复制后,损伤就被"稀释"了,在子代细胞中只有一个细胞是带有损伤 DNA 的。

4. SOS 反应和错误倾向修复 许多能造成 DNA 损伤或抑制复制的理化因素能引起一系列复杂的诱导效应,称为应急反应(SOS 反应)。SOS 反应诱导的修复系统包括无错修复(error free repair)和错误倾向修复(error prone repair)两类,SOS 反应除了能诱导切除修复和重组修复所需的酶和关键蛋白质外还能诱导产生缺乏校对功能的 DNA 聚合酶,它能在 DNA 损伤部位进行复制而避免死亡,但留下的错误较多,所以被称为错误倾向修复,由于复制的错误,带来了较高的突变率。

5. 错配修复 错配修复是在含有错配碱基的 DNA 分子中,使正常核苷酸序列恢复的修复方式。主要用来纠正 DNA 双螺旋上错配的碱基对,还能修复一些复制过程中产生的小于 4 个的核苷酸插入或缺失。错配修复的过程需要区分母链和子链,做到只切除子链上错误的核苷酸,而不会切除母链上本来就正常的核苷酸。修复的过程是:识别出正确的链,切除掉不正确的部分,然后通过 DNA 聚合酶和 DNA 连接酶的作用,合成正确配对的双链 DNA。

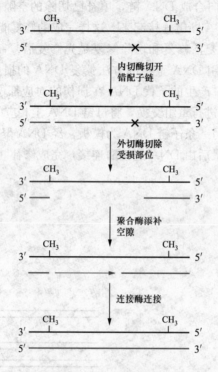

图 8-20 错配修复
×处为错配碱基，-CH₃ 表示亲代 DNA 的甲基化

第二节 RNA 的合成

转录（transcription）是以 DNA 为模板合成 RNA 的过程。转录是生物界 RNA 合成的主要方式，是遗传信息从 DNA 向 RNA 传递的过程，也是基因表达的开始。转录是依赖 DNA 的 RNA 聚合酶（DNA-dependent RNA polymerase，DDRP）催化的核苷酸聚合过程。该酶以 DNA 的两条多苷酸链中的一条链作为模板，这条链称为模板链（template strand），又称无意义链。DNA 双链中另一条不作为模板的链称为编码链，又称有意义链。编码链的序列与转录产物 RNA 的序列相同，只是在编码链上的 T 在 RNA 上为 U。由于 RNA 的转录合成是以 DNA 的一条链为模板而进行的，所以这种转录方式又称为不对称转录（图 8-21）。转录产生初级转录物为 RNA 前体（RNA precursor），它们通常须经过加工过程变为成熟的 RNA，才能表现其生物活性。

```
5'···GCAG TACA TGTC ···3'      编码链（+）
3'···cgtgatgtacag ···5'        模板链（-）
            ↓转录
5'···GCAG UAC AUGUC ···3'      mRNA
            ↓翻译
N······Ala·Val·His·Val ······C   蛋白质
```

图 8-21 不对称转录

RNA 的转录合成和 DNA 的复制有类似之处,都是以核苷三磷酸为底物,遵循碱基配对,在 3'-OH 末端与加入的核苷酸形成磷酸二酯键,以 5'→3' 的方向合成多核苷酸链。但是,由于转录和复制的目的、产物和所需的酶和蛋白不同,转录又具有以下特点:(1) 对于一个基因组来说,转录只发生在一部分基因,而且每个基因的转录都受到相对独立的控制;(2) 转录是不对称的;(3) 转录时不需要引物,而且 RNA 链的合成是连续的。

一、RNA 聚合酶

(一) 大肠杆菌的 RNA 聚合酶

大肠杆菌中的 RNA 聚合酶可以合成各种类型的 RNA,全酶由 5 种亚基 ($\alpha_2\beta'\beta\sigma\omega$) 组成 (图 8-3),去掉 σ 亚基的部分称为核心酶,核心酶本身就能催化核苷酸间磷酸二酯键形成。利福平和利福霉素能结合在 β 亚基上而对此酶发生强烈的抑制作用。β 亚基可能是酶和核苷酸底物结合的部位。细胞内转录是在 DNA 特定的起始点上开始的,σ 亚基的功能是辨认转录起始点的。β' 亚基是酶与 DNA 模板结合的主要成分。α 亚基可能与转录基因的类型和种类有关。

表 8-3 大肠杆菌 RNA 聚合酶各亚基的大小与功能

(改自赵武玲等,2008)

亚基	亚基数	分子量 (KD)	基因	功能
β'	1	160	rpoC	与模板 DNA 结合
β	1	150	rpoB	与核苷酸结合,起始和催化部位
σ	1	70	rpoD	识别起始因子
α	2	37	rpoA	与 DNA 上启动子结合
ω	1	9	—	不详

(二) 真核生物中的 RNA 聚合酶

真核生物中已发现有 4 种 RNA 聚合酶,分别称为 RNA 聚合酶 Ⅰ、Ⅱ、Ⅲ 和线粒体 RNA 聚合酶,它们专一性地转录不同的基因,因此由它们催化的转录产物也各不相同。RNA 聚合酶 Ⅰ 位于核仁中,负责转录编码 rRNA 的基因。RNA 聚合酶 Ⅱ,位于核质中,负责核内不匀一 RNA 的合成,hnRNA 是 mRNA 的前体。RNA 聚合酶 Ⅲ 负责合成 tRNA 和许多小的核内 RNA。鹅膏蕈碱是真核生物 RNA 聚合酶特异性抑制剂,3 种真核生物 RNA 聚合酶对鹅膏蕈碱的反应不同,其中 RNA 聚合酶 Ⅱ 是最敏感的。原核生物靠 RNA 聚合酶就可完成从起始、延长到终止的转录全过程,真核生物转录除 RNA 聚合酶外还需一类叫做转录因子的蛋白质分子参与转录的全过程 (表 8-4)。

表 8-4 真核生物中的 RNA 聚合酶

RNA 聚合酶	转录的基因	相对活性 (%)	α-鹅膏蕈碱敏感性
Ⅰ	28S,18S,5.8S,rRNA	约 60	不敏感
Ⅱ	mRNA,snRNA	约 30	非常敏感
Ⅲ	tRNA,5SrRNA	约 10	中度敏感

二、RNA 的转录过程

RNA 合成分为起始、延长和终止 3 个阶段。

(一) 转录起始

DNA分子上和RNA聚合酶全酶结合的起始位点，称为启动子（promoter）。为了方便，人们将在DNA上开始转录的第一个碱基定为+1，沿转录方向下游的核苷酸序列用正值表示，上游的核苷酸序列用负值表示。

原核生物的RNA转录起始点上游大约-10 bp和-35 bp处有两个保守的序列，在-10 bp附近，有一组5'-TATAAT-的序列，这是Pribnow首先发现的，称为Pribnow框，RNA聚合酶就结合在此部位上；-35 bp附近，有一组5'-TTGACA-的序列，已被证实与转录起始的辨认有关，是RNA聚合酶中的σ亚基识别并结合的位置。-35序列的重要性还在于在很大程度上决定了启动子的强度。

当RNA聚合酶的σ亚基发现其识别位点时，全酶就与启动子的-35区序列结合形成一个封闭的启动子复合物。由于全酶分子较大，其另一端可在到-10区的序列，在某种作用下，整个酶分子向-10序列转移并与之牢固结合，在此处发生局部DNA的解链形成全酶和启动子的开放性复合物。在RNA聚合酶β亚基催化下形成RNA的第一个磷酸二酯键。RNA合成的第一个核苷酸通常是GTP或ATP，以GTP最常见，此时σ因子从全酶解离下来，靠核心酶在DNA链上向下游滑动，而脱落的σ因子可以与另外的核心酶结合成全酶反复利用。

真核生物的启动子分3种类型，分别被3种RNA聚合酶识别，其中RNA聚合酶Ⅱ的启动子结构在-25区有TATA框，又称为Hogness框或Goldberg-Hogness框，其保守序列为TATAAA，基本上都由A、T碱基所组成，TATA框决定了转录起点的选择，天然缺少TATA框的基因可以从一个以上的位点开始转录。在-75区有CAAT框，其保守序列为GGTCAATCT。有实验表明CAAT框与转录起始频率有关。除启动子外，真核生物转录起始点上游往往还有一个称为增强子的序列，它能极大地增强启动子的活性，它的位置往往不固定，可存在于启动子上游或下游。转录的启动子见图8-22。

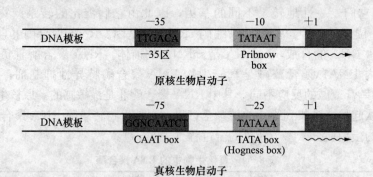

图8-22 转录的启动子

真核生物转录起始十分复杂，往往需要多种蛋白因子的协助，在所有真核细胞中有一类被称为转录因子（transcription factor，TF）的蛋白质分子，它们与RNA聚合酶Ⅱ形成转录起始复合物，共同参与转录起始的过程。根据这些转录因子的作用特点可大致分为两类：第一类为普遍转录因子，它们与RNA聚合酶Ⅱ共同组成转录起始复合物，转录才能在正确的位置上开始。普遍转录因子是由多种蛋白质分子组成的，其中包括特异结合在TATA盒上的蛋白质,称为 TATA 盒结合蛋白,还有一组复合物称为转录因子ⅡD。在细胞核提取物中还发现 TFⅡA,TFⅡF,TFⅡE,TFⅡH 等,它们在转录起始复合物组装的不同阶段起作用。第二类转录因子为组织细胞特异性转录因子或者称可诱导性转录因子,这些 TF 是在特异的组织细胞或是受到一些类固醇激素、生长因子或其他刺激后,开始表达某些特异蛋白质分子时,才需要的一类转录因子。

(二) RNA 链的延伸

原核生物 RNA 链的延长靠核心酶的催化,在起始复合物上第一个 GTP 的核糖 $3'-OH$ 上与 DNA 模板能配对的第二个三磷酸核苷起反应形成磷酸二酯键。聚合进去的核苷酸又有核糖 $3'-OH$ 游离,这样就可按模板 DNA 的指引,一个接一个地延长下去。RNA 聚合酶是沿着 DNA 链 $3'\rightarrow 5'$ 方向移动,整个转录过程是由同一个 RNA 聚合酶来完成的一个连续的反应。RNA 生成后,暂时与 DNA 模板链形成 DNA·RNA 杂交体,长度约为 12 个碱基对,形成一个转录泡(图 8-23)。转录速度为每秒钟 30~50 个核苷酸,但并不是以恒定速度进行的。在电子显微镜下观察转录现象,可以看到同一 DNA 模板上,有长短不一的新合成的 RNA 链散开成羽毛状图形,这说明在同一 DNA 基因上可以有很多个的 RNA 聚合酶同时催化转录,生成相应的 RNA 链。而且较长的 RNA 链上已看到核糖体附着,形成多聚核糖体。说明某些情况下,转录过程未完全终止,即已开始进行翻译。转录的延长阶段,真核生物与原核生物之间可能是相似的,但是真核生物不会同时进行翻译。

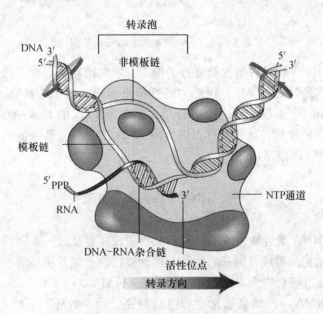

图 8-23 RNA 链的延伸过程中形成转录泡
(引自 Nelson D. L. 等, 2008)

(三) 转录的终止

转录是在 DNA 模板某一位置上停止的,DNA 模板上的提供转录终止信号的 DNA 序列称为终止子(terminator)。转录终止信号有两类,一类是不依赖于蛋白质因子而实现的终止作用,另一类是依赖蛋白质辅助因子(又称 ρ 因子)才能实现的终止作用。不依赖 ρ 因子的终止序列在转录终止之前有一段回文结构,富含 G·C 碱基对,其下游有 6~8 个 A·T 碱基对,其转录生成的 RNA 形成发夹结构,$3'$ 末端带有一连串的 U(图 8-24);而依赖 ρ

因子的终止序列回文结构中没有富含 G·C 碱基对的区域，其下游也没有连续 A 的存在，其转录生成的 RNA 可形成发夹结构，但 3′末端没有一连串的 U，需 ρ 因子参与才能完成链的终止。ρ 因子是由 ρ 基因编码的相对分子质量约为 46 000 的蛋白质，通常以六聚体的形式存在。现在一般认为，ρ 因子与合成过程中的 RNA 结合，水解 ATP 或其他核苷三磷酸，沿 RNA 5′→3′移动，当 RNA 聚合酶遇到终止信号时，RNA 合成速度减慢或停止，ρ 因子很快追赶上来，使转录终止，释放 RNA，并使 RNA 聚合酶从 DNA 上脱落下来。

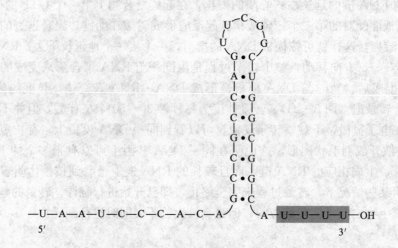

图 8-24　不依赖 ρ 因子的终止结构

真核生物由于 RNA 转录后很快就进行了加工，因此很难确定原初转录物的 3′末端。病毒 SV40 的终止位点经过研究发现，很像大肠杆菌不依赖 ρ 因子的终止子，转录后的 RNA 可形成一个发夹结构，3′末端带有一连串的 U。爪蟾 5sRNA 的 3′末端有 4 个 U，它们前后的序列为富含 G·C 的序列，这是所有真核生物 RNA 聚合酶Ⅲ转录的终止信号。这种序列特征高度保守，从酵母到人都很相似。

三、RNA 的转录后加工

在细胞内，由 RNA 聚合酶合成的原初转录物往往需要经过一系列的变化，包括 5′端与 3′端的切除和特殊结构的形成、碱基的修饰和糖苷键的改变以及拼接等过程，才能转变为成熟的 RNA 分子。此过程总称为 RNA 的成熟或转录后加工。

原核生物的 mRNA 一经转录通常立即进行翻译，除少数外，一般不进行转录后加工。真核生物由于存在细胞核结构，转录和翻译在时间上和空间上都被分隔开来，其 mRNA 前体需通过拼接使编码区成为连续序列等加工过程。在真核生物中，还能通过不同的加工方式，表达出不同的信息。因此，对于真核生物来讲，mRNA 的加工尤为重要。不论是原核生物还是真核生物，稳定的 RNA（tRNA、rRNA）都要经过一系列加工才能成为有活性的分子。

（一）mRNA 的转录后加工

原核生物的 mRNA 几乎不进行转录后加工。真核生物转录在细胞核内进行，而翻译在细胞质中进行，其 mRNA 前体经过加工运出细胞核后，才能成为翻译的模板。真核生物 mRNA 的原初转录物是相对分子质量较大的前体，即核内含不均-RNA（heterogeneous nuclear RNA，hnRNA）。hnRNA 分子中含有大量的插入部分，即内含子，内含子将在转录后的加工过程中被切除。据估算，hnRNA 分子中大约只有 25% 的部分经加工转变成 mRNA。当然，插入部分绝不会是无意义的，推测它们可能与转录和转录后代谢的调控作用有关。由 hnRNA 转变成 mRNA 的加工过程如下：①5′端形成特殊的帽子结构（^7_mGppp$_m$Np）；②在 RNA 链的 3′端切断并加上多聚腺苷酸（poly(A)）尾巴；③通过拼接除去由内含子转录来的序列；④链内修饰，有部分核苷被甲基化。

（二）rRNA 的转录后加工

原核细胞含有 3 种 rRNA，即 5S、16S、23SrRNA。编码 rRNA 的基因排列在一起，它们包含有 16S、23S、5SrRNA 以及一个或几个 tRNA 基因，成为一个转录单位，转录出来的最初产物的沉降系数为 30S。它们经甲基化后，在核糖核酸酶Ⅲ、核糖核酸酶 P 和核糖核酸酶 E 的作用下，形成这 3 种成熟 rRNA 的前体，然后在各种核酸酶的作用下转变为成熟的 rRNA（图 8-25）。

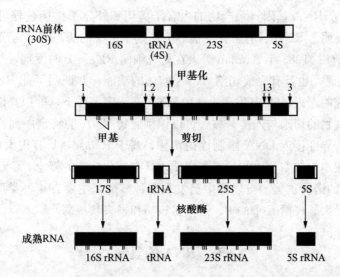

图 8-25　大肠杆菌 rRNA 前体的加工过程
(1、2、3 分别代表核糖核酸酶Ⅲ、核糖核酸酶 P 和核糖核酸酶 E)

真核生物细胞的核仁是 rRNA 合成、加工和装配成核糖体的场所。哺乳类动物细胞的核糖体含有 4 种不同的 RNA，即 28S、18S、5.8S 和 5SrRNA（它们的相对分子质量分别为 $1.7×10^6$，$0.65×10^6$，$5×10^4$ 和 $4×10^4$）。28S、18S 和 5.8SrRNA 在转录过程中先形成共同的 45S 大分子前体（相对分子质量为 $4×10^6$），然后再断裂成相应的 rRNA。

在真核生物中，5SrRNA 基因也是成簇排列的，中间隔以不被转录的区域。它由 RNA 聚合酶Ⅲ转录，经过适当加工即与 28SrRNA 和 5.8SrRNA 以及有关蛋白质一起组成核糖体的大亚基。18SrRNA 与有关蛋白质则组成小亚基。

（三）tRNA 的转录后加工

大肠杆菌染色体基因组共有 tRNA 基因约 60 个。tRNA 基因大多成簇存在，或与

rRNA 基因或与编码蛋白质的基因组成混合转录单位。tRNA 前体的加工包括：①由核酸内切酶在 tRNA 两端切断；②由核酸外切酶从 3′端逐个切去附加的顺序，进行修剪；③在 tRNA 的 3′端加上胞苷酸-胞苷酸-腺苷酸（- CCA_{OH}）；④核苷的修饰。

真核生物 tRNA 基因的数目比原核生物 tRNA 基因的数目要大得多，啤酒酵母有 250 个 tRNA 基因，而人体细胞则有 1 300 个。真核生物 tRNA 基因也成簇排列，并且被间隔区所分开。tRNA 基因由 RNA 聚合酶 III 转录，转录产物为稍大的 tRNA 前体。在 tRNA 前体分子的 5′端和 3′端都有附加的序列，需由核酸内切酶和外切酶加以切除。真核生物 tRNA 前体的 3′端不含 CCA 序列，成熟 tRNA3′端的 CCA 是后加上去的，tRNA 的修饰成分由特异的修饰酶催化。真核生物的 tRNA 除含有修饰碱基外，还有 2′-O-甲基核糖，具有居间序列的 tRNA 前体还需将这部分序列切掉。

四、核 酶

核酶（ribozyme）是指一类具有催化功能的 RNA。1982 年，Cech 等研究原生动物四膜虫 rRNA 时，发现 rRNA 基因转录产物的内含子剪切和外显子拼接过程可在无蛋白质存在的情况下发生，证明了 RNA 具有催化功能。为区别于传统的酶，Cech 给这种具有催化活性的 RNA 定名为核酶。1983 年 Altman 等人在研究细菌 RNase P 时发现，当约 400 个核苷酸的 RNA 单独存在时，也具有完成切割 rRNA 前体的功能，并证明了此 RNA 分子具有全酶的活性。随着研究的深入，Cech 发现 L-19 RNA 在一定条件下，能以高度专一性的方式去催化寡聚核苷酸底物的切割与连接。核酶可以识别底物 RNA 的特定序列，并在专一性位点上进行切割，其特异性接近 DNA 限制性内切酶，高于 RNase，具有很大的潜在应用价值。核酶的发现，从根本上改变了以往只有蛋白质才具有催化功能的概念，Cech 和 Altman 也因此获得了 1989 年的诺贝尔奖。自然界中已发现多种核酶，主要有 4 种类型：四膜虫 rRNA 自身剪接内含子、大肠杆菌 RNase P、锤头状核酶和发夹状核酶。

五、RNA 的复制

转录是生物界 RNA 合成的主要方式，但有些生物（如某些病毒，噬菌体）的遗传信息储存在 RNA 分子中，某些 RNA 病毒，在侵入宿主细胞后即能借助于复制酶（RNA 指导的 RNA 合成酶）进行病毒 RNA 的复制，靠复制来传递遗传信息。

从感染 RNA 病毒的细胞中可以分离出 RNA 复制酶，这种酶能以病毒 RNA 为模板，在 4 种核糖核苷三磷酸和 Mg^{2+} 存在时合成出与模板性质相同的 RNA 分子。用复制产物感染细胞，能产生正常的 RNA 病毒。可见病毒的全部遗传信息，包括合成病毒外壳蛋白的各种酶的信息均储存在被复制的 RNA 分子中。

有些病毒 RNA 本身就是 mRNA，可以直接指导与病毒有关的蛋白质的合成过程，通常将具有 mRNA 功能的链称为正链，它指导合成的互补链称为负链。有些病毒的 RNA 无 mRNA 的功能，不能指导蛋白质的合成，称为负链，它指导合成的互补链为正链。

RNA病毒的种类很多,其复制方式也是多种多样的,归纳起来可分为以下3类。

1. 含正链的RNA病毒 这类病毒(如噬菌体Qβ和灰质炎病毒)进入宿主细胞后,首先在正链指导下合成复制酶和有关蛋白质,复制酶吸附在正链的3′末端,以正链为模板合成出负链RNA。然后复制酶再结合在负链的3′末端,以负链为模板合成出正链。RNA复制的方向也是5′→3′。

2. 含负链和复制酶的RNA病毒 这类病毒(如狂犬病病毒和马水泡性口炎病毒)侵入细胞后,首先以负链为模板,借助于病毒带进去的复制酶合成出正链,再以正链为模板合成出病毒蛋白质和负链RNA。

3. 含双链RNA和复制酶的病毒 这类病毒(呼肠孤病毒)以双链RNA为模板,在病毒复制酶的作用下,通过不对称复制方式复制出正链RNA,并以正链RNA为模板翻译出病毒蛋白质,然后再合成出病毒的负链RNA,从而形成双链RNA分子。

六、RNA生物合成的抑制剂

RNA生物合成的抑制剂在临床上常作为杀菌、抗病毒或抗肿瘤的药物使用。在实验室研究核酸代谢时,有时也要使用这些抑制剂,根据它们的作用方式,可分为以下3类。

(一) 碱基类似物

有些人工合成的碱基类似物能干扰和抑制核酸的合成,其中一部分可以作为代谢拮抗物,直接抑制与核苷酸生物合成有关的酶。此类物质一般需转变为相应的核苷酸才能表现出抑制作用。如6-巯基嘌呤进入体内后可转变为巯基嘌呤核苷酸,抑制嘌呤核苷酸的合成,可作为抗癌药物,治疗急性白血病等。另外一些可以掺入核酸分子,形成异常RNA或DNA,影响核酸的功能并导致突变。如5-氟尿嘧啶类似尿嘧啶,可进入RNA,与腺嘌呤配对或异构成烯醇式与鸟嘌呤配对,使A-T对转变为G-C对。

(二) DNA模板功能抑制物

有些化合物通过与DNA结合改变其模板的功能,从而抑制其复制和转录。这类物质有烷化剂、放线菌素类和嵌入染料等。烷化剂带有活性烷基,能使DNA烷基化。鸟嘌呤烷化后易脱落,双功能烷化剂可造成双链交联,磷酸基烷化剂可导致DNA链断裂。烷化剂通常有较大毒性,可引起突变或致癌。放线菌素类可与DNA形成非共价复合物,抑制其模板功能,包括一些抗癌抗生素。嵌入染料含有扁平芳香族发色团,可插入双链DNA相邻碱基对之间,常含丫啶或菲啶环,与碱基大小类似,可在复制时增加一个核苷酸,导致移码突变,如溴乙啶。

(三) RNA聚合酶抑制剂

有些抗生素和化学药物能够特异地抑制RNA聚合酶的活性,因而抑制RNA的合成。利福霉素可以抑制细菌RNA合成的起始。利链菌素与细菌RNA聚合酶β亚基结合,抑制RNA链的延长。α鹅膏蕈碱主要抑制真核生物RNA聚合酶Ⅱ的活性,但对细菌RNA聚合酶的抑制作用极微弱。

【本章小结】

DNA 是携带遗传信息的载体，通过 DNA 的复制作用，遗传信息从亲代 DNA 分子传递到子代 DNA 分子中。DNA 从特定的起始点开始复制，两条 DNA 链作为模板，在 DNA 聚合酶等许多酶和蛋白质分子的参与下，以四种脱氧核苷三磷酸为原料（dNTP），按碱基配对原则合成新一代的 DNA 分子，合成方向是 $5'→3'$。复制后的子代 DNA 分子中，一条链来自亲代 DNA 分子，另一条链是新合成的，这种复制方式称为半保留复制。DNA 分子复制时，两条链分别做模板，有一条链是连续合成的，这条链为前导链，而另一条链合成时只能以 $5'→3'$ 方向先合成冈崎片段，然后再靠连接酶将这些片段连接起来，形成随从链，DNA 复制是半不连续的合成。DNA 复制中的准确性很高，原核细胞 DNA 聚合酶和真核细胞靠 DNA 聚合酶都具有 $3'→5'$ 外切酶活性，可以校正复制中出现的碱基错配。

逆转录是 DNA 合成的另外一种方式，是以 RNA 分子为模板，合成 DNA 分子的过程，在致癌的 RNA 病毒中，有逆转录酶的存在，真核生物中的端粒酶也是一种逆转录酶，它催化染色体端区 DNA 的合成。

受理化因素的影响，DNA 结构经常会发生改变，结果导致碱基的替换、缺失、插入或转位、链的断裂等，这些改变可能会导致细胞死亡、也可能使细胞获得新的功能或进化。DNA 修复功能对生物的生存和维持遗传的稳定性是至关重要的。细胞可采取光复活修复、切除修复、重组修复、错误倾向性修复和错配修复等方式修复受损的 DNA。

转录是以 DNA 为模板合成 RNA 的过程，经过转录 DNA 分子中的储存信息传递到 RNA 分子中，转录是从 DNA 的一个特定位置开始的，以 DNA 分子中的一条链为模板，在 RNA 聚合酶作用下，以四种单核苷酸为原料，合成方向 $5'→3'$ 完成 RNA 的合成。大肠杆菌的 RNA 聚合酶由 5 种亚基构成，$α_2ββ'ω$ 构成核心酶，再加上 σ 因子是全酶。RNA 聚合酶识别并特异结合的 DNA 一段区域称为启动子，原核生物启动子的序列中 -10 区和 -35 区决定了启动子的强度，是转录正确起点的关键，真核生物中位于 -25 的 TATA 盒和 -75 区域的元件是控制真核生物 RNA 转录的关键。真核生物的 RNA 聚合酶有 Ⅰ、Ⅱ、Ⅲ 3 种类型，它们分别催化 rRNA、mRNA、tRNA 和 5sRNA 的合成。转录作用停止于 DNA 模板的终止信号，终止区常常转录出一段反向重复序列，有些终止信号需要蛋白质 ρ 因子的作用。

转录生成的 RNA 分子为前体 RNA，往往需要加工修饰，才能成为有功能的 RNA 分子。原核生物和真核生物的 rRNA 和 tRNA 都需要经过加工。原核生物转录生成的 mRNA 一般不需要转录后加工，转录与翻译的过程可以同时进行。真核生物转录生成的 mRNA 需要复杂的转录加工修饰，包括 $5'$ 端加帽，$3'$ 端加尾，剪切内含子，连接外显子等。人们在研究 rRNA 前体的加工过程中发现了具有催化作用的 RNA 分子，称为核酶。

转录是生物界 RNA 合成的主要方式，但有些 RNA 病毒进入宿主细胞后，靠复制来传递遗传信息。

RNA 生物合成的抑制剂在临床上常作为杀菌、抗病毒或抗肿瘤的药物使用，主要有碱基类似物、DNA 模板功能抑制物、RNA 聚合酶抑制剂 3 种类型。

◆ 思考题

1. 参与原核细胞（如大肠杆菌）染色体 DNA 复制的酶或蛋白质有哪些？功能如何？
2. 试比较大肠杆菌 DNA 聚合酶 I、II、III 的特性和功能。
3. 简述原核生物 DNA 的复制过程。
4. DNA 复制的高度准确性是通过什么来实现的？
5. 生物细胞 DNA 复制分子机制的基本特点的什么？
6. DNA 损伤的原因是什么？损伤的 DNA 是怎样修复的？
7. 试述核酶的概念及其意义。
8. 简述复制和转录过程的异同。
9. 原核生物和真核生物的 RNA 聚合酶有何不同？

第九章 蛋白质合成

现代生物学已充分证明，DNA是生物遗传的主要物质基础。生物体的遗传信息是以密码的形式编码在DNA分子上，表现为特定的核苷酸排列顺序。在生物个体发育过程中，遗传信息自DNA转录给RNA，然后通过RNA翻译成特异的蛋白质，以执行各种生命功能，使后代表现出与亲代相似的遗传性状。这种遗传信息从DNA传递给RNA，再从RNA传递给蛋白质的转录和翻译的过程，以及遗传信息从DNA传递给DNA的复制过程，是所有具有细胞结构的生物所遵循的法则。后来人们又发现，劳氏肉瘤病毒是RNA病毒，它的RNA可以在寄主细胞内作为模板合成DNA；还有某些病毒RNA可进行自我复制，以自身RNA为模板合成子代RNA的过程；在某些生物中，RNA也可作为重要的遗传物质。这些重要的发现都是对中心法则的补充和发展。

朊蛋白可以引起羊的瘙痒病，牛的疯牛病，人类的克-雅氏综合征等，这种朊蛋白是不含核酸的。一个不含核酸的蛋白质分子能在受感染的宿主细胞内产生与自身相同的分子，且实现相同的生物学功能，在这个过程中，遗传信息是如何流动的呢？研究证明，哺乳动物细胞里的基因可以编码一种糖蛋白PrP。在正常脑组织中的PrP称为PrPc，对蛋白酶敏感。在病变脑组织中的PrP称为PrPsc，也就是朊蛋白。朊蛋白只是PrPc中的一段，蛋白酶对其不起作用。PrPsc感染正常细胞后，可以促使细胞内生成更多的PrPsc。所以说，PrPsc进入宿主细胞并不是自我复制，而是将细胞内基因编码产生的PrPc改变成PrPsc。

蛋白质生物合成是指将生物体携带的遗传信息进行翻译（translation）的过程，也是基因表达的第二个阶段。翻译是指以mRNA为模板，根据核苷酸链上每三个核苷酸决定一种氨基酸的规则，将mRNA的密码"解读"，使氨基酸按照mRNA密码所决定的次序顺次参入以形成蛋白质的过程。

翻译过程至少有200种蛋白质和3种RNA参与。mRNA为蛋白质的生物合成提供信息模板。tRNA运输氨基酸进入核糖体，是蛋白质生物合成中的接头分子（adaptor），对于完成翻译过程十分必要。核糖体作为一种翻译的场所为蛋白质合成提供重要的蛋白质因子、酶和具有精细功能的rRNA。各种氨酰tRNA合成酶的专一性识别在翻译过程中起着十分重要的作用。整个翻译过程可分为起始、延长和终止3个阶段。

第一节 蛋白质合成体系

为了便于阐述与理解，在本节开始时先简要介绍蛋白质合成体系的一些重要组分的性质与作用原理。蛋白质合成体系非常复杂，其中包括3种主要的RNA，核糖核蛋白以及许多辅助因子，等等。

一、mRNA

蛋白质合成体系中一个重要组分是信使 RNA（mRNA）。mRNA 由 DNA 经转录合成，携带着 DNA 的遗传信息，然后再用 DNA 上的遗传信息指导合成蛋白质，所以称为信使 RNA。

（一）遗传密码的解译

DNA 上携带的遗传信息首先传递给 mRNA，mRNA 再以编码的方式合成蛋白质。mRNA 如何编码蛋白质多肽链中的氨基酸顺序呢？

在 mRNA 中含有 4 种不同的碱基，如果每一种碱基编码一种氨基酸，那么 4 种碱基只能决定 4 种氨基酸的顺序，而蛋白质分子中的氨基酸有 20 种，显然是不够的。如果由 2 个碱基作为一组以编码一种氨基酸，也只能编码 $4^2=16$ 种氨基酸，仍然不够。如果以 3 个碱基作为一组，便一共可以有 $4^3=64$ 种排列，用于编码 20 种氨基酸就足够了。试验证明，在 mRNA 链上相邻的 3 个碱基作为一组，称为密码子（coden）。每个密码子只能编码一种氨基酸，密码子的阅读方向是 $5'\to 3'$。

1961 年，M. W. Nirenberg 和 J. H. Matthaei 建立了一个体外无细胞蛋白质合成系统，可以用外源加入的 mRNA 为模板，合成多肽或蛋白。他们将大肠杆菌破碎、离心、去细胞碎片，得到含有蛋白质合成所需要的各种成分的上清液（包括 DNA、mRNA、tRNA、核糖体、酶以及蛋白质合成所需的各种因子等）。将上述上清液保温一段时间，使得原有的 mRNA 耗尽，DNA 被降解掉，不能合成新的 mRNA，体系中自身蛋白质的合成终止。此时外源加入 mRNA(polyU)、ATP、GTP 和用同位素标记的 20 种氨基酸的其中一种，相同的反应在 20 个不同的管中同时进行（每管含不同同位素标记的氨基酸）。37 ℃保温约 1 h，然后加入三氯乙酸终止反应及沉淀蛋白质，结果只有 1 管中出现同位素标记的多肽，是 Phe－Phe－Phe……证明 UUU 编码苯丙氨酸，这是第一个被破译的密码。接着，Nirenberg 的研究小组又用同样的方法证明了 CCC 编码脯氨酸，AAA 编码赖氨酸，后来又用另外的方法证明了 GGG 编码甘氨酸。

随后，Nirenberg 和 Ochoa 等又用两种核苷酸或三种核苷酸合成 RNA 片段，作为合成肽链的模板重复上述实验。Nirenberg 合成 RNA 模板链时使用的是多核苷酸磷酸化酶（polynucleotide phosphorylase）。这个酶在正常的生理条件下打断 RNA 链，形成核苷二磷酸。在核苷二磷酸浓度高时，可以催化逆反应，在核苷酸之间形成 $3'-5'$ 磷酸二酯键，从而合成 RNA。例如，从 ADP 合成 polyA 的反应：

$$ADP+poly(A)_n \longleftrightarrow Pi+poly(A)_{n+1}$$

这个酶合成 RNA 时不需要模板，合成后产物的各种核苷酸组分完全依赖于加入反应体系中的 NTP 的比例。因此，当使用混合的核苷酸合成模板时，碱基的序列是随机的。碱基出现的频率完全依靠反应物的浓度。例如，反应体系中，当 U 的浓度是 G 浓度的 2 倍时，poly(UG)的序列可能是 UGUUGGGUUUUGUUGG……，或其他序列。由此得到的肽链中含有 Cys(UGU)、Leu(UUG)、Gly(GGU)、Phe(UUU)、Val(GUU) 和 Trp(UGG)。

从上述的结果可以知道核苷酸在密码子中的比例。Val、Leu、Cys 的密码子含有 2 个 U 和 1 个 G，而 Trp 和 Gly 的密码子则含有 2 个 G 和 1 个 U，但不能知道顺序。也就是说，Nirenberg 合成的 RNA 模板没有确切序列，是随机的。

1964 年，Nirenberg 的实验有了突破性进展。他使用了核糖体结合的方法，以三核苷酸为模板，将特定的氨酰 tRNA 结合到核糖体上，但是三核苷酸还是随机的片段。

同时，Khorana 用有机化学合成法加上酶法合成了具有重复碱基顺序的多核糖核苷酸，以 poly(UG) 作为模板，则合成的多肽链为半胱氨酸，与缬氨酸相间。

5'…UGU│GUG│UGU│GUG│UGU│GUG…3'
Cys—Val—Cys—Val—Cys—Val

阅读这个序列时，无论是从 U 开始还是从 G 开始，都得到—Cys—Val—Cys—Val—Cys—Val—相间的多肽链。Khorana 合成的 RNA 模板是有确切序列的 RNA 链，同时也进一步证实每个密码子由 3 个核苷酸组成。

如果用三核苷酸（UUC）重复的多聚核苷酸作模板，由于阅读框架不同，合成了 3 种不同的多肽，即多聚 Phe、多聚 Ser 和多聚 Leu，它们的关系如下：

5'…UUCUUCUUCUUCUUCUUC…3'
Phe—Phe—Phe—Phe—Phe—Phe—Phe
Ser—Ser—Ser—Ser—Ser—Ser—Ser
Leu—Leu—Leu—Leu—Leu—Leu—Leu

Khorana 和 Nirenberg 的结果相互印证，很快解读了约 50 个密码子。Khorana 发现 3 个密码子是终止密码子，不对应于任何一个氨酰 tRNA。还发现 AUG 既是 Met 的密码子，也是起始密码子。后来又破译了其他的密码子。

表 9-1　遗传密码

（引自赵武玲，2008）

第一位 (5'端)	第二位				第三位 (3'端)
	U	C	A	G	
U	UUU（苯丙氨酸）	UCU（丝氨酸）	UAU（酪氨酸）	UGU（半胱氨酸）	U
	UUC（苯丙氨酸）	UCC（丝氨酸）	UAC（酪氨酸）	UGC（半胱氨酸）	C
	UUA（亮氨酸）	UCA（丝氨酸）	UAA（终止密码子）	UGA（终止密码子）	A
	UUG（亮氨酸）	UCG（丝氨酸）	UAG（终止密码子）	UGG（色氨酸）	G
C	CUU（亮氨酸）	CCU（脯氨酸）	CAU（组氨酸）	CGU（精氨酸）	U
	CUC（亮氨酸）	CCC（脯氨酸）	CAC（组氨酸）	CGC（精氨酸）	C
	CUA（亮氨酸）	CCA（脯氨酸）	CAA（谷氨酰胺）	CGA（精氨酸）	A
	CUG（亮氨酸）	CCG（脯氨酸）	CAG（谷氨酰胺）	CGG（精氨酸）	G
A	AUU（异亮氨酸）	ACU（苏氨酸）	AAU（天冬酰胺）	AGU（丝氨酸）	U
	AUC（异亮氨酸）	ACC（苏氨酸）	AAC（天冬酰胺）	AGC（丝氨酸）	C
	AUA（异亮氨酸）	ACA（苏氨酸）	AAA（赖氨酸）	AGA（精氨酸）	A
	AUG（甲硫氨酸*）	ACG（苏氨酸）	AAG（赖氨酸）	AGG（精氨酸）	G
G	GUU（缬氨酸）	GCU（丙氨酸）	GAU（天冬氨酸）	GGU（甘氨酸）	U
	GUC（缬氨酸）	GCC（丙氨酸）	GAC（天冬氨酸）	GGC（甘氨酸）	C
	GUA（缬氨酸）	GCA（丙氨酸）	GAA（谷氨酸）	GGA（甘氨酸）	A
	GUG（缬氨酸）	GCG（丙氨酸）	GAG（谷氨酸）	GGG（甘氨酸）	G

注：* AUG 也作为起始密码子。

密码子的阅读方向为 5'→3'。

Leu、Ser、Arg 具有 6 个密码子；Pro、Thr、Ala、Val、Gly 具有 4 个密码子；Ile 具有 3 个密码子，其余的氨基酸 (Phe、Tyr、His、Gln、Asn、Lys、Asp、Glu、Cys) 具有 2 个密码子；只有 Met 和 Trp 具有 1 个密码子。终止密码子不对应于任何氨基酸。

根据上述的试验以及其他试验的结果，现在已知道，在64个碱基三联体密码子中，有61个是编码氨基酸的密码子，而且已确定它们之间的对应关系。至于其余的三个密码子UAA、UAG、UGA，也已于1966年被发现是终止密码子。这些遗传密码如表9-1所示。

(二) 密码子的性质

表9-1中所列出的遗传密码具有以下特点：

1. 通用性 密码子的通用性 (universal) 是指各种高等和低等的生物（包括病毒、细菌及真核生物等）可共用同一套密码。较早时，曾认为密码是完全通用的。将血红蛋白的mRNA，兔网织红细胞的核糖体与大肠杆菌的氨酰tRNA及其他蛋白质合成因子一起进行反应时，合成的是血红蛋白。这就说明大肠杆菌tRNA上的反密码子可以正确阅读血红蛋白mRNA上的信息。这样的交叉实验也在豚鼠和南非爪蛙等其他生物中进行过，都证明了密码的通用性。

多年来，人们认为遗传密码是通用的，即所有的生物都使用同样的密码。但是1980年以来通过对人、牛和酵母基因序列和基因结构的研究，发现密码子的通用性也有例外。例如，人和牛线粒体中AUA编码Met，而不是Ile；酵母线粒体GUA不是终止密码子而变成了Trp的密码子；有些动物线粒体的AGA和AGG是终止密码子而不再编码Arg；另外一些单细胞生物，如一些纤毛的原生动物UAA和UAG编码Gln，而不是终止密码子。这类变化基本上发生在线粒体或叶绿体中，而且大多数变化发生在终止或起始密码子上，所以说密码子是近于完全通用的。

近年来发现终止密码子UGA可编码硒代半胱氨酸，硒代半胱氨酸可认为是蛋白质的第21种氨基酸。2002年又从古细菌和真细菌中发现UGA编码天然的吡咯赖氨酸。

2. 简并性 由于密码子有64个，其中有3个终止密码子。而氨基酸只有20种，所以一个氨基酸可能具有多个密码子。除色氨酸和甲硫氨酸只有一个密码子外，其他18种氨基酸均具有多于1个密码子。这种几个密码子编码一个氨基酸的现象称为密码子的简并性 (degeneracy)。亮氨酸、精氨酸和丝氨酸均各有6个密码子。

编码同一种氨基酸的密码子称同义密码子 (synonymouse codon)。例如，甘氨酸的密码子是GGU、GGC、GGA、GGG，这4个密码子就是同义密码子。密码子的简并性往往表现在密码子的第三位碱基上，如Gly密码子的前两位碱基都相同，只是第三位碱基不同。

从表中可以看出，一种氨基酸的同义密码子往往分布在同一方格内（具6个同义密码子的除外）。由于同义密码子的存在，如果密码子的第三位碱基发生改变，并不会使氨基酸发生改变。这便可以减少由于突变引起的恶果，使基因突变可能造成的危害降至最低程度。

同义密码子在遗传密码表中的分布十分有规则，且密码子中的碱基序列与其相应氨基酸的物理化学性质之间存在一定关系。在遗传密码表中，氨基酸的极性通常由密码子的第二位（中间）碱基决定。例如，当中间碱基是嘌呤 (A或G) 时，编码的氨基酸具有极性侧链，常在球状蛋白质的外部。当中间碱基是嘧啶 (C或U) 时，其相应的氨基酸具有非极性侧链，常在球状蛋白质的内部。也有个别例外。

密码子的简并性具有重要生物学意义，即可以减少突变频率，稳定物种，维持物种的遗传性。因为如果一种氨基酸只用一个密码子，那么便余下都是终止密码子。当发生突变时，导致肽链不正常终止的几率便大得多。

另外，密码子 AUG 具特殊功能。它既可作为甲酰甲硫氨酰－tRNA 的密码子，又是甲硫氨酰－tRNA 的密码子。

3. 变偶性 mRNA 的密码子和 tRNA 的反密码子配对时，密码子中前两位碱基具有较强的特异性，是标准碱基配对（A 与 U 配对，G 与 C 配对）。但是由于密码子的简并性往往表现在密码子的第三位碱基上，第三位碱基配对时就不可能那么严格，而是有一定的自由度（即变偶），有时也称为摆动性。

Crick 提出变偶假说（wobble hypothesis）解释这一现象。这个假说认为，当 tRNA 的反密码子与 mRNA 的密码子配对时，对每个密码子上的 3 个碱基中的前两个有严格的要求。但对密码子上的第三位碱基要求不很严格，可以产生不规则的碱基配对。例如，苯丙氨酸 tRNA 的反密码子 3′- AAG - 5′可以和 mRNA 的密码子 5′- UUU - 3′或 5′- UUC - 3′配对。

一种 tRNA 分子常常能够识别一种以上的同义密码子，这是因为 tRNA 分子上的反密码子与密码子的配对具有摆动性。配对的摆动性是由 tRNA 反密码子环的空间结构决定的。反密码子 5′端的碱基处于倒 "L" 型 tRNA 的顶端，受碱基堆积力的束缚较小，因此有较大的自由度，而且该位置的碱基常为修饰的碱基，如次黄嘌呤 I。

4. 无间隔 各个密码子互相连接，一个接一个，各密码子之间也没有间隔，即没有中断。要正确阅读密码子，必须从起始密码子开始，依次连续地一个密码子接着一个密码子往下读，直到遇到终止密码子。各个密码子之间无分隔的信号。

5. 不重叠 一般情况下遗传密码是不重叠（nonoverlapping）的，即三联体只编码一个氨基酸，其中的 3 个核苷酸并不重叠使用。密码子以 3 个核苷酸为一组，在一轮蛋白质合成中只能被阅读一次。如以下序列：

ACGACGACGACGACGACGACG
CGACGACGACGACGACGACGA
GACGACGACGACGACGACGAC

以 3 个核苷酸为一个单位，可分为 8 个单位，每个单位代表一个氨基酸，这称为不重叠。如果 ACG 代表一个氨基酸，CGA 代表另一个氨基酸，GAC 代表第三个氨基酸等，这称为重叠。如果 CGA 代表一个氨基酸，ACG、GAC 代表另一个氨基酸，这也是重叠。

既然三联体不能重叠阅读，那么如果起点不同，就有 3 种阅读框，将核苷酸译成蛋白质就有了 3 种可能性：

－Thr－Thr－Thr－Thr－Thr－Thr－Thr－Thr－
－Arg－Arg－Arg－Arg－Arg－Arg－Arg－Arg－
－Asp－Asp－Asp－Asp－Asp－Asp－Asp－Asp－

1961 年，Crick 发现密码子只能从一个固定的起点，以不重叠的三联体（triplet）阅读。阅读在一个固定的范围内进行，这个范围就称为阅读框（reading frame）。如果在这段序列中插入一个或删去一个核苷酸，就会改变阅读框，并引起蛋白质的改变，这种改变叫移码（frame shift）。

虽然密码子的阅读是不重叠的，但在少数病毒中有些基因是重叠的，这与密码子的不重叠是不同的概念。如在噬菌体 φX174 的基因组中发现了 2 个重叠基因，虽然基因重叠，但阅读框并不相同。

6. 防错系统 虽然密码子的简并程度各不相同，但同义密码子在遗传密码表中的分布却十分有规则，且密码子中的碱基序列与相应氨基酸的物理化学性质之间存在一定关系。在遗传密码表中，氨基酸的极性通常由密码子的第二位（中间）碱基决定，简并性由第三位碱基决定。例如，中间碱基是嘌呤时，编码的氨基酸具有极性侧链，常在球状蛋白质的外部；中间碱基是嘧啶时，其相应的氨基酸具有非极性侧链，常在球状蛋白质的内部，也有个别例外。这种分布使得密码子中一个碱基被置换，其结果仍然编码相同的氨基酸，或极性相近的氨基酸，从而使得基因突变可能造成的危害降至最低程度。即密码的编排具有防错功能，这是进化过程中获得的最佳选择。

二、tRNA

mRNA上的密码子编码了氨基酸，但是核苷酸与氨基酸在结构、性质上没有任何可以相互作用的可能性。因此需要一个接头分子，把mRNA上的核苷酸序列解读为蛋白质中的氨基酸序列。这个接头分子就是tRNA。在蛋白质合成中，tRNA起着运载氨基酸的作用，将氨基酸按照mRNA链上的密码子所决定的氨基酸顺序搬运到蛋白质合成的场所——核糖体的特定部位。tRNA是多肽链和mRNA之间的重要转换器。

（一）tRNA识别mRNA链上的密码子

在tRNA链上有3个特定的碱基，组成一个反密码子。由反密码子按照碱基配对原则识别mRNA链上的密码子。这样就保证了不同的氨基酸按照mRNA密码子所决定的次序进入多肽链中。反密码子的阅读方向也是$5'\rightarrow 3'$，但是与密码子是反平行的互补关系。所以，反密码子上的第一位碱基是与密码子上的第三位碱基配对的，书写为：

密码子：5′—ACG—3′

反密码子：3′—UGC—5′

不过，由于密码子的简并性，一个tRNA可以识别不止一个密码子。也就是说，tRNA上反密码子的第一位碱基可以与密码子上不同的第三位碱基配对。这个位置上的碱基对可能是不规则的，例如，产生GU对。

反密码子与密码子之间的这种识别方式就是变偶性。表9-2中列出反密码子中可以和mRNA中的密码子配对的碱基。

表9-2 根据变偶学说的碱基配对

(引自赵武玲，2008)

反密码子的碱基	密码子的碱基
G	U或C
C	G
A	U
U	A或G
I	A、U或C

当反密码子的第一位碱基是次黄嘌呤I时，它可以和U、C、A 3种碱基配对。如果一个氨基酸的密码子在第三位上有U、C、A 3种变化时，同时一个tRNA分子在第一位碱基是I，那么一种tRNA就可以识别3种同义密码子，这正是异亮氨酸的情况。理论上说，异亮氨酸的3个同义密码子只需一种tRNA就够了。变偶性的优越性是显而易见的，因为可以减

轻基因组编码 tRNA 的负担。

(二) tRNA 携带特定的氨基酸

tRNA 分子的 3′端的碱基顺序是-CCA，氨基酸的羧基连接到 3′末端腺苷的核糖 3′-OH 上，形成氨酰 tRNA。

tRNA 是以所运载的氨基酸命名的。如携带丙氨酸的 tRNA 称为丙氨酸-tRNA 或 $tRNA^{Ala}$。结合氨基酸后，就称为丙氨酰 tRNA，如，$Ala-tRNA^{Ala}$。

一种 tRNA 只携带一种氨基酸，但是一种氨基酸可被几种 tRNA 携带。每一种氨基酸可以有一种以上 tRNA 作为运载工具，人们把携带相同氨基酸而反密码子不同的一组 tRNA 称为同功受体（isoacceptor）。

(三) tRNA 连接多肽链和核糖体

在核糖体内合成多肽链的过程中，生长中的多肽链通过 tRNA 暂时结合在核糖体的正确位置上，直至合成终止后多肽链才从核糖体上脱下。tRNA 起着连接这条多肽链和核糖体的作用。

(四) 起始 tRNA

密码子 AUG 既是起始密码子，又是肽链延伸中甲硫氨酸的密码子。那么如何区分起始 AUG 和延伸中的 AUG 呢？一方面是存在两种分子结构不同的 tRNA，一种用于起始，一种用于肽链的延伸。另一方面是起始 AUG 处于 mRNA 的特殊部位，如在原核生物 mRNA 中，AUG 的 5′上游区有特殊的 SD 序列；真核生物中，起始 AUG 是 mRNA 中帽子结构下游的第一个 AUG。

原核生物的起始 tRNA 分子与延伸过程中的 tRNA 有两处区别：氨基酸臂上最后 2 个碱基不配对；反密码子臂上有 3 个连续的 GC 对（图 9-1）。起始 tRNA 携带的甲硫氨酸也与延伸过程不同，是被甲酰化修饰的。因此，在原核生物中，起始氨酰 tRNA 是 N-甲酰甲硫氨酰 $tRNA_f$，用 N-$fMet$-$tRNA_f$ 表示。

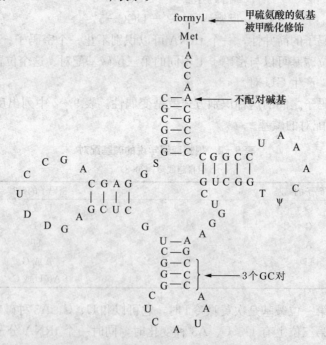

图 9-1　大肠杆菌中蛋白质合成起始的 N-甲酰甲硫氨酰-$tRNA_f$

(引自赵武玲，2008)

在原核生物中，起始 tRNA 并不是直接与甲酰甲硫氨酸结合。tRNA_f 先结合甲硫氨酸，然后氨基酸再进行甲酰化，甲酰基团的供体是甲酰四氢叶酸。

真核生物的起始 tRNA 用 tRNA_i 表示，延伸中的甲硫氨酸 tRNA 用 tRNA_m 表示，分别高度特异性地识别起始和延伸 AUG 密码子。

三、rRNA 和核糖体

核糖体是蛋白质合成的场所。在真核细胞内，核糖体一部分和原核细胞一样，分布在细胞质中，一部分则与内质网结合，形成粗糙的内质网。每个真核细胞含 $10^6 \sim 10^7$ 个核糖体。在线粒体和叶绿体内也含有核糖体。

(一) 核糖体的组成

处在生长期的每个大肠杆菌细胞含 20 000 个以上的核糖体。大肠杆菌以及真核生物中的叶绿体、线粒体中，核糖体相对分子量为 2.5×10^6，沉降系数 70S。核糖体由大小两个亚基组成，大亚基的沉降系数为 50S，小亚基的沉降系数是 30S。在 10 mmol·L^{-1} MgCl$_2$ 溶液中，这两个亚基结合在一起，但在 0.1 mmol·L^{-1} MgCl$_2$ 溶液中则完全分开。需要指出的是，这里的亚基和以前我们所说的酶的亚基的概念是不同的，酶的亚基通常由一条多肽链组成，但核糖体的亚基则除了含 RNA 外，还含有二三十个或更多的蛋白质。核糖体的组分如表 9-3 所示。核糖体蛋白中有许多是碱性很强的蛋白质。

原核生物核糖体中含 3 种 rRNA，在大亚基中的是 23SrRNA 和 5SrRNA，在小亚基中是 16SrRNA。核糖体中的 rRNA 大部分（60%～70%）折叠成碱基对突环，和 tRNA 一样。

真核细胞核糖体的沉降系数为 80S，也由一大一小两个亚基组成。大亚基的沉降系数为 60S，小亚基的沉降系数是 40S。真核生物核糖体的大亚基含有的 rRNA 包括 28S、5S 和 5.8S 三种，小亚基中含有 18SrRNA。

表 9-3 核糖体的组分

（引自赵武玲，2008）

来源	大小	亚基	蛋白质 数目	蛋白质 相对分子质量	rRNA 大小	rRNA 核苷酸数量
大肠杆菌	70S	50S（大）	34	10 000~30 000	23S	3 200
					5S	120
		30S（小）	21	10 000~30 000 (其中一种为 65,000)	16S	1 600
鼠肝	80S	60S（大）	39	10 000~30 000	28S	5 000
					5S	
		40S（小）	30	10 000~30 000	18S	1 900
豌豆幼苗	80S	60S（大）	45~45		28S	相对分子质量 5 000
		40S（小）	32~40		18S	

（二）核糖体的结构

用电子显微镜观察，大肠杆菌 70S 核糖体形似一个椭球体。它的 30S 小亚基具有较长的，不对称的外形。30S 小亚基的结构可以分出基部、头部和具有不规则边缘的平台。30S 亚基头部负责 mRNA 起始位点的识别与结合。50S 亚基的形状可以分出基部、柄部和隆起的部分。

当小亚基与大亚基结合成 70S 核糖体时，小亚基横摆在大亚基上（图 9-2），两个亚基界面留下的空隙就是 mRNA 进出核糖体的隧道。

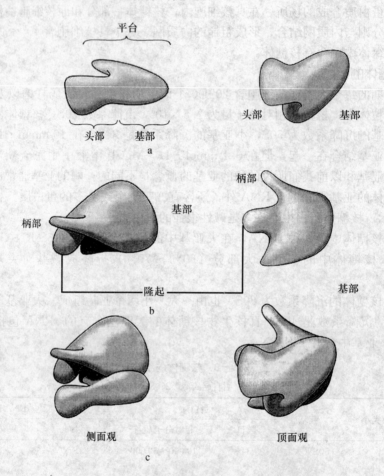

图 9-2　大肠杆菌核糖体的结构模型
a. 30S 小亚基　b. 50S 大亚基　c. 70S 核糖体
（引自 Nelson，2008）

（三）核糖体的活性位点

核糖体上具有很多活性位点，这里主要介绍 P 位点和 A 位点。

P 位（肽基部位 peptidyl site）是起始氨酰 tRNA（N-fMet-tRNA$_f$）的结合位点，也是肽基 tRNA 的结合位点，还是脱负载的 tRNA 的离开部位。A 位（氨酰基部位 aminoacyl site）是延伸中的氨酰 tRNA 进入核糖体并结合的结合位点，也是肽基 tRNA 的结合位点，还是释放因子识别的位点。每个位点都是由两个亚基共同组成的，也就是说，这两个部位有一部分在小亚基内,一部分在大亚基内。tRNA 的携带氨基酸部分与大亚基结合,其反密码子区段则与小亚基结合,并与 mRNA 接触。催化形成肽键的肽基转移酶(peptidyl transferase)分布在大亚基中,可能在 P 位附近(图 9-3)。

核糖体上还有其他的位点,如大亚基上有 E 位点、氨酰 tRNA 结合位点、延长因子EF-G结合位点等。脱负载的 tRNA 通过 E 位点离开核糖体。小亚基上有 mRNA 结合位点、延长因子EF-Tu 结合位点,肽酰 tRNA 结合位点大部分也位于小亚基上等。

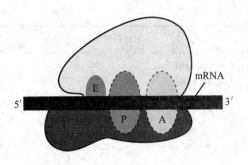

图 9-3 核糖体上的活性位点
(引自 Nelson,2008)

核糖体的大亚基在无小亚基存在时则不能与 mRNA 结合,但能与 tRNA 非特异地结合。

四、辅助因子

在蛋白质合成体系中,仅有 mRNA、各种氨基酸、tRNA 和核糖体组成的系统是不能合成蛋白质的,还必须有辅助因子的参与,这些辅助因子包括起始因子、延长因子、释放因子等。在原核细胞和真核细胞的蛋白质合成过程中,这些辅助因子的种类、数量上有些差异,但起始、延长、终止各阶段总体上功能是相似的。它们的功能如表 9-4 所示。

表 9-4 核糖体的辅助因子
(引自赵武玲,2008)

名称	相对分子质量	功能
原核细胞起始因子 (initiation factor)		
IF-1	9 400	与 30S 亚基结合,增加起始复合物形成速度
IF-2	75 000 95 000	以两种分子量不同的形式存在,但活性相同,对 GTP 和 fMet-tRNA 有一定亲和力。
IF-3	23 000	与未和 mRNA 结合的 30S 亚基结合,使之避免与 50S 亚基发生无效结合。与 mRNA 的起始部位有一定亲和力,可帮助起始复合物正确定位。
延长因子 (elongation factor)		
EF-Tu	40 000	将氨酰-tRNA 连接于核糖体的 A 位,反应与 GTP 的水解偶联。
EF-Ts	19 000	置换与 EF-Tu 成复合物的 GDP,生成 Tu-Ts 复合物。复合物中的 Ts 又可被 GTP+氨酰-tRNA 置换,使 EF-Tu 再生。
EF-G	80 000	催化肽链移位步骤,与 GTP 分解偶联。

续表

名称	相对分子质量	功能
终止和释放因子 (release factor)		
RF-1	44 000	当mRNA的终止密码子进入核糖体的A位时,释放因子占据A位,最后导致肽链的释放。
RF-2	47 000	RF-1识别UAA和UAG,RF-2识别UAA和UGA
RF-3		功能不很清楚
真核细胞(细胞质)		
起始因子		(已分离出多种,但结果不很一致)
延长因子		
EF-1	160 000	功能相当于Tu+Ts
EF-2	60 000	与EF-G相同,与移位步骤有关
终止和释放因子		细节不很清楚,可能与细菌的因子作用相同。

（一）起始因子

mRNA和氨酰tRNA并不能直接与核糖体结合。蛋白质合成起始时,首先要在在起始因子(IF)的帮助下形成起始复合物(核糖体·mRNA·起始tRNA),然后蛋白质合成才能继续进行。

原核生物起始因子有3种,包括IF-1、IF-2和IF-3。IF-3是30S亚基与mRNA起始部位结合的必需因子。IF-3还具有使30S亚基和50S亚基解离的活性。IF-2则专一地与起始tRNA(N-fMet-tRNA$_f^{Met}$)结合,它还具有GTPase活性。IF-1主要帮助IF-3与30S亚基结合。

（二）延长因子

延长因子是肽链延长反应所必需的蛋白因子。原核生物延长因子可分为两类:一类是帮助氨酰tRNA进入核糖体与mRNA特异密码子结合的EF-Tu和EF-Ts;另一类是使肽酰tRNA从核糖体A位移向P位的EF-G。

EF-Tu按照mRNA上的密码,帮助氨酰tRNA进入A位。在GTP的存在下,EF-Tu专一地识别和结合(除fMet-tRNA$_f^{Met}$外)所有肽链延伸过程中的氨酰tRNA,形成EF-Tu·GTP·氨酰tRNA三元复合物。而起始tRNA不能与EF-Tu·GTP形成复合物,这样保证起始tRNA携带的fMet不能进入肽链内部。

EF-Ts则使EF-Tu·GDP再生为EF-Tu·GTP,后者再参加肽链的延长。

肽酰tRNA从核糖体A位移到P位需要EF-G和GTP。EF-G具有依赖核糖体的GTPase活性。GTP水解的能量提供转移反应。

（三）终止释放因子

它的作用是终止肽链合成,并使新生肽链从核糖体释放出来。原核生物有3种终止释放因子：RF-1、RF-2、RF-3。前两者能识别终止密码子，RF-3促进前两者识别终止密码子。

除了上述的蛋白质因子外，蛋白质的生物合成还需要ATP、GTP、Mg^{2+}等的参与。这些因子的作用将在下文叙述。

真核生物的辅助因子在缩写前加e，表示是真核生物（eukaryote），例如，eIF、eEF和eRF。

第二节 蛋白质合成的过程

在了解了蛋白质合成体系中的一些重要组分的基础上，我们便可以进一步讨论关于蛋白质合成的具体过程了。蛋白质生物合成的一般特征是具有方向性，即核糖体沿着mRNA 5′端向3′端移动合成蛋白质，且蛋白质的合成是从氨基端开始向羧基端延伸。蛋白质的生物合成要比DNA复制和转录复杂得多，大约需要300种生物大分子参加。蛋白质合成需要消耗大量能量，约占全部生物合成反应总消耗能量的90%，所需能量由ATP、GTP提供。蛋白质的合成过程可以分为4个步骤：氨基酸的活化，肽链合成的起始，肽链延长，终止。

本章首先介绍以大肠杆菌为例的原核生物蛋白质的合成过程。

一、氨基酸的活化和转移

肽键是一个氨基酸的羧基与另一个氨基酸氨基之间形成的共价键，但是两个氨基酸并不能直接反应。一个氨基酸要进入蛋白质合成途径，必须在氨酰tRNA合成酶的催化下，将羧基以酯键连接于tRNA的3′端羟基上，形成氨酰tRNA。然后氨酰tRNA再按照mRNA上密码子的顺序把氨基酸带到核糖体上，由核糖体上的肽基转移酶催化形成肽键。

氨酰tRNA合成酶为氨基酸与tRNA连接提供了平台，酶催化的反应可以分为活化和转移两个步骤。

（一）氨基酸的活化

氨基酸在参加蛋白质合成以前，必须要活化，以获得额外的能量。活化过程是在氨酰-tRNA合成酶（amino acyl-tRNA synthetase）的催化作用下，先将氨基酸与ATP酶结合，生成氨酰AMP复合物。这一步反应称为氨基酸的活化（图9-4 a、b、c）。反应为：

氨基酸＋ATP＋E ⟷ 氨酰~AMP-E＋PPi

释放的焦磷酸迅速水解，提供反应所需要的能量。在氨酰腺苷酸（AA~AMP）分子中，氨酰基是同腺苷酸核糖C-5′上的磷酸基结合的。AA~AMP极不稳定，但同氨酰tRNA合成酶（E）结合成复合物后即较稳定。氨酰tRNA合成酶对氨基酸及其相应的tRNA的专一性很高，一种特定的合成酶一般只能活化一种氨基酸，但少数情况下也有两个酶都能活化一种氨基酸的，如大鼠肝细胞中的甘氨酸和苏氨酸就各有两个活化酶。组成蛋白质的20种氨基酸，至少有20种以上的专一性活化酶。这是因为氨酰tRNA合成酶分子上有两个识别位点（recognition sites）：一个位点能识别氨基酸，只与所需要的氨基酸连接，不需要的氨基酸则被排除出去（如鸟氨酸、瓜氨酸等）；另一个识别位点能识别专一性的tRNA，且将特定的氨基酸转移给特定的tRNA。

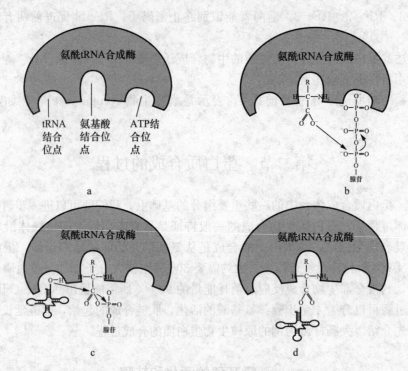

图 9-4 氨酰 tRNA 合成酶催化的反应
a. 氨酰-tRNA 合成酶中的底物结合位点　b. ATP 和氨基酸与酶结合　c. 反应产生氨酰-AMP
d. 氨酰基从 AMP 上转移到 tRNA 上，生成氨酰-tRNA

(引自赵武玲，2008)

(二) 活化氨基酸的转移

活化后的氨基酸在氨酰 tRNA 合成酶的催化下转移到 tRNA 上，将 AMP 释放（图 9-5d）。反应为：

$$\text{氨酰 AMP} + \text{tRNA} \longleftrightarrow \text{氨酰 tRNA} + \text{AMP}$$

氨酰 tRNA 合成酶催化的总反应为：

$$\text{氨基酸} + \text{tRNA} + \text{ATP} + \text{H}_2\text{O} \longleftrightarrow \text{氨酰 tRNA} + \text{AMP} + 2\text{Pi}$$

酶催化的两步反应都是可逆的，形成氨酰 AMP 所需的自由能以及氨酰 tRNA 水解产生的自由能与 ATP 水解产生的能量大致相当，所以，整个反应由 PPi 水解产生的能量驱动前行。反应中形成氨酰 tRNA 可参加蛋白质的合成，释放的合成酶可再次参与氨基酸的活化与转移。

尽管催化的反应很相似，但是各种氨酰 tRNA 合成酶的分化程度非常高。各种氨酰 tRNA 合成酶的亚基数量、多肽链的氨基酸序列都不相同。根据氨酰 tRNA 合成酶的氨基酸顺序以及结构的分析，可以把酶分为两类，每类大约各有 10 种成员。

第Ⅰ类合成酶多是单体，催化氨酰基连接在 tRNA 的 3′末端腺苷酸的 2′-OH 上，然后经转酯反应转移到 3′-OH。只有氨基酸连接到 tRNA 的 3′-OH 上，才能作为蛋白质合成的真正底物。第Ⅰ类酶识别的多为侧链比较大，或疏水性比较强的氨基酸。

第Ⅱ类多是同二聚体或同四聚体，氨酰基直接连接在 tRNA 的 3′末端腺苷酸的 3′-OH 上。第Ⅱ类合成酶识别的氨基酸侧链一般比较小，极性比较强。

氨酰 tRNA 合成酶对氨基酸及其相应的 tRNA 的专一性很高。一种特定的合成酶一般只活化一种氨基酸，但可以识别一组同功受体 tRNA，不过催化反应的速度可能不同。少数情况下酶也可能出错，但是氨酰 tRNA 合成酶可以校正错误。因此酶催化反应的错误率小于万分之一，这对于蛋白质合成的忠实性起重要作用。

1977 年，Alan Fersht 提出氨酰 tRNA 合成酶的双重筛选机制。第一次筛选在酶的活性位点进行，把大于正常底物的氨基酸排除。但是，小于正常底物的氨基酸有可能被活化或转移给 tRNA。第二次筛选在校正位点进行，把小于正常产物的氨酰 AMP 以及极少量的氨酰- tRNA 降解。

氨酰- tRNA 合成酶的校正功能可以用 Ile - tRNA^{Ile} 合成酶的实验说明。这个实验是在体外进行的，条件之一是高浓度的 Val。很高的浓度促使 Val 与酶的活性中心结合。

Val 比 Ile 少一个亚甲基，可以结合到酶的活性中心，但即使缺少了一个亚甲基也少提供了 $12\ kJ\cdot mol^{-1}$ 结合能。尽管这个能量很少，却足以使得酶与 Ile 的结合比与 Val 的结合紧密 100 倍。因此，Ile - tRNA^{Ile} 合成酶可以将 Ile 与 Val 区分开来。少量经活化产生的 Val - AMP 被转移到校正位点水解。Ile - tRNA^{Ile} 合成酶也可以把不正确的 Val - tRNA^{Ile} 水解。校正使忠实性又增加 100 倍。细胞内，氨酰 tRNA 合成酶催化反应的错误率低于为 10^{-5}。

二、肽链合成的起始

蛋白质合成的起始（initiation）包括了辨认起始密码子；核糖体与 mRNA、第一个氨酰 tRNA、起始因子结合形成起始复合物。

（一）起始密码子的辨认

蛋白质合成的起始是相当复杂的。首先必须辨认出 mRNA 链上的起始点。mRNA 链上的 AUG 是起始密码子，同时也是多肽链内部的甲硫氨酸的密码子。

tRNA$_f$ 和 tRNA$_m$ 均具有相同的反密码子 $5'- CAU - 3'$，但 tRNA$_f$ 只与起始密码子 AUG 相结合而不与内部甲硫氨酸密码子 AUG 相结合，而 tRNA$_m$ 则相反，只与内部的 AUG 密码子结合，而不与起始密码子结合。那么，如何识别起始的和内部的 AUG 密码子呢？原核生物中，核糖体的小亚基中的 16SrRNA 起着协助辨认起始密码子的作用。

在原核生物核糖体中，mRNA 的起始密码子 AUG 的上游 5～10 个碱基处有一段富含嘌呤的短序列，3～10 个核苷酸长，是翻译的起始信号。它是在 1974 年由 Shine 和 Dalgano 发现的，所以称为 SD 序列。SD 序列的作用是与 16SrRNA 的 $3'$ 端上一段富含嘧啶的序列结合，小亚基 16SrRNA 的 $3'$ 端的这个小片段就被称为反 SD 序列。当 mRNA 中的 SD 序列与 16SrRNA 上的反 SD 序列结合后，就指示了下游的 AUG，即是蛋白质合成的起始密码子（图 9 - 5）。

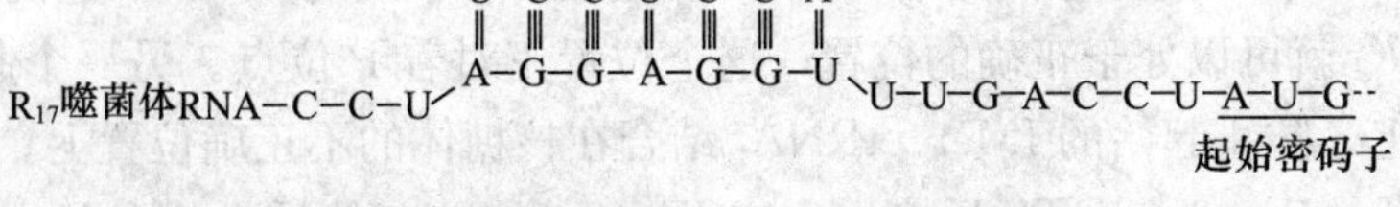

```
16srRNA(3-OH)A-U  U-C-C-U-C-C-A  C-U-A-G-
                  | | | | | | |
R₁₇噬菌体RNA-C-C-U  A-G-G-A-G-G-U  U-U-G-A-C-C-U-A-U-G-
                                                起始密码子
```

图 9 - 5　mRNA 上的 SD 序列与 16SrRNA 上的反 SD 序列结合

（引自赵武玲，2008）

(二) 起始复合物的形成

在原核细胞内, 在蛋白质合成时, 多肽链的起始氨基酸均是甲酰甲硫氨酸, 但在真核细胞内的起始氨基酸则是甲硫氨酸。其合成过程是首先在甲硫氨酰 tRNA 合成酶催化下, 使甲硫氨酸与专一的起始 tRNA($tRNA^{fMet}$) 结合生成甲硫氨酰 $tRNA^{fMet}$($Met-tRNA^{fMet}$), 然后由 N^{10}-甲酰四氢叶酸 (N^{10}-甲酰 FH_4) 提供甲酰基, 在特异的甲酰基转移酶的催化下, 生成甲酰甲硫氨酰 $tRNA^{fMet}$ ($fMet-tRNA^{fMet}$)。甲硫氨酰 $tRNA^{fMet}$ 的甲酰化作用很重要, 一方面是原核细胞肽链合成起始所必需, 另一方面甲酰化也是对氨基的保护, 这样可以保证第二个氨基酸定向地接到它的羧基上。

在原核细胞内有两种对甲硫氨酸专一的 tRNA, 分别用 $tRNA_m$ 和 $tRNA_f$ 表示。$tRNA_f$ 带上甲硫氨酸后能甲酰化, 是起始 tRNA, 识别起始密码子 AUG, 用于肽链合成的起始; $tRNA_m$ 带上甲硫氨酸后不能甲酰化, 识别肽链内部的密码子 AUG, 在肽链延伸中起作用 (图 9-6)。

$$CH_3-S-CH_2-CH_2-CH-COOH \qquad CH_3-S-CH_2-CH_2-CH-COOH$$
$$\qquad\qquad\qquad\qquad |\qquad\qquad\qquad\qquad\qquad\qquad\qquad\qquad |$$
$$\qquad\qquad\qquad\qquad NH_3 \qquad\qquad\qquad\qquad\qquad\qquad\qquad NH_3-CHO$$

L-甲硫氨酸 (Met) $\qquad\qquad\qquad\qquad\qquad$ N-甲酰甲硫氨酸 (fMet)

甲酰甲硫氨酸是在转甲酰酶 (transformylase) 催化下, 将甲硫氨酰 $tRNA_f$ ($Met-tRNA_f$) 的氨基甲酰化:

$$甲酰四氢叶酸 + Met-tRNA_f \xrightarrow{\text{转甲酰酶}} fMet-tRNA_f$$
$$N-甲酰甲硫氨酰 tRNA$$

但 $Met-tRNA_m$ 则不能起上述反应, 也不能催化游离的甲硫氨酸甲酰化。

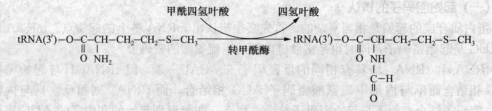

图 9-6 甲硫氨酰 $tRNA_f$($Met-tRNA_f$) 的氨基甲酰化
(引自赵武玲, 2008)

除了上述的 $fMet-tRNA_f$、mRNA、核糖体等之外, 原核生物的蛋白质合成的起始还需要起始因子 (initiation factor) 参与, 分别以 IF-1、IF-2、IF-3 表示, 由上述的全部因子组装成一个起始复合物 (initiation complex)。这个组装步骤可以分成 3 个阶段。

1. 第一阶段 细胞内, 核糖体的两个亚基可以呈分离态或结合成完整的核糖体 (70S)。IF-3 与 30S 小亚基结合后, 阻止两个亚基形成完整的核糖体。当 IF-3 与 30S 小亚基结合后, mRNA 才能与小亚基结合。由于 16SRNA 上反 SD 序列与 mRNA 上的 SD 序列结合, 起始密码子 AUG 就可以处于正确的位置, 这个位置正对着 P 位点。另一个起始因子 IF-1 结合在 A 位点上, 防止起始的 $fMet-tRNA_f$ 结合在核糖体的不正确位置上。

2. 第二阶段 IF-2 与 GTP 反应后生成 IF-2·GTP, 然后再与 $fMet-tRNA_f$ 结合生成复合物。IF-3·30S·mRNA 与 IF-2·GTP·$fMet-tRNA_f$ 两个复合物进一步结合, 形成一个更大的复合物, 称为 30S 起始复合物。

此时 fMet-tRNA$_f$ 进入 P 位点，fMet-tRNA$_f$ 的反密码子与 mRNA 的起始密码子 AUG 配对。

3. 第三阶段 30S 起始复合物与 50S 大亚基结合。同时 IF-2 结合的 GTP 水解，产生 GDP 和 Pi 从复合物中释放出去，3 个起始因子也被释放。此时，形成了完整的 70S 起始复合物。

在起始复合物的组装完成之后，便可以进行下一阶段的肽链延长（图 9-7）。

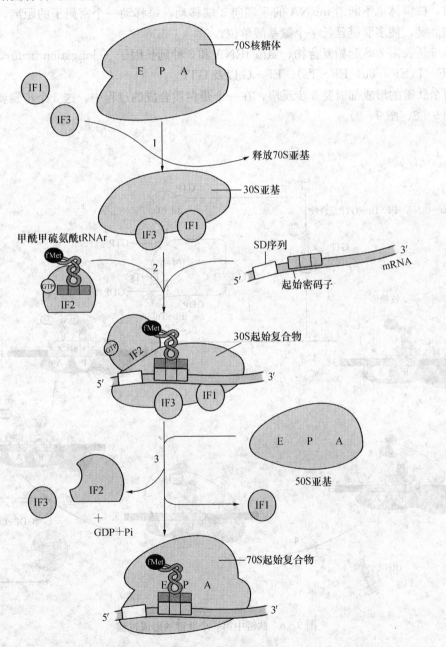

图 9-7 蛋白质合成起始复合物的形成
(1、2、3 分别表示起始复合物形成的 3 个阶段)
(引自 Nelson，2008)

三、肽链合成的延伸

一旦 fMet-tRNA 进入核糖体的 P 位，肽链便可以开始延长（elongation），新的携带着特异的氨基酸的 tRNA 便按照着 mRNA 上密码子所决定的顺序依次进入，形成多肽链。与此同时，核糖体也不断沿 mRNA 的 5′端向 3′端移动，每移动一个密码子的距离，便形成一个新的肽键，使多肽链延长一个氨基酸单位。

肽链延长需 70S 起始复合物、氨酰 tRNA 和 3 种延长因子（elongation factor，EF），包括：EF-T(EF-Tu，EF-Ts)、EF-G 以及 GTP。

每个肽键的形成都需要 3 步反应，在一个蛋白质合成的过程中，这 3 个步骤要重复许多次（图 9-8、图 9-9）。

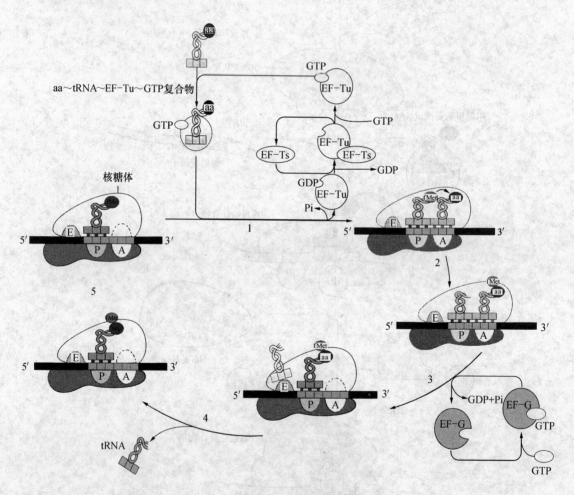

图 9-8 肽链中第一个肽键的形成过程

1. 特定的氨酰 tRNA 与 A 位点结合　2. 形成肽键，肽链从肽酰 tRNA 转移到氨酰-tRNA
3. 肽酰 tRNA 从 A 位点移动到 P 位点，脱负载的 tRNA 从 P 位点移动到 E 位点
4. 脱负载的 tRNA 从核糖体上释放　5. 一个循环结束，核糖体准备开始下一轮反应

（引自 Nelson，2008）

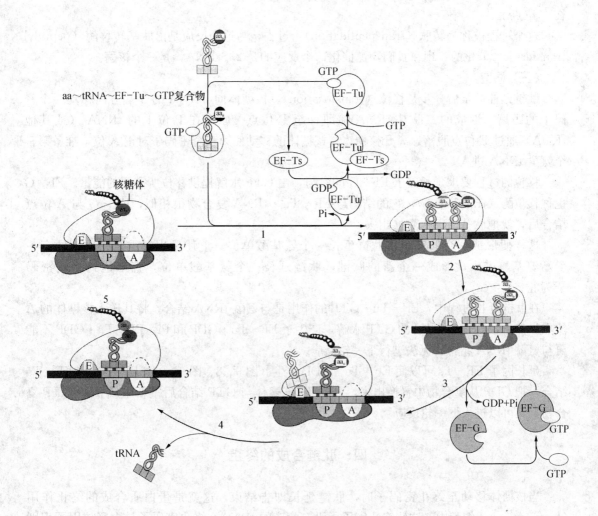

图 9-9 肽链的延伸过程
1. 特定的氨酰 tRNA 与 A 位点结合 2. 形成肽键；肽链从肽酰 tRNA 转移到氨酰 tRNA
3. 肽酰 tRNA 从 A 位点移位到 P 位点，脱负载的 tRNA 从 P 位点移动到 E 位点
4. 脱负载的 tRNA 从核糖体上释放 5. 一个循环结束，核糖体准备开始下一轮反应
(引自 Nelson，2008)

（一）进位

延伸因子 EF-Tu 与 GTP 形成 EF-Tu·GTP 复合物，再与即将进入核糖体的氨酰 tRNA 形成复合物。此复合物进入核糖体的 A 位点。随后，GTP 水解，EF-Tu·GDP 和 Pi 从 70S 核糖体上释放，再生后进入下一轮循环。

（二）成肽

随后，核糖体上 A 位点上氨基酸的 α 氨基作为亲核试剂把 P 位点上的甲酰甲硫氨酰基从 tRNA$_f$ 上置换下来，两个氨基酸之间形成肽键。甲酰甲硫氨酰基从原来的 tRNA$_f$ 转移到第二个氨基酸的氨基上，也就是从核糖体的 P 位点转移到 A 位点上。此时，A 位点上的 tRNA 携带的是二肽，被称为肽基 tRNA，而脱去负载的 tRNA$_f$ 依然留在 P 位点上。

这个过程被称为转肽（transpeptidation），过去认为这个反应是由肽基转移酶（peptidyl transferase）催化的。现在我们知道催化这个反应的是 23SrRNA，是一个核酶。

（三）移位

肽链延伸的最后一步是移位（translocation）。核糖体向 mRNA 的 3′端方向移动一个密码子的距离，形成的二肽基 tRNA 随即移至 P 位点。原来在 P 位上的 $tRNA_f$（或其他 tRNA）通过 E 位点脱落，离开核糖体。核糖体的移动使第三个密码子对正 A 位，准备第三个氨酰 tRNA 进入。

移位的过程要求延长因子 EF-G 的参与，由 GTP 水解提供移位所需的能量。EF-G 也称移位酶（translocase），它的结构与 EF-Tu·tRNA 复合物很相似，EF-G 与 A 位点结合后，就把肽基 tRNA 置换出去。

这样便形成一个肽键，将肽链延长一个氨基酸单位。上述过程每重复一次，便有一个新氨基酸进入，形成一个新的肽键，肽链延长一个氨基酸单位，直至达到终止密码子为止。

在肽链延长过程中，EF-Tu·GTP 的作用是与氨酰 tRNA 结合，将其送入核糖体的 A 位点。然后，EF-Tu 结合的 GTP 水解，产生了 EF-Tu·GDP 和 Pi。EF-Tu·GDP 不能再与氨酰 tRNA 结合，无法进行下一轮反应。

延长因子 EF-Ts 可以使 EF-Tu·GDP 再生（图 9-8、图 9-9）。EF-Ts 与 EF-Tu 结合，把 GDP 从复合物中置换出来，Tu·Ts 二聚体与 GTP 结合后重新生成 Tu·GTP 复合物，又可以进入下一轮反应。

四、肽链合成的终止

当核糖体移动至终止密码子时，肽链延长即告结束，这就是蛋白质合成的终止作用（termination）。细胞内，这些终止密码子没有相应的 tRNA，终止密码子是由释放因子识别的，这些释放因子均是蛋白质。

细菌的释放因子有 RF-1、RF-2 和 RF-3。RF-1 的作用是识别密码子 UAA 和 UAG；RF-2 识别 UAA 和 UGA；RF-3 的功能尚不很清楚。

当 mRNA 上的终止密码子进入 A 位点后，释放因子识别终止密码子。释放因子使肽基转移酶的催化作用转变为水解作用，将肽链从 tRNA 上水解下来，生成一条多肽链，即新合成的蛋白质分子（图 9-10）。释放因子将新生的肽链和最后一个 tRNA 释放出去，使 70S 核糖体的两个亚基分离开，分离开的小亚基（30S）与起始因子 IF-3 结合，准备开始下一个合成过程。

在蛋白质合成过程中，氨酰 tRNA 合成酶形成一个正确的氨酰 tRNA 要消耗一分子 ATP（2 个高能键）。在肽链延长的第一步要水解一分子 GTP，移位过程要分解一分子 GTP。所以，每合成一个肽键至少要消耗 4 个高能键。此外，在合成起始时，还要额外多消耗 1 个 GTP。蛋白质合成消耗的能量是很大的。

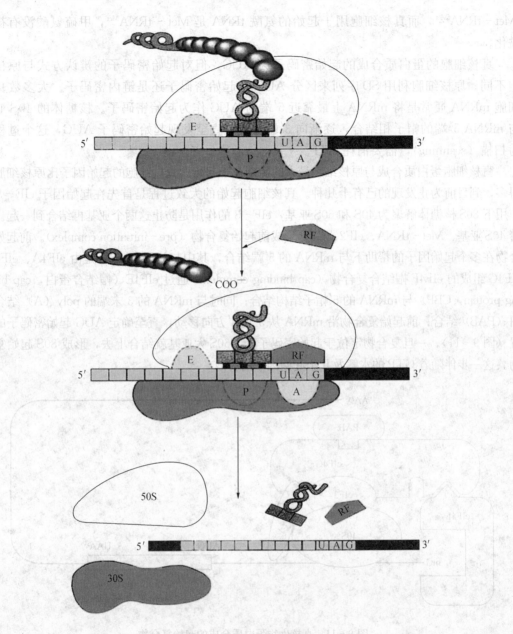

图 9-10 肽链合成的终止
(引自 Nelson，2008)

五、真核细胞蛋白质的生物合成

真核细胞蛋白质的机理与原核细胞十分相似，也分 3 个主要阶段，起始、延长和终止，但过程更复杂，涉及的相关蛋白因子更多。

（一）肽链合成的起始

真核细胞核糖体为 80S，由 40S 和 60S 两个亚基组成。原核细胞用于起始的氨酰 tRNA 是

fMet‑tRNA^{fMet}，而真核细胞用于起始的氨酰 tRNA 是 Met‑tRNA^{Met}，甲硫氨酸没有被甲酰化。

真核细胞的蛋白质合成的起始密码子为 AUG，但对起始密码子的辨认方式与原核细胞不同。原核细胞利用 SD 序列来区分 AUG 是起始密码子还是链内密码子。大多数真核细胞 mRNA 通常是将 mRNA 上最靠近 5′端的 AUG 作为起始密码子。核糖体的 40S 亚基与 mRNA 5′端的帽子相结合，逐渐向 3′端移动，直至发现起始密码子 AUG，这个过程称为扫描（scanning），需要消耗 ATP。

真核细胞蛋白质合成与原核细胞最大的区别在于起始。真核细胞的起始因子比原核细胞多得多，到目前为止发现的已有十几种。真核细胞起始的大致过程是首先在起始因子 eIF‑3 的作用下 80S 核糖体解聚为 40S 和 60S 亚基，eIF‑3 的作用是防止这两个亚基再结合到一起。接着 40S 亚基、Met‑tRNA、eIF2、GTP 形成前起始复合物（pre‑initiation complex）。前起始复合物在多个起始因子的帮助下与 mRNA 的 5′端结合，其中与 eIF‑3 结合是由 eIF4A、eIF4E、eIF4G 组成的 eIF4F 帽结合复合物（cap binding complex）通过 eIF4E（帽结合蛋白，cap binding protein，CBP）与 mRNA 的 5′帽子结构结合；同时与 mRNA 的 3′末端的 poly（A）结合蛋白（PAB）结合；前起始复合物沿 mRNA 从 5′到 3′方向移动，直至确定 AUG 起始密码子的位置（图 9‑11）。一旦复合物定位于起始密码子处，60S 大亚基就结合上去，形成 80S 起始复合物。这一步伴随着 GTP 的水解及几个起始因子的释放。

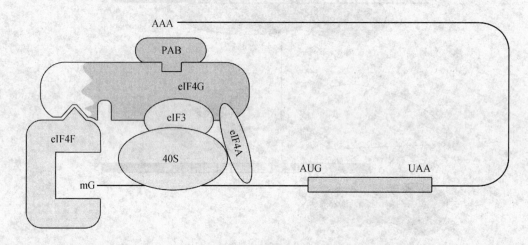

图 9‑11 真核生物蛋白质合成的起始复合物
(引自赵武玲，2008)

(二) 肽链的延长

真核细胞肽链延长需要 3 种延长因子，即 eEFα、eEF1βγ、eEF2，它们与原核细胞中相对应的因子 EF‑Tu、EF‑Ts、EF‑G 的功能相似。

(三) 肽链的终止与释放

真核细胞肽链合成的终止只有一个释放因子（eRF），eRF 可识别 UAA、UAG、UGA 3 种终止密码子，并需要 GTP 提供能量，使肽链从核糖体上释放。

真核细胞的线粒体也可以合成小部分蛋白质，其余大部分所需的蛋白质是在细胞质中合成后运进线粒体的。线粒体中蛋白质的合成类似于原核细胞。

六、多核糖体

在一条 mRNA 链上，可以有多个核糖体同时进行翻译。当在 mRNA 的 5′端的核糖体向前移动使肽链延长时，暴露出的起始密码子又可以和另一核糖体结合，开始另一条多肽链的合成。这样，在一条 mRNA 链上便可以与多个核糖体结合，构成多核糖体（polyribosome）。在多核糖体上的每一个核糖体都附着一条正在延长的多肽链，越靠近 mRNA 的 3′端的核糖体上的多肽链越长。这可以大大提高 mRNA 的翻译效率。

在 mRNA 链上的核糖体数目，视 mRNA 链的长短而不同。例如，血红蛋白的多肽链含约 150 个氨基酸，这相当于在 mRNA 链上有约 450 个核苷酸残基，合成血红蛋白的多核糖体含有 5~6 个核糖体。一条 500 个氨基酸的多肽链，其 mRNA 的长度为 1 500 个核苷酸，多核糖体上可以有多达 20 个核糖体。所以在 mRNA 链上的核糖体密度，大约是每 80 个核苷酸 1 个核糖体（图 9-12）。

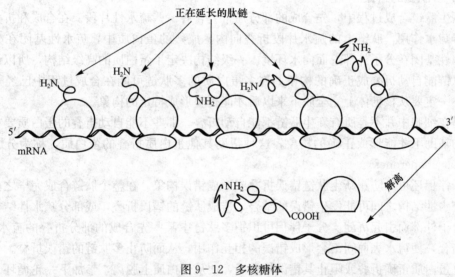

图 9-12 多核糖体
（图中 5 个核糖体同时在一条 mRNA 链上进行多肽的合成）
（引自赵武玲，2008）

七、蛋白质合成后的修饰与折叠

（一）蛋白质合成后的修饰

许多由 mRNA 翻译合成的多肽链还不是最后产物，它们常常还要加以修饰。修饰可能有不同的形式。

1. 末端残基的修饰 蛋白质合成后，多肽链上的第一个氨基酸要么都是甲酰甲硫氨酸（原核生物），要么都是甲硫氨酸（真核生物）。但是实际上，肽链 N 端的甲酰基团或甲硫氨酸，甚至一部分序列很快就被酶切掉，这样才能形成有功能的蛋白质。真核细胞中大约有 50% 的蛋白质 N 端的残基受到乙酰化修饰。C 末端的残基有时也会被修饰。

2. 剪切加工　某些蛋白质在合成过程中，在新生肽链的 N 端有一段信号肽（15～30 个氨基酸残基），它引导着新生的多肽链穿过内质网膜，进入内质网膜后立即被信号肽酶切除。

某些蛋白质合成后要经过专一的蛋白酶水解，切除一段肽链，才能显示出生物活性，称为酶原激活，胰蛋白酶原被切掉一段肽链后，形成有活性的胰蛋白酶。

3. 二硫键的形成　蛋白质的肽链内或肽链间都可形成二硫键，二硫键在维持蛋白质的空间构象中起了很重要的作用。

4. 氨基酸侧链的修饰　氨基酸侧链的修饰作用包括羟基化、糖基化、甲基化、磷酸化、乙酰化和硫酯化等。

有些氨基酸如羟脯氨酸、羟赖氨酸没有对应的密码子，这些氨基酸是在肽链合成后由羟化酶催化使氨基酸羟化而成，如胶原蛋白中的羟脯氨酸和羟赖氨酸就是以这种方式形成的。

糖蛋白中的糖链是在多肽链合成中或合成后通过共价键连接到相关的肽段上的。糖链的糖基可通过 N-糖苷键连于天冬酰胺或谷氨酰胺基的 N 原子上，也可通过 O-糖苷键连于丝氨酸或苏氨酸羟基的 O 原子上。

（二）多肽链的折叠

在新生肽链合成过程中，先合成的部分通常会含有一些疏水性片段。在合成和折叠的早期，由于疏水作用，肽链上的疏水片段折叠向内。成熟的蛋白质中，疏水性基团在分子内部，亲水性基团在分子外部，面向水环境。一级结构决定了蛋白质的高级结构，所以许多新生的多肽链能自动折叠成正确的构象。许多蛋白质的多肽链可能在合成过程中已经开始折叠，并不一定要从核糖体上完全脱下来以后才能折叠形成特定的构象。

但是在细胞中并不是所有新生肽链都能自动折叠，那些不能自动折叠的蛋白质要在其他蛋白质的辅助下才能形成正确的构象，这种帮助其他蛋白质折叠的蛋白质，称为分子伴侣（molecular chaperones）。

分子伴侣还可以防止新生肽链错误折叠或形成错误构象。在整个肽链合成完毕之前，先形成的疏水性结构之间可能发生错误的结合，造成肽链的错误折叠，或部分疏水性结构瞬间暴露在分子外部而引起沉淀。分子伴侣可识别多肽链中某些先合成的部分折叠的疏水结构，并与之结合，使疏水表面间不会形成错误的相互作用，从而防止多肽链的错误折叠。分子伴侣在促进蛋白质正确折叠或阻止其错误折叠后，便从蛋白质上脱离，参加下一轮循环。

八、蛋白质的定位

无论是原核细胞还是真核细胞，核糖体上新合成的蛋白质都要送往细胞的各个部分以便行使各自的生物功能。

有些蛋白质合成后就留在细胞质中，如糖酵解途径中的酶，组成微丝、微管的蛋白质等。

有些蛋白质是在细胞质中合成以后，被运输到细胞器中，这种过程称为翻译后移位（post-translational translocation）。如细胞核中的组蛋白，与复制、转录有关的酶和蛋白质要运送到细胞核中。线粒体和叶绿体也能合成少量的蛋白质，但是所需的大部分蛋白质是由核基因编码，在细胞质中合成，然后运进细胞器的。

在与内质网结合的核糖体上，合成的多肽链在翻译的同时就进入内质网，这个过程就称为共翻译移位（co-translational translocation）。这类蛋白质进入内质网腔后，还要进一步折叠，糖基化或进行其他的修饰，然后运至高尔基体中作进一步的加工。接着，由运输系统根据它们自身携带的信号对它们进行分拣。最后，由囊泡送入质膜、溶酶体或分泌至胞外。

蛋白质的表面是亲水的，膜却是疏水的，二者很难反应。为了解决这个问题，内质网、细胞核、线粒体和叶绿体的膜上都有蛋白质形成的通道，跨膜移位的蛋白质可以从通道中通过。新合成的蛋白质在 N 端有信号序列，可以将蛋白质引向目的地。在跨膜之前，蛋白质与一类分子伴侣结合，使肽链维持在伸展的、适于跨膜的构象。跨膜之后，在膜的另一侧，信号肽酶把信号序列水解，另一类分子伴侣辅助蛋白质折叠成天然的构象。定位于细胞核的蛋白质上，信号序列不被切除。

分泌性蛋白质的定向转运（protein targeting）是由蛋白质 N 端特殊的氨基酸序列——信号肽控制的。信号肽位于分泌性蛋白质多肽链的 N 端，长为 15～30 个氨基酸序列，其中多数为疏水性氨基酸。1975 年 G. Blobel 和 D. Sabatini 等提出了信号假说（signal hypothesis），即分泌性蛋白质 N 端序列作为信号肽，指导分泌性蛋白质到内质网膜上合成，在蛋白质合成结束之前信号肽被切除。现在信号假说已得到人们的普遍认可。因此，G. Blobel 关于信号序列控制蛋白质在细胞内的转移与定位的研究成果获得 1999 年诺贝尔医学和生理学奖。现已确认，指导分泌性蛋白质在粗面内质网上合成的决定因素是蛋白质 N 端的信号肽（signal peptide 或 signal sequence）。信号识别颗粒（signal recognition particle，SPP）和内质网膜上的信号识别颗粒受体等因子协助完成这一过程。信号识别颗粒是由一种小 RNA（7SRNA）和 6 种不同多肽链组成的复合物。它可识别信号肽，还可干扰进入的氨酰- tRNA 和移位酶催化的反应，以终止肽链的延长。信号肽识别颗粒受体位于内质网膜上，是一个跨膜的二聚体，由 α 亚基和 β 亚基组成。

信号假说的主要内容是：

① 在细胞质游离的核糖体上起始蛋白质的合成。

② 当多肽链延长到 80 个氨基酸左右，N 端得信号序列（或称信号肽）与信号识别颗粒结合，使肽链的延长暂时停止，这可防止分泌性蛋白质在成熟前被释放到胞质溶液中。

③ SPP-核糖体复合物移动到内质网膜上，与那里的 SPP 受体（停靠蛋白）相结合，多肽链的延长又重新开始，并促进生长中的多肽链的 N 端进入内质网腔。内质网膜上还存在核糖体受体蛋白，多肽经跨膜蛋白通道穿过膜，然后信号肽、SPP、和 SRP 受体分离。在此过程中 GTP 水解成 GDP 和 Pi。SRP 被释放到细胞质溶液中循环使用。

④ 信号肽进入内质网腔后很快就被内质网膜上的信号肽酶切除。

⑤ 新生肽链开始折叠成它的天然构象。这一过程是通过和分子伴侣蛋白相互作用进行的。然后内质网腔中的酶对多肽开始翻译后修饰，包括糖基化、二硫键的形成等。

⑥ 当多肽合成完成时，核糖体从内质网上解离下来。分泌性蛋白质通过内质网膜完全进入内质网腔。

细菌也使用类似的机制将它们的蛋白质送到细胞质、质膜、外膜或膜间隙中，也可以分泌到细胞外的介质中。

蛋白质是重要的生物大分子化合物。过去，人们在弄清楚蛋白质分子组成之后，便企图用人工的方法在体外合成蛋白质。用纯粹化学的方法已成功地使氨基酸形成肽键，并合成具有一定长度的多肽链。例如，中国科学家在 20 世纪 60 年代首次用人工方法合成胰岛素。胰岛素是含有 51 个氨基酸残基的多肽，分子质量为 5 734 u。现在已能用人工方法合成分子质量达 9 000 u 的蛋白质。

用化学方法合成蛋白质的操作技术比较复杂。现在，一般是用适当的 DNA 作为模板，在体外合成蛋白质。例如，在 T4 噬菌体 DNA 中含有 β 葡萄糖基转移酶的基因，用 T4 噬菌体 DNA 作为模板，在 RNA 聚合酶的作用下，转录出携带有合成 β 葡萄糖基转移酶信息的 mRNA；然后，在上述的各种蛋白质合成组分的参与下，便可以合成 β 葡萄糖基转移酶。

现在已从真核细胞中分离出多种 mRNA，利用这些 mRNA，用适当的蛋白质合成体系组分，便可以将其中的密码子翻译成相应的蛋白质。这些试验也充分证明目前的关于蛋白质合成的机理是正确的。

九、蛋白质生物合成的抑制剂

许多物质能抑制蛋白质的生物合成，如常用的氯霉素、红霉素、四环素、链霉素等抗生素能抑制原核细胞（如细菌）的蛋白质的生物合成，抑制细菌的生长，但不抑制真核细胞蛋白质的生物合成过程，因此在医学上可用作药物。

氯霉素（chloramphenicol）因与原核细胞的 70S 核糖体结合，抑制肽基转移酶所催化的反应。

红霉素（erythromycin）与原核细胞核糖体 50S 亚基结合并抑制移位。

四环素（tetracycline）与原核细胞核糖体 30 亚基结合并阻断氨酰- tRNA 结合到 A 位。

链霉素（streptomycinn）、新霉素（neomycin）、卡那霉素（kanamycin）等与原核细胞核糖体的 30S 亚基结合，导致 tRNA 的反密码子误读 mRNA 上的密码子。例如，多聚尿甘酸（polyU）原来为 Phe 编码，在链霉素存在下，不仅为 Phe 编码，而且还为 Ser、Ile、Leu 编码。

嘌呤霉素（puromycin）虽然不是临床上应用的一种抗生素，但可用于原核和真核细胞蛋白质生物合成的研究。嘌呤霉素的结构与氨酰 tRNA 的 3′末端的 AMP 残基的结构十分相似，很容易和核糖体的 A 位结合。肽基转移酶也能促使氨基酸与嘌呤霉素结合，形成肽基-嘌呤霉素，肽基-嘌呤霉素很容易从核糖体上脱落，从而使蛋白质合成提前终止。这一事实说明活化氨基酸是添加在延伸肽链的羧基上的。

真核细胞蛋白质生物合成的特异抑制剂是亚胺环己酮（cycloheximide），它与 80S 核糖体结合后，抑制肽基转移酶活性，阻止肽链的形成。

十、没有核糖体参加的多肽链的合成

在细菌和真核生物中，一些小肽的生物合成可以在没有核糖体的参加下进行，如谷胱甘肽就是由酶催化合成的。

$$Glu+Cys+ATP+E \xrightarrow{\text{谷氨酰半胱氨酰合成酶}} Glu-Cys+ADP+Pi+E$$

$$Glu-Cys+Gly+ATP+E \xrightarrow{\text{谷胱甘肽合成酶}} Glu-Cys-Gly+ADP+Pi+E$$

鹅肌肽（二肽）也是酶促反应合成的。

这种合成方式形成肽链中的氨基酸序列是由酶的专一性决定的，每合成一个肽键需要一种特殊的酶，这与核糖体-mRNA 的合成机制相比，显然是很原始的。

【本章小结】

蛋白质生物合成的体系中包括 3 种主要的 RNA 和许多蛋白质以及辅助因子。mRNA 是蛋白质生物合成的模板，mRNA 上的遗传信息来自 DNA。肽链上各氨基酸的排列顺序决定于 mRNA 上的核苷酸排列顺序。每 3 个核苷酸决定一个氨基酸，称为密码子。密码子的特性有通用性、简并性、摆动性、不重叠性、无间隔等。AUG 为起始密码子也编码甲硫氨酸。

tRNA 分子的一端携带氨基酸，另一端的反密码子识别 mRNA 上的密码子，所以 tRNA 具有接头的作用。tRNA 在阅读密码子时起重要作用，它们的反密码子用来识别 mRNA 上的密码子。在识别过程中，密码子上第一、二位碱基较为重要，而第三位则有一定的自由度。原核生物中，蛋白质合成起始的氨基酸是甲酰甲硫氨酸，起始 tRNA 是 $tRNA_f$，起始氨酰 tRNA 是 $N-fMet-tRNA_f$。

氨基酸必须活化才能参与多肽链的合成。氨酰 tRNA 合成酶催化氨基酸与 tRNA 连接，形成氨酰 tRNA。这类酶具有较高的专一性，对氨基酸及 tRNA 都具有高度的专一性，以防止错误的氨基酸掺入多肽链。氨酰-tRNA 合成酶催化的反应分为活化和转移 2 步。

大肠杆菌中多肽链合成的第一阶段是形成 70S 起始复合物。第二阶段是肽链的延伸，包括三步反应：氨酰 tRNA 结合到 A 位、转肽、移位。最后是合成的终止。每个阶段都有辅助因子的参与。肽链合成时延伸的方向是从 N 端到 C 端。

真核细胞中的情形略有不同。起始复合物的大小为 80S，起始氨基酸为甲硫氨酸，起始 tRNA 也不同，涉及的蛋白因子也较多。

◆ 思考题

1. 什么是遗传密码？遗传密码的特点是什么？
2. 何谓密码子的摆动性？
3. 氨酰 tRNA 合成酶的功能是什么？
4. tRNA 有何功能？
5. 简述大肠杆菌蛋白质合成过程。
6. 试述蛋白质多肽链合成后的几种重要的加工方式。

第十章 物质代谢的相互关系与调节

物质代谢是生命现象的基本特征，是生命活动的物质基础，前面讨论了糖类、脂类、蛋白质和核酸等物质的代谢过程，以及在这些代谢过程中能量和信息的变化。研究发现这些基本物质在生物体内的代谢过程虽然错综复杂、千变万化，但并不是彼此孤立、互不相关的，而是可以相互联系、相互转换、相互制约的。

第一节 物质代谢的相互联系

生物体是一个完整的统一体，细胞内的生物分子虽然成千上万，但它们最终都与几类基本代谢联系，进入一定的代谢途径，从而彼此交织在一起形成一个巨大的代谢网络，使物质代谢不致庞杂无序。不同的代谢途径又通过交叉点上关键的共同中间代谢物得以沟通。

一、糖代谢和脂代谢的相互关系

家畜、家禽的饲料中若以糖类为主，则脂肪会大量积累；人体若长期进食高糖食物，即使不摄取脂肪，也会引起高血脂及肥胖症；萌发的花生种子脂肪减少并变甜。这都说明糖与脂在生物体内可以相互转化。

糖变为脂肪的大致步骤为：脂肪合成需要磷酸甘油和脂肪酸，糖类代谢的中间产物磷酸二羟丙酮是合成磷酸甘油的前体；而另一中间产物乙酰CoA是合成脂肪酸的原料；同时，脂肪酸生物合成所需要的还原剂NADPH主要由磷酸戊糖途径提供；另外，乙酰CoA也是合成胆固醇的原料。由此可见，生物体内糖转化为脂肪的作用是很普遍的，但是必需脂肪酸是不能在体内合成的，所以食物中不可绝对没有脂类的供给，尤其是含必需脂肪酸的脂类。

脂肪转化成糖的过程首先是脂肪分解成甘油和脂肪酸，然后两者分别按不同途径向糖转化。甘油经磷酸化生成磷酸甘油，再转变为磷酸二羟丙酮，后者经糖异生作用转化成糖。脂肪酸转化为糖因生物种类不同而有所区别：在植物体内，一些油料作物的种子萌发时，脂肪酸氧化产生的乙酰CoA可以经乙醛酸循环形成琥珀酸，通过三羧酸循环形成草酰乙酸，再转化成磷酸烯醇式丙酮酸，异生为葡萄糖；在动物体内，由于没有乙醛酸体，脂肪酸不能净合成糖，乙酰CoA都是经三羧酸循环而彻底氧化分解成CO_2和H_2O。虽然同位素实验表明，脂肪酸在动物体内也可转变成糖，但必须回补其他来源的三羧酸循环中间有机酸，乙酰CoA才可转变为草酰乙酸，再经糖异生作用转变为糖。

总之，在一般生理情况下，依靠脂肪大量合成糖是困难的，但是糖转化成脂肪则可大量进行。

二、糖代谢和蛋白质代谢的相互关系

糖类可以转化为氨基酸。经糖代谢产生的各种酮酸，如丙酮酸、α-酮戊二酸、草酰乙酸等可以作为氨基酸合成的碳架，通过氨基化或转氨基作用形成相应的氨基酸（丙氨酸、谷氨酸及天冬氨酸等），再经过进一步变化可生成其他多种氨基酸，进而合成蛋白质。此外，由糖分解产生的能量，也可供给氨基酸和蛋白质合成之用。在生物体内由糖转化为蛋白质很容易进行，植物和大多数微生物能利用糖合成全部氨基酸，但动物体只能生成非必需氨基酸，而必需氨基酸要从食物中获取。蛋白质水解后生成的氨基酸中大部分是生糖氨基酸，它们在体内脱氨后生成的酮酸多是糖代谢的中间产物，再经糖的异生作用转变为糖。可见，糖和蛋白质可以相互转化。

三、脂类代谢与蛋白质代谢的相互联系

蛋白质可以转变为脂类。动物体内的生酮氨基酸和生酮兼生糖氨基酸等，在代谢过程中能生成乙酰乙酸（酮体），然后生成乙酰CoA，再进一步合成脂肪酸。而生糖氨基酸，通过直接或间接方式生成丙酮酸，可以转变为甘油，也可以在氧化脱羧后转变为乙酰CoA合成胆固醇，或者经丙二酸单酰CoA合成脂肪酸。丝氨酸脱羧可以转变为胆胺，并可进一步形成胆碱，都可作为磷脂的组成成分。

脂肪也可转化为蛋白质。脂肪水解产生的甘油可先转变为丙酮酸，再转变为α-酮戊二酸和草酰乙酸，然后接受氨基而转变为丙氨酸、谷氨酸和天冬氨酸。但是甘油在脂肪分子中所占比例很小，转化为氨基酸是有限的。占脂肪比例很大的脂肪酸，经氧化生成乙酰CoA进入三羧酸循环，从而形成氨基酸时，需要消耗三羧酸循环中的有机酸，如无其他来源补充，反应将不能进行。植物和微生物体内，通过乙醛酸循环使乙酰CoA生成琥珀酸，用以增加三羧酸循环中的有机酸，从而促进脂肪酸合成氨基酸。而动物体内不存在乙醛酸循环，因此，动物不易利用脂肪酸合成氨基酸。

显然，脂肪和蛋白质能够相互转化，但脂肪转化为蛋白质是有限的。

四、核酸代谢与糖、脂肪及蛋白质代谢的相互联系

核酸代谢与糖类、脂类、蛋白质代谢有密切的联系。核酸作为细胞中的遗传物质，携带了所有的遗传信息，是细胞一切生命活动的基础。生物体中的一切代谢反应都是在酶的催化作用下完成的，而酶的化学本质是蛋白质，核酸指导并控制蛋白质的合成。同时，各种核苷酸不仅作为能量供应形式在物质代谢中起重要作用，还是多种辅酶的有效成分。可以说核酸直接或间接影响一切代谢过程。反过来，其他物质代谢也影响着核酸的代谢。例如，核酸的代谢需要酶与许多蛋白因子的参与，核苷酸的合成有许多原料是氨基酸、戊糖等。

总的来说，糖类、脂类、蛋白质和核酸等物质在代谢过程中是彼此影响、密切相关并且可以相互转化的（图10-1）。各代谢最终通过三羧酸循环交联在一起，而磷酸己糖、丙酮酸、乙酰CoA在代谢网络中是各类物质转化的重要中间产物。

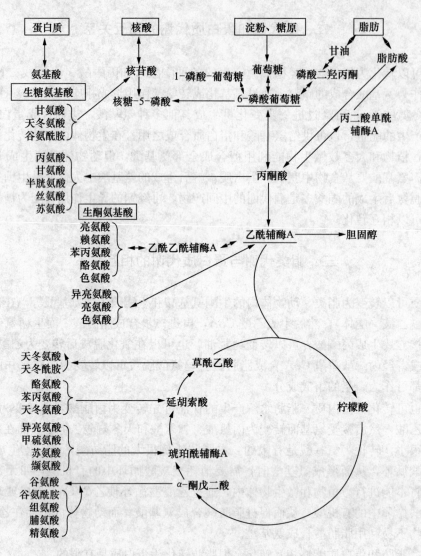

图 10-1 糖、脂、蛋白和核酸代谢的关系
(引自王镜岩，2002)

第二节 代谢调节

代谢调节普遍存在于生物界，通过调节作用使细胞内的各种物质及能量代谢得到协调和统一，使生物体能更好地完成各项复杂的生命活动。通常越高级的生物代谢调节越复杂、越精细、越严密，越低级的生物代谢调节越简单。一般来说，生物的代谢调节可分为细胞水平、激素水平和神经水平 3 个不同水平的调节。细胞水平调节是最基本、最原始的调节方式，激素水平调节和神经水平调节属于较高级的调节方式，但仍以细胞水平调节作为基础。

下面，来介绍生物体内各种代谢途径之间的调控机制。

一、细胞水平的调节

细胞水平调节主要是酶水平的调节,通过改变细胞内酶的浓度、种类及活性,从而影响相关代谢的速率、方向和途径等以满足机体的需要,所以细胞水平调节也称为"酶水平"调节或分子水平调节。

物质代谢实质上是一系列的酶促反应,每一个代谢过程都包括多种酶,通常对一种代谢进行调节并不需要改变代谢途径的全部酶,而是针对其中一种或少数几种酶即可,这种能对整个代谢途径产生重要影响的酶称为关键酶,此酶通常是限速酶,即催化的化学反应在整个代谢过程中速度最慢,且催化单向反应,其活性受底物、产物和多种代谢物或效应剂的调节,所以它的改变可以影响整个代谢途径的反应方向和反应速度。

酶水平的调节主要包括酶的定位调节、酶活性的调节和酶含量的调节3种方式。

(一) 酶的定位调节

细胞是具有精细结构的生命活动的基本单位。原核细胞除质膜外没有膜系结构,而真核细胞内由于各种膜系结构的存在,使细胞形成各种胞内区域,如细胞核、高尔基体、线粒体、叶绿体、溶酶体等,细胞内的不同部位分布着不同的酶,称为酶的区域化分布。例如,参与光合作用的酶主要分布在叶绿体中,脂肪酸的合成、糖酵解以及糖原的代谢是在胞浆中进行的,蛋白质的合成是在核糖体上进行的,而与核酸代谢有关的酶则集中在细胞核内。即使在同一细胞器内,不同的区域也存在着不同的酶,如在线粒体中,参与氧化磷酸化的酶分布在内膜上、参与三羧酸循环的酶则在基质中。各代谢途径在真核细胞内的定位见表 10-1。

表 10-1 各代谢途径在真核细胞内的定位
(引自郭蔼光,2009)

细胞器	主要酶系或代谢途径
细胞核	DNA 复制、RNA 的合成及加工的酶
细胞溶胶	糖酵解途径,磷酸戊糖途径,糖原合成、分解途径,糖异生,脂肪酸合成,氨基酸合成,核糖体上蛋白质生物合成
线粒体	氧化磷酸化,丙酮酸的氧化脱羧,三羧酸循环,脂肪酸β氧化,尿素循环,转氨基作用,少量 DNA、RNA、蛋白质的合成,脂肪酸碳链延长,单胺氧化酶等
内质网	蛋白质的合成、加工,黏多糖、磷脂、糖脂、糖蛋白、胆固醇、胆汁的合成,脂肪酸碳链延长,参与肌肉兴奋,药物解毒
高尔基体	核蛋白、多糖、黏液生成,加工、浓缩、包装和运输作用
溶酶体	水解酶类(蛋白酶、脂酶、磷脂酶、核酸酶、糖苷酶、磷酸酯酶)
过氧化物酶体(微体)	氧化酶,过氧化物酶
质膜	ATP 酶,腺苷酸环化酶等

酶的区域化分布使得不同的代谢反应发生在细胞内的不同部位(细胞器),这样不仅使参与相关代谢的酶与底物高度浓缩,还可在不同区域为不同的代谢反应提供各自适合的反应

条件，同时也避免了各种代谢途径之间的相互干扰，充分保证了代谢途径的定向性和有序性，大大提高了代谢速度。

（二）酶活性的调节

酶活性的调节通常是通过改变酶分子的构象使酶的催化活性发生变化（增强或降低），从而实现对相关代谢反应的调控。特点是调节迅速，可在数秒或数分钟内发生。主要有以下几种方式：

1. 酶原激活 酶原激活是将无活性的酶的前身（酶原）变为有活性的酶的过程，其本质也是结构的变化导致功能的变化。例如，胰蛋白酶原经肠激酶切下 N 末端 6 肽后即变成有活性的胰蛋白酶。

2. 酶的变构调节 指某些化合物可与酶分子活性中心以外的特殊部位结合，从而改变酶蛋白构象，导致酶活性随之改变的现象。

各代谢途径的关键酶大多数属于变构酶，其变构剂可能是底物、代谢途径的终产物或某些中间产物，也可能是 ATP、ADP 或 AMP 等小分子。

ATP、ADP 和 AMP 的调节通常是通过 ATP/AMP、ATP/ADP 比值的改变而影响代谢过程的。例如，当休息时，ATP/AMP 比值增高，高浓度 ATP 与磷酸果糖激酶、丙酮酸激酶和糖原磷酸化酶的结合优于解离，因而抑制其活性。一旦 ATP 浓度下降，已经结合的 ATP 就会与酶解离，从而解除抑制。反之，当体内 ATP 减少而 ADP 或 AMP 相应增加时，ATP/AMP，ATP/ADP 比值降低，可激活果糖磷酸激酶、糖原磷酸化酶，而抑制果糖二磷酸酶、糖原合成酶，加速糖原分解、糖酵解和有氧氧化等产生能量的分解代谢的速度，降低糖异生、脂肪酸合成等消耗 ATP 的合成代谢的速度，以利于机体迅速获得 ATP，满足生理活动的需求（图 10-2）。

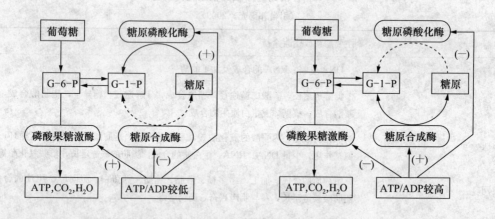

图 10-2 ATP/ADP 比值对糖代谢的调节
（引自王金胜，2006）

前馈（feedforward）和反馈（feedback）调节通常属于别构酶调节，代谢底物对代谢过程的影响称为前馈调节，代谢产物对代谢过程的影响称为反馈调节。它们又都可分为正作用和负作用，反应物使代谢过程速度加快的称为正作用，反之称为负作用。

（1）前馈。在一系列反应中，前身物可对后面的酶起激活作用，促使反应向前进行，这称为前馈激活（feedforward activation），也是正前馈作用。例如，在糖原合成中，6-磷酸葡萄糖是糖原合酶的变构激活剂，因此可促进糖原的合成（图 10-3）。

图 10-3　6-磷酸葡萄糖对糖原合成酶的正前馈作用
（引自王镜岩，2002）

在某些特殊情况下，当代谢物过量存在时，对代谢过程亦可起负前馈作用。此时的代谢底物可以转向另外的途径。例如，高浓度的乙酰 CoA 是乙酰 CoA 羧化酶的变构抑制剂，从而可以避免丙二酸单酰 CoA 的过分合成（图 10-4）。

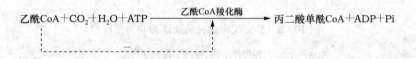

图 10-4　乙酰 CoA 对乙酰 CoA 羧化酶的前馈抑制
（引自王镜岩，2002）

（2）反馈。代谢反应产物使代谢过程的速度加快者称为正反馈，反之称为负反馈。负反馈又称为反馈抑制（feedback inhibition）。这种作用种类多，比较普遍，下面主要介绍反馈抑制作用。

反馈抑制可在最终产物积累时使反应速度减慢或停止。当最终产物被消耗或转移而降低浓度时，这种抑制作用逐渐消除，反应再度开始并且速度渐渐加快，如此不断地调节反应速度，维持终产物的动态平衡。这种反馈抑制可以按照生理需要平衡代谢物，使代谢物不会积累过多而产生浪费，在代谢调节中有重要意义。反馈抑制属于负反馈，如胆固醇生物合成的反馈调控，在此系列反应中，当肝中胆固醇含量升高时，即反馈抑制还原酶，使肝胆固醇的合成降低（图 10-5）。

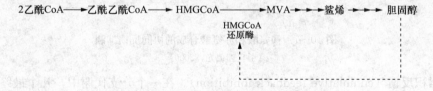

图 10-5　胆固醇生物合成的反馈调控
（引自周爱儒，2009）

上述代谢反应中不发生分支，只有一个终产物，对线性反应系列前端的酶起反馈抑制作用，属于单价反馈抑制（monovalent feedback inhibition）。如果反应发生分支，就会产生两种或两种以上的终产物，而其中任意一种终产物过多都会对系列反应前面的变构酶起反馈抑制作用，即二价反馈抑制（divalent feedback inhibition），其调节方式如

图10-6所示。

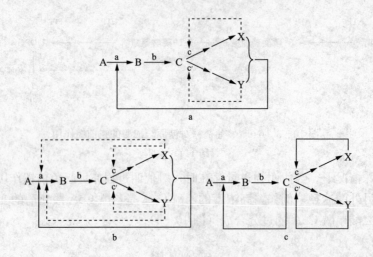

图10-6 分支代谢途径的反馈抑制类型模型

----- 抑制作用弱 ——— 抑制作用强
a.协同反馈 b.累积反馈 c.顺序反馈

(引自王金胜，2006)

① 协同反馈（concerted feedback inhibition）。在分支代谢中，只有当几个最终产物同时过量时才能对共同途径的第一个酶发生抑制作用，称为协同反馈抑制。而当终产物单独过量时，只能抑制相应的支路的酶，不影响其他产物合成（图10-6a）。例如，荚膜红假单胞菌（Rhodopseudomonas capsulatus）中的苏氨酸和赖氨酸对天冬氨酸激酶的抑制（图10-7）。

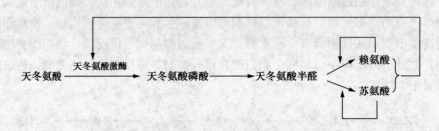

图10-7 赖氨酸和苏氨酸合成的协同反馈抑制
(引自郭蔼光，2009)

② 累积反馈（cumulative feedback inhibition）。在一个分支代谢中，几个最终产物中的任何一个产物过多时都能对某一种酶发生部分抑制作用，但要达到最大效果，则必须几个最终产物同时过多，这样的反馈抑制称为累积反馈抑制（图10-6b）。E. coli中谷氨酰胺合成酶是最早发现具有累积反馈抑制的例子，该酶催化谷氨酸合成谷氨酰胺，而谷氨酰胺是用于合成甘氨酸、丙氨酸、组氨酸、色氨酸、AMP、CTP、氨基甲酰磷酸和6-磷酸葡萄糖胺的前体，它受这8种终产物的累积反馈抑制。这几种产物单独存在及几种产物同时存在的抑制效果见表10-2。

第十章 物质代谢的相互关系与调节

表 10-2　E. coli 谷氨酰胺合成酶累积反馈抑制情况

（引自王金胜，2002）

终产物	单独累积时抑制作用	同时存在时各个抑制酶活力
色氨酸	16%	16%
CTP	14%	(100%−16%)×14%=11.8%
氨基甲酰磷酸	13%	(100%−16%−11.8%)×13%=9.4%
AMP	41%	(100%−16%−11.8%−9.4%)×41%=25.7%
总抑制率		16%+11.8%+9.4%+25.7%=62.9%

③ 顺序反馈（sequential feedback inhibition）。在一个分支代谢途径中，终产物首先分别反馈抑制各支路上第一个酶，从而使中间产物累积，然后中间产物再反馈抑制反应途径中第一个酶的活性，从而达到调节的目的。因为这种调节是按照顺序进行的，所以称顺序反馈抑制，又称逐步反馈抑制（图 10-6c）。这种调节方式首先发现于枯草杆菌（bacillussubtilis）中的芳香族氨基酸的合成（图 10-8）。

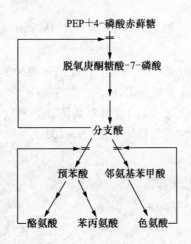

图 10-8　芳香族氨基酸合成的顺序反馈抑制

（引自王金胜，2006）

此外，酶活力的别构调节，还表现在亚基的解聚和聚合。如乙酰 CoA 羧化酶是脂肪酸合成途径中第一个酶，当有柠檬酸盐存在时，引起亚基聚合，表现催化活力，而环腺苷酸（cAMP）可与蛋白激酶的调节亚基结合，使该亚基解离从而表现出催化活力。

3. 酶的化学修饰　酶蛋白分子上以共价键结合或脱下某一化学基团，从而引起酶活性的改变，这种调节称为酶的化学修饰（chemical modification），也称为酶的共价修饰。

绝大多数能进行化学修饰的酶都具有无活性（或低活性）与有活性（或高活性）两种形式。它们可通过由不同的酶催化的正逆反应发生互变，正逆两向都有共价变化，而催化这互变反应的酶又受机体调节物质（如激素）的控制。

常见的酶的化学修饰有 6 种方式：磷酸化/脱磷酸化、乙酰化/脱乙酰化、甲基化/脱甲基化、腺苷酰化/脱腺苷酰化、尿苷酰化/脱尿苷酰化、-S-S-/-SH 等。

原核生物的共价修饰方式主要为腺苷酰化/脱腺苷酰化，而真核生物最普遍最重要的共价修饰方式是磷酸化/脱磷酸化。在蛋白激酶的催化下，酶蛋白中丝氨酸、苏氨酸或酪氨酸残基的羟基与磷酸基团以酯键结合，称为磷酸化。磷酸化使酶蛋白构象改变，活性随之改变。反之，在蛋白磷酸酶的催化下，磷酸化酶蛋白脱去磷酸基团，称为脱磷酸化。脱磷酸化使酶蛋白构象和活性恢复到脱磷酸状态（图 10-9）。

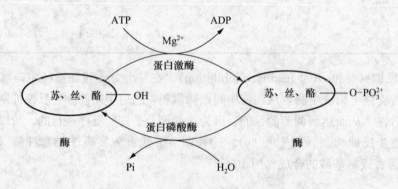

图 10-9　酶的磷酸化与脱磷酸
(引自周爱儒，2009)

糖原磷酸化酶是酶的共价修饰的典型例子。此酶有两种形式，即有活性的磷酸化酶 a 和无活性的磷酸化酶 b。磷酸化酶 b 是二聚体，在酶的催化下，每个亚基分别接受 ATP 供给的一个磷酸基团，转变为磷酸化酶 a，后者具有高活性。两分子磷酸化酶 a 二聚体可以再聚合成四聚体，但活性低于高活性的二聚体（图 10-10）。

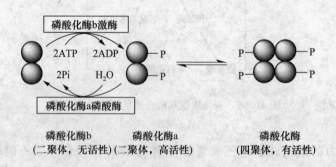

图 10-10　肌糖原磷酸化酶的酶促化学修饰作用
(引自程牛亮，2007)

一些常见的化学修饰酶见表 10-3。

表 10-3 酶促化学修饰对酶活性的调节
(引自郭蔼光，2009)

酶	化学修饰类型	效应
糖原磷酸化酶	磷酸化/脱磷酸	激活/抑制
磷酸化酶 b 激酶	磷酸化/脱磷酸	激活/抑制
糖原合成酶	磷酸化/脱磷酸	抑制/激活
丙酮酸脱氢酶	磷酸化/脱磷酸	抑制/激活
脂肪酶	磷酸化/脱磷酸	激活/抑制
黄嘌呤氧化脱氢酶	-SH/-S-S-	脱氢酶/氧化酶
谷氨酰胺合成酶	腺苷化/脱腺苷化	抑制/激活

化学修饰反应往往是连锁进行的，它的一个最大的特点是通常具有级联放大效应，即连锁代谢反应中一个酶被激活后，连续地发生其他酶被激活，导致原始信号放大，这样的连锁代谢反应系统称为级联系统（cascade system）。

在人体内，化学修饰调节过程往往由激素触发。如肾上腺素或胰高血糖素对磷酸化酶 b 激酶的激活就属这种类型。在这些连锁的酶促反应过程中，前一反应的产物是后一反应的催化剂，共价修饰反应每进行一次，就会导致一次放大效应的产生，假设每一级反应放大 100 倍，即 1 个酶分子引起 100 个分子发生反应（实际上，酶的转换数比这大得多），那么从激素促进 cAMP 生成的反应开始，到磷酸化酶 a 生成为止，经过 4 次放大后，调节效应就放大了 10^8 倍了。由此可见，连锁放大后，即可使极小量的调节因子产生显著的效应（图 10-11）。

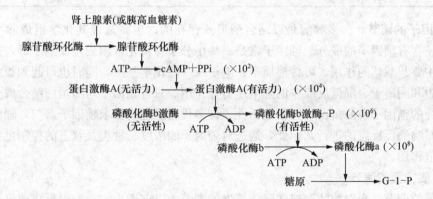

图 10-11 磷酸化酶级联放大反应
(引自程牛亮，2007)

机体内许多酶可以同时接受变构调节与化学修饰双重调节，故二者可以相辅相成地完美结合，共同维持机体代谢的顺利进行。一般而言，变构调节是细胞内的一种基本调节机制，对维持能量与物质平衡有重要作用；当变构剂浓度下降，起不到应有的调节效应时，化学修饰调节则迅速发生，满足机体应激所需。

4. 同工酶的调节 现在已经发现的同工酶有百余种。同工酶间的动力学性质是不同的，对反应底物的亲和力也不相同。由于机体不同部位生理条件（离子环境、pH 等）各不相同，而同工酶中的一组酶所要求的反应条件也各不相同，机体也可利用同工酶的这一特性，在不同组织器官内调用不同的同工酶作为主导酶对相关代谢进行调节，以利于机体适应内外环境及应激变化。

例如，乳酸脱氢酶是四聚体酶，该酶含有两种亚基：M 型和 H 型，分别组成 5 种同工酶：$LHD_1(H_4)$、$LHD_2(H_3M)$、$LHD_3(H_2M_2)$、$LHD_4(HM_3)$ 和 $LHD_5(M_4)$。这 5 种同工酶都催化乳酸与丙酮酸之间的可逆反应，但动力学性质不同，LHD_1 对乳酸的亲和力较大，在心肌组织中适于利用乳酸生成丙酮酸氧化供能，而 LHD_5 对乳酸的亲和力较小，主要在肝及骨骼肌中将一部分丙酮酸生成乳酸。人体各组织器官中 LHD 同工酶的百分含量见表 10-4。

表 10-4　人体各组织器官中 LHD 同工酶的百分含量（%）

（引自周爱儒，2009）

组织器官	LHD_1	LHD_2	LHD_3	LHD_4	LHD_5
心肌	67	28	4	<1	<1
肾	52	28	16	4	<1
肝	2	4	11	27	56
骨骼肌	4	7	21	27	41
红细胞	42	36	15	5	2
肺	10	20	30	25	15

5. 辅因子的调节 大多数酶是以结合酶形式存在的，也就是说其化学组成除了酶蛋白成分外，还含有辅因子的成分。辅因子常是一些小分子有机化合物或金属离子等，在酶的催化作用中主要起载体的作用，可传递质子、电子或一些化学基团，同时也可起到稳定酶的分子构象、中和阴离子、降低反应中的静电斥力等作用。只有辅因子与酶蛋白结合成全酶才有活性，单纯的辅因子或酶蛋白均无催化活性，许多代谢反应均要求辅因子参与，辅因子的供应自然会影响酶促反应的进行，因此，通过对辅因子的浓度、种类及状态的控制也能对相应代谢起调节作用。

（三）酶含量的调节

酶含量的调节是指对酶的合成和降解速度的调节，以前者为主。酶促反应速度是与参与反应的酶的浓度成正比的，因此通过对酶含量的调节，同样可以达到控制代谢反应的目的。

1. 酶蛋白的合成 酶的化学本质是蛋白质，酶合成的调节实际上就是基因表达的调控。

（1）原核生物酶合成的调控。对于原核生物基因表达的调控，1961 年，J. Monod 和 F. Jacob 提出的操纵子模型，普遍受到人们认可，1965 年，他们因此获得诺贝尔生理学和医学奖。

操纵子（operon）是 DNA 上控制蛋白质合成的一个功能单位，它包括结构基因

(structural genes，S) 和一个蛋白质合成控制位点（control site）。结构基因常由几个功能相关的蛋白质的编码基因串联而成，构成的一个转录单位，受调控序列共同调节；控制位点一般位于结构基因上游，由操纵基因（operator，O）和启动子（promotor，P）组成，启动子又位于操纵基因上游，为 RNA 聚合酶结合位点；另外还有专门用以调节操纵子结构基因表达的基因称为调节基因（regulator gene，R），它能够通过表达出的阻遏蛋白（repressor）来控制相关操纵子结构基因的表达。应特别注意调节基因并不属于操纵子的结构成分（图 10-12）。

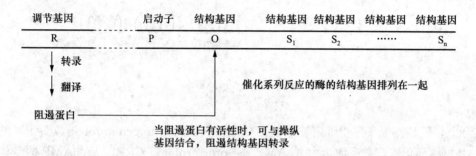

图 10-12 操纵子及其调节基因示意图
（引自郭蔼光，2009）

阻遏蛋白有活性时，可与操纵基因结合，阻遏蛋白结合位点与 RNA 聚合酶结合部位部分重叠，从而阻遏结构基因转录；反之，阻遏蛋白无活性时，结构基因就可以转录。阻遏蛋白往往通过变构效应激活与失活。

通常，原核生物酶的合成可根据调控方式的不同分为诱导和阻遏两种方式。诱导酶（inducible enzyme）是在正常代谢条件下不存在的，当有诱导物诱导时才产生的酶，常与分解代谢有关。阻遏酶（repressible enzyme）是正常代谢下存在，当有辅阻遏物时其合成被阻遏，常与合成代谢有关。另外，与诱导酶和阻遏酶形成鲜明的对照，催化糖酵解、三羧酸循环等代谢过程的酶几乎总是以不变的速度产生，称为组成酶（constitutive enzyme）。

下面我们举例说明酶的诱导与阻遏。

① 酶合成的诱导。乳糖操纵子（*lac* operon）是研究的较为清楚的酶合成诱导型操纵子（图 10-13）。大肠杆菌的乳糖操纵子含 z、y 及 a 3 个结构基因，分别编码 β-半乳糖苷酶、透酶和乙酰基转移酶，它们共同构成一个转录单位。此外还有一个操纵序列 O、一个启动序列 P 及一个调节基因 R。当大肠杆菌生长的环境中无乳糖存在时，此时不需要利用乳糖的 3 种酶，R 基因编码的阻遏蛋白能与 O 序列结合，使 RNA 聚合酶不能与 P 序列结合，则操纵子受阻遏而处于关闭状态。当乳糖存在时，乳糖操纵子即可被诱导。真正的诱导剂并非乳糖本身，乳糖经透酶催化、转运进入细胞，再经原先存在于细胞中的少数 β-半乳糖苷酶催化，转变为半乳糖。后者作为一种诱导剂分子结合于阻遏蛋白，使蛋白构型变化，导致阻遏蛋白不适于与 O 序列结合而脱落下来，使转录得以进行。由于阻遏蛋白起到的是阻止转录的作用，所以这种方式称为操纵子的负调控。

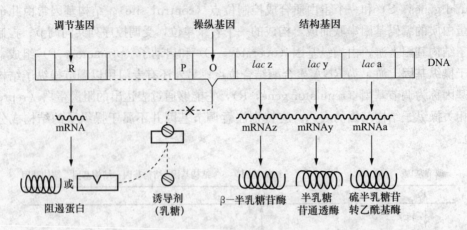

图 10-13 乳糖操纵子
(引自王镜岩，2002)

实际上，乳糖操纵子还受降解物基因活化蛋白（calabolite gene protein，CAP）的正调控。CAP 也称环化腺苷酸受体蛋白（cAMP receptor protein，CRP），是 cAMP 的受体，在启动序列 P 上游有一个 CAP 的结合位点。当无葡萄糖存在时，cAMP 浓度高，CAP 被活化而与 DNA 上的 CAP 位点结合，使 RNA 聚合酶更易于与启动子结合，刺激转录；当有葡萄糖存在时，葡萄糖分解代谢产物抑制腺苷酸环化酶的活性，cAMP 浓度低，CAP 呈失活状态，这种现象称葡萄糖效应。葡萄糖效应使细菌在葡萄糖与乳糖同时存在时，会优先利用葡萄糖，保证了最高效节能的代谢方式（图 10-14）。

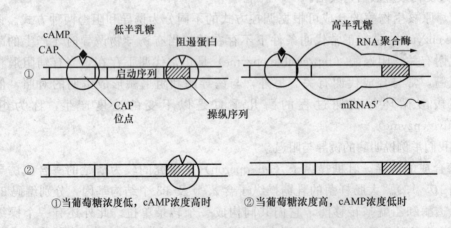

图 10-14 CAP、阻遏蛋白、cAMP 和诱导剂对 Lac 操纵子的调节
(引自周爱儒，2009)

所以，乳糖操纵子中，阻遏蛋白的负调控与 CAP 的正调控两种机制协调合作，当阻遏蛋白封闭转录时，CAP 对该系统不能发挥作用；但是如果没有 CAP 存在来加强转录活性，由于野生型启动序列作用很弱，即使阻遏蛋白从操纵序列上解聚仍几无转录活性，所以 CAP 是必不可少的。可见，两种机制相辅相成、互相协调。

② 酶合成的阻遏。色氨酸操纵子是这种方式的典型。色氨酸操纵子除包含启动子 P 和操纵基因 O 外，还含有由 5 种酶的编码基因（依次为 E、D、C、B、A）共同构成的结构基

因，这5种酶在催化分支酸（chorismate）转变为L-色氨酸的过程中共同发挥作用（图10-15）。在E基因上游还存在一个前导区序列（leader sequence），称为L内含衰减子（attenuator）。

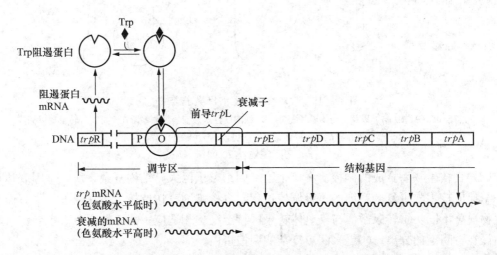

图10-15　trp操纵子的两种调控方式
（引自程牛亮，2007）

当无色氨酸时，调节基因产生的阻遏蛋白本身不能和操纵基因O结合，结构基因得以转录；当有色氨酸存在时，阻遏蛋白可被色氨酸活化，与操纵基因O结合，从而阻遏结构基因转录，因此色氨酸是一种辅阻遏物（corepressor）。

色氨酸操纵子还受到衰减作用（attenuation）的调控，大肠杆菌在低色氨酸环境中培养时，能转录产生具有6 720个核苷酸的全长多顺反子mRNA，其中5′端的162个核苷酸是前导序列L的转录物。在L转录物中，含有4段能相互配对形成二级结构的片段，是衰减子的产物。片段1和2配对形成发夹结构时，片段3和4同时能配对形成发夹结构；而片段2和3形成发夹结构时，其他片段配对二级结构就不能形成。3区与4区形成发夹结构时，后面又紧接着8个U，刚好形成了一个有效的不依赖ρ因子的转录终止子。

前导序列还能翻译出一个14肽（前导肽），其中含有两个色氨酸，这是产生衰减作用的基础。当无色氨酸时，前导肽不能合成，前导序列链以图10-16a式结构存在，促使转录在终止信号处（RNA形成的特殊茎环构象和寡聚U处）停止。当色氨酸丰富时，前导肽被正常合成，这时核糖体占据1、2位置，形成终止信号，故转录也终止，如图10-16c所示。当色氨酸不足时，内于核糖体被阻滞于第一段的色氨酸密码子处，区域3和4不能配对，而使2与3配对，不能形成终止信号，转录继续进行（图10-16b）。这一机制的关键是翻译与转录密切偶联。

色氨酸操纵子中的操纵基因和衰减子可以起到双重负调控作用。衰减子可能比操纵基因更灵敏，只要色氨酸一增多，即使不足以诱导阻遏蛋白与操纵基因结合，也可以使转录提前终止，这样可防止色氨酸积累和过多消耗能量。除色氨酸外，苯丙氨酸、苏氨酸、亮氨酸、异亮氨酸、缬氨酸和组氨酸的有关操纵子中都存在衰减子的调节位点。

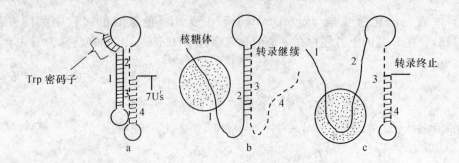

图 10-16　大肠杆菌色氨酸操纵子衰减机制

a. 游离 mRNA 中 1 与 2 以及 3 与 4 碱基配对　b. 低浓度色氨酸使核糖体停留在 1 部位，转录得以完成

c. 高浓度色氨酸使核糖体到达 2 部位，3 与 4 碱基配对，转录终止

(引自王镜岩，2002)

(2) 真核生物酶合成的调控。真核生物基因组分子巨大，结构复杂，所以基因表达调控是一个比原核生物更复杂精细的多级调控过程。真核基因表达调控至少在以下几个方面与原核生物显著不同：①转录激活与染色体转录区特定结构相适应；②正性调节占主导；③转录与翻译在空间上的分离；④更多、更复杂的调控蛋白。

真核生物的基因表达调控包括不同水平的调控环节：①转录前调节，如某些基因的删除、扩增、重排等；②转录中调节，如对基因转录活性的控制；③转录后调节，如 RNA 前体的加工；④翻译调节，主要是控制 mRNA 的稳定性和有选择地进行翻译；⑤翻译后调节，如蛋白质前体的加工、肽链折叠、蛋白质定位等。除此之外，在 RNA 从细胞核向细胞质的转运、mRNA 的降解等环节也可进行调控。

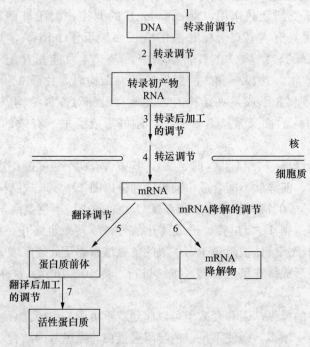

图 10-17　真核生物基因表达在不同水平上的调节

(引自王镜岩，2002)

真核生物的基因表达调控尽管是在多级水平上发生的复杂事件，但是同原核生物一样，转录起始仍是基本控制点，所以转录水平的调节也是真核基因表达调控的主要环节。可简单地把真核细胞转录水平的调控描述为顺式作用元件和反式作用因子调控。顺式作用元件（cis-acting elements）是指对基因转录有调控作用的 DNA 序列，包括启动子（promoter）和增强子（enhancer）等。反式作用因子（$trans$-acting factors）是指直接或间接与 DNA 调控元件结合而发挥作用的物质，主要是一些蛋白质因子。

2. 酶蛋白的降解　通过改变酶蛋白的降解速度，也能调节细胞内酶的含量。

近来的研究表明，蛋白质的寿命与其成熟的蛋白质 N 端的氨基酸有关，当 N 端为 M、S、A、I、V 和 C 氨基酸时，为稳定长寿命蛋白质，而 N 端为精氨酸和天冬氨酸时，则很不稳定。改变 N 端氨基酸可以明显改变降解半衰期。

真核细胞内普遍存在一种称为泛肽的蛋白质，一旦泛肽与蛋白质结合，泛肽化的蛋白质即被迅速降解，释放的泛肽还可被再利用。

另外，溶酶体内的蛋白水解酶可以使细胞内的酶降解，因此影响蛋白水解酶活性的因素以及影响溶酶体酶释放的因素都可影响酶蛋白的降解速度。

二、激素水平的调节

（一）激素的概念

激素（hormone）是一类高等生物内分泌细胞合成并分泌的能调节细胞生命活动的微量化学物质。激素在体内虽然含量极微，但是作用大、效率高。

微生物中没有激素的概念，但是在有的微生物机体中发现了激素类似物。

（二）激素的分类及生理功能

激素按照来源可以分成高等动物激素、植物激素和昆虫激素，此处仅仅介绍高等动物激素。

按照化学本质，高等动物激素分为 3 类：①含氮激素，包括氨基酸衍生物类激素、肽类激素和蛋白质类激素；②类固醇衍生类激素；③脂肪酸衍生物类激素。

激素由细胞分泌出来后，它作为"化学信使"（一般称为第一化学信使）由体液（血液）运往敏感器官（称为靶器官）或细胞（靶细胞）与受体结合，引起靶组织细胞中一系列新陈代谢变化，进而产生生理效应。

激素与受体的结合具有高度特异性，而激素受体的分布又具有组织特异性，所以激素对代谢的调节也具有组织特异性。例如，胰高血糖素受体只存在于肝脏和脂肪组织细胞膜上，不存在于肌肉细胞，所以胰高血糖素对肌肉细胞的代谢没有调节作用。哺乳动物重要激素对代谢的调节见表 10-5。

表 10-5　哺乳动物重要激素对代谢的调节

（引自郭蔼光，2009）

名称	化学本质	分泌器官	对代谢的调节
甲状腺素	酪氨酸衍生物	甲状腺	促进糖、蛋白、脂类、盐代谢及基础代谢
肾上腺素	酪氨酸衍生物	肾上腺髓质	促进糖原分解、使血糖升高、毛细血管收缩

(续)

名称	化学本质	分泌器官	对代谢的调节
生长激素	多肽	脑垂体	促进 RNA 和蛋白合成，使器官正常生长发育
抗利尿素	九肽	神经垂体	促进水的保留
甲状旁腺激素	多肽	甲状旁腺	调节 Ca^{2+}、P 代谢，升高血钙
胰高血糖素	多肽	胰岛 α 细胞	促进糖原、脂肪和蛋白的分解，使血糖升高
胰岛素	多肽	胰岛 β 细胞	促进葡萄糖利用，糖原、脂和蛋白合成，降血糖
皮质酮	类固醇	肾上腺皮质	增强 Na^+、Cl^- 的再吸引和 K^+ 的排出
皮质醇	类固醇	肾上腺皮质	促进脂肪组织中的脂解作用和肝中蛋白质降解，增强糖异生作用降低细胞对葡萄糖的吸收和利用

（三）激素的作用机制

激素的作用必须通过其受体来实现。按照受体在细胞上的定位将受体分为两类：位于细胞质膜上的受体则称为膜受体，绝大部分是镶嵌糖蛋白；位于细胞浆和细胞核中的受体称为胞内受体，全部为 DNA 结合蛋白。

根据受体定位的不同，激素的作用机制也可分成两种：①通过与细胞膜上受体结合发挥作用，如蛋白质、肽类激素、儿茶胺类激素等，此类激素多为水溶性，不能通过细胞膜的磷脂双分子层结构而进入靶细胞内；②通过与靶细胞内的受体结合而发挥作用，如类固醇激素、甲状腺激素等，此类激素多是脂溶性，容易直接通过细胞膜（甚至核膜）从而进入细胞内直接发挥作用。

1. 激素通过细胞膜受体的调节作用 细胞膜上受体目前研究得较多的有 3 类，它们各自所介导的方式也有所不同。

（1）G 蛋白偶联受体（G protein - coupled recepror，GPCR）。该受体是受体中研究得最为广泛、透彻，且最为重要的一类受体。结构是只含 1 条肽链的糖蛋白，其 N 端在细胞外侧，C 端在细胞内，中段形成 7 个跨膜螺旋结构和 3 个细胞外环及 3 个细胞内环，胞内的第三个环和 G 蛋白偶联（图 10 - 18）。

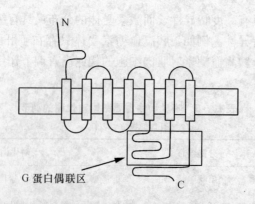

图 10 - 18 G 蛋白偶联受体的结构

（引自周爱儒，2009）

G蛋白在受体与效应酶之间起重要介导作用。它有3个不同的亚基：α、β、γ。不同类型的G蛋白，其α亚基差别很大，是G蛋白的分类依据。此亚基在质膜的胞浆面一侧有GDP或GTP结合位点。结合激素等信息分子后而构象改变的活性受体，迅速与G蛋白结合，α亚基上结合的GDP被GTP取代，α亚基便与β、γ复合物分离，沿质膜内表面散开的α亚基与效应酶结合使之活性改变，效应酶催化相应的底物生成第二信使分子。α亚基具有GTP酶活性，GTP与α亚基结合几秒钟之后，GTP被水解为GDP，结合GDP后的α亚基又可与β、γ复合物聚合成G蛋白，此时G蛋白恢复为无活性的状态（图10-19）。

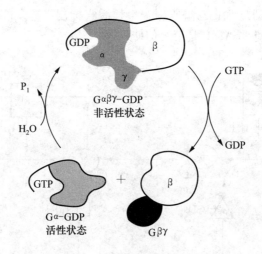

图 10-19 G蛋白活化状态的转化
(引自郭蔼光，2009)

G蛋白是一蛋白质家族，它们作用于不同的效应酶，引发不同的生理效应。G蛋白的常见类型见表10-6。

表 10-6 G蛋白的主要类型
(改自赵文恩，2004)

类型	α 亚基	效应酶
Gs	$α_s$	激活腺苷酸环化酶
Gi	$α_i$	抑制腺苷酸环化酶
Gp	$α_p$	激活磷脂酶 C(PLC)
Gt	$α_t$	激活磷酸二酯酶
Go	$α_o$	与离子通道有关的酶

G蛋白偶联型受体的信号传递过程主要包括：①配体与特异受体结合；②受体变构活化G蛋白；③G蛋白激活或抑制细胞中的效应分子（蛋白质或酶）；④效应分子改变细胞内第二信使的含量与分布；⑤第二信使作用于相应的靶分子（蛋白激酶），进一步调节特定酶或功能蛋白的活性，从而改变细胞的代谢及基因表达等功能。

激素通过 G 蛋白偶联型受体的调节作用目前研究得较为清楚的有 3 种途径。

第一种途径是 cAMP-蛋白激酶途径（PKA 途径）（图 10-20）。cAMP-蛋白激酶途径是以靶细胞内 cAMP 浓度改变和激活蛋白激酶 A 为主要特征，激素与受体结合，激活型受体 Rs 通过激活型 G 蛋白激活腺苷酸环化酶（adenyl cyclase，AC），后者催化 ATP 分解生成 cAMP，通过 cAMP 激活蛋白激酶 A（protein kinase，PKA），活化的蛋白激酶 A 能使许多蛋白质特定的丝（苏）氨酸残基磷酸化，从而发挥生物学活性。属于此类受体作用的激素有胰高血糖素、肾上腺素和促肾上腺皮质激素等。抑制型受体 Ri 可通过抑制性 G 蛋白抑制腺苷酸环化酶活性，降低细胞内 cAMP 水平，生理效应与前面的相反。属于此类受体作用的激素有 α 肾上腺素及阿片肽、乙酰胆碱、生长激素抑制素等。cAMP 可被磷酸二酯酶水解。这里激素是第一信使，cAMP 是第二信使。

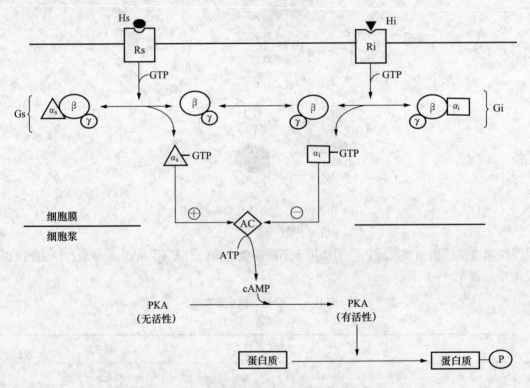

图 10-20　cAMP-蛋白激酶途径
（改自吴梧桐，2007）

第二种途径是 Ca^{2+}-依赖性蛋白激酶途径（CDPK 途径）。此途径有两种方式，都通过 Ca^{2+} 浓度的变化引发相应的生物学效应。

第一种方式是 Ca^{2+}-蛋白激酶 C 途径。激素作用于靶细胞膜上特异性受体后，通过特定的 G 蛋白激活磷脂酰肌醇特异性磷脂酶 C(PI-PLC)，PI-PLC 则水解膜组分磷脂酰肌醇-4，5-二磷酸（PIP_2）而生成二酰甘油（DAG）和三磷酸肌醇（IP_3）。其中，DAG 生成后仍留在质膜上，IP_3 生成后从膜上扩散至胞浆中与内质网和肌浆网上的受体结合，因而促进这些钙储库内的 Ca^{2+} 迅速释放，使胞浆内的 Ca^{2+} 浓度升高。Ca^{2+} 能与胞浆内的蛋白激酶 C（protein kinase C，PKC）结合并聚集至质膜上，在 DAG 和膜磷脂共同诱导下，PKC 被激活。PKC 可催化多种蛋白及酶的丝（苏）氨酸残基磷酸化，改变其活性，引起一系列生理、生化反应。

这里激素是第一信使，DAG 和 IP_3 是第二信使，Ca^{2+} 浓度的瞬间增加是由三磷酸肌醇诱发的，因此 Ca^{2+} 可以看做是第三信使。

第二种方式是 Ca^{2+}-钙调蛋白依赖性蛋白激酶途径，此途径和 Ca^{2+}-蛋白激酶 C 途径开始阶段是一样的，只是 Ca^{2+} 浓度的增加激活的是钙调蛋白（calmodulin，CaM）（图 10-21）。CaM 为钙结合蛋白，分子中有 4 个 Ca^{2+} 结合位点，当胞浆中 Ca^{2+} 浓度增高时，Ca^{2+} 与 CaM 结合，激活 Ca^{2+}-CaM 依赖性蛋白激酶（CaM-PK），进一步使许多蛋白质的丝（苏）氨酸残基磷酸化，从而改变酶或蛋白质的活性，影响代谢反应。

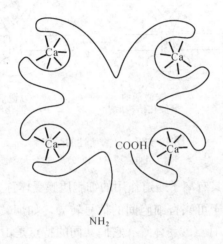

图 10-21　钙调蛋白（calmodulin，CaM）
（引自李盛贤，2006）

第三种途径是 cGMP-蛋白激酶途径（PKG 途径）。某些亲水性激素如胰岛素、生长激素释放因子、血管紧张素等与靶细胞膜上受体结合后，通过 G 蛋白的介导作用，激活鸟苷酸环化酶（guanylate cyclase，GC），或者改变细胞膜通透性，促使胞外 Ca^{2+} 进入细胞，提高胞浆中 Ca^{2+} 水平。通过 Ca^{2+} 激活鸟苷酸环化酶或抑制磷酸二酯酶，使胞内 cGMP 水平升高，然后激活蛋白激酶 G（protein kinase G，PKG），使某些蛋白（或酶）的丝（苏）氨酸残基磷酸化，实现激素对代谢的调节作用。

作为第二信使的 cAMP 和 cGMP 往往表现出相反的生理效应。如异丙肾上腺素增强心肌收缩、使心肌的 cAMP 含量增加、cGMP 含量减少。相反，乙酰胆碱减弱心肌收缩，则心肌中 cGMP 增加、cAMP 降低。细胞内的磷酸二酯酶可使 cGMP 水解为 GMP，失去其生物活性。

（2）具酶活性的受体。此类受体（图 10-22）与相应的信号分子（配体或其他信号）结合后，可激活其自身的酶活性，进而引发胞内一系列信号传递过程，产生特定的生理效应。目前，至少已发现数十种具有酶活性的膜受体，其中大多数为受体型酪氨酸蛋白激酶（receptor tyrosine-protein kinase，RTPK）。

这类受体介导的途径特点是：受体为跨膜的催化性受体，由 3 部分组成，伸出细胞膜外表面的糖基化氨基端结构域是信息分子的结合部位，中间是埋于脂双分子层的跨膜区，伸入胞浆内的羧基端区域为酪氨酸蛋白激酶活性区。当信息分子与受体结合后，催化型受体大多数发生二聚化，二聚体的 TPK 被激活，相互催化而使受体自身磷酸化，表现出酪氨酸蛋白激酶（tyrosine-protein kinase，TPK）活性，此磷酸化的受体酪氨酸蛋白激酶可与细胞内许多信号传递蛋白结合形成复合物，传递信号，引发生理效应。

表皮生长因子（EGF）、血小板生长因子（PDGF）、肝细胞生长因子（HGF）、神经生长因子（NGF）、胰岛素及胰岛素样生长因子等都可通过此信息传递通路进行信息传递。

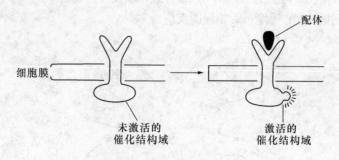

图 10-22　具酶活性的受体
（引自陈诗书，1999）

（3）离子通道型受体。具有离子通道作用的细胞质膜受体称为离子通道型受体或配体门控离子通道。这类受体多见于可兴奋细胞间的信号转导，如烟碱型乙酰胆碱受体、γ-氨基丁酸受体、5-羟色胺受体、甘氨酸受体等。它们共同的特点是由多亚基组成受体/离子通道复合体，膜外侧的配体结合部位与信号分子结合后，引发受体构象发生变化，立即把离子通道的"门"打开，导致离子跨膜流动，引起膜电位发生改变，产生特定的生理效应（图 10-23）。

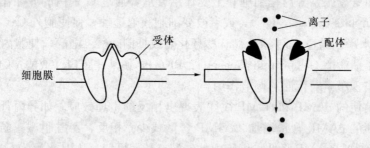

图 10-23　离子通道型受体
（引自陈诗书，1999）

2. 激素通过细胞内受体的调节作用　类固醇激素（糖皮质激素、盐皮质激素、雄激素、雌激素、孕激素）等脂溶性小分子物质，可透过细胞膜与胞液或核内受体结合，引发受体变构。激素与受体复合物以二聚体形式穿过核孔进入细胞核内，与 DNA 特定部位结合，调控相关基因的转录活性，从而表现出相应的生物学效应。细胞内受体介导的激素作用机制见图 10-24。

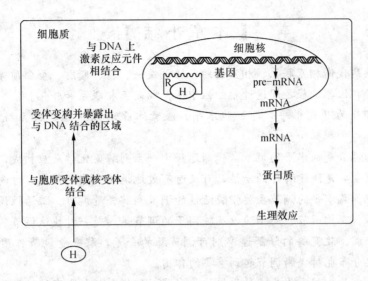

图 10-24 细胞内受体介导的激素作用机制
H. 激素 R. 受体 pre-mRNA. RNA 前体
(引自郭蔼光，2009)

三、神经水平的调节

高等动物有着高度复杂和完善的神经系统，可通过神经系统对各器官的代谢与生理功能进行协调和快捷有效地控制来适应内外环境变化和机体的自身需要。中枢神经系统对代谢的调节有直接和间接两种。

(一) 直接调节

直接调节是大脑接受某种刺激后直接对有关组织、细胞或器官发出信息，使它们兴奋或抑制以调节机体代谢。例如，当人在精神紧张或突遭意外刺激时，血糖浓度升高。这是因为在应激情况下，人或动物的交感神经兴奋，由神经细胞（或称神经元）的电兴奋引起的动作电位或神经脉冲使血糖浓度升高。

(二) 间接调节

中枢神经系统的间接调节很大程度上是通过激素实现的。神经系统对激素分泌的控制也可分直接和间接两种方式。肾上腺髓质受中枢-交感神经的直接影响分泌肾上腺素、胰岛的 β 细胞受中枢-迷走神经的刺激而分泌胰岛素，都是这种直接控制的典型例子。此外，中枢神经还可以间接控制内分泌腺的活动，这种方式一般按照中枢神经系统→丘脑下部→脑下垂体→内分泌腺→靶细胞模式进行。例如，甲状腺和肾上腺皮质分别受垂体前叶分泌的促甲状腺素和促肾上腺皮质激素的刺激而分泌甲状腺素和肾上腺皮质激素。

总的来说，正常机体的代谢反应是在共济与协调方式下十分有序地进行的。激素与酶直接或间接参与这些反应，但整个机体内的代谢反应则由中枢神经系统所控制，因而神经调节是最高水平的调节。值得一提的是无论是激素调节或是神经调节，都作用于细胞，并且最终往往是通过"酶水平"的调节而发挥作用的。

【本章小结】

体内各种物质代谢相互联系、相互制约、协调统一。糖、脂肪、蛋白质等营养物质有其独特的代谢途径，但各途径之间通过枢纽性中间产物而互相联系和转化。

代谢调节可分为3级水平，即细胞水平、激素水平和以中枢神经系统为主导的整体水平。

细胞水平的调节是酶水平的调节，代谢途径由一系列酶促化学反应构成，通过调节各代谢途径关键酶（主要是限速酶）的活性，可及时有效地调整代谢的强度、方向和速率以适应内外环境的变化。酶水平的调节主要指酶活性的调节和酶含量调节。酶活性调节包括：共价修饰、酶原激活、变构调节、同工酶以及辅因子的调节等，是一种快速调节。而通过诱导或阻遏酶蛋白的合成、改变酶的降解速率则可调节酶的含量，酶含量调节作用缓慢持久。同时，酶的区域化分布也对代谢调节起到重要的作用。

激素调节主要是指激素作为一种化学信号（第一信使）与靶器官组织细胞上的特异性受体结合，将激素信号转化为细胞可接受的信号，引起胞内一系列化学反应，最终表现出的生物学效应。激素按其受体定位的不同可分为两种：①细胞膜受体激素，多为蛋白质、多肽及儿茶酚胺类激素，水溶性强，与膜上受体结合后，通过胞内第二信使将信号逐级放大，产生显著的生理效应；②膜内受体激素，多为脂溶性激素，如类固醇激素、甲状腺激素等，可直接通过细胞膜（甚至核膜）从而进入细胞内直接发挥作用。

神经调节是指神经系统直接对组织器官的代谢产生控制或通过内分泌腺间接影响代谢，以达到整体调节的目的。

通常激素调节受控于神经调节，而神经调节发挥作用要依赖于激素调节。

◆ **思考题**

1. 细述糖、脂、蛋白质以及核酸代谢的相互关系。
2. 酶活性的调节包括哪几种方式？
3. 什么是操纵子？根据操纵子模型说明酶合成的阻遏和诱导过程。
4. 基因表达调控主要是在哪一步？
5. 激素是如何调节细胞代谢的？

附　录

附录一　生物化学常用缩写词*

缩写	中文名	英文名
AA/aa	氨基酸	amino acid
ACP	酰基载体蛋白	acyl carrier protein
Ala/A	丙氨酸	alanine
Arg/R	精氨酸	arginine
Asn/N	天冬酰胺	asparagine
Asp/D	天冬氨酸	aspartic acid
Ade/A	腺嘌呤	adenine
AMP	腺嘌呤核苷酸	adenosine monophosphate
ADP	腺嘌呤核苷二磷酸	adenosine diphosphate
ATP	腺嘌呤核苷三磷酸	adenosine triphosphate
ATCase	天冬氨酸转氨甲酰酶	aspartate transcarbamylase
APO	载脂蛋白	apoprotein
ATPase	腺嘌呤核苷三磷酸酶	adenosine triphosphatase
BPG	2,3-二磷酸甘油酸	2,3-bisphosphoglycerate
BCCP	生物素羧基载体蛋白	biotin carboxyl-carrier protein
CoA	辅酶A	coenzyme A
CoQ	辅酶Q	coenzyme Q (ubiquinone)
CD	圆二色性	circular dichroism

---

* 引自http://wenku.baidu.com/view/7d1f04c5bb4cf7ec4afed02b.html；汪翠珍，2009。

Cys/C	半胱氨酸	cysteine
CPSI	氨甲酰磷酸合成酶 I	carbamyl phosphate synthetase I
chRNA	染色质 RNA	chromatin RNA
CaM	钙调蛋白	calmodulin
Cyt/C	胞嘧啶	cytosine
Cyt	细胞色素	cytochrome
cAMP	3′,5′-环腺嘌呤一磷酸	adenosine 3′,5′- cyclic monophosphate
cGMP	3′,5′-环鸟嘌呤一磷酸	guanosine 3′,5′- cyclic monophosphate
ctRNA	叶绿体 RNA	chloroplast RNA
cDNA	互补 DNA	complementary DNA
cccDNA	共价闭合环 DNA	covalently closed circle DNA
CMP	胞嘧啶核苷酸	cytidine monophosphate
CDP	胞嘧啶核苷二磷酸	cytidine diphosphate
CTP	胞嘧啶核苷三磷酸	cytidine triphosphate
DNA	脱氧核糖核酸	deoxyribonucleic acid
DPF/ DFP	二异丙基磷酰氟/二异丙基氟磷酸	dissopropylphosphorofluoridate/diisopropylfluorophosphate
DTT	二硫苏糖醇	dithiothreitol
DNFB	二硝基氟苯	2,4 - Dinitrofluorobenzene
DNS	二甲基氨基萘磺酰氯/丹磺酰氯	dimethylamino naphthalene - 5 - sulfonyl chloride
DAG	二酰甘油	diacylglycerol
DHFA/FH2	二氢叶酸	dihydrofolate
dsDNA	双链 DNA	double - stranded DNA
DHU	二氢尿嘧啶	dihydrouracil
dAMP	腺嘌呤脱氧核苷酸	deoxyadenosine monophosphate
dTMP	胸腺嘧啶脱氧核苷酸	deoxythymidine monophosphate
DNP	核蛋白	nucleoprotein
DHAP	二羟丙酮磷酸	dihydroxyacetone phosphate
DNAse	脱氧核苷酸酶类	deoxyribonuclease
ddNTP	双脱氧核苷三磷酸	dideoxyribonucleoside triphosphate

DMS	硫酸二甲酯	dimethyl sulfate
DEPC	焦磷酸二乙酯	diethypyrocarbonate
DDDP	依赖于 DNA 的 DNA 聚合酶	DNA-dependent DNA polymerase
DDRP	依赖于 DNA 的 RNA 聚合酶	RNA dependent DNA polymerase
DNFB	2,4-二硝基氟苯	2,4-dinitrofluorobenzene
dNTP	脱氧核苷三磷酸	deoxyribonucleoside triphosphate
DPG	三磷酸苷油酸	3-phosphoglycerate
EtBr/EB	溴化乙锭	ethidiumbromide
EF	延伸因子	elongation factor
EMP	糖酵解途径	embden-meyerhof-parnas pathway
*Eco*RI	*Eco*RI 限制性核酸内切酶	*Eco*RI restriction endonuclease
FA	脂肪酸	fatty acid
FAD	黄素腺嘌呤二核苷酸（氧化型）	flavin-adenine dinucleotide(oxidized form)
$FADH_2$	黄素腺嘌呤二核苷酸（还原型）	flavin adenine dinucleotide(reduced form)
FMN	黄素单核苷酸（氧化型）	flavin mononucleotide(oxidized form)
$FMNH_2$	黄素单核苷酸（还原型）	flavin mononucleotide(reduced form)
5-FU	5-氟尿嘧啶	5-fluorouracil
fMet	甲酰甲硫氨酸	formylmethionine
Gly/G	甘氨酸	glycine
Glu/E	谷氨酸	glutamate
Gln/Q	谷氨酰胺	glutamine
Gal	半乳糖	galactose
Glc	葡萄糖	glucose
GABA	γ-氨基丁酸	γ-aminobutyric acid
Gua/G	鸟嘌呤	guanine
GTP	鸟嘌呤核苷三磷酸	guanosine triphosphate
GMP	鸟嘌呤核苷酸	guanosine monophosphate
GDP	鸟嘌呤核苷二磷酸	guanosine diphosphate
GAP	3-磷酸甘油醛	3-phosphoglyceraldehyde
GH	生长素	auxin

GPT/ALT	谷丙转氨酶	glutamic-pyruvic transaminase
GOT	谷草转氨酶	glutamic-oxaloacetic transaminase
GSH	谷胱甘肽	reduced glutathione
GSSG	氧化型谷胱甘肽	oxidized glutathione
GTPase	鸟嘌呤核苷三磷酸酶	guanosine triphosphatase
HPLC	高压液相层析	high performance liquid chromatography
His/H	组氨酸	histidine
Hb	血红蛋白	hemoglobin
HbA	成人血红蛋白	adult hemoglobin
HbF	胎儿血红蛋白	foetal haemoglobin
hnRNA	核内不均一RNA	heterogenous nuclear RNA
hm^{5}C	5-羟甲基胞嘧啶	5-hydroxymethylcytosine
HDL	高密度脂蛋白	high-density lipoprotein
HMG-CoA	β-羟-β-甲基-戊二酸单酰CoA	3-hydroxy-3-methylglutaryl coenzyme A
HMP/HMS	磷酸己糖途径	hexose monophosphate pathway
Hyp	羟脯氨酸	hydroxyproline
HGPRT	次黄嘌呤-鸟嘌呤磷酸核糖转移酶	hypoxanthine-guanine phosphoribosyl-transferase
IEF	等电聚焦电泳	isoelectric focusing electrophoresis
Ile/I	异亮氨酸	isoleucine
IP$_3$	磷酸肌醇	inositol 1, 4, 5, -trisphosphate
I	次黄嘌呤	hypoxanthine
IF	起始因子	initiation factor
IgG	免疫球蛋白G	immunoglobulin G
ITP	次黄苷三磷酸	inosine triphosphate
Kcat	催化常数或转换数	catalytic number
K_m	米氏常数	michaelis constant
Leu/L	亮氨酸	leucine
Lys/K	赖氨酸	lysine
LDH	乳酸脱氢酶	lactate dehydrogenase

LDL	低密度脂蛋白	low-density lipoprotein
MS	质谱	mass spectrometry
Met/M	甲硫氨酸	methionine
Mb/MYO	肌红蛋白	myoglobin
MbO_2	氧合肌红蛋白	oxymyoglobin
mRNA	信使 RNA	messenger RNA
m^5C	5-甲基胞嘧啶	5-methylcytidine
mtRNA	线粒体 RNA	mitochondrial RNA
NMR	核磁共振	nuclear magnetic resonance
NAD^+	尼克酰胺腺嘌呤二核苷酸（氧化型）	nicotinamide adenine dinucleotide (oxidized form)
NADH	尼克酰胺腺嘌呤二核苷酸（还原型）	nicotinamide adenine dinucleotide (reduced form)
$NADP^+$	尼克酰胺腺嘌呤二核苷酸磷酸（氧化型）	nicotinamide adenine dinucleotide phosphate (oxidized form)
NADPH	尼克酰胺腺嘌呤二核苷酸磷酸（还原型）	nicotinamide adenine dinucleotide phosphate (reduced form)
NMP	核苷一磷酸	nucleoside monophosphate
NDP	核苷二磷酸	nucleoside diphosphate
NTP	核苷三磷酸	nucleoside triphosphate
Nouthern blotting	DNA 与 RNA 杂交	DNA-RNA hybridization
ocDNA	开环 DNA	open circular DNA
Orn	鸟氨酸	ornithine
ORF	开放读码框	open reading frame
p*I*	等电点	isoelectric point
PFK	磷酸果糖激酶	phosphofructokinase
PITC	苯异硫腈	phenyl isothiocyanate
Phe/F	苯丙氨酸	phenylalanine
Pro/P	脯氨酸	proline
PIP_2	磷酸肌醇 4,5-二磷酸	phosphatidylinositol 4,5-bisphosphate
PLP	磷酸吡哆醛	pyridoxal phosphate
PMP	磷酸吡哆胺	pyridoxamine phosphate
Pu	嘌呤	purine

Pdase	磷酸二酯酶	phosphodiesterase
PAGE	聚丙烯凝胶电泳	polyacrylamide gel electrophoresis
PAPS	3′-磷酸腺苷-5′-磷酸硫酸	3′- phosphoadenosine 5′- phosphosulfate
PCR	聚合酶链式反应	polymerase chain reaction
PEP	磷酸烯醇式丙酮酸	phosphoenolpyruvate
PPP	戊糖磷酸途径	pentose phosphare parhway
Py	嘧啶	pyrimidine
Pi	磷酸	inorganic orthophosphate
PPi	焦磷酸	inorganic pyrophosphate
PRPP	5-磷酸核糖-1-焦磷酸	5 - phosphoribosyl - 1 - pyrophosphate
PC	卵磷脂或磷脂酰胆碱	lecithin
PE	脑磷脂或磷脂酰乙醇胺	cephalin
P/O	磷氧比	P/O ratio
QH_2	还原型辅酶 Q	ubiquinol (or plastoquinol)
RNA	核糖核酸	ribonucleic acid
rRNA	核糖体 RNA	ribosomal RNA
RNase	核糖核酸酶	ribonuclease
RDDP	依赖于 RNA 的 DNA 聚合酶	RNA dependent DNA polymerase
RDRP	依赖于 RNA 的 RNA 聚合酶或 RNA 复制酶	RNA dependent RNA polymerase
SRP	信号识别体	signal recognition particle
Ser/S	丝氨酸	serine
sRNA	小 RNA	small RNA
snRNA	核内小 RNA	small nuclear RNA
snoRNA	核仁小 RNA	small nucleolar RNA
scRNA	细胞质小 RNA	small cytoplasmic RNA
SRNA	可溶性 RNA	soluble RNA
ssDNA	单链 DNA	single - stranded DNA
SAM	S-腺苷甲硫氨酸	S - adenosyl - L - methionine
SDS	十二烷基硫酸钠	sodium dodecyl sulfate
SSB	单链结合蛋白	single strand DNA - binding protein

Southern blotting	DNA 与 DNA 杂交	DNA - DNA hybridization
SD sequence	SD 序列	shine - dalgarno sequence
Tryp	胰蛋白酶	trypsin/parenzyme
Tyr/Y	酪氨酸	tyrosine
Trp/W	色氨酸	tryptophan
Thr/T	苏氨酸	threosine
TCA	柠檬酸循环/三羧酸循环	citric acid cycle
THFA/FH4	四氢叶酸	tetrahydrofolic acid
TPP	硫胺素焦磷酸	thiamine pyrophosphate
tRNA	转移 RNA	transfer RNA
Thy/T	胸腺嘧啶	thymine
tsDNA	三链 DNA	triple strands DNA/triplex DNA
TTP	胸嘧啶核苷三磷酸	thymidine triphosphate
Tm	熔解温度	melting temperature
TΨC	TΨC 臂	TΨC arm
Ura/U	尿嘧啶	uracil
UDPG/UDP - glu	尿嘧啶核苷二磷酸葡萄糖	uridine diphosphate glucose
UMP	尿嘧啶核苷酸	uridine monophosphate
UDP	尿嘧啶核苷二磷酸	uridine diphosphate
UTP	尿嘧啶核苷三磷酸	uridine triphosphate
UDP - gal	尿苷二磷酸半乳糖	uridine diphosphate galactose
Val/V	缬氨酸	valine
VHDL	极高密度脂蛋白	very high density lipoprotein
VLDL	极低密度脂蛋白	very low density lipoprotein
Western blotting	蛋白质印迹	western blotting or immunoblotting
X - ray	X 射线衍射法	X - ray diffraction
Ψ	假尿嘧啶核苷	protoveratrine

附录二　生物化学重要发现大事记*

- 1773 年　发现尿素。
- 1779 年　从橄榄油中提出甘油。
- 1780 年　指出呼吸即氧化作用。
- 1810 年　指出发酵的重反应。
- 1836 年　明确催化剂的概念。
- 1833 年　Payen 和 Persoz 分离出淀粉酶。
- 1847 年　完成淀粉酶的分解作用，将淀粉变成麦芽糖。
- 1857 年　提出发酵的"活力论"。
- 1862 年　指出淀粉为光合作用的产物。
- 1864 年　Hoppe‐Seyler 从血液分离出血红蛋白，并将其制成结晶。
- 1869 年　发现核酸。
- 1886 年　发现"组织血红素"，后来称它为细胞色素。
- 1890 年　结晶出第一个蛋白质——卵白蛋白。
- 1897 年　完成无细胞发酵作用。
- 1902 年　表明蛋白质为多肽链。
- 1903 年　分离出第一个激素——肾上腺素。
- 1905 年　明确"激素"一词。
- 1911 年　明确"维生素"一词。
- 1912 年　指出生物氧化为脱氢作用。
- 1913 年　提出酶动力学理论。
- 1914 年　指出生物氧化由铁激活氧而来。
- 1926 年　分离出第一个维生素——维生素 B_1；结晶出第一个酶——脲酶。
- 1929 年　发现"活性磷酸"ATP；鉴定出"呼吸酶类"为血红素化合物。
- 1929—1934 年　分离出 4 种类固醇激素。
- 1932 年　发现鸟氨酸循环。
- 1935 年　分离出第一个结晶病毒——烟草花叶病毒。
- 1936 年　指出维生素为辅酶的组成成分。
- 1937 年　将柠檬酸循环模式化。
- 1938 年　发现转氨基作用。
- 1939 年　发现氧化磷酸化作用。
- 1941 年　认为 ATP 的主要作用在于它是高能化合物。
- 1944 年　酶的遗传；DNA 是细菌的转化因子。
- 1951 年　阐明活性乙酸。
- 1952 年　提出蛋白质的螺旋模型。

---

* 引自 http://jpkc.gdmc.edu.cn/biochemistry/chap0/025dot.htm；http://www.docin.com/p‐197617.html。

1953 年　阐明胰岛素的结构；提出核酸的螺旋模型。
1958 年　阐明纯病毒核酸的感染性。
1959 年　在激素作用中，发现 cAMP 是第二信使。
1960 年　呼吸链磷酸化作用的化学渗透学说；阐明蛋白质的第一个三维结构。
1961 年　提出调节基因激活的模式；将核酸的碱基密码解译出来。
1963 年　指出酶的变构抑制作用。
1965 年　第一次阐明核酸顺序；阐明酶（溶菌酶）的空间模型。
1968—1970 年　发现限制性核酸内切酶。
1972 年　提出膜的流体镶嵌模型。
1975 年　科学家发明 DNA 测序方法。
1978 年　发现 DNA 中的内含子。
1979 年　发现左手螺旋 DNA——Z‐DNA。
1980 年　测定了 DNA 结合蛋白质——Cro 抑制物及 Cap 的结构。
1981 年　具有酶功能的 RNA 分子。
1985 年　发现胆固醇代谢和同其相关病。
1990 年　人类基因组工程启动。
1992 年　发现可逆的蛋白质磷酸化作用。
1994 年　发现 G 蛋白质。
1998 年　发现空气中的污染氧化氮在人体循环系统中扮演传递讯号的角色。
2001 年　公布了绘制人类蛋白质组图谱的计划。
2003 年　人类基因组计划告一段落。

附录三 人类基因组计划大事记*

1985 年 在美国加利福尼亚州的一次会上,美国能源部提出了测定人类基因组全序列的提议。

1986 年 美国能源部宣布实施人类基因组计划草案;著名诺贝尔奖获得者 R. Dulbecco 在《Science》上发表一篇有关开展人类基因组计划的短文,后被称为"人类基因组计划标书"。

1987 年 发表了第一张带有 403 个遗传标记的遗传图谱。

1988 年 美国国家研究委员会批准了人类基因组计划。

1989 年 成立人类基因组研究国家中心 (National Center of Human Genome Research, NCHGR);DNA 分子双螺旋模型提出者 J. Waston 出任第一任主任。

1990 年 人类基因组计划在美国正式启动。

1991 年 美国建立第一批基因组研究中心;发现表达基因的新战略——表达序列标签 (expressed sequence tag, EST),基因能否获得专利的大争论。

1992 年 完成了人类 Y 染色体和第 21 条染色体的第一张物理图谱,完成了鼠和人的遗传图谱。

1993 年 发布新的 5 年计划,2005 年将人类基因组全部测序;Sanger 测序中心加入人类基因组计划。

1994 年 完成了人类基因组中的第一个完整遗传连接图谱。

1995 年 第一个基因组——流感嗜血杆菌 (Haemophilus influenzae) 的全序列发表,第一篇关于完整 cDNA 探针芯片的论文发表。

1996 年 百慕大群岛召开会议,著名的百慕大原则:规定此后的测序结果必须在 24 h 时内传送到公共数据库中;酿酒酵母 (Saccharomyces cerevisiae) 的基因组全部测序完成,第一套小鼠全长 cDNA 的测序完成。

1997 年 大肠杆菌 (Escherichia coli) 基因组全部测序完成;毛细管测序仪出现;法国国家基因组测序中心成立。

1998 年 公布新计划,寻找单核苷酸多态性 (single nucleotide polymorphism, SNP),人类基因组测序在"公"(HGP) 与"私"(Celera) 之间展开了激烈竞争;线虫 (Caenorhabditis elegans) 基因组测序完成;中国在北京和上海设立国家基因组中心。

1999 年 5 个测序中心大规模测序,完成小鼠基因组的测序,完成了第一条人染色体——第 22 条染色体的全部测序工作;中国获准加入人类基因组计划,承担 1% 的测序任务,成为参与这一计划的唯一发展中国家。5 个测序中心:马萨诸塞州的 Whitehead 生物医学研究所;圣路易斯的华盛顿大学;休斯敦的 Baylor 医学院;英国剑桥的 Sanger 中心和加利福尼亚州 DOE 下属的联合基因组研究所。

2000 年 6 国科学家宣布首次绘成人类基因组"工作框架图";完成果蝇 (Drosophila melanogaster) 基因组的全部测序,公布了人类第 21 条染色体的测序结果,第一个植物基

---

* 引自 http://wenku.baidu.com/view/601bc762caaedd3383c4d39b.html;
http://health.qianlong.com/news/news01/11698.html。

因组——拟南芥（*Arabidopsis thaliana*）基因组全部测序。

2001年 《Nature》、《Science》同时发表人类基因组"工作框架图"已能覆盖人类基因组的97%，人类基因组研究的重要里程碑；人类基因组"中国卷"的绘制工作宣告完成。

2003年 6国科学家宣布人类基因组序列图绘制成功，人类基因组计划的所有目标全部实现；已完成的序列图覆盖人类基因组所含基因区域的99%，精确率达到99.99%。

主要参考文献

程牛亮. 2005. 生物化学 [M]. 北京：高等教育出版社.
郭蔼光. 2009. 基础生物化学 [M]. 第 2 版. 北京：高等教育出版社.
胡兰. 2007. 动物生物化学 [M]. 北京：中国农业大学出版社.
刘卫群. 2009. 生物化学 [M]. 北京：中国农业出版社.
马冬梅, 赵艳. 2006. 动物生物化学 [M]. 北京：中国农业大学出版社.
汪翠珍. 2009. 英汉双向生物化学词典 [M]. 上海：上海交通大学出版社.
汪玉松, 邹思湘, 张玉静. 2005. 现代动物生物化学 [M]. 第 3 版. 北京：高等教育出版社.
王金胜, 王冬梅, 吕淑霞. 2007. 生物化学 [M]. 北京：科学出版社.
王镜岩, 朱圣庚, 徐长法. 2007. 生物化学 [M]. 第 3 版. 北京：高等教育出版社.
王镜岩, 朱圣庚. 2008. 生物化学教程 [M]. 北京：高等教育出版社.
吴梧桐. 2007. 生物化学 [M]. 第 6 版. 北京：人民卫生出版社.
肖建英. 2007. 生物化学 [M]. 北京：人民军医出版社.
谢达平. 2004. 食品生物化学 [M]. 北京：中国农业出版社.
杨荣武. 2006. 生物化学原理 [M]. 北京：高等教育出版社.
于自然, 黄熙泰. 2001. 现代生物化学 [M]. 北京：化学工业出版社.
余瑞元. 2007. 生物化学 [M]. 北京：北京大学出版社.
张楚富. 2003. 生物化学原理 [M]. 北京：高等教育出版社.
赵武玲. 2008. 基础生物化学 [M]. 北京：中国农业大学出版社.
郑集, 陈均辉. 2007. 普通生物化学 [M]. 第 4 版. 北京：高等教育出版社.
周爱儒. 2006. 生物化学 [M]. 第 6 版. 北京：人民卫生出版社.
邹思湘. 2009. 动物生物化学 [M]. 第 4 版. 北京：中国农业出版社.
Alberts B, Johnson A, Lewis J, et al 2008. Molecular biology of the cell[M]. 5th ed. New York：Garland Science.
Alexander J Ninfa, David P Ballou, Marilee Benore. 2009. Fundamental Laboratory Approaches for Biochemistry and Biotechnology[M]. 2nd ed. John Wiley & Sons, Inc.
Campbell M. Farrell S. 2007. Biochemistry[M]. 6th ed. Florence：Brooks/Cole Pub Co.
D Voet & J Voet. 2004. Biochemistry[M]. 3th ed. New York：W H Freeman
Donald Voet, Judith G Voet. 2010. Biochemistry[M]. 4th ed. Chichester：John Wiley & Sons, Inc.
H R Horton, L A Moran, R. s. Ochs, et al. 2007. PrincipleSof biochemistry[M]. 3rd ed. 北京：科学出版社.
J G 沃伊特, C. W 晋拉特. 2003. 基础生物化学[M]. 朱德煦, 郑昌学, 译. 北京：科学出版社.
Jeremy M Berg, John L Tymoczko, and Lubert Stryer. 2002. Biochemistry[M]. 5th ed. New York：W H Freeman.
Lubert Stryer, Jeremy M Berg, John L Tymoczko. 2002. Biochemistry[M]. 5th ed. New York：W H Freeman.
Murray R, Granner DK. Mayes PA, et al. 2003. Harper's Illustrated Biochemistry[M]. 26th ed. New York：McGraw-Hill Medical.
Nelson D L and Cox M M. 2008. Lehninger's Principles of Biochemistry[M]. 5th ed. New York：W H Freeman.

P W 库彻,G B 罗尔斯顿. 2002. 生物化学 [M]. 第 2 版. 北京:科学出版社.
Pamela C Champe. 2004. Biochemistry[M]. Philadelphia:Lippincott Williams & Wilkins.
Weaver R F. 2005. Molecular Biology[M]. 3rd ed. New York:McGraw Hill.
http://jpkc.njau.edu.cn/biochemistry/BiochemistryWebCourse/View_3.asp.
http://wenku.baidu.com/view/7d1f04c5bb4cf7ec4afed02b.htm.
http://www.medicenter.cn/base/2010/0623/article_2473.htm.
http://www.medicenter.cn/base/2010/0623/article_2474.htm.

图书在版编目（CIP）数据

基础生物化学/朱新产，高玲主编 .—北京：中国农业出版社，2011.8
全国高等农林院校"十一五"规划教材
ISBN 978-7-109-15844-3

Ⅰ.①基… Ⅱ.①朱…②高… Ⅲ.①生物化学-高等学校-教材 Ⅳ.①Q5

中国版本图书馆 CIP 数据核字（2011）第 146650 号

中国农业出版社出版
（北京市朝阳区农展馆北路 2 号）
（邮政编码 100125）
策划编辑　刘　梁
文字编辑　崇　霞

北京通州皇家印刷厂印刷　新华书店北京发行所发行
2011 年 8 月第 1 版　2012 年 8 月北京第 2 次印刷

开本：787mm×1092mm　1/16　印张：22.5
字数：544 千字
定价：37.50 元

（凡本版图书出现印刷、装订错误，请向出版社发行部调换）